TURING

自然语言处理实战：从入门到项目实践

Practical Natural Language Processing

[印] 索米亚·瓦贾拉　博迪萨特瓦·马祖达尔
阿努杰·古普塔　哈尔希特·苏拉纳 著
吴进操　黄若星 译

Beijing · Boston · Farnham · Sebastopol · Tokyo 

O'Reilly Media, Inc.授权人民邮电出版社有限公司出版

人 民 邮 电 出 版 社
北　京

图书在版编目（CIP）数据

自然语言处理实战 ：从入门到项目实践 / （印）索米亚·瓦贾拉等著 ；吴进操，黄若星译. -- 北京 ：人民邮电出版社，2022.9
ISBN 978-7-115-59789-2

Ⅰ. ①自… Ⅱ. ①索… ②吴… ③黄… Ⅲ. ①自然语言处理 Ⅳ. ①TP391

中国版本图书馆CIP数据核字(2022)第137269号

内 容 提 要

本书以实际业务场景为例，介绍自然语言处理（NLP）系统开发项目的整个生命周期——从收集数据到部署和监控模型。读者将深入理解 NLP 系统的开发流程，知道如何消除开发痛点，从算法、数据等方面提高 NLP 系统的质量。全书分为四大部分，共有 11 章。第一部分概述 NLP 技术，为全书奠定知识基础。第二部分从实战角度讲解 NLP 系统的开发要点，内容涉及文本分类、信息提取等。第三部分专注于 NLP 重点应用的垂直领域：社交媒体、电子商务、医疗行业、金融业等。第四部分将所有知识点融会贯通，并讲解如何利用所学知识部署 NLP 系统。

本书适合在实际工作中与自然语言处理系统打交道的所有人，包括软件工程师、测试工程师、算法工程师、数据工程师、产品经理和相关技术负责人。

◆ 著　　[印] 索米亚·瓦贾拉　博迪萨特瓦·马祖达尔
　　　　阿努杰·古普塔　哈尔希特·苏拉纳
译　　吴进操　黄若星
责任编辑　温　雪
责任印制　彭志环

◆ 人民邮电出版社出版发行　　北京市丰台区成寿寺路11号
邮编　100164　　电子邮件　315@ptpress.com.cn
网址　https://www.ptpress.com.cn
山东华立印务有限公司印刷

◆ 开本：800×1000　1/16
印张：20　　2022年 9 月第 1 版
字数：500千字　　2022年 9 月山东第 1 次印刷
著作权合同登记号　图字：01-2021-2124号

定价：109.80元

读者服务热线：(010)84084456-6009　印装质量热线：(010)81055316

反盗版热线：(010)81055315

广告经营许可证：京东市监广登字 20170147 号

版权声明

O'Reilly Media, Inc.介绍

O'Reilly以“分享创新知识、改变世界”为己任。40多年来我们一直向企业、个人提供成功所必需之技能及思想，激励他们创新并做得更好。

O'Reilly业务的核心是独特的专家及创新者网络，众多专家及创新者通过我们分享知识。我们的在线学习（Online Learning）平台提供独家的直播培训、互动学习、认证体验、图书、视频等，使客户更容易获取业务成功所需的专业知识。几十年来O'Reilly图书一直被视为学习开创未来之技术的权威资料。我们所做的一切是为了帮助各领域的专业人士学习最佳实践，发现并塑造科技行业未来的新趋势。

我们的客户渴望做出推动世界前进的创新之举，我们希望能助他们一臂之力。

业界评论

“O'Reilly Radar博客有口皆碑。”

——*Wired*

“O'Reilly凭借一系列非凡想法（真希望当初我也想到了）建立了数百万美元的业务。”

——*Business 2.0*

“O'Reilly Conference是聚集关键思想领袖的绝对典范。”

——*CRN*

“一本O'Reilly的书就代表一个有用、有前途、需要学习的主题。”

——*Irish Times*

“Tim是位特立独行的商人，他不光放眼于最长远、最广阔的领域，并且切实地按照Yogi Berra的建议去做了：‘如果你在路上遇到岔路口，那就走小路。’回顾过去，Tim似乎每一次都选择了小路，而且有几次都是一闪即逝的机会，尽管大路也不错。”

——*Linux Journal*

谨以本书献给我们各自的导师：Detmar Meurers、Julian McAuley、Kannan Srinathan 和 Luis von Ahn。

目录

第二部分 核心

第三部分　应用

第四部分 综合

本书赞誉

这本书直接关注两个被忽视的群体：自然语言处理从业者和商业领导者。很多优秀图书的内容侧重于机器学习的算法基础，这本书则全面剖析了从电子商务应用程序到虚拟助理等现实世界中的各种系统。书中描绘了现代生产系统的真实图景：不仅讲述了深度学习，而且还讲述了启发式和流水线，使部署后的自然语言处理系统能够真正达到先进水平。作者既能跳出来讲述问题的形式化，亦不惧钻进去探讨烦琐的细节，包括处理杂乱的数据、维持运行中的系统等。对于那些热衷于构建和部署自然语言处理系统的专业人士，这本书是非常宝贵的参考资料。

——Zachary Lipton

卡内基-梅隆大学助理教授，亚马逊人工智能科学家，《动手学深度学习》合著者

这本书很好地跨越了自然语言处理在理论研究和实际应用之间的鸿沟。从医疗保健到电商、金融，这本书涵盖了正在运用自然语言处理技术的众多热门领域，并以清晰易懂的方式展示了其中的核心任务。总之，这是一本很棒的图书，它告诉你如何在所在行业充分利用当前的自然语言处理技术。

——Sebastian Ruder

谷歌 DeepMind 研究科学家

市面上的计算机科学图书可以分成两种：一种是学术教科书，它能让你对某个领域有深入的理解，但对于非学术的人来说可能难以接近；另一种是技术手册，它只勾勒具体问题的解决方案，不提供技术背景，使读者无法对其中的技术推而广之。这本书则做到了两全其美，既透彻又易懂。它为你学习自然语言处理提供了坚实的基础……如果你想从 0 到 1 开发自然语言处理系统，那么这本书就是为你准备的。

——Marc Najork

谷歌人工智能研究工程总监，ACM、IEEE 会士

教科书、研究论文或其他图书会谈到编程技巧，但不会讲述如何从零开始搭建端到端的自然语言处理系统。我很高兴看到这本书，它急人之所需，真正介绍了从零开始的搭建过程。作者细致、周到、清晰地介绍了构建大规模真实自然语言处理系统时必须注意的方方面面。同时，这本书还设法涵盖了大量的示例，以及各种应用领域和垂直领域。对于所有志存高远的自然语言处理工程师、想要围绕语言技术开办公司的创业者，以及希望看到自己的发明创造真正到达用户手中的科研人员，这本书值得一读。

——Monojit Choudhury

微软印度研究院首席研究员，海得拉巴国际信息技术研究所、阿育王大学、印度理工学院卡哈拉格普尔分校特约教授

这本书不但解释了基本概念，同时也不忘介绍自然语言处理在不同垂直行业的各种实际部署，架起了理论与实践之间的桥梁。无论是调整开源库的参数、构建模型的数据流水线，还是优化快速推理，这本书都有许多真枪实弹的实战建议。这是工程师构建自然语言处理应用程序的实用参考。

——Vinayak Hegde

微软加速器（Microsoft For Startups）常驻首席技术官

这本书展示了如何将自然语言处理付诸实践。它填补了自然语言处理理论与实际工程之间的缺口。生产级机器学习系统的设计和架构是一门深奥难懂的艺术，本书作者却能将其化繁为简，讲解深入浅出，令人不得不为之叹服。多么希望我在职业生涯的早期就接触过这本书，这样就能避免一路走来所犯的种种错误……我深信，对于任何想要开发稳健且高效的自然语言处理系统的人来说，这是一本必不可少的参考指南。

——Siddharth Sharma

Facebook 机器学习工程师

我认为这本书不仅是自然语言处理从业者的案头参考书，也是研究人员了解实际应用中各种问题的宝贵参考。我非常欣赏这本书，并希望这是一个长期项目，能够时刻跟进自然语言处理应用方面的新趋势。

——万梦婷

微软体验与设备部门应用研究办公室高级应用科学家

序

近年来，自然语言处理（NLP）领域在方法论和所支持的应用程序方面发生了翻天覆地的变化。方法论方面的进展多种多样，既有文档表示方法的创新，也有语言合成技术的创新。随之而来的是应用程序的创新，从开放式对话系统到使用自然语言做模型解释等，不一而足。最后，这些进展让自然语言处理在计算机视觉、推荐系统等相关领域也取得一席之地。

随着自然语言处理不断延伸到这些令人振奋的新领域，学习运用自然语言处理技术的从业人员也在不断增加。我在加州大学圣迭戈分校开设的数据科学课程（CSE 258），是本校计算机系参与人数最多的课程。我发现越来越多的学生选择自然语言处理作为项目课题。对于希望使用自然语言数据构建应用程序的工程师、产品经理、科学家、学生和爱好者，自然语言处理正在迅速成为一项必备技能。一方面，自然语言处理和机器学习的新工具和库，使得自然语言建模比以往任何时候都更容易。但另一方面，自然语言处理的学习资源又必须面向这一数量不断增长的多样化受众群体。对于最近采用自然语言处理的公司和首次使用自然语言数据的学生来说，情况尤其如此。

在过去的几年里，我很高兴与博迪萨特瓦·马祖达尔合作，在自然语言处理和对话领域研究令人兴奋的新应用程序。因此，听说他与索米亚·瓦贾拉、阿努杰·古普塔和哈尔希特·苏拉纳一起合写了一本关于自然语言处理的书时，我十分欣喜。他们在扩展自然语言处理方面拥有广泛的经验，包括多个创业公司、麻省理工学院媒体实验室、微软研究院和谷歌人工智能的经验。

让我感到兴奋的是，书中采用了端到端的方法，这种方法适用于一系列场景，而且使读者在构建自然语言处理应用程序时不至于迷失在各种可能的选项里。尤其令我感兴趣的是，他们不但重视聊天机器人等现代自然语言处理应用程序，还关注电商、零售等跨学科主题。这些主题对于行业领导者和研究人员特别有用，但大部分现有的教科书只对这些重要的主题一笔带过。这本书既可以作为新手认识自然语言处理领域的第一资源，也可以作为老手探究这一领域最新进展的实用指南，是理想的自然语言处理学习参考书。

——Julian McAuley

加州大学圣迭戈分校计算机科学与工程教授

前言

自然语言处理（NLP）是计算机科学、人工智能和语言学的交叉学科。它关注的是如何构建能够处理和理解人类语言的系统。自20世纪50年代创立以来直到最近，自然语言处理主要是学术界和实验室的阵地，掌握它需要长期的正规教育和训练。但过去十年的突破使得自然语言处理越来越多地应用于零售、医疗、金融、法律、市场营销和人力资源等一系列领域。这些进展背后的推动力列举如下。

- 广泛可用和易于使用的自然语言处理工具、技术和API已经在这一行业遍地开花。现在正是快速构建自然语言处理解决方案的好时代。
- 更具可解释性和通用性的方法改善了开放式对话、问题回答等复杂自然语言处理任务的基准性能，这在以前是不切实际的。
- 谷歌、微软和亚马逊等越来越多的公司在大力投资以语言为主要交流媒介的交互性更强的消费产品。
- 不断增加的开源数据集及其标准基准，在这场变革中起到了催化剂的作用（相反，仅限于个别组织和个人使用的专有数据集则会起到阻碍作用）。
- 自然语言处理的可用性已经延伸到英语以外的其他语言。对于数字化程度较低的语言，数据集和基于特定语言的模型也正在创建中。这项工作的一个成果是自动机器翻译，它接近完美，凡是有智能手机的人都可以使用。

随着使用范围的迅速扩大，搭建自然语言处理系统的人也越来越多。他们亟须克服经验不足和理论知识欠缺的问题。这本书从应用的角度解决了这种需求。本书的目的是指导读者在业务场景中构建、迭代和扩展自然语言处理系统，并根据各个垂直行业进行相应的调整。

为什么要写这本书

自然语言处理这一主题下有很多畅销书，其中一些用作教科书，侧重于理论方面；另一些则旨在通过大量代码示例来介绍自然语言处理的概念；还有一些则专注于特定的自然语言处理库或机器学习库，并提供使用这些库来解决不同自然语言处理问题的“操作指南”。那么，为什么还要再写一本关于自然语言处理的书？

十多年来，我们一直在重点大学和头部技术公司构建和扩展自然语言处理解决方案。在指导同事和其他工程师时，我们注意到新工程师，尤其是自然语言处理新手的个人技能和自然语言处理的行业标准之间存在差距。后来我们为专业人士举办了很多场自然语言处理研讨会，并从中注意到，业务部和工程部的负责人身上也存在这种实际技能和行业标准之间的差距，这加深了我们对此问题的理解。

大多数在线课程和图书只使用简单的用例和常见的数据集（通常是干净且定义良好的大型数据集）来解决自然语言处理问题。虽然这样也能传授自然语言处理的一般方法，但是我们不认为这样能提供足够的基础知识来解决新的问题，并在现实世界中开发特定的解决方案。我们发现，在构建实际应用程序时遇到的常见问题，如数据收集、噪声数据 / 信号处理、解决方案的增量开发以及将解决方案部署到大型应用程序的相关问题，在现有的资源中并没有涉及。我们还发现，在大多数情况下，开发自然语言处理系统的最佳实践也是缺失的。因此，我们认为需要写一本书来补充相关知识，这也是本书诞生的原因。

写作理念

本书希望提供一种整体和实用的视角，使读者能够成功地构建真实世界的自然语言处理解决方案，并将其嵌入更大的产品系统中。因此，书中的大部分章附有代码练习。本书还补充了大量的参考资料，供感兴趣的读者深入研究。全书处理问题的思路更是采用行业中的普遍做法：先从简单的解决方案开始，形成最小可行产品（MVP）后，再逐步构建更加复杂的解决方案。本书会根据作者自身的经验和教训给出适当的建议。每一章还会尽可能讨论相关专题的新进展。大多数章的最后会给出真实世界中的案例研究。

以构建聊天机器人或文本分类系统为例。在开始阶段，可用的数据可能很少，甚至没有。此时，不妨使用基于规则的系统或传统的机器学习来构建基本的解决方案。随着数据的积累，再使用深度学习等更复杂的自然语言处理技术（通常需要大量数据）。在整个过程中，每一步都有许多不同的方法可以选择。这本书将帮助你在选择的迷宫中确定方向。

内容范围

本书将以全面的视角讲述如何构建真实世界的自然语言处理应用程序。从数据收集一直到模型部署和监控，本书将涵盖一个典型自然语言处理项目的完整生命周期，其中一些步骤适用于任何机器学习流水线，而有些步骤则是自然语言处理所特有的。本书还将介绍特定于任务的案例研究和特定于领域的指南，便于从零开始构建自然语言处理系统。具体而言，本书将介绍从文本分类到问题回答、从信息提取到对话系统等一系列任务。同时，本书还提供将这些任务应用于电子商务、医疗保健、社交媒体和金融等各个领域的方法。由于主题和场景的深度和广度，本书不会一一解释每行代码和每个概念。对于实现的细节，本书提供了详细的源代码笔记本。书中的代码片段只涵盖核心的逻辑。一些介绍性的步骤，如设置库或导入包，已在相关的笔记本中有所涉及，书中通常会直接跳过。为了涵盖大量的概念，本书提供了许多参考文献，方便读者深入研究这些主题。这本书既可作为日常使用的技术手册，让你从实用的角度构建自然语言处理系统，也可以作为进阶参考，以将自然语言处理扩展到你自己的领域。

目标读者

本书的目标读者包括软件开发者和测试人员、机器学习工程师、数据工程师、机器学习运维工程师、自然语言处理工程师、数据科学家、产品经理、人事经理、副总裁、各种首席官和企业创始人，以及参与数据创建和标注的人。总而言之，无论何人，无论以何种方式，凡是参与构建自然语言处理系统的人，都可以阅读本书。虽然并非所有的内容对所有的职位都有用，但本书力求少用专业术语，多用平实的语言来给出清晰的解释。我们相信，每一位想要全面了解如何构建自然语言处理应用程序的读者，都能在每一章中有所收获。

有些内容不需要太多的编程经验就可以理解，代码片段可以根据需要直接跳过。例如，第1章和第9章的前两节，以及第11章的11.3节和11.4节，所有的读者群体都可以理解，不需要任何编程经验。随着阅读的深入，你会发现更多这样的内容。但是，为了从本书、代码笔记本和参考文献中获得最大的收获，我们希望读者具备以下背景知识。

- 中级 Python 编程能力。例如，了解列表推导式等 Python 特性，能编写函数和类，能使用现有的库。
- 熟悉软件开发生命周期（SDLC）的各个阶段，如设计、开发、测试、运维等。
- 掌握机器学习的基础知识，包括逻辑回归、决策树等常用的机器学习算法，并能在 Python 中使用 scikit-learn 等库提供的现成算法。
- 自然语言处理的基础知识对于理解本书内容是有用的，但不是必需的。对文本分类、命名实体识别等任务有所了解，对于阅读本书也是有帮助的。

你将学到什么

本书的主要受众是那些在不同垂直领域构建真实自然语言处理系统的工程师和科学家。一些常见的职位有软件工程师、自然语言处理工程师、机器学习工程师和数据科学家。另外，本书对产品经理和工程主管也有帮助。但是本书没有深入讲解自然语言处理各种概念背后的理论细节和技术细节，因此对于从事自然语言处理前沿研究的人来说，这本书可能帮助不大。通过阅读本书，你将学到以下知识及技能。

- 了解自然语言处理中的各种问题、任务和解决方案。
- 实现和评估不同的自然语言处理应用程序，并在此过程中应用机器学习和深度学习方法，由此获得相关经验。
- 根据业务问题和垂直行业微调自然语言处理解决方案。
- 给定自然语言处理产品的任务、数据集和所处阶段，评估各种算法和方法。
- 规划自然语言处理产品的生命周期，并根据自然语言处理系统发布、部署和运维的最佳实践来生成软件的解决方案。
- 从业务和产品主管的角度理解自然语言处理的最佳实践、机会和路线图。

本书还将介绍如何根据医疗保健、金融和零售等垂直行业的需求来调整解决方案。此外，本书还会给出针对每个行业应用的注意事项。

本书结构

本书分为四个部分。图 P-1 显示了其中的内容组织。有些章是独立的，与其他章没有直接联系，阅读时可以轻松跳过。

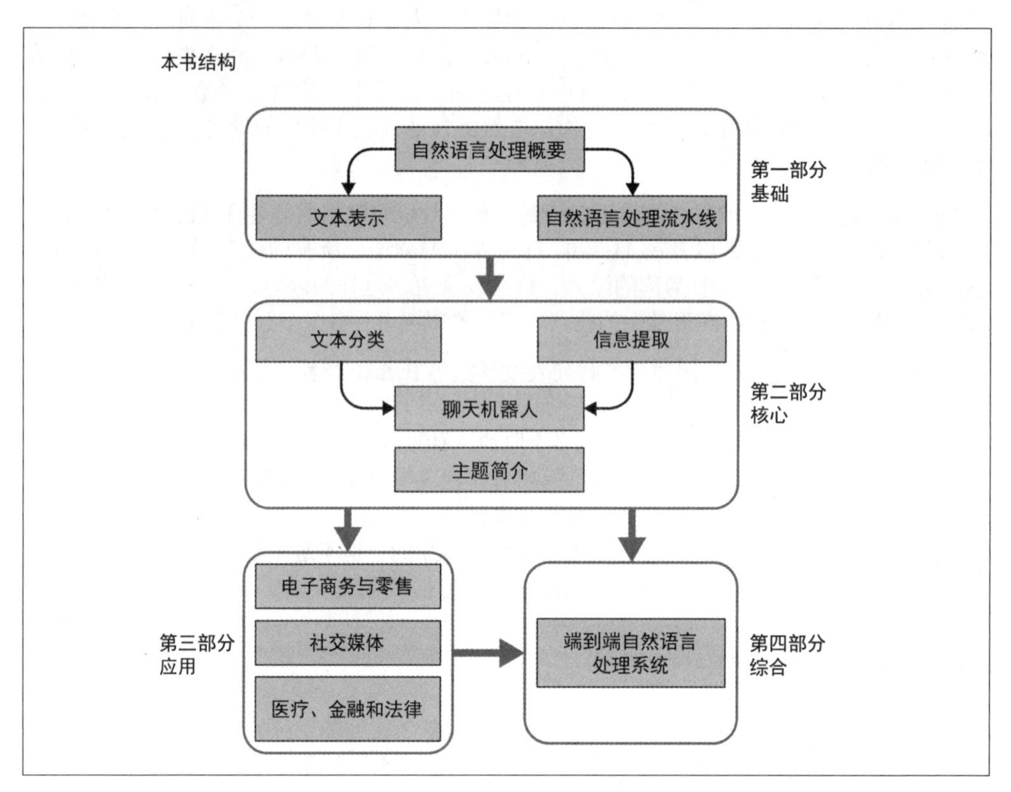

图 P-1：本书结构

第一部分　基础，是本书其余部分的基础，给出了自然语言处理的概述（第 1 章），讨论了构建自然语言处理系统时所用到的典型数据处理和建模流水线（第 2 章），并介绍了自然语言处理中文本数据的不同表示方法（第 3 章）。

第二部分　核心，重点介绍了最常见的自然语言处理应用程序，并强调了真实世界的用例。这些章会尽量就同一个问题给出多个解决方案，告诉你在不同的选项中如何选择。这些应用程序包括文本分类（第 4 章）、信息提取（第 5 章）和聊天机器人（第 6 章）。另外，这一部分还介绍了搜索、主题建模、文本摘要、机器翻译等其他应用程序，并讨论了实际的用例（第 7 章）。

第三部分　应用（第 8~10 章），侧重于大量使用自然语言处理技术的三个垂直行业，详细讨论了这些领域的具体问题以及自然语言处理在解决这些问题中的作用。

第四部分　综合（第 11 章），通过端到端部署自然语言处理系统来处理所涉及的实际问题，帮助读者将所学知识融会贯通。

如何阅读本书

如何阅读本书取决于读者的职业和目的。对于深入研究自然语言处理的数据科学家或工程师，建议阅读第 1~6 章，同时要特别关注感兴趣的特定领域或子问题。对于担任领导角色的读者，建议把注意力集中在第 1、2 和 11 章，同时要特别关注第 3~7 章的案例研究，从而全面了解从头开始构建自然语言处理应用程序的过程。对于产品负责人，建议多关注相关内容的参考资料以及第 11 章。

第 3~7 章只介绍一般性的问题。不同领域的自然语言处理应用程序可能会有所不同。因此本书会侧重某些领域，如电子商务、社交媒体、医疗保健、金融和法律。如果你的兴趣或工作就在这些领域，不妨深入挖掘这些内容和相应的参考文献。

排版约定

本书使用如下排版约定。

黑体字

表示新术语或重点强调的内容。

等宽字体（`constant width`）

表示程序片段，以及正文中出现的变量名、函数名、数据库、数据类型、环境变量、语句和关键字等。

等宽粗体（**`constant width bold`**）

表示应该由用户输入的命令或其他文本。

等宽斜体（*`constant width italic`*）

表示应该由用户输入的值或根据上下文确定的值替换的文本。

该图标表示提示或建议。

该图标表示一般注记。

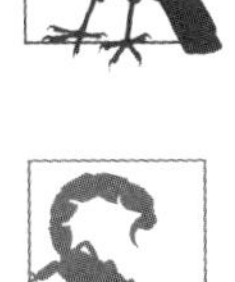

该图标表示警告或警示。

使用示例代码

如果在使用示例代码时遇到技术问题或难题，请发送电子邮件至 errata@oreilly.com.cn。

这本书的目的是帮助你完成工作。一般来说，本书提供的示例代码，可以在程序和文档中使用，不需要联系我们获得许可，但大规模复制本书代码的除外。例如，编写程序使用了本书中的几段代码不需要获得许可。出售或分发 O'Reilly 图书的示例确实需要许可。引用本书和引用示例代码来回答问题不需要获得许可。在产品文档中大量借鉴本书的示例代码则需要获得许可。

我们很希望但不强制要求你在引用本书的内容时加上引用说明。引用说明通常包括标题、作者、出版商和 ISBN。例如，"*Practical Natural Language Processing* by Sowmya Vajjala, Bodhisattwa Majumder, Anuj Gupta, and Harshit Surana (O'Reilly). Copyright 2020 Anuj Gupta, Bodhisattwa Prasad Majumder, Sowmya Vajjala, and Harshit Surana, 978-1-492-05405-4."。

如果你使用的示例代码超出了合理使用或上面给出的许可范围，请随时与我们联系，邮箱地址为 permissions@oreilly.com。

O'Reilly在线学习平台（O'Reilly Online Learning）

O'REILLY®

40 多年来，O'Reilly Media 致力于提供技术和商业培训、知识和卓越见解，来帮助众多公司取得成功。

我们拥有独特的由专家和创新者组成的庞大网络，他们通过图书、文章、会议和我们的在线学习平台分享他们的知识和经验。O'Reilly 的在线学习平台让你能够按需访问现场培训课程、深入的学习路径、交互式编程环境，以及 O'Reilly 和 200 多家其他出版商提供的大量文本资源和视频资源。有关的更多信息，请访问 https://www.oreilly.com。

联系我们

如有与本书有关的评价或问题，请联系出版社。

美国：

O'Reilly Media, Inc.
1005 Gravenstein Highway North
Sebastopol, CA 95472

中国：

北京市西城区西直门南大街 2 号成铭大厦 C 座 807 室（100035）
奥莱利技术咨询（北京）有限公司

O'Reilly 的每一本书都有专属网页，你可以在那儿找到本书的相关信息，包括勘误表[1]、示例代码以及其他信息。

你还可以发送电子邮件至 errata@oreilly.com.cn 评论或询问与本书有关的技术问题。

注 1：也可以通过图灵社区提交中文版勘误：ituring.cn/book/2818。——编者注要了解更多 O’Reilly 图书、培训课程、会议和新闻的信息，请访问以下网站：https://www.oreilly.com。

我们在 Facebook 的地址如下：http://facebook.com/oreilly。

请关注我们的 Twitter 动态：http://twitter.com/oreillymedia。

我们的 YouTube 视频地址如下：http://www.youtube.com/oreillymedia。

更多信息

自然语言处理的世界总是在不断发展。未来一年、两年甚至五年，书中提到的概念将会发生怎样的演变，要了解这些，请关注我们。我们会及时更新相关的作品和文章，并为每一篇文章加上本书相应的章标题或节标题。

本书作者电子邮件：authors@practicalnlp.ai。

致谢

本书是各种知识的汇编。因此，它不可能独立存在。在写这本书的时候，我们从若干图书、研究论文、软件项目和互联网上众多的其他资源中汲取了大量的灵感和信息。我们感谢自然语言处理和机器学习社区所做的一切努力，我们的工作只不过是站在这些巨人的肩膀上。还要感谢出席作者会谈、讲习班并参与讨论的各位人士，是他们塑造了本书的写作思路和前提。这本书是长期合作的结果，很多人以不同的方式支持我们。

感谢 O’Reilly 审稿人 Will Scott、Darren Cook、Ramya Balasubramaniam、Priyanka Raghavan 和 Siddharth Narayanan 提出的审慎、宝贵和详细的意见，帮助我们改进了前期的草稿。Siddharth Sharma、Sumod Mohan、Vinayak Hegde、Aasish Pappu、Taranjeet Singh、Kartikay Bagla 和 Varun Purushotham 提供的详细反馈帮助提升了本书的内容质量。

也非常感谢 Rui Shu、Shreyans Dhankhar、Jitin Kapila、Kumarjit Pathak、Ernest Kirubakaran Selvaraj、Robin Singh、Ayush Datta、Vishal Gupta 和 Nachiketh 帮助我们编写了早期版本的代码笔记本。特别感谢 Varun Purushotham，他花了几个星期的时间反复审阅我们的草稿，并编写和核查代码笔记本。如果没有他的贡献，这本书就不会如此出色。

还要感谢 O’Reilly Media 团队，这本书的顺利出版离不开他们。Jonathan Hassell 给了我们出版这本书的机会；Melissa Potter 在整个出版过程中定期跟进我们，并耐心回答我们所有的问题。Beth Kelly 和 Holly Forsyth 提供各种帮助和支持，将各章零散的草稿组合成一本完整的书。

最后，以下是每位作者个人的致谢。

索米亚·瓦贾拉　首先感谢我的女儿 Sahasra Malathi，从她出生到一岁正好是我写这本书的时候。写一本书不容易，在要照顾一个新生儿的情况下，这尤其不容易。然而，我们到达目的地了。谢谢你，Sahasra！另外，我的母亲 Geethamani 和丈夫 Sriram 在我写作期间分担了照顾孩子和做家务的重担。我的朋友 Purnima 和 Visala 随时倾听我的最新进展和抱怨。我的老板 Cyril Goutte 一直鼓励我，并检查我的写作进度。最后，我从与前同事 Chris Cardinal 和 Eric Le Fort 的讨论中学到了很多为行业问题开发自然语言处理解决方案的知识，如果没有这些讨论，我可能永远不会想到这些知识会成为本书的一部分。我感谢他们所有人的支持。

博迪萨特瓦·马祖达尔　我想借此机会感谢我的父母，感谢他们无可置疑的牺牲，以及不断的鼓励，是他们成就了今天的我。他们潜移默化地影响着我，让我在生活中形成了热爱学习的习惯。我永远感谢导师 Animesh Mukherjee 教授和 Pawan Goyal 教授，是他们带领我走进了自然语言处理的世界。还有 Julian McAuley 教授，在我的读博生涯中，他对我的技术、学术和个人发展起着至关重要的作用。Taylor Berg-Kirkpatrick、Lawrence Saul、David Kriegman、Debasis Sengupta、Sudeshna Sarkar 和 Sourav Sen Gupta 等教授所开的课程塑造了我对这门学科的研究思路。在这本书的写作早期，我在沃尔玛实验室的同事，特别是 Subhasish Misra、Arunita Das、Smaranya Dey、Sumanth Prabhu 和 Rajesh Bhat 给了我实现这个疯狂想法的动力。感谢我在谷歌人工智能、微软研究院、亚马逊 Alexa 的导师们，以及我在加州大学圣迭戈分校自然语言处理小组实验室的伙伴们，感谢你们在整个过程中给予的支持和帮助。另外，必须提一下我的朋友 Sanchaita Hazra、Sujoy Paul 和 Digbalay Bose，在这个庞大的项目中，他们在任何情况下都支持我。最后，如果没有我的合著者的帮助，这一切都是不可能的，他们相信这个项目，并团结奋斗到最后一刻。

阿努杰·古普塔　首先，我想对我的妻子 Anu 和我的儿子 Nirvaan 表示衷心的感谢。没有他们的坚定支持，我不可能在过去三年中致力于这项工作。我还要感谢父母和家人的鼓励。我要大声感谢 Saurabh Arora，是他带领我走进了自然语言处理的世界。非常感谢我的朋友，已故的 Vivek Jain 和 Mayur Hemani，他们总是鼓励我坚持下去，尤其是在写作的困难时期。我还要感谢所有参与班加罗尔机器学习社区的杰出人士，特别是 Sumod Mohan、Vijay Gabale、Nishant Sinha、Ashwin Kumar、Mukundhan Srinivasan、Zainab Bawa 和 Naresh Jain 进行了精彩且发人深省的讨论。我要感谢以前和现在在 CSTAR、Airwoot、FreshWorks、华为研究院、Intuit 和 Vahan 公司的同事们，感谢他们教给我的一切。感谢我的教授 Kannan Srinathan、P.R.K Rao 和 B. Yegnanarayana，他们的教导对我产生了深远的影响。

哈尔希特·苏拉纳　我要感谢父母，是他们支持并鼓励我去追求每一个疯狂的想法。我对我亲爱的朋友 Preeti Shrimal 和 Dev Chandan 感激不尽。在这本书的整个写作过程中，他们一直陪伴着我。感谢我的联合创始人 Abhimanyu Vyas 和 Aviral Mathur，他们为了帮助我完成这本书而调整了创业计划。感谢我在 Quipio 和 Notify.io 的所有前同事，他们帮助我厘清了思路，特别是 Zubin Wadia、Amit Kumar 和 Naveen Koorakula。如果没有我的老师和他们教给我的一切，这一切都不可能实现。谢谢你们，Luis von Ahn、Anil Kumar Singh、Alan W Black、William Cohen、Lori Levin 和 Carlos Guestrin 教授。我还要感谢 Kaustuv DeBiswas、Siddharth Narayanan、Siddharth Sharma、Alok Parlikar、Nathan Schneider、Aasish Pappu、Manish Jawa、Sumit Pandey 和 Mohit Ranka，他们在我这段写作旅程的每个时刻都给予我支持。

电子书

扫描如下二维码，即可购买本书中文版电子书。

第一部分

基础

第1章 自然语言处理概要

> 语言不仅仅是文字。它还是一种文化，一种传统，一个群体的一致性，一段塑造了群体面貌的完整历史。所有这些都体现在一种语言中。
>
> ——诺姆·乔姆斯基

想象一个虚构的人物：约翰。他在一家快速发展的科技创业公司担任首席技术官。在繁忙的一天，约翰醒来后，与数字助理进行了以下对话。

约翰："今天天气怎么样？"

数字助理："今天外面37℃，没有下雨。"

约翰："我的日程安排是怎样的？"

数字助理："您下午4:00有一个战略会，下午5:30有一个全体员工会议。根据今天的交通状况，建议您在上午8:15之前出发去办公室。"

约翰一边穿衣服，一边向助理打听他的着装选择。

约翰："我今天该穿什么衣服？"

数字助理："白色似乎是个不错的选择。"

你可能已经使用亚马逊Alexa、谷歌Home或Apple Siri等智能助手来做类似的事情了。我们和这些智能助手交谈，不是通过编程语言，而是通过自然语言——一种人与人交流所采用的语言。自远古以来，自然语言一直是人类交流的主要媒介。但是计算机只能处理由0和1组成的二进制数据。虽然语言数据可以用二进制来表示，但是如何让机器理解语言呢？这就产生了一个新的领域：自然语言处理（natural language processing, NLP）。自然语言处理是计算机科学的一个分支领域，它研究的是分析、建模和理解人类语言的方法。每一个涉及人类语言的智能应用程序，背后都有一定程度的自然语言处理。本书将解释什么是自然语言处理，以及如何使用自然语言处理来构建和扩展智能应用程序。由于自然语言处理问题的开放性，同一个问题可能有几十种备选方案。这本书将帮助你在迷宫里确定方向，并根据问题找到最佳选项。

本章的目的是简要介绍什么是自然语言处理，方便后续内容深入研究如何在不同的应用场景中实现基于自然语言处理的解决方案。本章首先概述真实场景中的各种自然语言处理应用程序，接着介绍自然语言处理应用程序背后的各种基础任务。接下来，从自然语言处理的角度来介绍语言是什么，以及自然语言处理为什么很难。随后，概述启发式、机器学习和深度学习，并介绍自然语言处理的几种常用算法。然后是自然语言处理应用程序的演练。本章的最后会简要介绍本书的其余主题。图 1-1 从自然语言处理任务和应用程序两方面梳理了本书的组织结构。

图 1-1：从自然语言处理任务和应用程序梳理的组织结构

在日常生活中，很多应用程序使用了某种形式的自然语言处理作为主要组件，下面先来看其中的一些。

1.1 真实世界中的自然语言处理

自然语言处理是日常生活中各种软件应用程序的重要组成部分。这一节将介绍其中的一些关键应用程序，以及不同应用程序中的一些通用任务。本节会补充图 1-1 所示的应用程序，后续内容也会详细介绍。

核心应用程序

- 电子邮件平台，如 Gmail、Outlook 等，广泛使用自然语言处理来提供垃圾邮件分类、智能收件箱、日历事件提取、输入自动补全等一系列产品功能。第 4 章和第 5 章将详细讨论其中的一些功能。

- 语音助手，如 Apple Siri、谷歌 Assistant、微软 Cortana 和亚马逊 Alexa，依赖于一系列自然语言处理技术来与用户交互，理解用户命令，并依此做出响应。第 6 章将讨论这类系统的核心技术。
- 现代搜索引擎，如谷歌搜索和微软必应搜索，作为当今互联网的基石，大量使用自然语言处理技术来处理各种子任务，例如查询理解、查询扩展、问题回答、信息检索，以及结果排序、分组等。第 7 章将讨论其中的一些子任务。
- 机器翻译服务，如谷歌翻译、微软必应翻译和亚马逊翻译，在当今世界越来越多地用于各种场景和业务用例。这些服务是自然语言处理的直接应用。第 7 章将介绍机器翻译。

其他应用程序

- 很多垂直行业的公司通过分析社交媒体帖文，加深对客户声音的理解。第 8 章将讨论这个问题。
- 自然语言处理广泛用于亚马逊等电商平台的各种用例，例如提取产品描述中的相关信息、理解用户评论等。第 9 章将详细介绍这些内容。
- 自然语言处理的最新进展正在应用于医疗、金融和法律等领域。第 10 章会讨论这些问题。
- 一些公司正在致力于使用自然语言处理技术自动生成天气预报、金融服务等各个领域的报告。
- 自然语言处理是拼写和语法纠正工具的重要基础，例如 Grammarly 和微软 Word、谷歌文档中的拼写检查器。
- *Jeopardy!* 是美国一个很受欢迎的电视问答节目。在节目中，参赛者会得到以答案形式提供的各种线索，然后必须以问题的形式作答。为了战胜该节目的顶级玩家，IBM 打造了“沃森”人工智能系统。最后，沃森获得一等奖，赢得奖金 100 万美元，这个金额比人类冠军还多。沃森是使用自然语言处理技术构建的，是自然语言处理机器人战胜人的一个例子。
- 自然语言处理用于一系列学习和评估的工具和技术，例如考试自动评分（如 GRE）、剽窃检测（如 Turnitin 论文查重）、智能辅导系统和语言学习应用程序（如多邻国）。
- 自然语言处理用于构建大型知识库，例如谷歌知识图谱，这些知识库在搜索和问答等一系列应用程序中都很有用。

这份清单绝非详尽无遗。自然语言处理在其他领域的应用越来越广泛，新的应用程序也在不断涌现。本书的重点是介绍构建这些应用程序背后的思想。具体来说，本书会讨论不同类型的自然语言处理问题以及如何解决这些问题。为了对本书的学习内容有一个直观的认识，并理解构建不同自然语言处理应用程序的细微差别，下面先来看看众多自然语言处理应用程序和行业用例背后的一些基础任务。

自然语言处理任务

在各种自然语言处理项目中，有些基本任务会频繁出现。因其重复性和基础性，这些任务得到了广泛的研究。掌握好这些基础任务，有助于在垂直领域构建各种自然语言处理应用程序。前面的图 1-1 已经展示了其中的一些任务。下面简单介绍一下这些任务。

语言模型

语言模型是根据句子中的前一个词来预测下一个词的任务。这项任务的目标是学习词序列在给定语言中出现的概率。语言模型可用于构建语音识别、光学字符识别、手写识别、机器翻译和拼写更正等一系列问题的解决方案。

文本分类

文本分类是根据文本内容将文本分类为某个已知类别的任务。文本分类是目前自然语言处理中最受欢迎的任务，被广泛应用于垃圾邮件识别、情感分析等各种工具中。

信息提取

顾名思义，信息提取是从文本中提取相关信息的任务，例如从电子邮件中提取日历事件或从社交媒体帖文中提取人名等。

信息检索

信息检索是根据用户查询在大量文档中找到相关文档的任务。像谷歌搜索这样的应用程序是信息检索的著名用例。

对话智能体

对话智能体是构建能够用人类语言交谈的对话系统的任务。Alexa、Siri 等是这个任务下的常见应用程序。

文本摘要

文本摘要是根据长篇文档生成简短摘要的任务，同时保留文本的核心内容和整体含义。

问题回答

问题回答任务是构建一个系统，能够自动回答用自然语言提出的问题。

机器翻译

机器翻译是把一段文字从一种语言转换成另一种语言的任务。像谷歌翻译这样的工具是这项任务的常见应用程序。

主题建模

主题建模是发掘大量文档的主题结构的任务。主题建模是一种常见的文本挖掘工具，广泛应用于文学研究、生物信息学等一系列领域。

图 1-2 显示了这些任务，它们按照开发综合解决方案的难易程度排序。

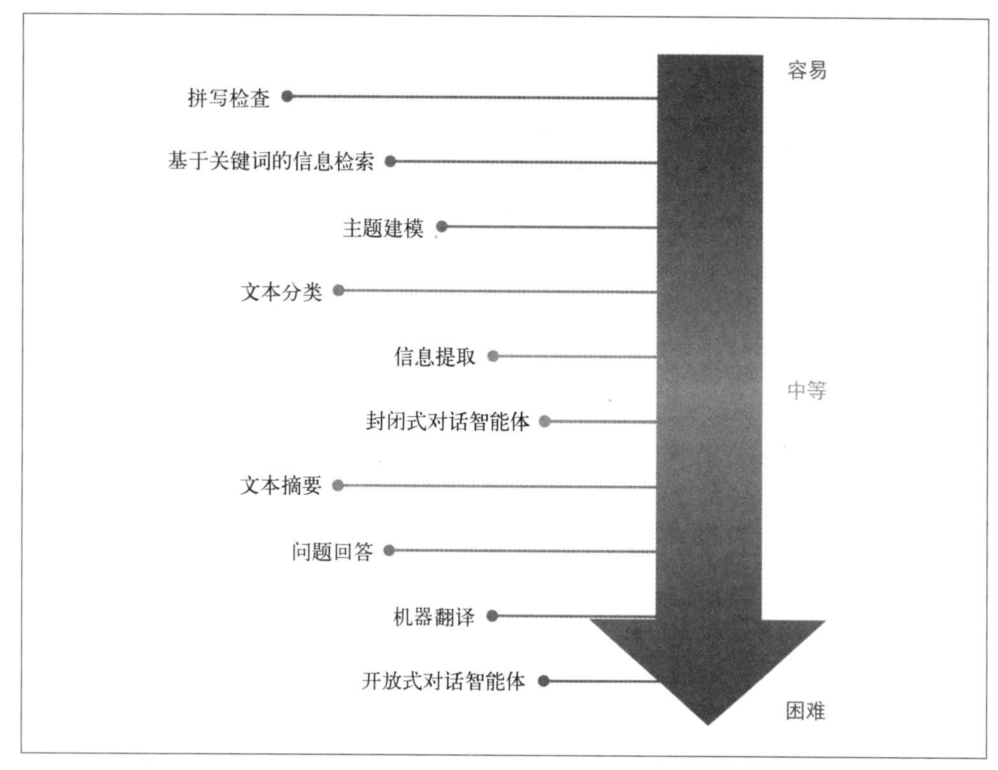

图 1-2：按难易程度排序的自然语言处理任务

接下来的内容将展示这些任务的挑战，并介绍如何开发适用于特定用例（甚至是图 1-2 中所示的“困难”任务）的解决方案。在此之前，先简要介绍一下人类语言的本质和自动化语言处理的挑战。

1.2 什么是语言

语言是一种结构化的交流系统，它涉及字、词、句等成分的复杂组合。语言学是对语言的系统研究。为了研究自然语言处理，必须首先了解语言学中有关语言结构的一些概念。本节将介绍这些概念，以及它们与上文中部分自然语言处理任务的关系。

可以认为，人类语言主要由音素、词素 / 词位、句法和语境四个基本模块组成。自然语言处理应用程序需要获得语言的基本发音（音素）一直到文本的意义（语境）等不同层次的知识。图 1-3 显示了这些语言模块，它们所包含的内容，以及需要这些知识的自然语言处理应用程序。句法解析、词嵌入等术语之前没有介绍过，本章后面以及第 2 章和第 3 章会相应介绍。

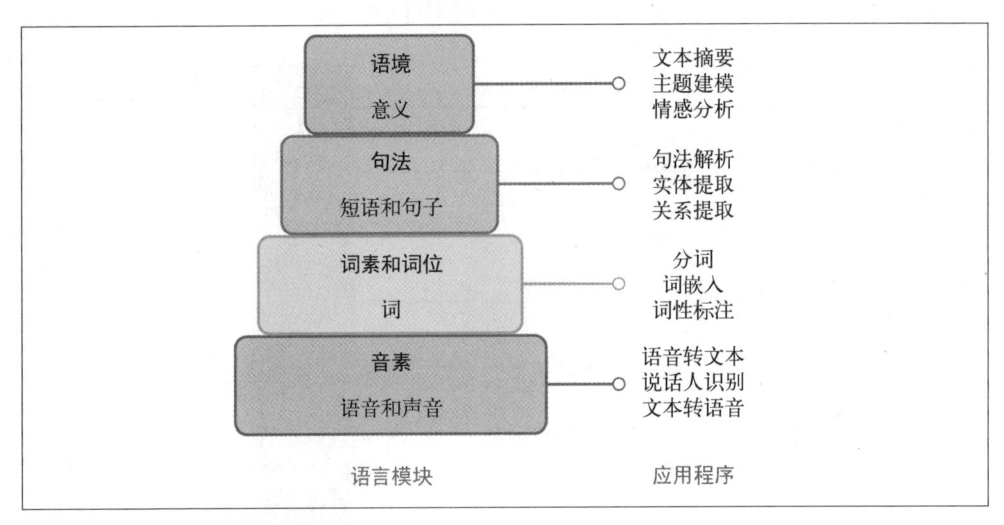

图 1-3：语言模块及对应的应用程序

1.2.1 语言的基本模块

下面先介绍语言的基本模块，为读者理解自然语言处理的挑战提供必要的背景知识。

1. 音素

音素是最小的语音单位。音素本身可能没有任何意义，但音素组合使用时可以产生意义。例如，标准英语有 48 个音素，有的是单个字母，有的是字母组合。图 1-4 显示了部分词例。音素在语音识别、语音转文本和文本转语音等涉及语音理解的应用程序中尤其重要。

辅音音素及词例		元音音素及词例	
1. /b/ - bat	13. /s/ - sun	1. /a/ - ant	13. /oi/ - coin
2. /k/ - cat	14. /t/ - tap	2. /e/ - egg	14. /ar/ - farm
3. /d/ - dog	15. /v/ - van	3. /i/ - in	15. /or/ - for
4. /f/ - fan	16. /w/ - wig	4. /o/ - on	16. /ur/ - hurt
5. /g/ - go	17. /y/ - yes	5. /u/ - up	17. /air/ - fair
6. /h/ - hen	18. /z/ - zip	6. /ai/ - rain	18. /ear/ - dear
7. /j/ - jet	19. /sh/ - shop	7. /ee/ - feet	19. /ure/ - sure
8. /l/ - leg	20. /ch/ - chip	8. /igh/ - night	20. /ə/ - corner（非重读元音，接近/u/）
9. /m/ - map	21. /th/ - thin	9. /oa/ - boat	
10. /n/ - net	22. /**th**/ - then	10. /**oo**/ - boot	
11. /p/ - pen	23. /ng/ - ring	11. /oo/ - look	
12. /r/ - rat	24. /zh/ - vision	12. /ow/ - cow	

图 1-4：音素（非国际音标）及词例

2. 词素和词位

词素是最小的语义单位，由音素组合而成。词素并非都是词，但前缀和后缀都是词素。例如，在英语单词“multimedia”中，“multi-”不是一个词，而是一个前缀，当它与单词“media”放在一起时，会改变该词的意思。“multi-”是一个词素。图 1-5 展示了四个单词及其词素。对于“cats”和“unbreakable”这样的词来说，词素就是词的一部分，而对于“tumbling”和“unreliability”这样的词，在把它们分解成词素时，词素会有所变化，不再是词的一部分。

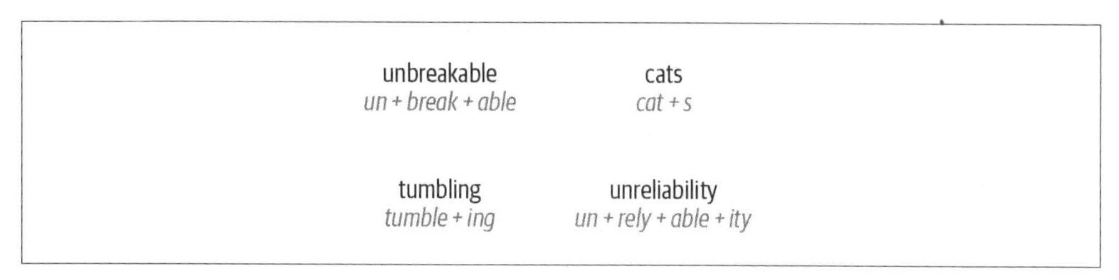

图 1-5：词素示例

词位和词素意思相近，但结构稍有不同。例如，“run”和“running”具有相同的词位。词形分析是通过研究词素和词位来分析词的结构，是分词、词干提取、学习词嵌入、词性标注等许多自然语言处理任务的基础模块，下一章会介绍这些任务。

3. 句法

句法是用语言中的词汇和短语来构造语法正确的句子的一组规则。语言学中的句法结构有很多不同的表示方式。表示句子的一种常用方法是解析树。图 1-6 展示了两个英语句子的解析树。

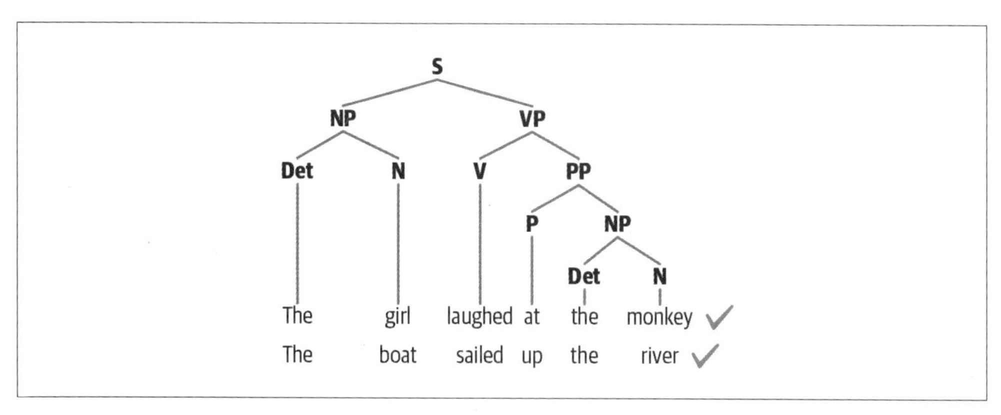

图 1-6：具有相似句法结构的两个句子

句法解析树显示了语言的层次结构，最低层次的是词，然后是词性标签，接着是短语，最后是最高层次的句子。在图 1-6 中，两个句子具有相似的结构，因此也具有相似的句法解析树。在句法解析表示中，N 代表名词，V 代表动词，P 代表介词。名词短语用 NP 表示，动词短语用 VP 表示。在图 1-6 中，两个名词短语是“The girl”和“The boat”，两个动词短语是“laughed at the monkey”和“sailed up the river”。句法结构由一组语法规则指导（例如，句子 S 包括 NP 和 VP），这反过来指导句法解析等基本的语言处理任务。句法解析就是自动构造此类句法树的自然语言处理任务。实体提取和关系提取是建立在句法解析知识基础上的自然语言处理任务，第 5 章将详细讨论这些任务。注意，上面描述的句法解析结构是针对英语的。语言不同，句法可能截然不同，所需的语言处理方法也会随之改变。

4. 语境

语境是语言的各个部分组合在一起能传达特定的意义。语境包括远距离指代、世界知识、常识以及词汇和短语的字面意义。由于词汇和短语有时具有多种含义，句子的意义可随语境变化。语境通常由语义和语用组成。语义是词和句子的直接意义，不考虑外部语境。语用则增加了对话的世界知识和外部语境，从而可以推断隐含的意义。讽刺检测、摘要、主题建模等复杂的自然语言处理任务都严重依赖语境。

语言学是研究语言的学科，因此它本身就是一个广阔的领域。这里仅介绍部分基本概念，旨在说明语言知识在自然语言处理中的作用。不同的自然语言处理任务需要不同程度的语言模块的知识。在对语言模块有了基本的了解之后，下面来看为什么计算机很难理解语言，以及为什么自然语言处理很困难。

1.2.2 为什么自然语言处理很困难

为什么自然语言处理很困难？人类语言充满歧义性和创造性，仅仅是这两个特点，就大大提高了自然语言处理的门槛。本节从语言的歧义性开始，详细地探讨自然语言的每一个特点。

1. 歧义性

歧义性是指意义的不确定性。大多数人类语言天生就是模棱两可的。考虑这个句子，“I made her duck.”。这个句子有多个意思。第一个意思：我给她做了一只鸭子。第二个意思：我让她弯下腰去躲避一个物体。可能还有其他意思，这里留给读者去思考。句子的歧义来自“made”一词。这句话到底适用于哪种意思，取决于句子出现的语境。如果出现在一个母亲和孩子的故事中，那么第一个意思可能适用。但如果出现在一本体育书中，那么第二个意思很可能适用。这个例子是一个直接的句子。

当使用成语或其他修辞时，歧义只会增加。例如：“他和约翰一样好。”试着回答：“他有多好？”答案取决于约翰有多好。图 1-7 展示了语言歧义的一些例子。

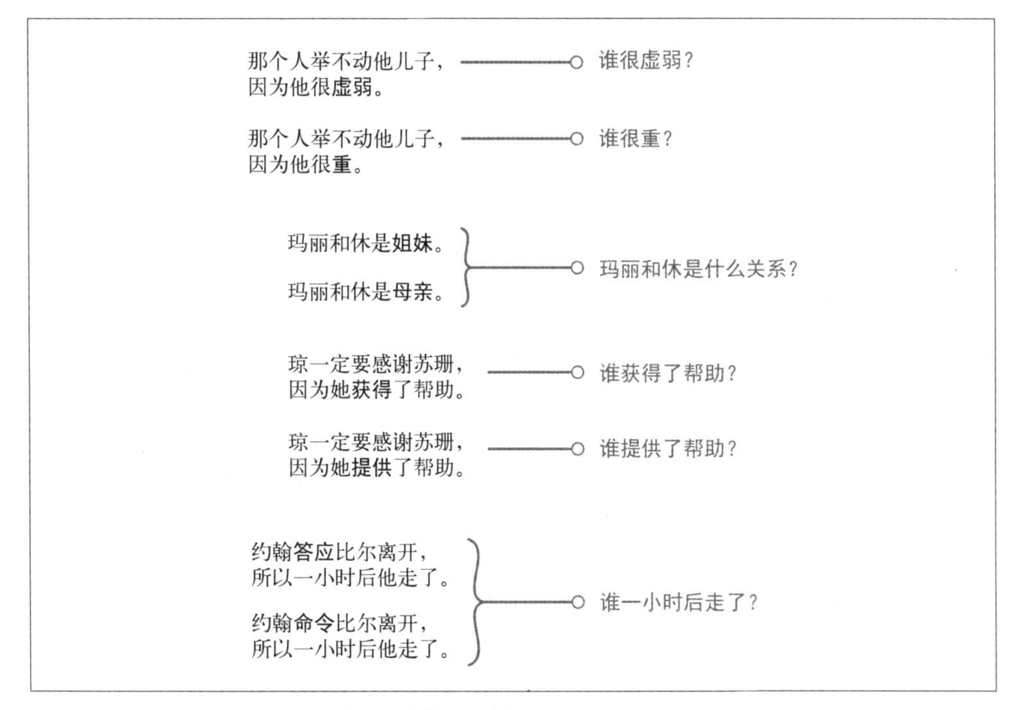

图 1-7：威诺格拉德模式挑战赛中的语言歧义示例

这些例子来自威诺格拉德模式挑战赛（Winograd Schema Challenge），该挑战赛以斯坦福大学威诺格拉德教授的名字命名。该模式有成对的句子，句子之间只有几个词的差别，但是句子的意思经常因为这种微小的变化而翻转。人很容易消除这些例子的歧义，但大多数自然语言处理技术做不到。考虑图 1-7 中的句子对以及与之相关的问题。稍加思考后就能看出，一个词的改动就能改变问题的答案。再做一个实验，考虑使用一个现成的自然语言处理系统，比如谷歌翻译，并尝试各种例子，看看这种歧义性是否会影响系统的输出。

2. 常识

人类语言的一个重要方面是“常识”，常识是大多数人知道的所有事实的集合。在任何对话中，都假定这些事实是已知的，因此它们不会被明确地提及，但会对句子的意思产生影响。例如，考虑这两句话，“人咬狗”和“狗咬人”。我们都知道第一句话所说的情况不太可能发生，而第二句所说的情况是很可能发生的。为什么这么说？这是因为我们都“知道”人不太可能咬狗。此外，我们还知道狗会咬人。说第一句不太可能发生，而第二句是可能的，就需要这样的知识。请注意，这两个句子都没有提到这个常识。人类时刻都使用常识来理解和处理任何语言。在上面的例子中，这两个句子在句法上非常相似，但是计算机很难区分这两个句子，因为计算机缺乏人类所拥有的常识。自然语言处理中的一个重要挑战就是，如何在计算模型中编码所有对人类来说是常识的知识。

3. 创造性

语言不仅仅是规则驱动的，它还有创造性的一面。任何语言都会有各种风格、方言、体裁和变体。诗歌是语言创造性的一个很好的例子。让机器理解创造性，这不仅在自然语言处理领域，而且在整个人工智能领域都是一个难题。

4. 语言的多样性

对于世界上的大多数语言来说，任何两种语言的词汇表之间都没有直接的映射。因此很难将自然语言处理解决方案从一种语言移植到另一种语言。适用于一种语言的解决方案可能根本不适用于另一种语言。这意味着，要么构建一个与语言无关的解决方案，要么需要为每种语言构建单独的解决方案。前者在理论上非常困难，后者则费时费力。

上述所有这些问题，使得自然语言处理成为一个具有挑战性但值得研究的领域。在研究自然语言处理如何应对这些挑战之前，需要先了解解决自然语言处理问题的常见方法。在深入研究自然语言处理的不同方法之前，下面先简单介绍一下机器学习和深度学习与自然语言处理的关系。

1.3 机器学习、深度学习和自然语言处理：概述

笼统地说，人工智能（AI）是计算机科学的一个分支，它旨在构建能够执行需要人类智能的任务的系统。人工智能有时也叫“机器智能”。20 世纪 50 年代，达特茅斯学院组织的研讨班奠定了人工智能的基础。最初的人工智能在很大程度上是基于逻辑、启发式和规则构建的。机器学习（ML）是人工智能的一个分支，它研究的是无须人工编写规则，直接从大量样例中自动学习执行任务的算法。深度学习（DL）是机器学习的一个分支，它以人工神经网络结构为基础。机器学习、深度学习和自然语言处理都是人工智能的子领域，它们之间的关系如图 1-8 所示。

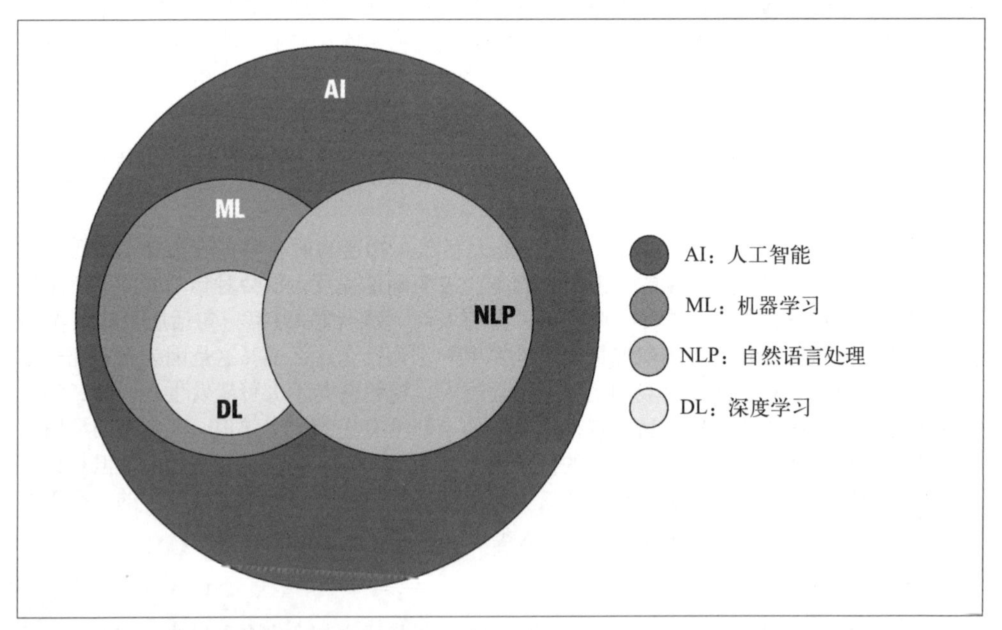

图 1-8：自然语言处理、机器学习和深度学习之间的关系

尽管自然语言处理、机器学习和深度学习存在一定的重叠，但它们也是非常不同的研究领域，如图 1-8 所示。和人工智能的其他领域类似，早期的自然语言处理应用程序也是基于规则和启发式的。然而，在过去的几十年中，自然语言处理应用程序的开发受到了机器学习方法的深刻影响。最近，深度学习也被频繁地用于构建自然语言处理应用程序。考虑到这一点，本节会对机器学习和深度学习做一个简短的介绍。

机器学习的目标是在没有明确指令的情况下，基于样例（称为“训练数据”）来“学习”执行任务。具体而言就是创建训练数据的数值表示（称为“特征”），并使用数值表示来学习样例中的模式。机器学习算法可以归结为三种主要的范式：监督学习、无监督学习和强化学习。在监督学习中，大量样例以“输入 – 输出”对的形式给定，目标是学习从输入到输出的映射函数。“输入 – 输出”对被称为训练数据，而输出被专门称为**标签**或**真实值**（ground truth）。例如，分别给定垃圾邮件和非垃圾邮件的数千个样例，然后学习将电子邮件分类为垃圾邮件或非垃圾邮件，这个问题就是语言领域的监督学习。监督学习是自然语言处理的常见场景，监督学习的示例会贯穿本书，特别是第 4 章。

无监督学习是指在没有任何参考输出的情况下，发现给定输入数据中隐藏模式的机器学习方法。也就是说，与监督学习不同的是，无监督学习处理的是大量的未标注数据。在自然语言处理中，这类任务的一个例子是，在不知道主题的情况下识别大量文本数据集合中的潜在主题。这叫**主题建模**，第 7 章会讨论它。

在真实的自然语言处理项目中，常见的是半监督学习：有一个小的标注数据集和一个大的未标注数据集。半监督技术就是使用这两个数据集来学习手头的任务。最后，强化学习是指通过试错法来学习任务的方法，其特点是缺少大量的标注数据或未标注数据。学习是在一个自给自足的环境中完成的，并通过环境提供的奖励或惩罚反馈来改进。这种学习形式在自然语言处理应用程序中还不常见。它在围棋或国际象棋等机器游戏、自动驾驶车辆设计和机器人技术等应用程序中更为常见。

深度学习是机器学习的一个分支，它基于人工神经网络结构。神经网络背后的思想灵感来自人脑神经元及其相互连接。在过去的十年里，基于深度学习的神经网络结构已经被成功地用于提高图像识别、语音识别、机器翻译等各种智能应用程序的性能。这导致了基于深度学习的解决方案在行业中大量涌现，包括在自然语言处理领域中的应用。

本书后面会讨论如何使用上述所有这些方法来开发各种自然语言处理应用程序。接下来介绍解决任何给定自然语言处理问题的不同方法。

1.4 自然语言处理方法

解决自然语言处理问题的方法通常分为三类：启发式、机器学习和深度学习。本节只对每种方法做简单介绍。这些概念即使不能全部掌握，也没关系，后面的内容还会详细讨论。下面先从启发式方法开始。

1.4.1 基于启发式的自然语言处理

和其他人工智能系统类似，早期的自然语言处理系统也是基于规则设计的。这就要求开发人员具有相关领域的专业知识，才能制定规则并整合到程序中。另外，这类系统还需要词典、同义词库等资源，这些资源的编写和数字化通常需要一定的时间。使用这些资源设计规则来解决自然语言处理问题的一个例子是基于词汇的情感分析。它利用文本中正向词和负向词的计数来推断文本的情感。第 4 章将简要介绍这部分内容。

除了词典和同义词库外，自然语言处理，特别是基于规则的自然语言处理，还需要构建更详细的知识库。例如 WordNet，它是单词及其语义关系的数据库。这种语义关系包括同义词、下义词和部分词。同义词是指意思相近的词。下义词捕捉的是从属关系。例如，棒球、相扑和网球是体育的下义词。部分词捕捉的是部分和整体的关系。例如，手和腿是身体的部分词。在构建基于规则的语言系统时，所有这些信息都会派上用场。图 1-9 展示了一个 WordNet 的示例。

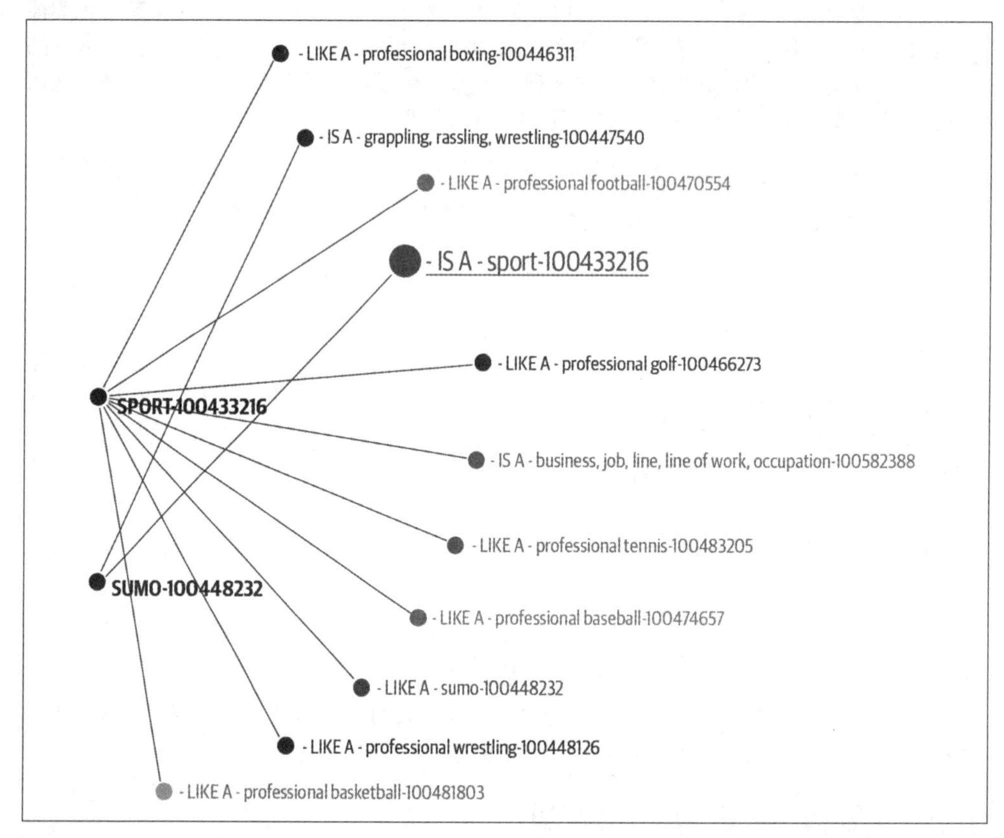

图 1-9：单词“SPORT”的 WordNet 图示

近期，常识和世界知识也被纳入知识库，如“开放思维常识库”，这也有助于构建基于规则的系统。虽然上面的词汇资源主要是基于词汇信息的，但是基于规则的系统完全可以突破词汇的限制，整合其他形式的信息。下面介绍其中的一些。

对于文本分析和构建基于规则的系统，正则表达式（regex）是一个很好的工具。正则表达式是一组字符或一个模式，用于匹配和查找文本中的子字符串。例如，正则表达式 `'^([a-zA-Z0-9_\-\.]+)@([a-zA-Z0-9_\-\.]+)\.([a-zA-Z]{2,5})$'` 可用于查找文本中所有的电子邮件地址。正则表达式是将领域知识整合到自然语言处理系统的一种好方法。例如，如果顾客通过聊天或电子邮件投诉，那么如何构建一个系统来自动识别顾客所投诉的产品？如果现在有一系列的产品代码可以映射到特定的品牌名称，那么使用正则表达式就可以轻松地匹配这些。

正则表达式是构建基于规则的系统的常见范式。自然语言处理软件 StanfordCoreNLP 自带的 TokensRegex 是一个定义正则表达式的框架。它用于识别文本中的模式，并使用匹配到的文本来创建规则。正则表达式用于确定性匹配，这意味着它要么匹配，要么不匹配。概率正则表达式是正则表达式的一个分支，它通过增加匹配概率来克服这一缺陷。感兴趣的读者可以查看 pregex 等软件库。

上下文无关语法（context-free grammar, CFG）是一种用于自然语言建模的形式语法。CFG 由著名语言学家和科学家诺姆·乔姆斯基教授发明。CFG 可用于捕获正则表达式可能无法捕获的复杂和层次化的信息。例如，Earley 解析器可以解析各种 CFG。如果要对更复杂的规则建模，可以使用 JAPE（Java 注解模式引擎）等语法语言。JAPE 兼具正则表达式和 CFG 的特性，可用于基于规则的自然语言处理系统，如 GATE（文本工程通用架构）。对于定义明确的封闭域，准确率和全覆盖更为重要，因此可用 GATE 构建文本提取。例如，JAPE 和 GATE 曾用于起搏器植入手术临床报告的信息提取。图 1-10 显示了 GATE 界面：文本中有几类信息得到了突出显示。

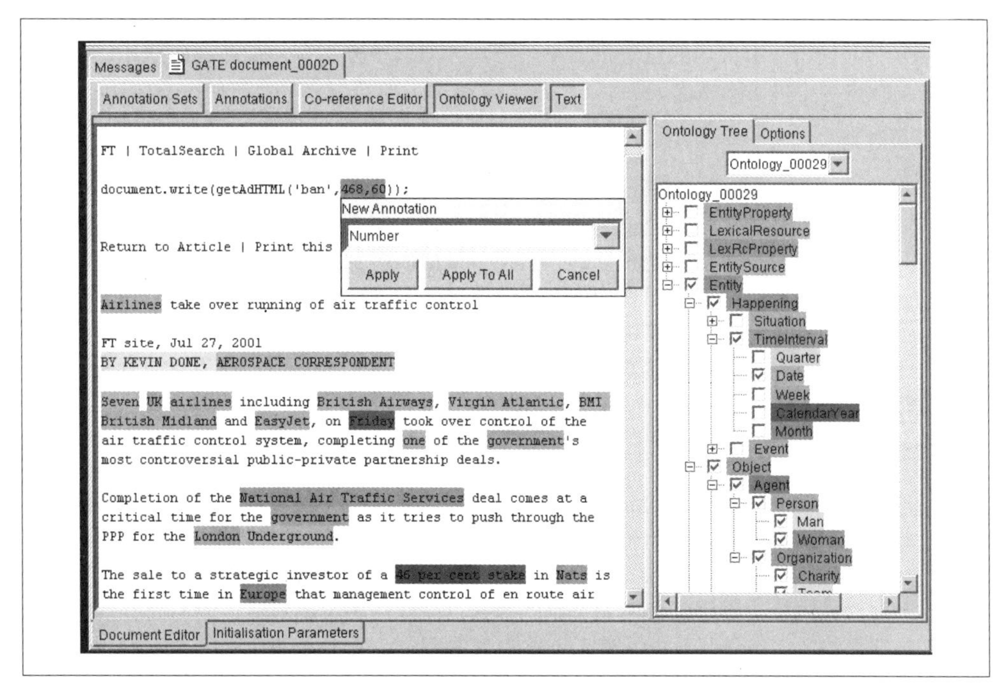

图 1-10：GATE 工具

即使是现在，规则和启发式在自然语言处理项目的整个生命周期中仍然发挥着一定的作用。在项目的开始阶段，规则和启发式是构建自然语言处理系统最初版本的好方法。简单地说，规则和启发式有助于快速构建模型的第一个版本，帮助理解手头的问题。第 4 章和第 11 章将深入讨论这一点。在项目的中间阶段，对于基于机器学习的自然语言处理系统，规则和启发式可以用于提取特征。在项目的最后阶段，规则和启发式可以堵住系统的漏洞。任何使用统计、机器学习或深度学习技术构建的自然语言处理系统都难免出错，有些错误可能会导致严重的损失。例如，如果一个医疗保健系统查看了某个患者的所有医疗记录，却错误地决定不建议进行关键检查，那么这种错误甚至可能会让人付出生命的代价。规则和启发式是堵住生产系统中这类漏洞的好方法。接下来我们换一个话题，讨论用于自然语言处理的机器学习技术。

1.4.2 用于自然语言处理的机器学习

和图像、语音、结构化数据等其他形式的数据一样，文本数据也可以使用机器学习技术。分类、回归等有监督的机器学习技术已经大量用于各种自然语言处理任务。例如，将新闻文章按照体育、政治等主题分类就是自然语言处理分类任务。再比如，社交媒体上关于股票的讨论经过处理后，就可以使用回归技术来给出预测数值，从而估计股票的价格。类似地，无监督聚类算法可以对文本文档进行聚类。

任何用于自然语言处理的机器学习方法，无论是监督学习还是无监督学习，都可以描述为三个步骤：提取文本特征、使用特征表示来学习模型，以及评估和改进模型。文本的特征表示将在第 3 章中专门介绍，模型评估将在第 2 章中讨论。这里简要介绍第二步（使用特征表示来学习模型）中常用的监督机器学习方法。对这些方法有一个基本的认识，将有助于理解后续内容中讨论的概念。

1. 朴素贝叶斯

朴素贝叶斯是一种用于分类任务的经典算法。顾名思义，该算法的基础是贝叶斯定理。朴素贝叶斯计算的是给定输入数据的特征集合，观察到某个类别标签的概率。该算法的一个特点是，它假设每个特征都是独立的。对于本章前面提到的新闻分类示例，用数值表示文本的一种方法是使用文本中出现的体育或政治类词汇的计数。假设这些词汇计数彼此不相关。如果假设成立，就可以使用朴素贝叶斯对新闻文章进行分类。虽然这在许多情况下是一个强假设，但朴素贝叶斯通常是文本分类的起始算法。这主要是因为它简单易懂，训练和运行速度非常快。

2. 支持向量机

支持向量机（support vector machine, SVM）是另一种常见的分类算法。任何分类方法的目标都是学习一个决策边界，作为不同类别文本之间的分隔（例如，新闻分类中的政治和体育类）。该决策边界可以是线性的，也可以是非线性的（例如圆）。支持向量机可以通过学习线性和非线性决策边界来区分不同类别的数据点。线性决策边界通过使不同类别之间的差异变得明显的方式来学习数据的表示。图 1-11 展示了二维特征表示的一个示例，其中黑点、白点分别属于不同的类别（例如，体育类新闻和政治类新闻）。支持向量机的目标是学习一个最优的决策边界，使得不同类别点之间的距离达到最大。支持向量机的最大优点是对数据变化和噪声具有稳健性。这种方法的主要缺点是训练时间长，当有大量训练数据时，便无法扩展。

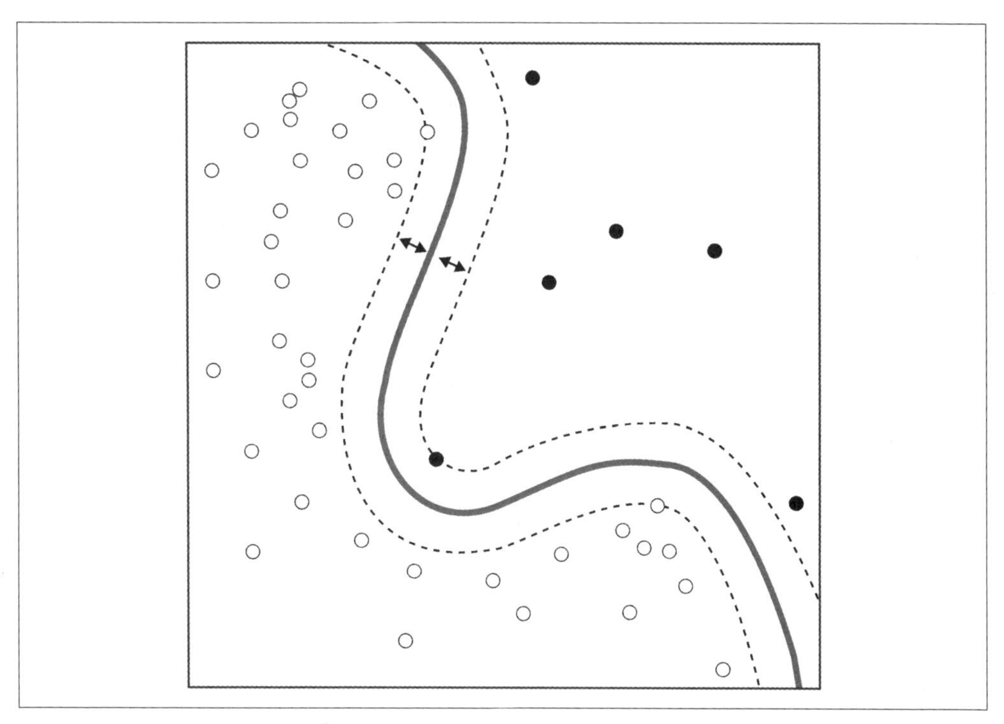

图 1-11：支持向量机的二维特征表示

3. 隐马尔可夫模型

隐马尔可夫模型（hidden Markov model, HMM）是一种统计模型，它假定存在一个不可观察、具有隐藏状态的潜在过程，数据由潜在过程生成。也就是说，只有在数据生成后才能观察到数据。隐马尔可夫模型试图根据这些数据对隐藏状态进行建模。例如，考虑词性标注任务（将词性标记分配给句子）。HMM 可用于文本数据的词性标注。这里假设文本是根据背后的隐藏语法生成的。隐藏状态就是词性，这些词性按照自然语言的语法，内在地定义了句子的结构，但我们只观察到了受这些隐藏状态支配的词。除此之外，HMM 还做了马尔可夫假设，即每个隐藏状态都依赖于先前的一个或多个状态。人类语言本质上是顺序的，句子中的当前词依赖于前面的词。因此，有了这两个假设，HMM 成为文本数据建模的强大工具。图 1-12 展示了学习句子词性的 HMM 示例。JJ（形容词）、NN（名词）等词性是隐藏状态，而"natural language processing (NLP) ..."是直接观察到的句子。

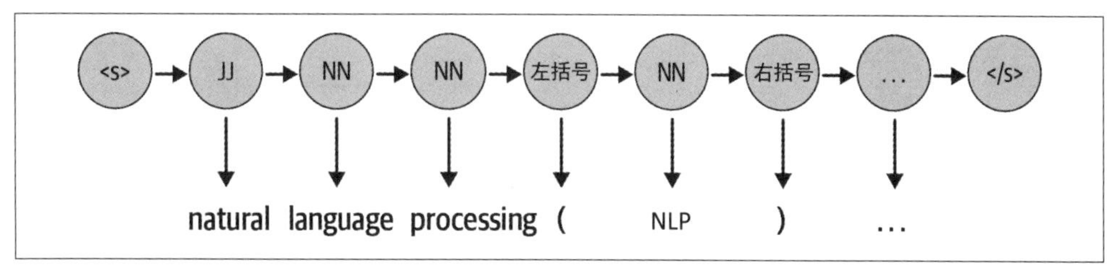

图 1-12：隐马尔可夫模型图示

关于自然语言处理的 HMM，请参阅 Daniel Jurafsky 和 James H. Martin 的著作 *Speech and Language Processing (3rd ed. draft)* 中第 8 章的详细讨论。

4. 条件随机场

条件随机场（conditional random field, CRF）是另一种用于序列数据的算法。从概念上讲，CRF 本质上是对序列中的每个元素执行分类任务。考虑同样的词性标注例子，CRF 可以通过将每个词分类到某个词性（属于词性标注池）来逐词标注。由于 CRF 考虑了顺序输入和标注的语境，因此比其他常用的分类方法更具表现力，并且效果更好。在词性标注等依赖语言顺序的任务上，CRF 的性能优于 HMM。第 5 章、第 6 章和第 9 章将讨论 CRF 及其变体和应用程序。

以上是一些常见的机器学习算法，它们在自然语言处理任务中被大量使用。对这些机器学习方法有一些了解，将有助于理解本书中讨论的各种解决方案。除此之外，了解何时使用哪种算法也很重要，这些会在接下来的内容中讨论。如果想深入了解机器学习过程和详细的理论细节，推荐阅读 Christopher Bishop 的教科书 *Pattern Recognition and Machine Learning*。如果从应用的角度来学习机器学习，Aurélien Géron 的《机器学习实战：基于 Scikit-Learn、Keras 和 TensorFlow》是很好的入门读物。下面介绍自然语言处理的深度学习方法。

1.4.3 用于自然语言处理的深度学习

前面简要介绍了自然语言处理任务中常用的几种机器学习方法。在过去的几年里，使用神经网络处理复杂、非结构化数据的任务出现了大幅度增长。语言本质上是复杂和非结构化的。因此，理解和解决语言任务的模型，需要具有更好的表示能力和学习能力。下面是几种常见的深度神经网络结构，它们在自然语言处理中已经深入人心。

1. 循环神经网络

正如前面提到的，语言本质上是顺序的。任何语言的句子都是沿着一种方向阅读的。例如，英语句子是从左到右阅读的。因此，一个能够从头到尾逐步读入输入文本的模型对于语言理解是非常有用的。循环神经网络（recurrent neural network, RNN）的特殊设计可以确保这样的顺序处理和学习。RNN 的神经单元能够记忆目前为止所处理的内容。这种记忆是时间性的，当 RNN 每隔一个时间步读取输入中的下一个词时，信息就会被存储和更新。图 1-13 显示了一个展开的 RNN，以及它如何在不同的时间步跟踪输入。

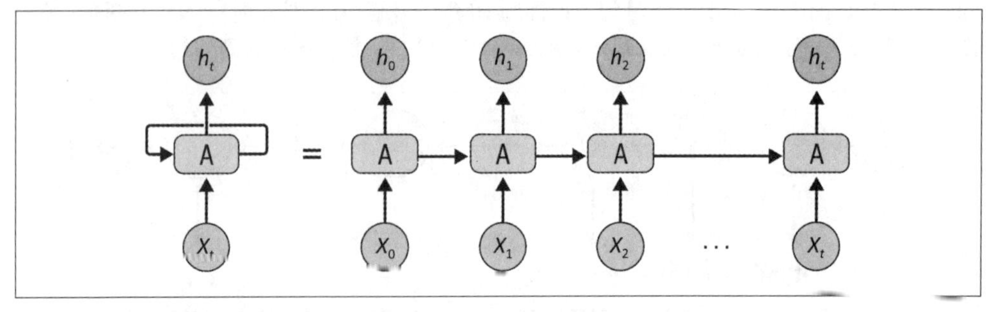

图 1-13：展开的循环神经网络（参见 Christopher Olah 的文章“Understanding LSTM Networks”）

RNN 功能强大，非常适合处理文本分类、命名实体识别、机器翻译等各种自然语言处理任务。RNN 还可以用来生成文本，即通过读取前面的文本，预测下一个词或下一个字符。

2. 长短期记忆

尽管 RNN 功能强大、用途广泛，但它们也存在健忘的问题。它们无法记住较长的语境，因此当输入文本较长时，就会表现不佳，而输入文本较长是普遍情况。长短期记忆（long short-term memory, LSTM）网络是 RNN 的一种，但它弥补了 RNN 的不足。LSTM 放弃了不相关的语境，只记住解决手头任务所需的语境，从而避开了这个问题。这减轻了向量表示的负担，不必记忆很长的语境。由于这种解决方法的优点，LSTM 在大多数应用程序中已经取代了 RNN。门控循环单元（gated recurrent unit, GRU）是 RNN 的另一种变体，主要用于语言生成。图 1-14 展示了单个 LSTM 单元的结构。第 4、5、6 和 9 章将讨论 LSTM 在各种自然语言处理应用程序中的具体用途。

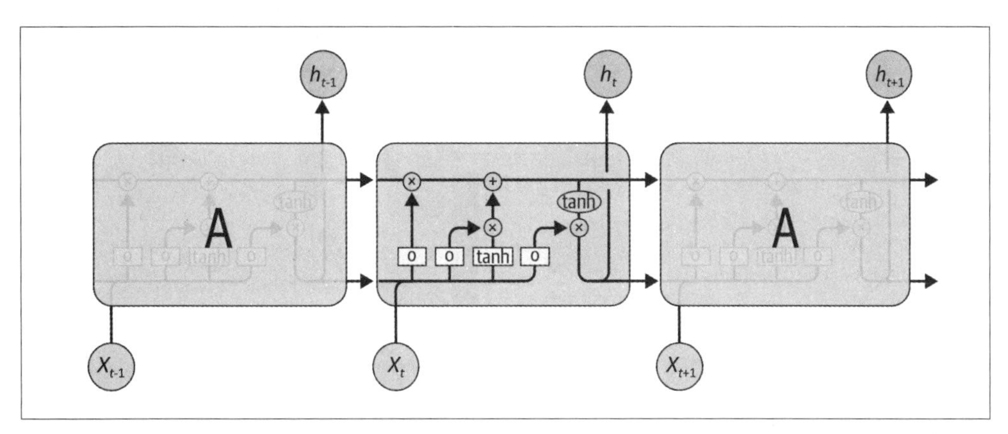

图 1-14：LSTM 单元的结构（参见 Christopher Olah 的文章“Understanding LSTM Networks”）

3. 卷积神经网络

卷积神经网络（convolutional neural network, CNN）在图像分类、视频识别等计算机视觉任务中得到了广泛应用。CNN 在自然语言处理，特别是文本分类任务中也取得了成功。将句子中的每个词替换为对应的词向量，所有的向量都具有相同的维度 d（见第 3 章的 3.3.1 节），因此，它们可以编排在一起形成维数为 $n \times d$ 的矩阵或二维数组，其中 n 是句子的词数，d 是词向量的大小。现在可以像图像一样处理这个矩阵，并且可以用 CNN 进行建模。CNN 的主要优点是能够使用语境窗口查看一组词。例如，在做情感分类时，有这样的句子：“我非常喜欢这部电影！（I like this movie very much!）”为了理解这句话，就需要关注词及其不同的相邻词集。根据结构定义，CNN 自然可以做到这一点。后面的内容将详细讨论这个问题。图 1-15 展示了 CNN 作用于一段文本，从中提取有用的短语，最终得出一个二进制数来指示句子的情感。

如图 1-15 所示，CNN 使用若干卷积层和池化层来实现文本的压缩表示，然后将其作为输入馈送到一个全连接层，从而学习文本分类等自然语言处理任务。第 4 章也会讨论 CNN。

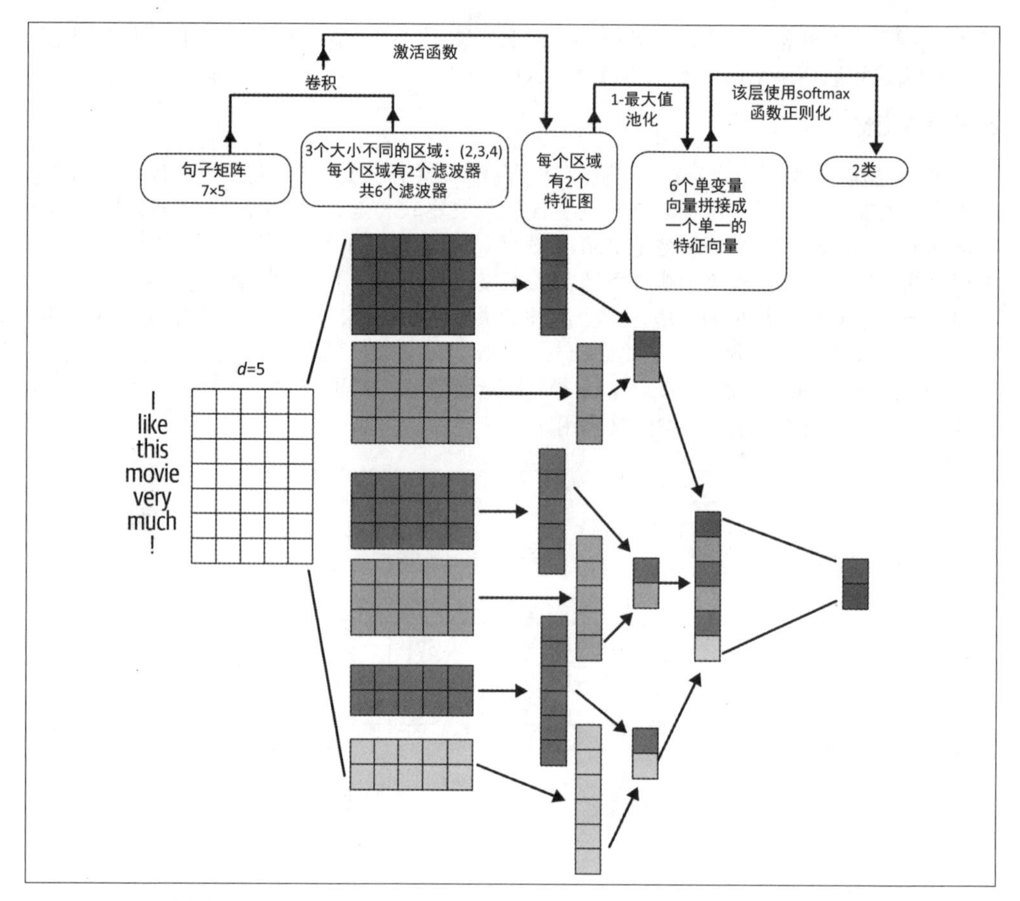

图 1-15：CNN 模型示意

4. Transformer

Transformer 是自然语言处理深度学习模型联盟的新成员。在过去的两年中，Transformer 模型在几乎所有主要的自然语言处理任务中都达到了先进水平。Transformer 对文本语境进行建模，但不是按顺序进行的。给定输入中的一个词，Transformer 着重关注其周围的所有词（称为**自注意力**），并根据其语境来表示每个词。例如，“bank”一词根据其出现的语境可能具有不同的含义。如果语境涉及金融，那么它很可能指的是银行。另一方面，如果语境提到河流，那么它很可能指的是河岸。Transformer 能对这样的语境进行建模，因此在自然语言处理任务中被大量使用。这是因为与其他深度网络相比，Transformer 具有更强的表示能力。

最近，大型 Transformer 已被用于下游小型任务的**迁移学习**。迁移学习是将解决一个问题时获得的知识应用到其他不同但相关的问题的人工智能技术。Transformer 的思想是以无监督的方式训练一个非常大的 Transformer 模型（称为**预训练**）。Transformer 根据句子的其他部分预测句子的一部分，从而能对语言中高层次的细微差别进行编码。训练 Transformer 模型的文本数据超过 40GB，是从整个互联网收集的。大型 Transformer 的一个例子是

BERT（来自 Transformer 的双向编码器表示），如图 1-16 所示，它由海量数据预训练而得，并由谷歌开源。

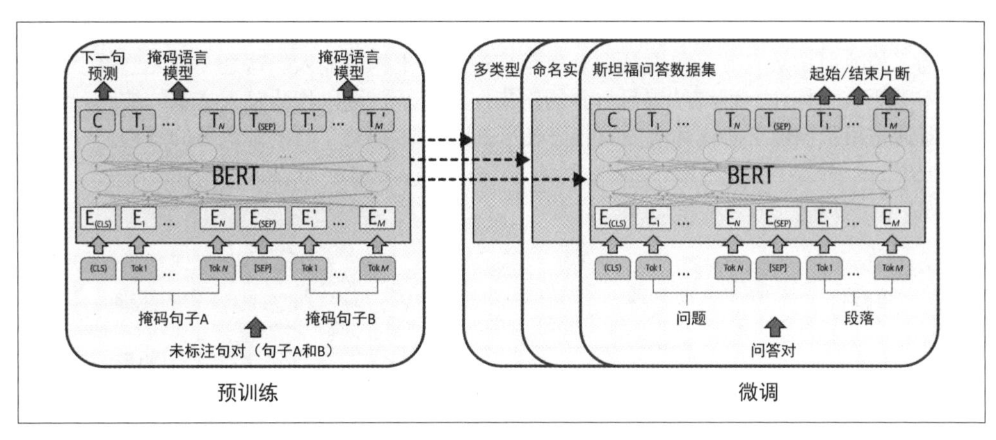

图 1-16：BERT 架构：预训练模型和微调后适用于特定任务的模型

预训练模型如图 1-16 左侧所示。微调后可以用于文本分类、实体提取、问题回答等下游自然语言处理任务，如图 1-16 右侧所示。由于预训练知识量巨大，BERT 可以高效地将知识迁移到下游任务中，并且在许多下游任务中都达到了先进水平。本书将介绍使用 BERT 执行各种任务的各种示例。图 1-17 展示了 Transformer 的关键组件，即自注意力机制的工作原理。第 4、6 和 10 章将介绍 BERT 及其应用。

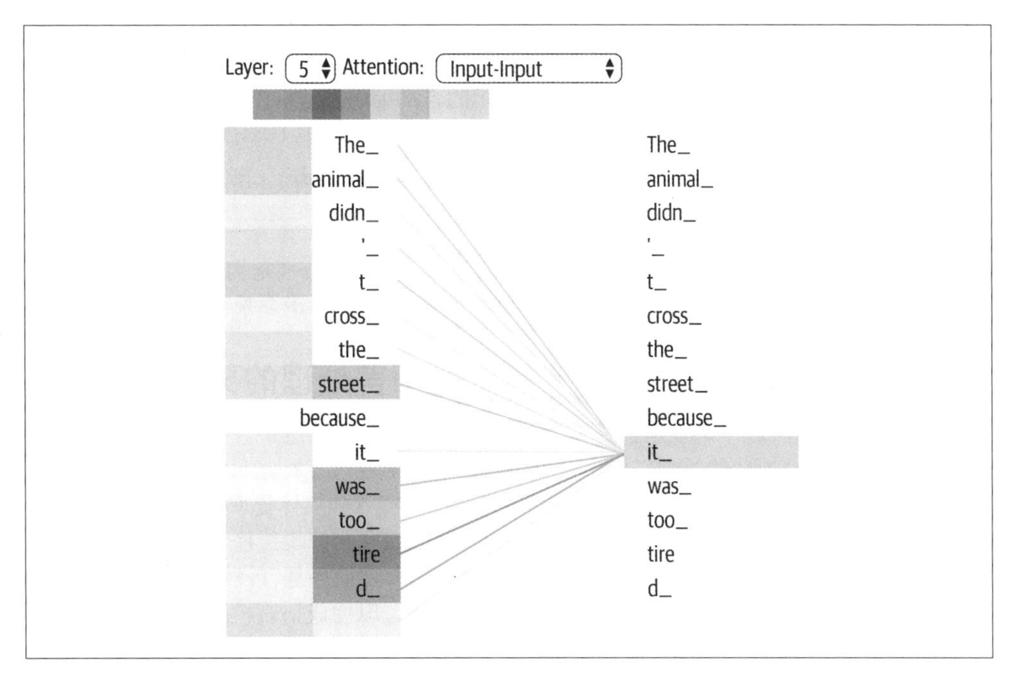

图 1-17：Transformer 中的自注意力机制（参见 Jay Alammar 的文章“The Illustrated Transformer”）

5. 自动编码器

自动编码器（autoencoder）是一种不同类型的网络，主要用于学习输入的密集向量表示。例如，如何用一个向量来表示一个文本？这时不妨学习一个从输入文本到向量的映射函数。为了使映射函数有效，可以从向量表示反过来“重构”输入。这是一种无监督学习方式，不需要人工标注。训练结束后得到的密集向量表示，可以作为输入文本的编码。自动编码器通常用于创建下游任务所需的特征表示。图 1-18 描述了自动编码器的结构。

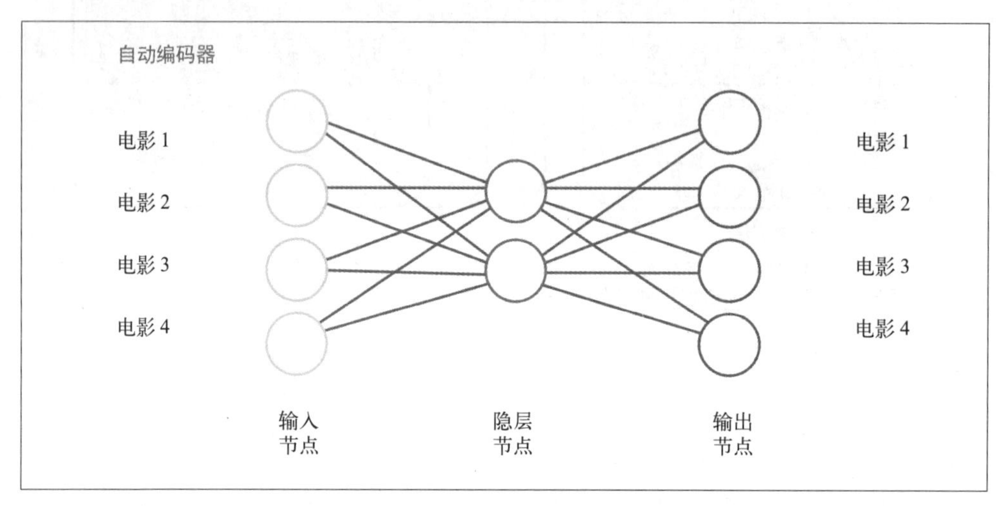

图 1-18：自动编码器的结构

在该方案中，隐层相当于输入数据的压缩表示，能捕捉数据的本质，输出层（解码器）则从压缩表示中重构输入表示。虽然图 1-18 中所示的自动编码器结构无法处理文本等顺序数据的特有属性，但把自动编码器改造成 LSTM 自动编码器，就可以很好地解决这些问题。

上面简要介绍了自然语言处理中常用的一些深度学习结构。希望以上介绍提供了足够的背景知识，便于读者理解本书后面提到的深度学习。

鉴于深度学习模型取得的新进展，人们可能会认为，深度学习应该是构建自然语言处理系统的首选方法。然而，对于大多数行业用例来说，这远非事实。下面来看其中的原因。

1.4.4 为什么深度学习还不是自然语言处理的灵丹妙药

在过去的几年里，深度学习在自然语言处理领域取得了惊人的进展。例如，在文本分类中，基于 LSTM 和 CNN 的模型在许多分类任务中的性能超过了朴素贝叶斯和支持向量机等标准的机器学习技术。类似地，LSTM 在序列标注任务（如实体提取）中比条件随机场模型表现得更好。最近，功能强大的 Transformer 模型在文本分类、序列标注等大多数自然语言处理任务中已经成为最先进的技术。目前的一个大趋势是，设计大型 Transformer 模型（就参数数量而言），在庞大的数据集上进行训练，以完成语言模型等通用的自然语言处理任务，然后微调 Transformer，使之适应下游的小型任务。这种迁移学习方法在计算机视觉、语音等其他领域也取得了成功。

尽管取得了如此巨大的成功，但在行业应用程序中，深度学习仍然不是所有自然语言处理任务的灵丹妙药，其中的一些关键原因列举如下。

小数据集上的过拟合

与传统的机器学习模型相比，深度学习模型具有更多的参数，这意味着它们具有更强的表达能力。但这也伴随着一个诅咒。奥卡姆剃刀法则指出，在所有其他条件都相同的情况下，更简单的解决方案总是更可取的。在开发阶段，很多时候都没有足够的训练数据来训练复杂的网络。在这种情况下，与深度学习模型相比，应该首选更简单的模型。深度学习模型在小数据集上过度拟合，导致泛化能力差，进而导致产品性能差。

少样本学习与合成数据生成

在计算机视觉等学科中，深度学习在少样本学习（即从很少的训练样例中学习）和高质量图像生成模型方面取得了重大进展。这两个进步都使得在少量数据上训练基于深度学习的视觉模型变得可行。因此，深度学习已经被广泛应用于解决行业场景中的问题。但是在自然语言处理领域，还没有看到与之类似的、成功的深度学习技术。

领域适应

如果大型深度学习模型是用某些常用领域（例如新闻文章）的数据集训练的，那么将训练好的模型应用到其他领域（例如社交媒体帖文），就可能导致性能较差。这种泛化带来的性能损失表明深度学习模型并不是百试百灵的。例如，在互联网文本和产品评论上训练的模型，如果用于法律、社交媒体或医疗保健等领域，就会效果不佳。这是因为在这些领域所用的语言，其句法和语义结构是特定的。这就需要专门的模型来编码领域知识，这种模型需要像领域特定的、基于规则的模型一样简单。

可解释模型

除了有效的领域适应外，可控性和可解释性对于深度学习模型来说也是困难的。在大多数时候，深度学习模型像黑箱一样工作。业务部门通常需要更可解释的结果，以便解释给客户或最终用户。在这些情况下，传统技术可能更有用。例如，在情感分类中，朴素贝叶斯模型可以解释强烈的正向词汇和负向词汇对最终情感预测的影响。

到目前为止，从 LSTM 分类模型中获得这样的见解是困难的。相比之下，在计算机视觉领域，深度学习模型不再是黑箱。有许多技术用于解释模型做出特定预测的原因。但在自然语言处理领域，这种方法尚不常见。

常识与世界知识

尽管机器学习和深度学习模型在基准自然语言处理任务上已经取得了很好的性能，但是对于科学家来说，语言仍然是一个较大的谜团。除了句法和语义之外，语言还包含了周围世界的知识。语言交流依赖于对世界事件的逻辑推理和常识。例如，“我喜欢比萨”意味着“我吃比萨的时候很开心”。更复杂一点，“如果约翰走出卧室去花园，那么约翰已经不在卧室了，他现在的位置是花园”。这对人类来说可能是显而易见的，但它需要机器进行多步推理来识别事件并理解其后果。由于世界知识和常识是语言所固有的，理解它们对深度学习模型在各种语言任务上的良好表现是至关重要的。当前的深度学习模型可以在标准测试上表现良好，但仍然不能进行常识理解和逻辑推理。虽然有人在收集常识事件和逻辑规则（如“若－则”推理）方面做了一些努力，但它们还没有很好地与机器学习或深度学习模型集成。

成本

为自然语言处理任务构建基于深度学习的解决方案可能非常昂贵。从金钱和时间方面来看，成本有多个来源。深度学习模型是众所周知的数据吞噬者。收集大型数据集并对其进行标注会非常昂贵。由于深度学习模型体积庞大，训练它们达到期望的性能不仅会增加开发周期，而且还会导致专用硬件（GPU）上的巨大开销。此外，部署和维护深度学习模型在硬件要求和工作量方面都很昂贵。最后，由于体积庞大，深度学习模型会在推理过程中导致延迟问题，如果低延迟是硬性要求，那么这些模型反而毫无用处。在这个缺点列表中，还可以添加一项：构建和维护重型模型会产生技术债务。宽泛地说，技术债务是由于重快速交付、轻良好设计和实现选型而产生的返工成本。

设备上部署

对于许多用例，自然语言处理解决方案需要部署在嵌入式设备上，而不是部署在云端。例如一个机器翻译系统，需要未联网的情况下，也可以帮助游客说出翻译后的文本。在这种情况下，由于设备的限制，解决方案必须在有限的内存和电量下工作。大多数的深度学习解决方案都不满足这样的约束。虽然这个方向上有一些努力，即在边缘设备上部署深度学习模型，但是这离通用的解决方案还有相当远的距离。

在大多数行业项目中，上面提到的一个或多个因素都会体现出来。这会导致更长的项目周期和更高的硬件和人力成本，但性能只与机器学习模型相当，有时甚至低于机器学习模型。这使得投资回报率很低，并且经常导致项目失败。

基于上述讨论，很明显，深度学习并不总是业界所有自然语言处理应用程序的最佳解决方案。因此，本书先介绍各种自然语言处理任务的基本情况，然后使用一系列技术，包括基于规则的系统和深度学习模型等来解决它们。本书强调数据需求和模型构建流水线，而不仅仅是单个模型的技术细节。鉴于这一领域的快速发展，预计未来会出现更新的深度学习模型，来推进技术的发展，但自然语言处理任务的基本原理不会发生实质性的变化。因此，本书先讨论自然语言处理的基础，并在此基础上开发尽可能复杂的模型，而不是直接跳到前沿技术。

与卡内基－梅隆大学的 Zachary Lipton 教授和加州大学伯克利分校的 Jacob Steinhardt 教授在其文章“Troubling Trends in Machine Learning Scholarship”中所主张的一样，我们也在此警示：不要在没有来龙去脉和适当训练的情况下大量阅读机器学习和自然语言处理方面的科学文章、研究论文和博客。紧跟大量前沿工作可能会造成概念混淆和理解不准确。许多最近的深度学习模型没有办法充分解释其经验收益的原因。Lipton 和 Steinhardt 也认识到，机器学习类的科学文章往往无法提供解决手头问题的清晰路径，而且还存在术语的混淆和语言的误用。因此，本书通过各章的示例、代码和提示，仔细描述了自然语言处理任务中机器学习的各种技术概念。

到目前为止，我们已经介绍了语言、自然语言处理、机器学习和深度学习相关的一些基本概念。在结束第 1 章之前，先来看一个案例研究，以便更好地理解自然语言处理应用程序的各个组件。

1.5 自然语言处理演练：对话智能体

亚马逊 Alexa、Apple Siri 等基于语音的对话智能体是最普遍的自然语言处理应用程序，也是大多数人已经熟悉的应用程序。图 1-19 展示了对话智能体的典型交互模型。

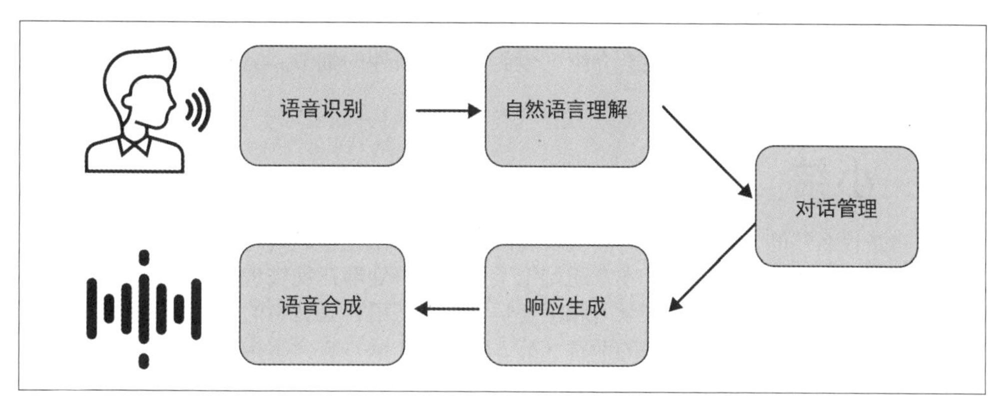

图 1-19：对话智能体流程

下面介绍图中流程用到的主要自然语言处理组件。

1. **语音识别和合成**。这些是任何基于语音的对话智能体的主要组件。语音识别包括将语音信号转换成音素，然后将这些音素转录成词。语音合成则是将文本结果转化成口语的反向过程。这两种技术在过去十年中都有了长足的进步，建议在大多数标准情况下使用云 API。

2. **自然语言理解**。这是对话智能体流水线中的下一个组件，它使用自然语言理解系统分析接收到的用户响应（转录为文本）。这可以分解为许多小的自然语言处理子任务，列举如下。

    - **情感分析**。这里分析的是用户响应的情感。第 4 章将介绍这一点。
    - **命名实体识别**。这里识别的是用户响应中提到的所有重要实体。这将在第 5 章讨论。
    - **共指消解**。这里是指从对话历史中找出所提取实体的指代。例如，用户可能会说"《复仇者联盟 4：终局之战》很棒"，后面再次提到电影时说"电影的特效很棒"。在这种情况下，"电影"指的是《复仇者联盟 4：终局之战》。第 5 章会对此做简要介绍。

3. **对话管理**。从用户响应中提取了有用的信息之后，就需要理解用户的意图：他们是在问一个事实性的问题，比如"今天天气如何"，还是在给出一个命令，比如"播放莫扎特歌曲"。可以使用文本分类系统将用户响应分类为预定义的意图之一。这有助于对话智能体知道用户在问什么。意图分类将在第 4 章和第 6 章讨论。在此过程中，系统可能会提出一些澄清问题，以从用户那里获得进一步的信息。一旦弄清楚了用户的意图，对话智能体就需要知道应该采取哪些合适的行动来满足用户的请求。这是基于从用户响应中提取的信息和意图来完成的。适当的行动包括通过互联网生成答案、播放音乐、调暗灯光或者提出澄清问题。第 6 章将讨论这个问题。

4. **响应生成**。最后，对话智能体根据用户意图的语义解释和用户对话的其他输入来生成合适的执行动作。如前所述，智能体可以从知识库中检索信息，并使用预定义的模板生成响应。例如，它可能会回应说，“现在正在演奏《第 25 号交响曲》”或“灯光已经调暗”。在某些情况下，它还会生成一个全新的响应。

这个简短的案例研究概述了不同的自然语言处理组件如何结合在一起构建对话智能体应用程序。随着本书的进展，后面还会介绍更多关于这些组件的细节。第 6 章将专门讨论对话智能体。

1.6 小结

从“语言是什么”的大致介绍，到真实自然语言处理应用程序的具体案例研究，本章涵盖了一系列的自然语言处理主题。本章还讨论了自然语言处理在现实世界中的应用，它的一些挑战和不同的任务，以及机器学习和深度学习在自然语言处理中的作用。这一章的目的是提供全书的基础知识。接下来的两章（第 2 章和第 3 章）将介绍构建自然语言处理应用程序所需的一些基本步骤。第 4~7 章关注自然语言处理的核心任务以及可以用它们解决的行业用例。第 8~10 章将讨论自然语言处理在电子商务、医疗保健、金融等各种垂直行业中的使用。第 11 章将所有内容汇总到一起，并讨论了在设计、开发、测试和部署方面构建端到端自然语言处理应用程序需要采取的措施。有了这个全面的概述，下面开始深入探索自然语言处理的世界。

第2章

自然语言处理流水线

> 整体大于各部分之和。更准确的说法是，整体不同于各部分之和。这是因为简单相加没有意义，而整体和部分的关系才是意义之所在。
>
> ——库尔特·考夫卡

在日常生活中，我们可能会碰到各种各样的自然语言处理应用程序。上一章已经介绍了一些常见的例子。那么一个自然语言处理应用程序应该如何构建？通常，我们会遍历需求并将问题分解成若干子问题，然后尝试开发一个过程，逐步解决这些子问题。由于涉及语言处理，因此还要列出每一步所需的各种文本处理。这种分步骤处理文本的过程叫**流水线**（pipeline）。流水线是构建自然语言处理模型所涉及的一系列步骤。这些步骤在每个自然语言处理项目中都很常见，因此通过本章来研究它们是理所当然的。理解自然语言处理流水线中的一些常见步骤后，就可以开始处理工作场所中遇到的自然语言处理问题了。设计和开发文本处理流水线被视为任何自然语言处理应用程序开发的起点。本章将介绍各种相关步骤，以及它们在解决自然语言处理问题中的重要作用。关于使用哪个步骤、何时使用、如何使用，本章也会提供一些指南。后面的内容还将讨论各种自然语言处理任务的特定流水线（例如第4~7章）。

数据驱动的现代自然语言处理系统在开发中使用了通用的流水线。图2-1显示了其中的主要组件。流水线中的关键阶段列举如下：

1. 数据获取；
2. 文本清洗；
3. 预处理；
4. 特征工程；
5. 建模；
6. 评估；

7. 部署；
8. 监控和模型更新。

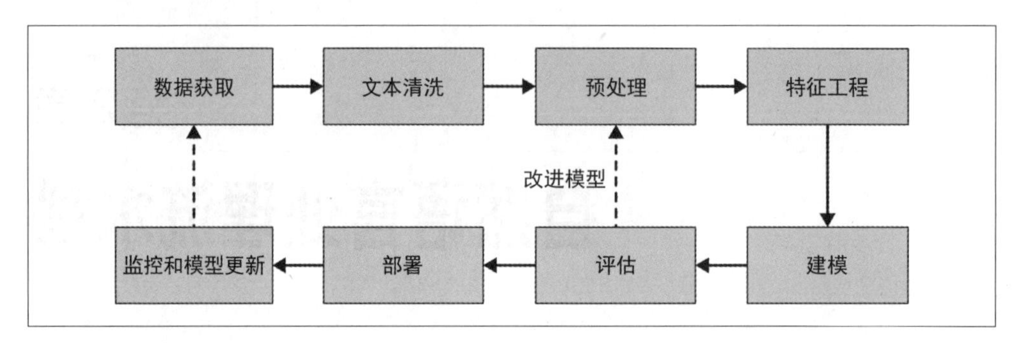

图 2-1：自然语言处理的通用流水线

开发任何自然语言处理系统的第一步是收集给定任务的相关数据。即使构建一个基于规则的系统，也仍然需要一些数据来设计和测试规则。由于获得的数据很少是干净数据，因此需要进行文本清洗。经过清洗后，文本数据往往具有很多不同的形式，因此需要将其转换成规范形式。这是在预处理这一步中完成的。接下来是特征工程，其目的是精心设计出最能表征当前任务的若干指标，并将这些指标转换成建模算法可以理解的格式。然后是建模和评估阶段，即构建一个或多个模型，并采用相关的评估方法对它们进行比较。一旦从中选择了最佳模型，就可以开始在生产中部署该模型。最后一步是定期监控模型的性能，并在需要时更新模型以保持其性能。

注意，在现实世界中，这个过程可能并不总像图 2-1 中所示的流水线那样一帆风顺——它经常会在各个步骤之间，例如在特征提取和建模之间，在建模和评估之间等出现来回反复。而且，步骤之间可能还有循环，最常见的循环是从评估到预处理、特征工程、建模，再回到评估的循环。此外，在项目这个级别上，还会出现从监控回到数据获取的整体循环。

注意，具体采取什么样的步骤可能取决于当前的具体任务。例如，文本分类系统需要的特征提取步骤可能不同于文本摘要系统。本书的后续内容将关注特定于应用的流水线阶段。此外，不同的步骤可能需要不同的时间，这取决于项目所处的阶段。在初始阶段，大部分时间会用于建模和评估，而一旦系统成熟，特征工程就会花费更多的时间。

本章接下来将结合示例，详细介绍流水线的各个阶段，描述每个阶段的一些常见步骤，并讨论一些用例来说明它们。现在开始第一步：数据获取。

2.1 数据获取

数据是机器学习系统的核心。在大多数行业项目中，成为瓶颈的往往是数据。本节将讨论自然语言处理项目中收集相关数据的各种策略。

假如现在要开发一个自然语言处理系统，它能识别传入的客户查询（比如通过聊天界面）是销售查询还是客服查询，并根据查询的类型，自动将其发送到对应的团队。怎样才能构建这样一个系统呢？答案取决于数据的类型和数量。

在理想的情况下，所需的数据集拥有成千上万个数据点。在这种情况下，我们不必担心数据获取的问题。例如，在刚才描述的场景中，不仅有来自前几年的历史性查询，而且销售团队和支持团队还将这些查询标注为“销售”“支持”或“其他”类别。因此，我们不仅有数据，还有标注。然而，在很多人工智能项目中，我们就没有那么幸运了。那么在不太理想的场景中，我们可以做些什么？下面来看一看。

如果只有很少的数据或者没有数据，可以先看一看数据中是否存在某些模式，表明传入的消息是销售查询还是支持查询。然后使用正则表达式和其他启发式来匹配这些模式，从而将销售查询和支持查询分开。接下来是评估这一方案，方法是从两个类别中收集一组查询并计算消息被系统正确识别的百分比。结果可能还凑合。我们希望提高系统性能。

现在可以开始考虑使用自然语言处理技术了。为此，我们需要标注好的数据，也就是查询集合中的每个查询都被标注为“销售”或“支持”。那么怎样才能得到这样的数据？

使用公开数据集

可以看看是否有可以利用的公开数据集。如果找到了与手头任务相似的合适数据集，那么太好了！下一步就是构建模型并进行评估。如果没有，那么接下来该怎么办？

抓取数据

可以在互联网上找到相关数据的来源，例如发布了销售或支持查询的消费者论坛或产品页面讨论区。从那里抓取数据，然后进行人工标注。

对于许多行业场景，从外部来源收集数据是不够的，因为外部数据不包含产品名称或特定于产品的用户行为等细微信息，因此可能与生产环境中看到的数据非常不同。这就需要在组织内部寻找数据。

产品干预

在大多数行业场景中，人工智能模型很少是单独存在的。它们主要通过某项功能或某个产品为用户提供服务。在这种情况下，人工智能团队应该与产品团队合作，开发更好的产品监测指标来收集更多、更丰富的数据。在科技界，这叫**产品干预**。

在行业场景中构建智能应用程序，产品干预通常是收集数据的最佳方式。谷歌、Facebook、微软、Netflix 等科技巨头早就深谙此道，并努力从尽可能多的用户那里收集尽可能多的数据。

数据增强

虽然监测产品是收集数据的好方法，但这需要时间。即使从现在开始监测产品，那也要等 3~6 个月才能收集到一个规模庞大、内容丰富的数据集。那么在此期间，我们可以做些什么？

可以在小数据集上使用某些技巧来创建更多的数据。这些技巧也叫**数据增强**。数据增强试图利用语言特性，来生成句法相似的文本。数据增强可能看起来像是在篡改数据，但在实践中效果很好。自然语言处理中有很多数据增强的技术。下面来看看其中的一些。

同义词替换

在句子中随机选择 k 个非停用词，然后用同义词进行替换。可以使用 WordNet 的 Synsets 来获取同义词。

回译

假设有一个英语句子 S1。使用谷歌翻译等机器翻译库把它翻译成其他语言，比如德语。令对应的德语句子为 S2。现在，再次使用机器翻译库，将 S2 翻译回英语，令输出句子为 S3。

不难发现，S1 和 S3 意思非常接近，但又稍有不同。现在可以把 S3 添加到数据集中。这个技巧非常适合文本分类。图 2-2（参见 Qizhe Xie、Zihang Dai、Eduard Hovy 等人的文章“Unsupervised Data Augmentation for Consistency Training”）显示了回译的一个实例。

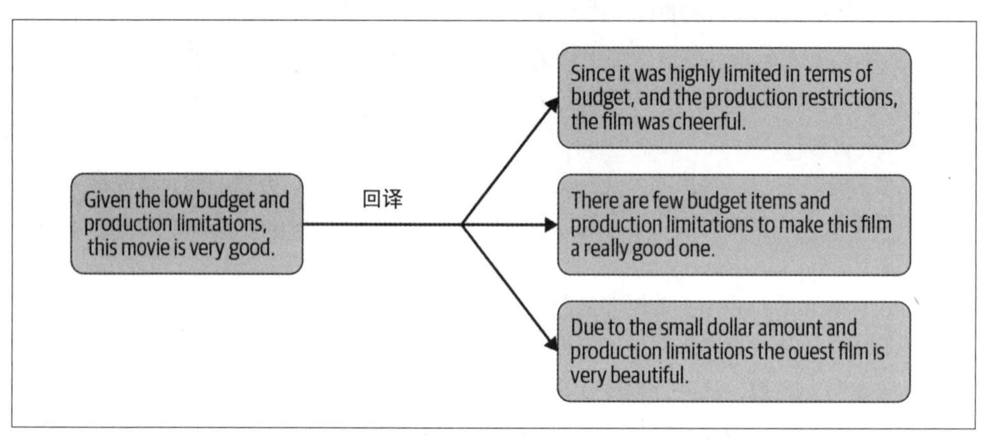

图 2-2：回译

基于 TF-IDF 的词替换

回译后，句子中的某些重要词语可能会丢失。在 Qizhe Xie、Zihang Dai、Eduard Hovy 等人的文章“Unsupervised Data Augmentation for Consistency Training”中，作者使用 TF-IDF 来处理这个问题，第 3 章将引入这一概念。

二元语法翻转

把句子按二元语法进行切分。随机取一组二元语法，将其翻转。例如，在“我要去超市”中，取二元语法“要去”，翻转成“去要”，并进行替换。

替换实体

找出人名、地点、组织等实体，用其他同类实体进行替换，即用其他人名替换原有人名，用其他城市替换原有城市等。例如，在“我住在加州”中，用“伦敦”替换“加州”。

数据加噪

在很多自然语言处理应用程序中，输入数据本身就带有拼写错误。这主要是由数据平台的自身特点决定的，例如 Twitter。在这种情况下，可以在数据中添加一点噪声，从而训练出稳健的模型。例如，在句子中随机选择一个词，然后用拼写相近的词进行替换。另外，移动键盘上因误碰触按键而导致的打字错误也可以产生噪声。这时可以用全键盘上的相邻字符来替换正常字符，从而模拟键盘输入错误。

高阶技术

其他一些高阶技术和系统也可以增强文本数据。以下是值得注意的几个。

Snorkel

该系统可以自动创建训练数据，无须人工标注。Snorkel 使用启发式，通过转换现有数据和创建新数据样本来创建合成数据，从而“创建”大型训练数据集，这里不需要人工标注。

简单数据增强（EDA）和 NLPAug

这两个库的功能是创建自然语言处理合成样例。它们提供了各种数据增强技术的实现，包括前面讨论过的一些技术。

主动学习

这是一种专门化的机器学习范式，其学习算法可以交互地查询数据点并获得它的标签。它适用于存在大量未标注数据、但手动标注代价高昂的场景。在这样的情况下，问题就变成：怎样选择需要标注的数据点，从而使学习效果最好，同时保持标注成本较低?

本节中讨论了很多技术。但要想发挥它们的作用，一个关键的要求是数据集必须干净。即使数据集不够大，根据我们的经验，也可以使用数据增强技术来增加数据量。另外，在日常的机器学习实践中，数据集还可以有不同的来源。在早期阶段，通常没有大规模数据集供自定义场景使用，因此在这个阶段构建生产模型时，就可以组合利用公开数据集、标注数据集和增强数据集。一旦有了给定任务所需的数据，就可以进入流水线的下一步：文本清洗。

2.2 文本提取和清洗

文本提取和清洗是指从输入数据中提取原始文本的过程，它会删除标记、元数据等所有其他非文本信息，并将文本转换为所需的编码格式。通常，这一过程取决于组织中可用数据的格式，例如来自 PDF、HTML 或图像文本等的静态数据，如图 2-3 所示。

文本提取是一个标准的数据整理步骤。这个过程通常不需要特定的自然语言处理技术。然而，这一步非常重要，如果处理不好就会影响自然语言处理流水线的所有后续步骤。此外，文本提取可能也是项目中最耗时的部分。虽然文本提取工具的设计超出了本书的讨论范围，但本节会通过几个示例来说明这一步骤中涉及的各种问题。另外，本节还将讨论从各种来源提取文本的一些重要问题，包括文本清洗，以便其在下游流水线中使用。

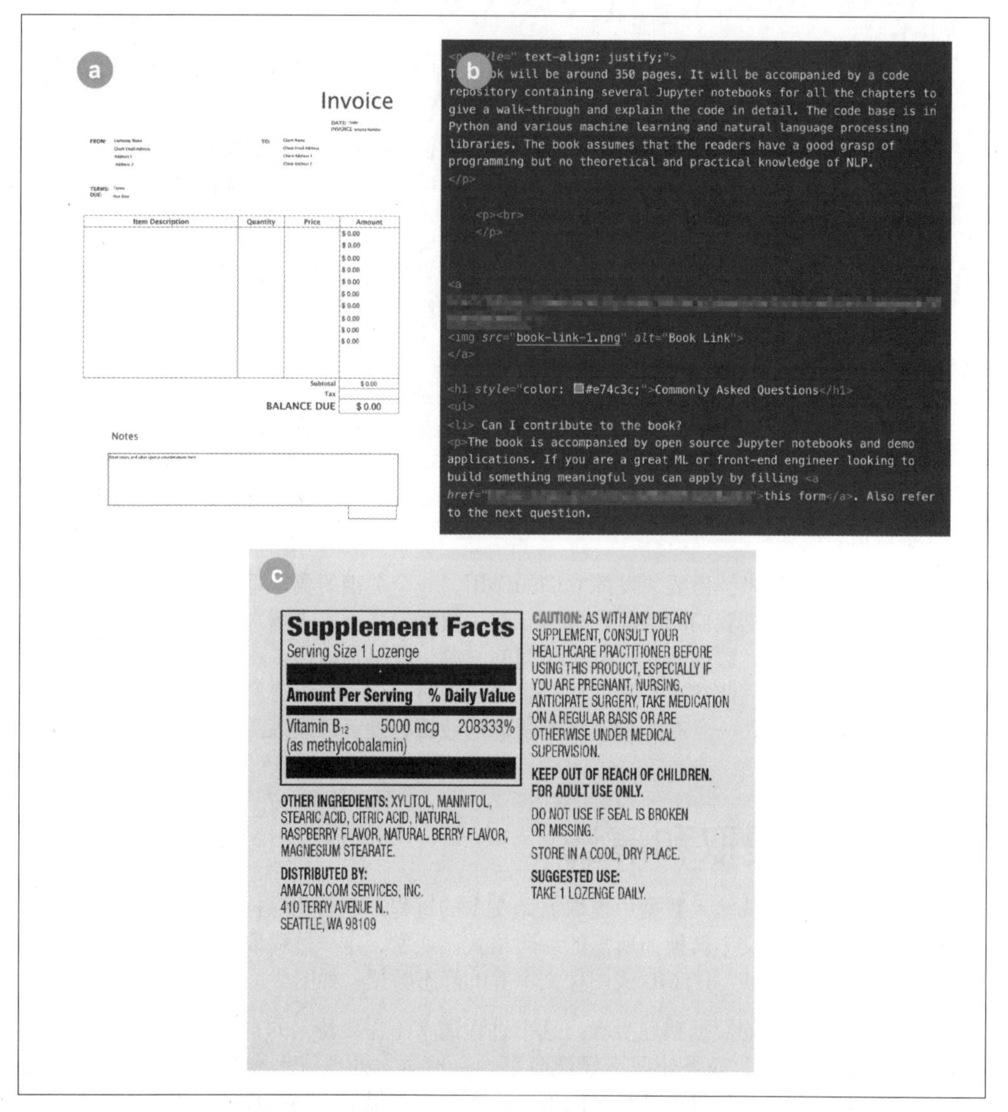

图 2-3：(a) PDF 发票；(b) HTML 文本；(c) 图像中嵌入的文本

2.2.1 HTML解析和清洗

以建立编程问答论坛搜索引擎项目为例。假如已经确定 Stack Overflow 为数据来源，并决定从该网站中提取问题和最佳答案对。在这种情况下，应该如何完成文本提取的步骤？如果观察 Stack Overflow 问题页面的 HTML 标记，就会注意到问题和答案都有特殊的标记。从 HTML 页面提取文本时，可以利用这些信息。虽然编写自己的 HTML 解析器似乎是一种可行的方法，但对于大多数情况来说，更可行的方法是利用现有的库，如 Beautiful Soup 和 Scrapy，它们提供了一系列解析网页的实用程序。下面的代码片段展示了如何使用 Beautiful Soup 来解决这里描述的问题，即从 Stack Overflow 网页中提取问题及其最佳答案对：

```
from bs4 import BeautifulSoup
from urllib.request import urlopen
myurl = "https://stackoverflow.com/questions/415511/
  how-to-get-the-current-time-in-python"
html = urlopen(myurl).read()
soupified = BeautifulSoup(html, "html.parser")
question = soupified.find("div", {"class": "question"})
questiontext = question.find("div", {"class": "post-text"})
print("Question: \n", questiontext.get_text().strip())
answer = soupified.find("div", {"class": "answer"})
answertext = answer.find("div", {"class": "post-text"})
print("Best answer: \n", answertext.get_text().strip())
```

这里，提取想要的内容依赖于对 HTML 文档结构的了解。此代码显示以下输出：

```
Question:
What is the module/method used to get the current time?
Best answer:
  Use:
>>> import datetime
>>> datetime.datetime.now()
datetime.datetime(2009, 1, 6, 15, 8, 24, 78915)

>>> print(datetime.datetime.now())
2009-01-06 15:08:24.789150

And just the time:
>>> datetime.datetime.now().time()
datetime.time(15, 8, 24, 78915)

>>> print(datetime.datetime.now().time())
15:08:24.789150

See the documentation for more information.
To save typing, you can import the datetime object from the datetime module:
>>> from datetime import datetime

Then remove the leading datetime. from all of the above.
```

这个例子有一个特定的需求：提取问题及其答案。在某些场景中，例如从网页中提取邮寄地址，则是先从网页中获取所有文本（而不是部分文本），然后再执行其他操作。通常，所有的 HTML 库都有一些函数，可以剥离所有的 HTML 标记，并只返回标记之间的内容。但这通常会导致噪声输出，并且可能会在提取的内容中看到大量的 JavaScript 。在这种情况下，应该只提取网页中包含文本的内容。

2.2.2 Unicode规范化

在开发代码清洗 HTML 标记时，还可能遇到各种 Unicode 字符，包括符号、表情符号和其他图形字符。图 2-4 中显示了一些 Unicode 字符。

图 2-4：Unicode 字符

为了解析这些非文本符号和特殊字符，需要使用 Unicode 规范化。这意味着我们看到的文本应该转换成某种形式的二进制表示来存储在计算机中。这个过程称为**文本编码**。忽略编码问题可能会导致后续流水线中出现处理错误。

编码方案有多种，对于不同的操作系统，默认编码可能不同。在很多情况下，特别是在处理多语言文本、社交媒体数据等时，可能需要在文本提取过程中在这些编码方案之间进行转换。以下是 Unicode 处理的一个示例：

```
text = 'I love 🍕 ! Shall we book a 🚕 to get pizza?'
Text = text.encode("utf-8")
print(Text)
```

输出：

```
b'I love Pizza \xf0\x9f\x8d\x95! Shall we book a cab \xf0\x9f\x9a\x95
  to get pizza?'
```

处理后的文本是机器可读的，可以在下游流水线中使用。第 8 章将用这个相同的例子详细讨论处理 Unicode 字符的问题。

2.2.3 拼写更正

在速记问题和误触键盘问题的世界中，传入的文本数据经常存在拼写错误。这在搜索引擎、文本聊天机器人、社交媒体等很多数据来源中可能很普遍。虽然删除了 HTML 标记并处理了 Unicode 字符，但拼写错误仍然是一个独特的问题，可能会损害对数据的语义理解，而微博中的速记文本消息往往会妨碍语言处理和上下文理解。以下是两个这样的例子。

速记问题：`Hllo world! I am back!`
误触键盘问题：`I pronise that I will not bresk the silence again!`

速记问题在聊天界面中很普遍，而误触键盘问题在搜索引擎中也很常见，而且大多是无意间造成的。尽管这个问题不难理解，但目前还没有可靠的方法来解决这个问题。即便如此，我们仍然可以尝试应对。微软发布了一个 REST API，可以在 Python 中用于拼写检查。

```
import requests
import json

api_key = "<此处输入密钥>"
example_text = "Hollo, wrld" # 需要拼写检查的文本

data = {'text': example_text}
params = {
    'mkt':'en-us',
    'mode':'proof'
    }
headers = {
    'Content-Type': 'application/x-www-form-urlencoded',
    'Ocp-Apim-Subscription-Key': api_key,
    }
response = requests.post(endpoint, headers=headers, params=params, data=data)
json_response = response.json()
print(json.dumps(json_response, indent=4))
```

输出（仅显示部分结果）：

```
"suggestions": [
    {
      "suggestion": "Hello",
      "score": 0.9115257530801
    },
    {
      "suggestion": "Hollow",
      "score": 0.858039839213461
    },
    {
      "suggestion": "Hallo",
      "score": 0.597385084464481
    }
```

完整的教程参见微软文档中的“Quickstart: Check spelling with the Bing Spell Check REST API and Python”。

除了 API 之外，还可以使用特定语言的大词典来构建自己的拼写检查器。一个简单的解决方案是寻找所有改动（添加、删除、替换）最少的词。例如，如果“hello”是词典中已经存在的有效单词，那么在“hllo”中只添加“e”（改动最少）就可以进行拼写更正。

2.2.4 特定于系统的错误更正

互联网上获取的 HTML 和原始文本只是文本数据的两个来源。考虑另一个场景，假设数据集是 PDF 文档。在这种情况下，流水线的第一步是从 PDF 文档中提取纯文本。然而，不同的 PDF 文档具有不同的编码方式。有时，提取全部文本可能非常困难，或者文本的结构可能会变得混乱。如果需要全部文本，或者文本必须符合语法，或者文本必须是完整的句子，那么这可能会影响我们的应用程序，例如根据报纸文本提取新闻中不同人物之间的关

系。虽然有几个库可以从 PDF 文档中提取文本，比如 PyPDF、PDFMiner 等，但它们还远远不够完美，而且这种库无法处理 PDF 文档的情况并不少见。我们把这些库的探索留给读者作为练习。

文本数据的另一个常见来源是扫描文档。从扫描文档中提取文本通常使用 Tesseract 等库的光学字符识别（optical character recognition, OCR）来完成。考虑下面的示例图片，如图 2-5 所示，它摘自 1950 年的某期刊文章片段。

In the nineteenth century the only kind of linguistics considered seriously was this comparative and historical study of words in languages known or believed to be *cognate*—say the Semitic languages, or the Indo-European languages. It is significant that the Germans who really made the subject what it was, used the term *Indo-germanisch*. Those who know the popular works of Otto Jespersen will remember how firmly he declares that linguistic science is historical. And those who have noticed

图 2-5：扫描文本示例

下面的代码片段显示了如何使用 Python 库 pytesseract 来提取图片文本：

```
from PIL import Image
from pytesseract import image_to_string
filename = "somefile.png"
text = image_to_string(Image.open(filename))
print(text)
```

这段代码将打印如下输出，其中 `\n` 表示换行符：

```
'in the nineteenth century the only Kind of linguistics considered\nseriously
was this comparative and historical study of words in languages\nknown or
believed to Fe cognate—say the Semitic languages, or the Indo-\nEuropean
languages. It is significant that the Germans who really made\nthe subject what
it was, used the term Indo-germanisch. Those who know\nthe popular works of
Otto Jespersen will remember how fitmly he\ndeclares that linguistic
science is historical. And those who have noticed'
```

不难发现，在这种情况下，OCR 系统的输出有两个错误。在其他情况下，OCR 输出可能存在更多的错误，这取决于原始扫描件的质量。在进入流水线的下一个阶段之前，应该如何清洗文本？一种方法是使用拼写检查器（如 pyenchant）检查文本，识别拼写错误并提出替换方案。近些年的方法则使用神经网络架构来训练基于词 / 字符的语言模型，然后使用这些语言模型根据上下文来校正 OCR 的文本输出。

回到第 1 章介绍过的语音助手示例。在这种情况下，文本提取的来源是自动语音识别（automatic speech recognition, ASR）系统的输出。与 OCR 一样，ASR 中的错误也很常见，这是由方言、俚语、非母语英语、新词或专业术语等各种因素造成的。这里也可以遵循上述拼写检查器或神经语言模型的方法来清洗提取的文本。

以上只是文本提取和清洗过程中可能出现的潜在问题的一些示例。虽然自然语言处理在这个过程中起到的作用非常有限，但这些示例表明，文本提取和清洗可能会给典型的自然语言处理流水线带来挑战。接下来的相关内容中，还会涉及这些方面。现在进入流水线的下一步：预处理。

2.3 预处理

先从一个简单的问题开始：既然上一步已经对文本做了一些清洗，那为什么还要进行预处理？考虑这样一个场景：处理维基百科人物页面的文本，提取传记信息。数据获取从抓取页面开始。然而，抓取的数据都是 HTML 格式的，其中有很多维基百科的样板文本（例如，左侧面板中的所有链接），同时还可能存在指向多种语言的链接（在脚本中）等。大多数情况下，这些信息与文本特征提取无关。文本提取步骤已经移除了这些信息，并给出了所需文章的纯文本。然而，所有的自然语言处理软件通常是在句子级别上工作的，并且至少需要分词。因此，需要某种方法将文本分解成词和句子，然后在流水线中进一步处理。有时，特殊字符和数字需要删掉；有时，大小写不重要，所有内容需要转换成小写。在处理文本时，还有很多类似的决定。这些决定都属于自然语言处理流水线的预处理步骤。以下是自然语言处理软件中常用的一些预处理步骤。

预备步骤

　句子切分和分词。

常用步骤

　停用词删除、词干提取和词形还原、数字 / 标点符号删除、大小写转换等。

其他步骤

　规范化、语言检测、语码混用、音译等。

高级处理

　词性标注、句法解析、共指消解等。

虽然并非所有的自然语言处理流水线都会遵循以上步骤，但前两个步骤或多或少是随处可见的。下面来看一看这些步骤的含义。

2.3.1 预备步骤

如前所述，自然语言处理软件在分析文本之前通常需要先将文本分解成词（词符，token）和句子。因此，任何自然语言处理流水线都必须可靠地将文本切分成句子（句子切分），并进一步将句子切分成词（分词）。从表面上看，这些似乎是简单的任务，但为什么还需要特殊处理？接下来解释其中的原因。

1. 句子切分

在句号和问号出现时将文本切分成句子来进行句子切分，这是一个简单的规则。但是，缩写、称呼（Dr.、Mr. 等）或者英文省略号（...）可能会打破这个简单的规则。

幸运的是，大多数自然语言处理库实现了一定的句子切分和分词，因此不必担心如何解决这些问题。一个常用的库是“自然语言工具包”（Natural Language Tool Kit, NLTK）。下面的代码以本章第一段英文原文为输入，展示了如何使用 NLTK 的句子切分和分词器：

```
from nltk.tokenize import sent_tokenize, word_tokenize

mytext = "In the previous chapter, we saw examples of some common NLP
applications that we might encounter in everyday life. If we were asked to
build such an application, think about how we would approach doing so at our
organization. We would normally walk through the requirements and break the
problem down into several sub-problems, then try to develop a step-by-step
procedure to solve them. Since language processing is involved, we would also
list all the forms of text processing needed at each step. This step-by-step
processing of text is known as pipeline. It is the series of steps involved in
building any NLP model. These steps are common in every NLP project, so it
makes sense to study them in this chapter. Understanding some common procedures
in any NLP pipeline will enable us to get started on any NLP problem encountered
in the workplace. Laying out and developing a text-processing pipeline is seen
as a starting point for any NLP application development process. In this
chapter, we will learn about the various steps involved and how they play
important roles in solving the NLP problem and we'll see a few guidelines
about when and how to use which step. In later chapters, we'll discuss
specific pipelines for various NLP tasks (e.g., Chapters 4-7)."

my_sentences = sent_tokenize(mytext)
```

2. 分词

与句子切分类似，要将句子切分成词，也可以从一个简单的规则开始：根据标点符号将文本切分成词。NLTK 库实现了这一功能。仍然使用前面的例子：

```
for sentence in my_sentences:
    print(sentence)
    print(word_tokenize(sentence))
```

对于第一个句子，输出打印如下：

```
In the previous chapter, we saw a quick overview of what is NLP, what are some
of the common applications and challenges in NLP, and an introduction to
different tasks in NLP.
['In', 'the', 'previous', 'chapter', ',', 'we', 'saw', 'a', 'quick',
'overview', 'of', 'what', 'is', 'NLP', ',', 'what', 'are', 'some', 'of', 'the',
'common', 'applications', 'and', 'challenges', 'in', 'NLP', ',', 'and', 'an',
'introduction', 'to', 'different', 'tasks', 'in', 'NLP', '.']
```

虽然现成的解决方案可以满足大多数需求，而且大多数自然语言处理库附带分词器和句子切分器，但重要的是，它们还远远不够完美。例如，考虑这样一个句子，“Mr. Jack O'Neil works at Melitas Marg, located at 245 Yonge Avenue, Austin, 70272”。使用 NLTK 分词器分词后，“O”“'”和“Neil”被识别为三个独立的词。类似地，如果通过这个分词器运行这个句子，“There are $10,000 and € 1000 which are there just for testing a tokenizer”，“$”和“10,000”被识别为两个词，而“€1000”被识别为一个词。另外，如果要对推文进行分词，这个分词器会将标签切分成两个词：“#”号和后面的字符串。在这种情况下，可能需要使用专门构建的自定义分词器。回到刚才的例子，总之，在执行句子切分之后，还要执行分词。

需要注意，NLTK 还有一个推文分词器。第 4 章和第 8 章会讲述它的用法。总而言之，尽管词和句子的切分方法看起来是初级的和易于实现的，但它们可能并不总能满足特定的切分需求，正如以上示例所示。请注意，以上是 NLTK 的示例，但是这些观察结果同样适用于其他库。这里把其他库的探索留给读者作为练习。

正如分词可能因领域而异，分词也严重依赖于语言。每种语言都有不同的语言规则和例外情况。图 2-6 显示了一个例子，其中“N.Y.!”共有三个标点符号。但在英语中，N.Y. 代表纽约，因此“N.Y.”应被视为一个词，不应进一步切分。这种特定于语言的例外情况可以在 spaCy 提供的分词器中指定。另外，spaCy 还可以开发自定义规则，用于处理具有丰富屈折变化（前缀或后缀）和复杂形态的语言的例外情况。

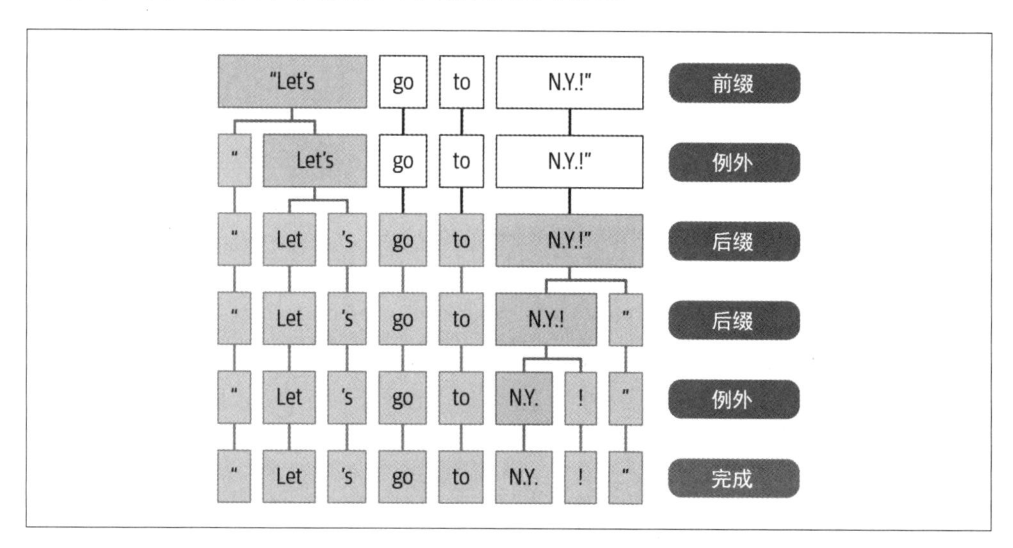

图 2-6：特定于语言（此处为英语）的分词的例外情况（参见 spaCy 网站文章“spaCy 101: Everything you need to know”）

另一个需要记住的重要事实是，任何句子切分器和分词器都会对接收到的输入敏感。假设需求是编写一个软件，从求职信中提取公司、职位和薪水等信息。求职信遵循一定的格式，包括收件人地址、发件人地址、文末签名等。在这种情况下，应该如何决定什么是句子？是整个地址被当作一个“句子”，还是每一行都单独切分？这些问题的答案取决于想要提取的内容，以及流水线其他部分对此类决策的敏感程度。对于识别特定的模式（例如日期或货币表达式），格式良好的正则表达式是第一步。在许多实际场景中，最终可能会使用适合文本结构的自定义分词器或句子切分器，而不是标准自然语言处理库中现有的分词器或句子切分器。

2.3.2 常用步骤

现在来看自然语言处理流水线中其他一些常用的预处理操作。假设需求是设计一个软件，将新闻文章的类别标识为政治、体育、商业和其他四类。假设有一个好的句子切分器和分词器。这时，就必须开始思考什么样的信息对开发分类工具是有用的。英语中的一些常用词，如 a、an、the、of、in 等，对这项任务来说并不是特别有用，因为它们本身不携带任何含义来区分这四个类别。这样的词叫**停用词**。在这样的问题场景中，停用词通常（但并不总是）需要删除，以便进一步分析。不过，英语没有标准的停用词列表。虽然有一些常见的列表（例如 NLTK 就有一个），不过停用词可能会根据正在处理的内容而有所不同。例如，“news”可能是这个问题场景的停用词，但对于上一步示例中的求职信数据，可能又不是停用词。

类似地，在某些情况下，大写或小写可能对问题没有影响。因此，所有的文本都转换成小写（或者大写，不过小写更常见）。另外，删除标点和 / 或数字也是许多自然语言处理问题的常见步骤，例如文本分类（第 4 章）、信息检索（第 7 章）和社交媒体分析（第 8 章）。这些步骤是否有用，以及如何有用，接下来的内容会给出示例。

下面的代码示例显示了如何删除给定文本集合中的停用词、数字和标点符号，并将其转换成小写：

```
from nltk.corpus import stopwords
from string import punctuation
def preprocess_corpus(texts):
    mystopwords = set(stopwords.words("english"))
    def remove_stops_digits(tokens):
        return [token.lower() for token in tokens if token not in mystopwords and
                not token.isdigit() and token not in punctuation]
    return [remove_stops_digits(word_tokenize(text)) for text in texts]
```

需要注意的是，这四个过程在本质上既不是强制的，也不是顺序的。上面的函数只是用于说明如何将这些处理步骤添加到项目中。这里看到的预处理，虽然针对的是文本数据，但并没有涉及语言学特征，也就是除了频率（停用词是出现非常频繁的词）之外，并不关注任何语言特征，而且删除的都是非字母数据（标点符号、数字）。将词级属性考虑在内的两个常用预处理步骤分别是词干提取和词形还原。

词干提取和词形还原

词干提取是指去掉后缀并将一个词简化为某种基本形式的过程，以便该词的所有不同变体都可以用相同的形式表示（例如，“car”和“cars”都被简化为“car”）。这是通过应用一组固定的规则来完成的（例如，如果该词以“es”结尾，则删除“es”）。更多这样的例子如图 2-7 所示。虽然这样的规则可能并不总是得到语言学上正确的基础形式，但词干提取通常用于搜索引擎，以将用户查询与相关文档匹配，也用于文本分类，以减少特征空间来训练机器学习模型。

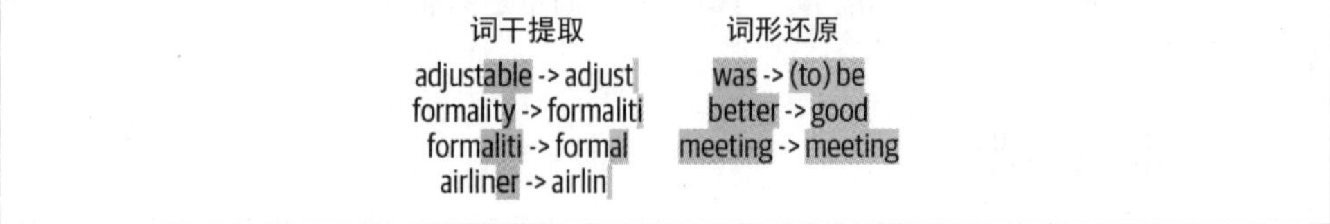

词干提取	词形还原
adjustable -> adjust	was -> (to) be
formality -> formaliti	better -> good
formaliti -> formal	meeting -> meeting
airliner -> airlin	

图 2-7：词干提取和词形还原的区别（参见 Devopedia 网站的文章“Lemmatization”）

下面的代码片段显示了如何使用 NLTK Porter Stemmer 这种词干提取算法：

```
from nltk.stem.porter import PorterStemmer
stemmer = PorterStemmer()
word1, word2 = "cars", "revolution"
print(stemmer.stem(word1), stemmer.stem(word2))
```

这给出了“cars”的词干“car”,“revolution”的词干“revolut”，不过“revolut”在语言学上并不正确。虽然这可能不会影响搜索引擎的性能，但在其他一些情况下，推导出正确的语言形式是有用的。这可以通过词形还原来完成。词形还原和词干提取很接近。

词形还原是将一个词的所有不同形式映射到其基本词或**词元**（lemma）的过程。虽然这看起来很接近词干提取的定义，但事实上它们是不同的。例如，形容词“better”在词干提取后保持不变，但在词形还原后，应该变成“good”，如图 2-7 所示。词形还原需要较多的语言学知识，建模和开发高效的词形还原器仍然是自然语言处理研究中的一个遗留问题。

以下代码片段显示了 NLTK 中基于 WordNet 的词形还原器的用法：

```
from nltk.stem import WordNetLemmatizer
lemmatizer = WordNetLemmatizer()
print(lemmatizer.lemmatize("better", pos="a")) # a代表形容词
```

以下代码片段显示了 spaCy 的词形还原器：

```
import spacy
sp = spacy.load('en_core_web_sm')
token = sp(u'better')
for word in token:
    print(word.text, word.lemma_)
```

NLTK 打印输出为“good”，而 spaCy 打印输出为“well”——两者都是正确的。由于词形还原需要对词及其上下文进行一定程度的语言分析，因此它比词干提取要花更长的时间，而且通常只有在绝对必要时才使用。接下来的内容还会涉及词干提取和词形还原的使用。词形还原器的选择根据情况而定，可以选择 NLTK 或 spaCy。这具体取决于其他预处理步骤使用的是什么框架，但最终的目的是确保在完整的流水线中使用同一种框架。

记住，并非所有这些步骤都是必需的，也不是所有这些步骤都是按照这里讨论的顺序执行的。例如，如果要删除数字和标点符号，那么谁先删除可能无关紧要。但是，文本转小写通常先于词干提取，而词形还原先于删除词元或文本转小写，这是因为词形还原需要知道词的词性，而这又要求句子中的所有词都必须原封不动。一个好的做法是，在对如何处理数据有了清楚的了解之后，按顺序编写一个预处理任务列表。

图 2-8 简要总结了到目前为止这一节中介绍的各种预处理步骤。

请注意，这些是常见的预处理步骤，但它们绝不是详尽无遗的。根据数据的性质，其他预处理步骤可能也很重要。下面来看其中的一些步骤。

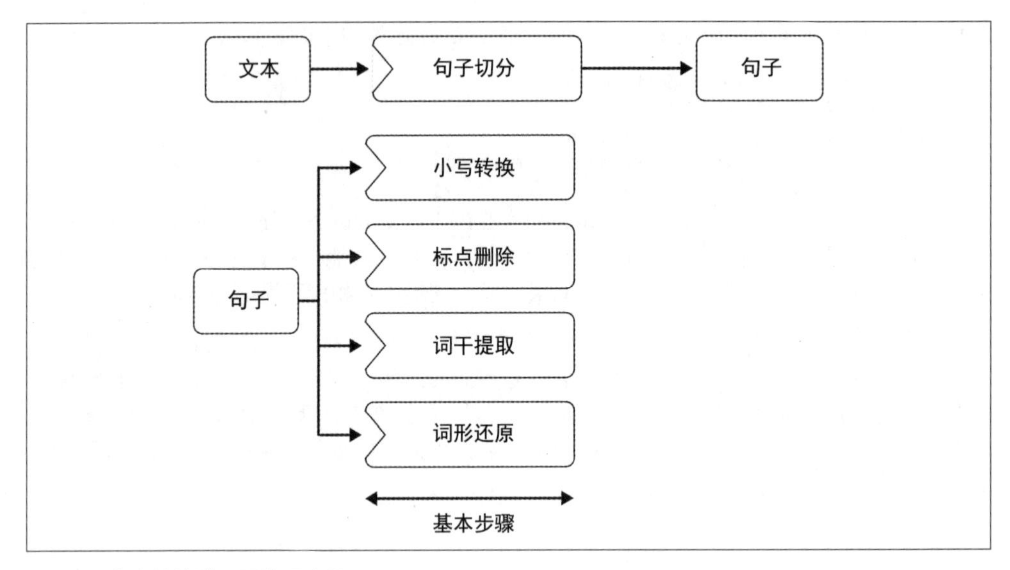

图 2-8：文本块的常见预处理步骤

2.3.3 其他预处理步骤

以上是自然语言处理流水线的常见预处理步骤。虽然没有明确说明文本的性质，但都假设处理的是普通英语文本。但如果情况并非如此，那预处理步骤又有什么不同？下面用几个例子介绍处理这类场景的几个预处理步骤。

1. 文本规范化

考虑这样一个场景：使用社交媒体帖文来检测新闻事件。社交媒体文本与报纸上看到的语言有很大的不同。一个词可以用不同的方式拼写，包括缩写形式，一个电话号码可以用不同的格式书写（例如，带连字符和不带连字符），名字有时用小写，等等。当我们致力于开发自然语言处理工具来处理这类数据时，将所有这些变体捕获到一个表示中并获得文本的规范表示是很有用的。这就是所谓的**文本规范化**。文本规范化的一些常见步骤是将所有文本转换为小写或大写，将数字转换为文本，展开缩写，等等。spaCy 的源代码提供了文本规范化的一种简单方法，它是一个字典，将预置单词集合的不同拼写映射到单一拼写上。第 8 章会给出文本规范化的更多示例。

2. 语言检测

很多网络内容是非英语语言的。以收集网上的所有产品评论为例。当浏览各个电商网站并开始爬取相关的产品页面时，一些非英语评论出现了。既然流水线大部分是用特定于语言的工具构建的，那么本来期待英语文本的自然语言处理流水线会发生什么呢？在这种情况下，自然语言处理流水线的第一步就是执行语言检测。可以使用 Polyglot 之类的库进行语言检测。完成这一步后，接下来的步骤可以沿用特定于语言的流水线。

3. 语码混用和音译

上面讨论了文本内容是非英语语言的场景。然而，还有另一种情况，即一段内容使用多种语言。世界上许多人在日常生活中讲不止一种语言。因此，在社交媒体帖文中使用多种语言并不少见，甚至一篇帖文中也可能包含多种语言。图 2-9 展示了一个新加坡式英语（新加坡俚语 + 英语）短语，作为语码混用的一个例子。

Dey, wǒ men paktor always makan at kopitiam one.

Dey,：泰米尔文；wǒ men：中文，普通话（我们）；paktor：中文，粤语（拍拖）；always：英文；makan：马来文；at：英文；kopitiam：马来文 中文，闽南语（店）；one.：???

翻译：嘿，当我们约会时，我们总在那家咖啡厅吃饭。

图 2-9：新加坡式英语短语中的语码混用

这个流行短语中包含泰米尔文、英文、马来文和中文。语码混用指的是这种在语言之间切换的现象。当人们在书面写作中使用多种语言时，他们经常用罗马文字和英语拼写来输入这些语言中的词汇。因此，其他语言的词汇被写在英语文本中。这就是所谓的**音译**。这两种现象在多语言社区中都很常见，需要在文本预处理过程中加以处理。第 8 章将讨论更多这方面的内容，并给出社交媒体文本中出现这些现象的例子。

对常见预处理步骤的讨论到此结束。虽然这个列表并不是详尽无遗的，但是希望它能让你明白不同性质的数据集可能需要不同形式的预处理。自然语言处理流水线还有一些预处理步骤需要高级的语言处理，下面来看一下。

2.3.4 高级处理

假如现在需要开发一个系统来识别公司 100 万份文档中的人员和组织名称，那么前面讨论的常见预处理步骤就无能为力了。识别名称需要词性标注。如果词性是专有名词，那么这将有助于识别人员和组织名称。如何在项目的预处理阶段进行词性标注？本书不会详细讨论词性标注器的开发（详见 Daniel Jurafsky 和 James H. Martin 的著作 *Speech and Language Processing (3rd ed. draft)* 中的第 8 章）。预先训练好的、易于使用的词性标注器已在 NLTK、spaCy、Parsey McParseface Tagger 等自然语言处理库中实现，通常不必开发自己的词性标注解决方案。下面的代码片段说明了如何使用预置在 spaCy 库中的多个预处理函数：

```
import spacy
nlp = spacy.load('en_core_web_sm')
doc = nlp(u'Charles Spencer Chaplin was born on 16 April 1889 toHannah Chaplin
         (born Hannah Harriet Pedlingham Hill) and Charles Chaplin Sr')
for token in doc:
    print(token.text, token.lemma_, token.pos_,
          token.shape_, token.is_alpha, token.is_stop)
```

在这个简单的代码片段中，可以看到分词、词形还原、词性标注和其他几个步骤。注意，如果需要，还可以在这个代码片段中添加其他的处理步骤，这里留给读者作为练习。需要注意的是，对于相同的预处理步骤，不同自然语言处理库的输出可能存在差异。部分原因是，不同的库使用不同的实现和算法。最终在项目中使用哪一个（或多个）库，是一个主观决定，取决于所需的语言处理量。

现在考虑一个稍微不同的问题：除了在公司的 100 万份文档中识别人员和组织名称之外，还需要识别给定的个人和组织是否具有某种关系 [例如，萨蒂亚·纳德拉和微软之间的关系是“首席执行官”（CEO）]。这就是所谓的**关系提取**问题，第 5 章将详细讨论。但是现在先想一下这种情况需要什么样的预处理。首先需要词性标注，前面已经介绍如何把词性标注添加到流水线。其次需要一种识别人员和组织名称的方法，这是一个单独的信息提取任务，称为**命名实体识别**（named entity recognition, NER），具体将在第 5 章中讨论。除此之外，还需要一种方法来识别句子中两个实体之间的“关系”模式。这就需要对句子有某种形式的句法表示，比如句法解析，这在第 1 章中已经谈到。此外，还需要一种方法来识别和链接一个实体的多个提及（例如，萨蒂亚·纳德拉、纳德拉先生、他等）。这一点通过**共指消解**预处理步骤来实现。第 1 章的 1.5 节中展示了这方面的一个例子。图 2-10 显示了 Stanford CoreNLP 的输出，包括示例句子的句法解析器输出和共指消解输出，以及前面讨论过的其他预处理步骤。

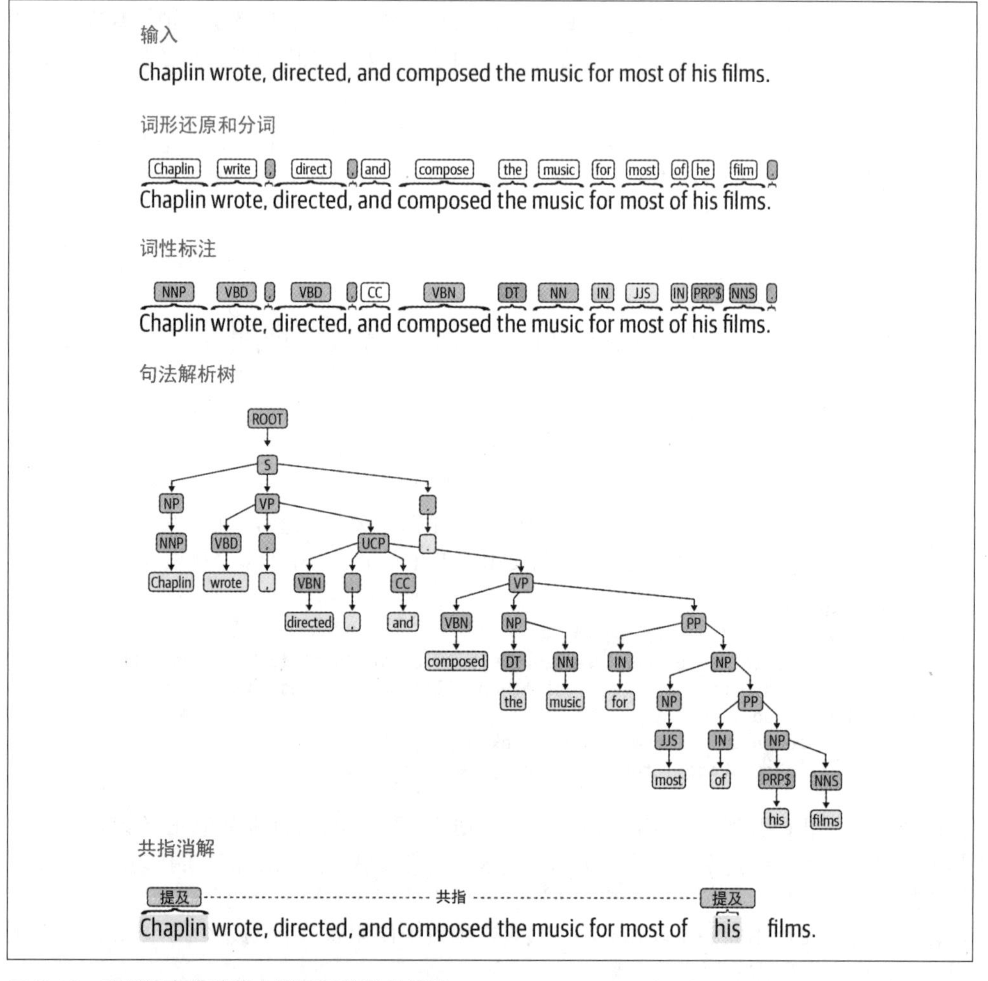

图 2-10：自然语言处理流水线不同阶段的输出

到目前为止，本节展示的是流水线中一些最常见的预处理步骤。在各个自然语言处理库中，都有经过预先训练的模型，可以直接使用。除此之外，可能还需要额外的、定制的预处理，具体取决于应用程序。例如，考虑这样一个案例：挖掘产品的社交媒体情绪。从 Twitter 上收集数据后，很快就会发现有些推文不是用英语写的。在这种情况下，可能需要在其他步骤之前加一个语言检测步骤。

此外，需要哪些步骤，还取决于具体的应用程序。如果创建的系统是识别影评人在影评中表达对电影的正向情感或负向情感，可能就不用太担心句法解析或共指消解，但会考虑去掉停用词、小写转换和去掉数字。然而，如果对从电子邮件中提取日历事件感兴趣，那么最好不要删除停用词或进行词干提取处理，而是增加句法解析等步骤。如果想要提取文本中不同实体和其中提到的事件之间的关系，那么将需要共指消解，正如前面所讨论的。第 5 章会展示需要这些步骤的例子。

最后，必须考虑每种情况下预处理的详细程序，如图 2-11 所示。

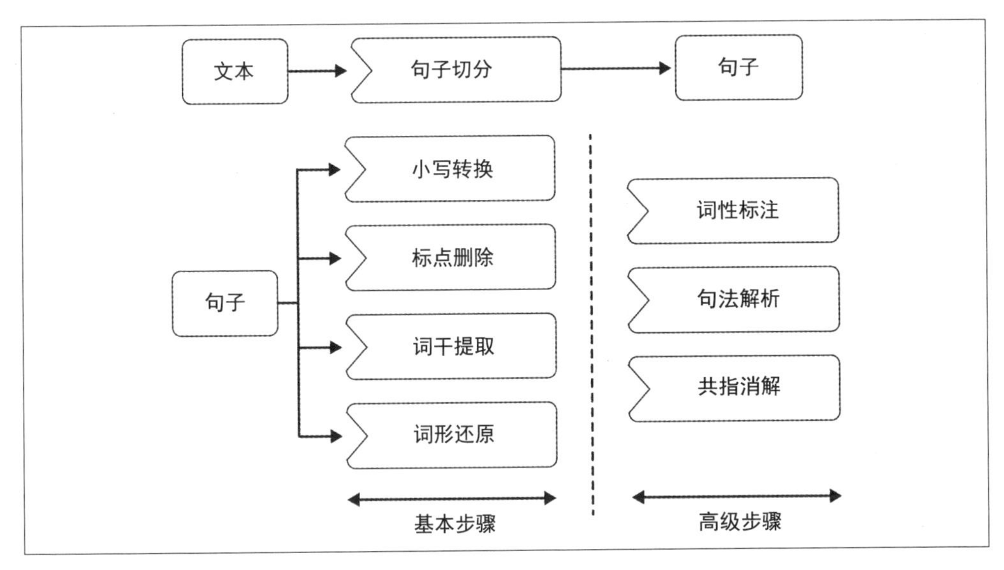

图 2-11：文本块的高级预处理步骤

例如，词性标注前不能先去掉停用词、转换小写等，否则会改变句子的语法结构，从而影响词性标注器的输出。预处理步骤如何帮助处理某个给定的自然语言处理问题，这也是特定于应用程序的，只能通过大量的实验来回答。接下来的内容还会再次讨论不同自然语言处理应用程序所需的更具体的预处理步骤。现在进入下一个步骤：特征工程。

2.4 特征工程

前面介绍了不同的预处理步骤，以及它们的应用范围。但在后面使用机器学习方法来执行建模步骤之前，仍然需要一种方法来将预处理后的文本馈送到机器学习算法中。**特征工程**是指完成这项任务的一套方法，也叫**特征提取**，其目标是捕捉文本的特征，将其转换成可以被机器学习算法理解的数值向量。在本书中，这一步骤称为“文本表示”，这是第 3 章的主题。此外，第 11 章还将在通过开发完整的自然语言处理流水线和迭代流水线来提高性能的背景下详细介绍特征提取。这里简要介绍：(1) 经典自然语言处理和传统机器学习流水线；(2) 深度学习流水线中特征工程的两种不同方法。图 2-12（改编自 Parsa Ghaffari 的文章“Leveraging Deep Learning for Multilingual Sentiment Analysis”）显示了这两种方法的区别。

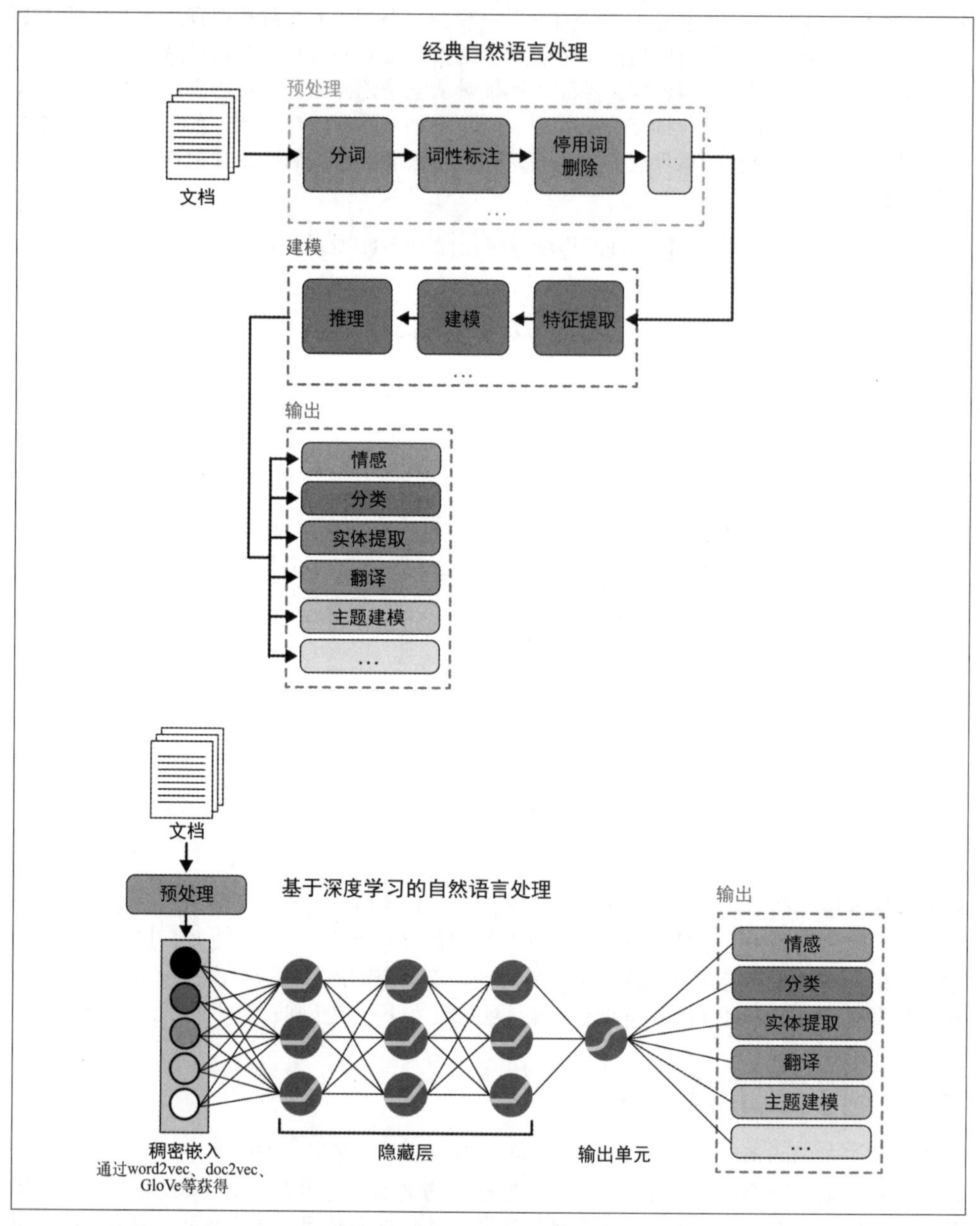

图 2-12：经典自然语言处理与基于深度学习的自然语言处理的特征工程

2.4.1 经典自然语言处理/机器学习流水线

特征工程在任何机器学习流水线中都是一个不可或缺的步骤。特征工程步骤将原始数据转换为机器可以使用的格式。在经典的机器学习流水线中，这些转换函数通常是人工编写的，以适应手头的任务。考虑电商产品评论的情感分类任务。如何将评论转换成有意义的“数值”，以帮助预测评论的情感（正向或负向）？一种方法是计算每个评论中正向和负向词的数量。另外，还有其他统计方法可以用来理解某个特征是否对任务有用，第 11 章会讨论这个问题。构建经典机器学习模型的主要启示是，这些特征在很大程度上需要手头任务和领域知识的启发（例如，在影评示例中使用情感词汇）。人工提取特征的一个优点是模型可以保持可解释性——可以精确量化每个特征对模型预测的影响程度。

2.4.2 深度学习流水线

经典机器学习模型的主要缺点是特征工程。人工提取特征工程已经成为模型性能和模型开发周期的瓶颈。一个有噪声或不相关的特征可能会给数据增加更多的随机性，从而潜在地损害模型的性能。最近，随着深度学习模型的出现，这种方法发生了变化。在深度学习流水线中，原始数据经过预处理后，直接输入模型，模型能够直接从数据中“学习”特征。因此，这些特征与手头任务更一致，通常可以提高性能。但是，由于所有这些特征都是通过模型参数学习的，因此模型失去了可解释性。很难解释深度学习模型的预测，这在业务驱动的用例中是一个缺点。例如，当把一封电子邮件识别为正常邮件或垃圾邮件时，需要知道哪个词或短语在造成正常邮件或垃圾邮件中发挥了重要作用。虽然这对于人工提取特征来说很容易做到，但对于深度学习模型来说就不容易了。

正如前面提到的，特征工程是非常特定于任务的，因此本书会以文本数据和一系列任务为背景来讨论特征工程。有了对特征工程的高层次理解之后，现在来看流水线的下一步：**建模**。

2.5 建模

假如现在有了自然语言处理项目的相关数据，并且也清楚地知道需要做什么样的清洗和预处理以及需要提取哪些特征。那么下一步就是如何在此基础上构建一个有用的解决方案。在开始阶段，当拥有的数据有限时，可以使用简单的方法和规则。随着时间的推移，随着数据的增加和对问题理解的加深，就可以增加更多的复杂性并提高性能。本节将介绍这一过程。

2.5.1 从简单的启发式开始

在构建模型的最开始，机器学习本身可能不会发挥主要作用，部分原因是缺乏数据。另外，人工构建的启发式方法在某种程度上也可以提供一个很好的开端。有时，启发式——或者隐式，或者显式——可能已经是系统的一部分。例如，在垃圾邮件分类任务中，对专发垃圾邮件的域设置黑名单。这些信息可以用来过滤来自这些域的电子邮件。类似地，把极有可能表示垃圾邮件的词加入黑名单，也可以用于垃圾邮件分类。

这种启发式方法可以在一系列任务中找到，尤其是在应用机器学习的开始阶段。在电子商务场景中，可以使用基于购买数量的启发式，来对搜索结果进行排序，并显示属于同一类别的产品作为推荐。与此同时，可以收集数据，构建一个更大的协同过滤系统，从而根据具有相似购买习惯的客户所购买的产品等一系列其他特征来推荐产品。

另一种在系统中引入启发式的常见方法是使用正则表达式。考虑从文本文档中提取日期、电话、人名等不同形式的信息。虽然电子邮件地址、日期和电话号码等信息可以使用普通（但也复杂）的正则表达式提取，但 Stanford NLP 的 TokensRegex 和 spaCy 的“基于规则的匹配器”这两个工具，可以定义高级的正则表达式，以捕获人名等其他信息。图 2-13 显示了 spaCy 的基于规则的匹配器的一个实例。

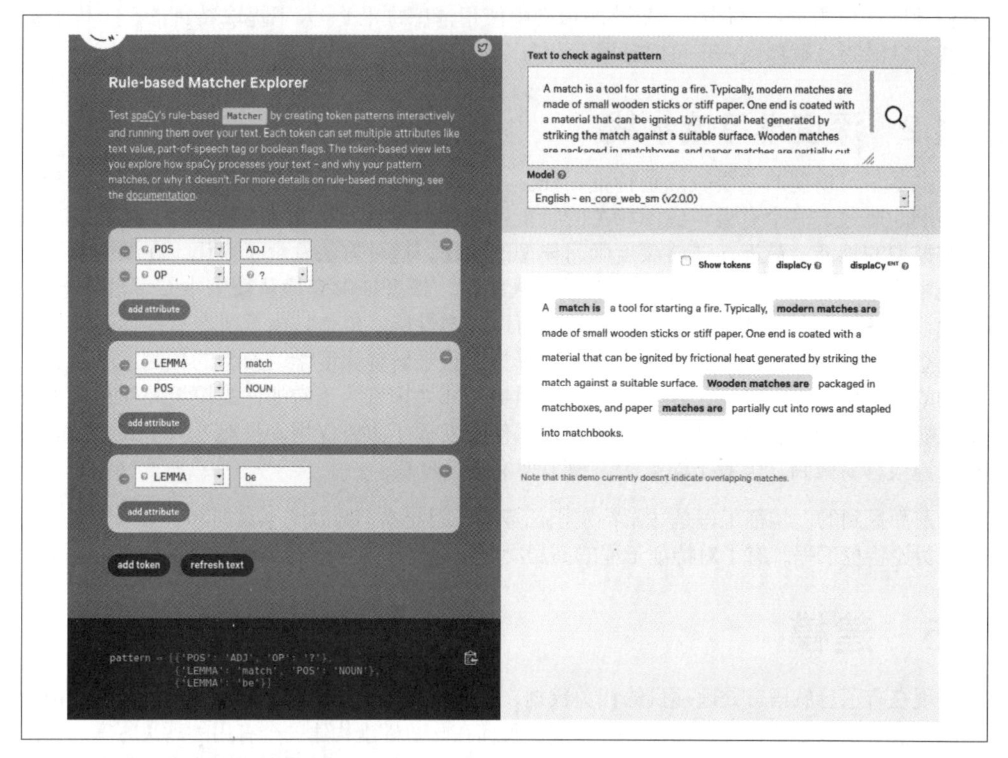

图 2-13：spaCy 基于规则的匹配器

该模式将查找包含词元为“match”（且为名词形式）的文本，而且该词前面可以有一个形容词，但是后面必须跟着词元为“be”的词。这种模式是正则表达式的高级形式，需要本章前面介绍的一些自然语言处理预处理步骤。在缺乏大量训练数据的情况下，如果有一些领域知识，就可以使用规则 / 启发式来编码这些知识以开始构建系统。即使在构建基于机器学习的模型时，也可以使用这种启发式来处理特殊情况，例如模型效果不好的情况。因此，简单的启发式可以提供一个很好的起点，而且启发式在机器学习模型中也是有用的。假设现在已经构建了基于启发式的系统，那么接下来应该怎么办？

2.5.2 构建自己的模型

虽然一组简单的启发式是一个好的开始，但是随着系统的成熟，添加越来越新的启发式可能会导致一个复杂的、基于规则的系统。这样的系统很难管理，诊断错误的原因可能更难。我们需要一个在成熟时更容易维护的系统。此外，随着收集的数据越来越多，机器学习模型开始战胜纯粹的启发式方法。这时，通常的做法是将启发式直接或间接地与机器学习模型相结合。有两种方法可以做到这一点。

为机器学习模型创建启发式特征

当存在许多启发式时，其中单个启发式的行为是确定的，但它们的组合行为在预测效果方面是模糊的，因此最好使用这些启发式作为特征来训练机器学习模型。例如，在垃圾邮件分类示例中，可以向机器学习模型添加一些特征，例如电子邮件中黑名单中的词出现的次数，或电子邮件弹回率。

对机器学习模型的输入进行预处理

如果启发式方法对于某个类别有很高的预测率，那么最好在将数据输入机器学习模型之前使用它。例如，如果电子邮件中的某些词可以 99% 地判定这是垃圾邮件，那么最好将该电子邮件直接分类为垃圾邮件，而不是将其发送到机器学习模型。

此外，自然语言处理服务提供商——如谷歌云自然语言、亚马逊 Comprehend、微软 Azure 认知服务、IBM 沃森自然语言理解——提供了现成的 API 来解决各种自然语言处理任务。如果项目中的自然语言处理问题可以由 API 解决，那么不妨使用 API 来估计任务的可行性以及现有数据集的质量。一旦确信任务是可行的，并且现成的模型给出了合理的结果，就可以开始构建自定义的机器学习模型并对其进行完善。

2.5.3 构建最终模型

前面介绍了使用启发式或现有 API，抑或是通过构建自定义机器学习模型来开始构建自然语言处理系统。从基线方法开始，只有不断改进模型，经过多次迭代后，才有可能构建具有良好性能并可用于生产的“最终模型”。下面介绍解决这个问题的一些方法。

集成与编排

根据经验，常见的做法不是使用单一的模型，而是使用一组机器学习模型，从而应对预测问题的不同方面。这里有两种方法。其一是将一个模型的输出作为另一个模型的输入，从而顺序地从一个模型进入另一个模型，并获得最终的输出。这叫**模型编排**[1]。其二是将多个模型的预测结果汇集起来，并做出最终的预测。这叫**模型集成**。图 2-14 展示了这两种过程。

在图 2-14 中，训练数据用于构建模型 1、2 和 3。这些模型的输出合并后进入元模型（模型的模型），以预测最终结果。例如，在垃圾邮件分类案例中，假设运行了三种不同的模型：基于启发式的评分模型、朴素贝叶斯模型和 LSTM 模型，这三个模型的输出随后会输入基于逻辑回归的元模型中，然后由元模型给出电子邮件是否为垃圾邮件的概率。随着产品特征的增多，模型的复杂性也会增加。因此，最终可能会组合使用启发式、机器学习、编排和集成模型等多种方式，以整合到更大的产品中。

注 1：这与 LSTM 等神经网络中的垂直编排不同。

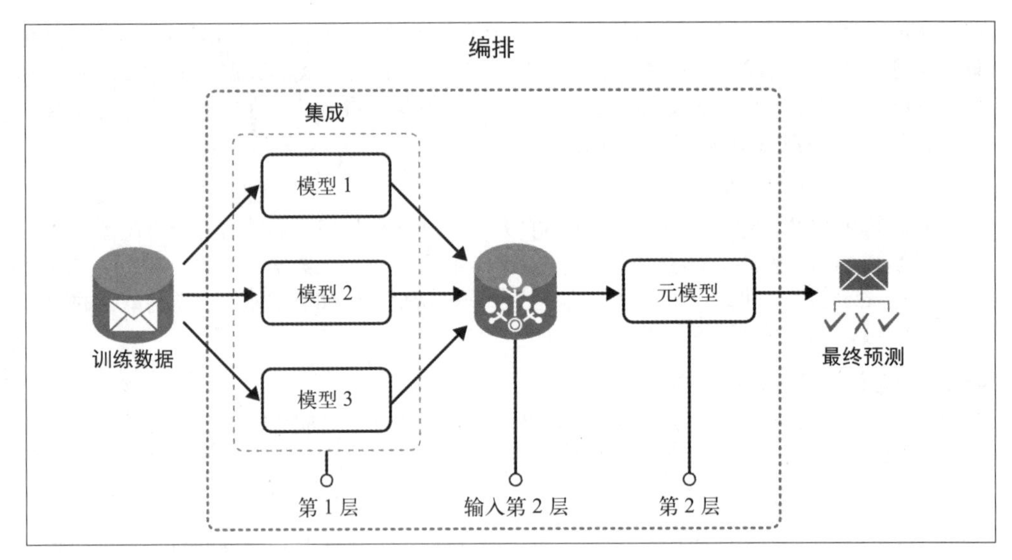

图 2-14：模型集成与编排

更好的特征工程

无论是基于 API 的模型，还是自定义的模型，特征工程都是重要的一步，而且特征工程还会在整个过程中不断演进。更好的特征工程可能会带来更好的性能。如果有很多的特征，那么可以使用特征选择来找到较好的模型。第 11 章会详细介绍如何迭代特征工程以实现最佳设置的策略。

迁移学习

除了模型编排和集成之外，自然语言处理界还有一种新的趋势正在流行，这就是**迁移学习**，第 1 章介绍过。通常，为了更好地理解语言和问题，模型需要数据集之外的外部知识。迁移学习试图在初始阶段将先前存在的知识从训练好的大型模型迁移到新的模型中。然后，新模型会慢慢适应手头的任务。这就好比老师把智慧和知识传授给学生。迁移学习提供了更好的初始化，这有助于下游任务，特别是当下游任务的数据集较小时。在这些情况下，迁移学习比直接随机初始化效果更好。例如，在垃圾邮件分类中，可以使用 BERT 来微调电子邮件数据集。第 4~6 章会详细讨论 BERT。

再次使用启发式

机器学习模型并非完美无缺。它们仍然会出错。因此，在建模流水线的最后，不妨再来看一看这些错误情况，发现其中的常见模式，并使用启发式方法来纠正错误。另外还可以使用无法从数据中捕捉的特定领域知识，来改进模型预测。如果说模型是表演惊人技巧的空中飞人，那么启发式规则就是安全网，保证表演者不会从空中掉下来。

从完全依赖启发式的无数据阶段，到可以尝试一系列建模技术的多数据阶段，中间会遇到这样的情况：拥有少量的数据，但又通常不足以构建好的机器学习模型。在这样的场景中，一种可以遵循的方法是主动学习，即利用用户反馈或其他类似来源不断收集新的数据，以构建更好的模型。第 4 章将详细讨论这一点。正如刚才所看到的，建模策略在很大程度上依赖于手头的数据。表 2-1 显示了基于数据数量和质量的决策路径。

表2-1：数据特点和相应的决策路径

数据特点	决策路径	示例
数据量大	可以使用需要较多数据的技术，如深度学习。也可以使用更丰富的特征集。如果数据足够大但没有标注，也可以使用无监督技术	如果拥有很多评论和与之相关的元数据，可以从头开始构建情感分析工具
数据量小	需要从对数据需求较少的基于规则的解决方案或传统的机器学习解决方案开始。还可以使用云 API 并在弱监督下生成更多数据 如果类似的任务有大量的数据，也可以使用迁移学习	这通常发生在全新项目的开始阶段
数据质量差，数据异质性严重	可能需要更多的数据清洗和预处理	可能存在语码混用（不同语言在同一个句子中混用）、非常规语言、音译或噪声（如社交媒体文本）等问题
数据质量良好	可以更容易地直接应用现成的算法或云 API	法律文本或报纸
数据由具有完整长度的文档组成	根据问题的不同，选择正确的策略将文档切分成较低的层次，如段落、句子或短语	文档分类、评论分析等

以上简要介绍了自然语言处理流水线中用到的不同建模形式，以及如何根据所拥有的数据选择建模路径。在行业场景中构建自然语言处理项目时，监督学习，特别是分类，是最常见的建模过程。第 4 章将讨论分类模型，第 5~7 章将讨论自然语言处理中用于不同应用场景的模型。现在来看流水线中的下一步：评估。

2.6 评估

自然语言处理流水线的一个关键步骤是衡量模型的**质量**。模型的质量可以有多种含义，但最常见的解释是用新数据来衡量模型的性能。这一阶段的成功取决于两个因素：(1) 使用正确的评估指标；(2) 遵循正确的评估流程。先关注第一个因素。根据自然语言处理任务或问题的不同，评估指标可能会有所不同。评估指标还可能根据不同阶段而有所不同：模型构建、部署和生产阶段。在前两个阶段，通常使用机器学习指标来评估。在最后一个阶段，还会使用业务指标来衡量业务影响。

此外，评估还分成两种类型：内在评估和外在评估。内在评估侧重于**中间**目标，而外在评估侧重于**最终**目标。考虑垃圾邮件分类系统的例子。机器学习指标是精确率和召回率，而业务指标则是“用户在垃圾邮件上花费的时间”。内在评估侧重于使用精确率和召回率来衡量系统的性能。外部评估侧重于衡量用户因垃圾邮件未被检测出来或普通邮件被误检测为垃圾邮件而浪费的时间。

2.6.1 内在评估

本节将探讨衡量自然语言处理系统常用的内在评估指标。大多数内在评估指标需要设置测试集，其中有**真实值**或**标签**（即人类标注的正确答案）。标签可以是二分类的（例如，文本分类为 0/1）、一两个词（例如，命名实体识别的名称），或者大段文本本身（例如，机器翻译后的文本）。将自然语言处理模型对数据点的输出与该数据点的对应标签进行**比较**，并且根据输出与标签之间的匹配（或不匹配）来进行指标计算。对于大多数自然语言处理任务，比较可以自动化，因此内在评估也可以自动化。对于某些情况，如机器翻译或摘要，因为不能像人类一样做出主观判断，所以自动化评估并不总是可能的。

表 2-2 列出了用于不同自然语言处理任务的内在评估的各种指标。有关指标的详细讨论，请参阅相应的参考资料。

表2-2：常用的指标和对应的自然语言处理应用程序

指标	描述	应用程序
准确率	当输出变量是分类变量或离散变量时使用。它表示模型做出正确预测的次数与它所做的预测总数的比率	主要用于分类任务，如情感分类（多分类）、自然语言推理（二分类）、释义检测（二分类）等
精确率	显示模型的预测有多精确，即给定所有的正例（所关心的类别），模型能正确分类的有多少	用于各种分类任务，特别是正类错误比负类错误代价更大的情况，例如医疗保健中的疾病预测
召回率	召回率是精确率的补充。它捕捉了模型对正类别的召回程度，即考虑到模型做出的所有正类别预测，其中有多少是真正的正类别	用于分类任务，特别是检索正类别结果更为重要的情况，例如电子商务搜索和其他信息检索任务
F1 分数	结合精确率和召回率给出了一个单一的衡量指标，这也捕捉了精确率和召回率，即完整性和准确性之间的权衡 F1 定义为 (2× 精确率 × 召回率)/(精确率 + 召回率)	在大多数分类任务中与准确率同时使用。它还可以用于序列标注任务，如实体提取、基于检索的问题回答等
ROC 曲线下面积	捕获当改变预测阈值时，正确的正预测数与不正确的正预测数之比	用于衡量独立于预测阈值的模型质量。用于寻找分类任务的最佳预测阈值
MRR（平均排序倒数）	用于在给定其正确性概率的情况下评估检索到的响应。它是检索结果排序倒数的平均值	大量用于各种信息检索任务，包括文章搜索、电子商务搜索等
MAP（平均精度均值）	用于排序检索结果，如 MRR。它计算每个检索结果的平均精度	用于信息检索任务
RMSE（均方根误差）	捕获模型在实际值预测任务中的性能。计算每个数据点的均方根误差	与 MAPE 一起用于回归问题，例如温度预测和股价预测
MAPE（平均绝对百分比误差）	当输出变量为连续变量时使用。它是每个数据点的绝对百分比误差的平均值	用于测试回归模型的性能 通常与均方根误差一起使用
BLEU（双语评估辅助指标）	捕获输出语句和参考语句之间的 *n*-gram 重叠度。它有很多变体	主要用于机器翻译任务。最近适应于其他文本生成任务，如释义生成和文本摘要
METEOR	一种基于精度的指标，用于衡量生成文本的质量。它修复了 BLEU 的一些缺点，例如计算精度时出现的精确词匹配。METEOR 允许同义词和词干与参考词匹配	主要用于机器翻译
ROUGE	还是衡量生成文本相对于参考文本的质量。和 BLEU 不同，它衡量的是召回率	因为衡量的是召回率，所以主要用于摘要任务。在摘要任务中，评估一个模型能召回多少词很重要
困惑度	捕捉自然语言处理模型混乱程度的概率指标。它源于下一个词预测任务中的交叉熵	用于评估语言模型。也可用于语言生成任务，如对话生成

除了表 2-2 中列出的指标之外，还有更多的指标和可视化方法，用于解决自然语言处理问题。虽然这里简要介绍了这些主题，但我们鼓励你根据参考资料，深入了解这些指标。

对于分类任务，一种常用的可视化评估方法是**混淆矩阵**。它允许我们检查数据集中不同类别的实际输出和预测输出。混淆矩阵源于这样一个事实，即它有助于理解分类模型在识别不同类别方面的“混淆”程度。混淆矩阵可以用于计算精确率、召回率、F1 分数和准确率等指标。第 4 章将展示如何使用混淆矩阵。

像信息搜索和检索这样的排序任务主要使用基于排序的指标，如 MRR 和 MAP，但也可以使用常用的分类指标。在检索任务中，主要关心的是召回率，因此会计算不同排序下的召回率。例如，对于信息检索，一个常用的指标是“排名前 *K* 位的召回率”，它会在检索到的前 *K* 个结果中寻找真实值是否存在。如果存在，则表示是成功。

当涉及文本生成任务时，根据任务的不同，可以使用多种指标。尽管 BLEU 和 METEOR 对于机器翻译来说是很好的指标，但是将其应用到其他生成任务时，它们可能不是很合适。例如，在生成对话的情况下，真实值只是正确答案之一，还有很多不同的回答可能没有列出来。在这种情况下，BLEU 和 METEOR 等基于精确率的指标将完全无法忠实地衡量任务的性能。基于这些原因，人们广泛使用困惑度来衡量模型的文本生成能力。

然而，任何文本生成的评估方案都不是完美的。这是因为具有相同意思的句子可能有多个，不可能将所有的变体都列为真实值。因此，生成的文本和真实值可以是不同的句子，但仍然具有相同的意思。这使得自动化评估变得很难。以法英机器翻译模型为例，考虑下面这个法语句子，“J’ai mangé trois filberts”。在英语中，这句话的意思是“I ate three filberts”（我吃了三个榛子）。

所以，把这句话作为标签。假设模型生成以下英文翻译，“I ate three hazelnuts”。由于输出与标签不匹配，自动化评估会认为输出不正确。但这种**评估**是不正确的，因为说英语的人经常会把 filberts 称为 hazelnuts。即使添加这句话作为一个可能的标签，模型仍然可能生成“I have eaten three hazelnuts”作为输出。再一次，自动评估会说模型搞错了，因为输出结果与两个标签中的任何一个都不匹配。这里就需要引入人工评估。但是人工评估的时间成本和金钱成本都很高。

2.6.2 外在评估

如前所述，外在评估侧重于在最终目标上评估模型的性能。在行业项目中，任何人工智能模型的构建都是以解决一个商业问题为目的的。例如，构建回归模型的目的是对用户的电子邮件进行排序，并将最重要的电子邮件放在收件箱的顶部，从而帮助用户节省时间。考虑这样一个场景：回归模型在机器学习指标方面做得很好，但并没有真正为电子邮件用户节省大量时间；或者问题回答模型在内在指标方面做得很好，但无法解决生产环境中的大量问题。这样的模型会被认为是成功的吗？不，因为它们没能实现商业目标。虽然这对学术研究人员来说不是一个问题，但对于从业者来说，这是非常重要的问题。

进行外在评估的方法是在项目开始阶段设置业务指标以及正确衡量这些指标的流程。后面的内容会给出正确业务指标的示例。

你可能会问：如果外在评估很重要，那么为什么还要内在评估呢？必须在外在评估之前进行内在评估的原因是，外在评估通常包括人工智能团队之外的项目干系人，有时甚至包括最终用户。内在评估大部分可以由人工智能团队自己完成。这使得外在评估比内在评估更加昂贵。因此，内在评估被看作外在评估的指标。只有在内在评估中取得一致的好结果时，才应该进行外在评估。

另外一件需要记住的事情是，内在评估中的坏结果往往意味着外在评估中的坏结果。但是，反过来未必会成立。也就是说，模型可能会出现好的内在评估和差的外在评估，但不会出现好的外在评估和差的内在评估。外在评估中表现不佳的原因可能有很多，例如设置错误的指标、不具备合适的数据或拥有错误的期望。第 1 章谈到了其中的一些，第 11 章会有更详细的讨论。

以上介绍了内在评估通用的一些指标，以及外在评估对于衡量自然语言处理模型性能的重要性。还有一些特定于任务的指标，并非所有的自然语言处理应用场景都会用到。接下来的内容还会在讨论具体应用程序时详细讨论这些评估方法。现在进入流水线的剩余组件：模型部署、监控和更新。

2.7 建模之后的阶段

模型经过反复测试之后，就进入建模之后的阶段：模型部署、监控和更新。本节将简要介绍这些内容。

2.7.1 部署

在大多数实际应用场景中，自然语言处理模块只是大系统的一部分（例如，垃圾邮件分类系统属于更大的电子邮件应用程序）。因此，处理、建模和评估流水线只是故事的一部分。一旦对最终解决方案感到满意，就需要将其作为大系统的一部分部署到生产环境中。部署意味着将自然语言处理模块插入大系统中。部署还意味着要确保输入和输出数据流水线是有序的，并确保自然语言处理模块在高负载下是可扩展的。

自然语言处理模块通常部署为 Web 服务。假如现在设计了一个 Web 服务，它接受文本作为输入，并返回电子邮件的类别（垃圾邮件或非垃圾邮件）作为输出。现在，每当有人收到一封新的电子邮件时，它就会转到微服务，微服务会对电子邮件文本进行分类。这反过来又可以用来决定如何处理电子邮件（直接显示或者发送到垃圾邮件文件夹）。在批处理等特殊情况下，自然语言处理模块需要部署在较大的任务队列中，例如谷歌云或亚马逊云服务中的任务队列。第 11 章将详细介绍部署。

2.7.2 监控

和任何软件工程项目一样，在最终部署之前必须进行大量的软件测试，并且在部署之后不断地监控模型性能。由于需要确保模型每天产生的输出是有意义的，因此自然语言处理项目和模型的监控必须不同于常规的工程项目。如果定期自动训练模型，还必须确保模型产生合理的结果。这在某种程度上可以通过性能仪表盘来实现，性能仪表盘可以显示模型参数和关键性能指标。第 11 章将详细讨论这一点。

2.7.3 模型更新

一旦部署了模型并开始收集新的数据，就可以基于新的数据来迭代模型，以保持预测为最新。本书各章都会涉及每种任务的模型更新，特别是第 4 章到第 7 章和第 11 章。表 2-3 初步介绍了部署之后如何针对不同的场景进行模型更新。

表2-3：项目特点和相应的决策路径

项目特点	决策路径	示例
部署后会生成更多的训练数据	一旦部署，提取的信号就可以用来自动改进模型。也可以尝试在线学习，对模型进行日常自动训练	基于用户标记数据的滥用检测系统
部署后不生成训练数据	人工标注可以用来改进评估和模型 理想情况下，每个新模型都必须手动构建和评估	更大自然语言处理流水线的子集，无直接反馈
需要较低的模型延迟，或者模型必须在线且响应接近实时	需要使用可以快速推断的模型。另外也可以选择创建内存策略，比如缓存，或者使用更强的计算能力	需要立即响应的系统，如聊天机器人或紧急跟踪系统
不需要较低的模型延迟，或者模型可以脱机运行	可以使用更高级和更慢的模型。这也有助于在可行的情况下优化成本	可以在批处理过程中运行的系统，如零售产品目录分析

2.8 使用其他语言

到目前为止，上述讨论的前提假设是英语文本。根据手头的任务，可能还需要为其他语言构建模型和解决方案。不同的语言有着不同的处理方式。有些语言的流水线可能与英语非常相似，而有些语言和场景可能需要重新思考如何处理问题。根据我们在非英语语言处理项目中的工作经验，下面概括了不同语言的处理方案，如表 2-4 所示。

表2-4：语言特点与处理方案

语言特点	示例和语言	处理方案
高资源语言	既有充足数据又有预建模型的语言 例如英语、法语和西班牙语	可以使用预训练的深度学习模型。更易于使用
低资源语言	数据有限且最近才开始采用数字技术的语言。可能没有预建模型 例如斯瓦希里语、缅甸语和乌兹别克语	根据任务的不同，可能需要标注更多的数据以及探索各个组件
形态丰富	语言和语法信息，如主语、宾语、谓语、时态和语气不是独立的词，而是连接在一起的 例如拉丁语、土耳其语、芬兰语和马拉雅拉姆语	如果语言资源不丰富，则需要探索现有的用于该语言的形态分析器。在最坏的情况下，可能需要人工编写规则来处理某些情况
词汇变化大	拼写不规范，词的变体较多 例如阿拉伯语和印地语没有标准拼写	如果语言资源不丰富，那么可能需要在训练任何模型之前首先对词 / 拼写进行规范化 对于具有大型数据集的语言来说，这可能不需要，因为模型仍然可以学习词汇变化

（续）

语言特点	示例和语言	处理方案
中文、日文、韩文（CJK）	这些语言都是从古代汉字中派生出来的。它们不是基于字母表的，有几千个字符用于基本识字，全部字符则超过 4 万个。因此，必须以不同的方式处理这些问题 它们包括中文、日文和韩文，因此得名“CJK”	在这些语言中使用特定的分词方案。由于有大量的此类语言数据可用，因此可以从头开始为各种任务构建自然语言处理模型 它们也有预训练模型从用 CJK 以外的其他语言训练的模型中进行迁移学习，在这种情况下可能没有用处

接下来是案例研究，它将综合上述所有这些步骤。

2.9 案例研究

上面介绍了自然语言处理流水线的各个阶段以及每个阶段的原因、作用和加入流水线通用框架的方式。但是，这些阶段是分开介绍的，脱离了整体背景。在真实的自然语言处理系统流水线中，所有这些阶段是如何协同工作的？下面来看一个案例研究：使用 Uber 的人工智能客服工具 COTA 来改善客户服务。

Uber 在全球 400 多个城市运营，根据每天使用 Uber 的人数，可以估计其客户支持团队每天会收到数十万张关于不同问题的服务单。对于给定的服务单，有两种解决方案可供选择。COTA 的目标是对这些解决方案进行排序，并选择可能的最佳解决方案。Uber 使用机器学习和自然语言处理技术开发了 COTA，以提供更好的客户支持和快速高效的服务单问题解决方案。图 2-15 显示了 Uber COTA 的流水线以及其中的各种自然语言处理组件。

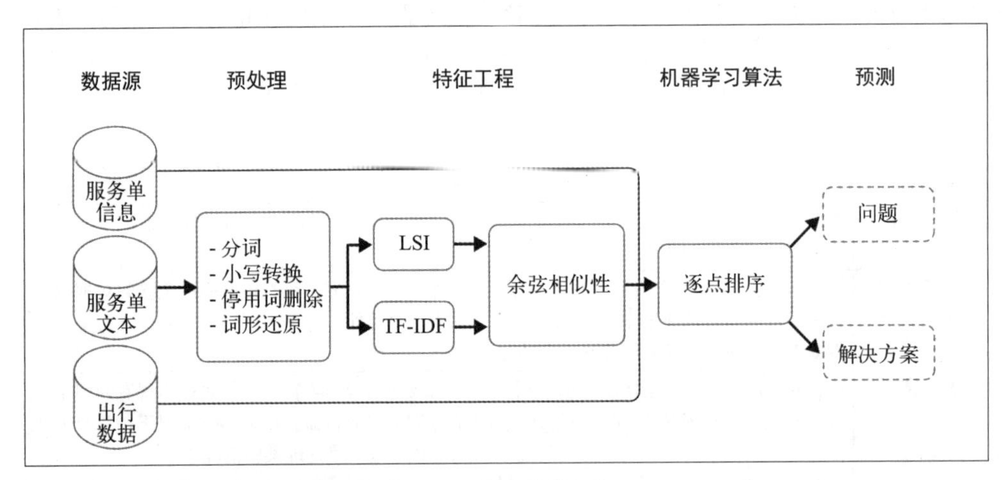

图 2-15：Uber 服务单系统服务单排序的自然语言处理流水线

在该系统中，识别服务单问题并选择解决方案需要三个信息来源，如图 2-15 所示。服务单文本，顾名思义，就是文本内容，这是自然语言处理发挥作用的地方。通过移除 HTML 标记（图 2-15 中未显示）来清洗文本后，预处理步骤包括分词、小写转换、停用词删除和词形还原。本章前面已经介绍了如何完成这些步骤。经过预处理后，服务单文本被表示为词的集合（称为**词袋**，第 3 章将详细讨论）。

流水线的下一步是特征工程。前面获得的词袋进入两个自然语言处理模块：TF-IDF（词频 – 逆文档频率）和 LSI（潜在语义索引），这两个模块使用词袋表示来理解文本的含义。这个过程属于主题建模，第 7 章会讨论。那么 Uber 如何在这种背景下使用这些自然语言处理任务？ Uber 在数据库中找到每个解决方案的历史服务单，为每个解决方案形成一个词袋向量表示，并基于这些表示创建一个主题模型。然后，将传入的服务单映射到解决方案的主题空间，为服务单创建一个向量表示。余弦相似性是衡量任意两个向量之间相似度的一种常用方法。它用于创建一个向量，其中每个元素指示服务单文本与某个解决方案的相似度。因此，在特征工程步骤的最后，会得到一个表示，该表示指示服务单文本与所有可能解决方案的相似性。

下一阶段是建模。在建模过程中，上面得到的表示会与服务单信息和出行数据相结合，构建一个排名系统，显示服务单的三个最佳解决方案。在排名系统中，排序模型为二分类系统，它将每个服务单和解决方案的组合分类为匹配或不匹配。然后根据评分函数对多个匹配项进行排名。

流水线的下一步是评估。在这种情况下，评估是如何工作的？虽然模型性能本身的评估可以根据内在评估指标（如 MRR）来完成，但是这种方法的总体有效性是通过外在评估判断的。据估计，COTA 的快速服务单解决方案每年能为 Uber 节省数千万美元。

正如前面所了解到的，一个模型并非只构建一次。COTA 也在不断试验和改进。在探索了一系列深度学习架构之后，最终选择的最佳解决方案与之前的二分类排序系统相比，准确率提高了 10%。不过，这一过程并没有就此结束。从 COTA 团队的文章“COTA: Improving Uber Customer Care with NLP & Machine Learning”中可以看到，这个过程是模型部署、监控和更新的连续过程。

2.10 小结

本章介绍了给定项目描述开发自然语言处理流水线所涉及的各个步骤，并给出了实际应用程序的详细案例研究。此外，还介绍了传统的自然语言处理流水线和基于深度学习的自然语言处理流水线的区别，并介绍了非英语语言的处理方法。除了具体的案例研究，本章还以更一般的方式介绍了这些步骤。每个步骤的具体细节取决于手头的任务和实现的目的。从第 4 章开始，本书将关注特定于任务的流水线，并详细描述不同任务之间流水线的相同点和不同点。第 3 章将详细讨论前面提到的文本表示问题。

第3章 文本表示

在语言处理中，用向量 x 表示文本数据，以反映文本的各种语言属性。

——约阿夫·戈尔德贝格

对于任何机器学习问题，特征提取都是一个重要的步骤。不管建模算法有多好，差的特征肯定会导致差的结果。在计算机科学中，这通常称为“垃圾进，垃圾出”。前两章已经介绍了自然语言处理的概述，所涉及的不同任务和挑战，以及典型的自然语言处理流水线。本章将讨论这样一个问题：如何对文本数据进行特征工程。换句话说，如何将给定的文本转换成数值形式，从而可以将其输入自然语言处理和机器学习算法中。在自然语言处理中，这种将原始文本转换为适当数值形式的过程叫**文本表示**。本章将研究文本表示（将文本表示为数值向量）的不同方法。在自然语言处理流水线中，本章的讨论范围如图 3-1 的虚线框所示。

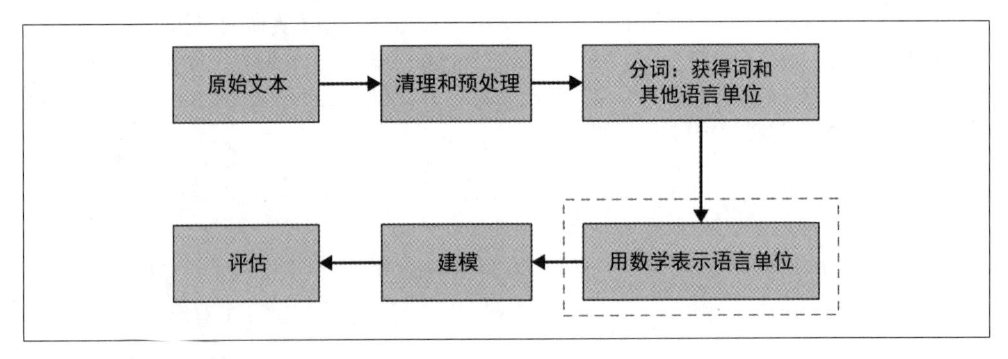

图 3-1：本章在自然语言处理流水线中的位置

无论数据是文本、图像、视频还是语音，特征表示是机器学习项目的通用步骤。然而，与其他格式的数据相比，文本的特征表示往往要复杂得多。为了理解这一点，先来看其他数据格式是如何用数值表示的。首先，考虑图像的情况。假如现在要构建一个猫狗图像分类器。为了训练机器学习模型来完成这个任务，需要向它提供标注好的图像。如何将图像馈送到机器学习模型中？图像在计算机中是以像素矩阵的形式存储的，矩阵中的每个元素 `[i,j]` 表示图像的像素 `i,j`。存储在元素 `[i,j]` 处的实数值表示图像中相应像素的强度，如图 3-2 所示。这种矩阵表示精确地表示了完整的图像。视频也是类似的：视频只是帧的集合，其中的每一帧都是一幅图像。因此，任何视频都可以表示为矩阵的顺序集合，其中每帧一个矩阵，按顺序排列。

图 3-2：人类眼中的图像和计算机眼中的图像（参见 Suraj Bansal 的文章“Convolutional Neural Networks Explained”）

现在考虑语音，语音是以波的形式传输的。为了在数学上表示语音，需要对波进行采样并记录其振幅（高度），如图 3-3 所示。

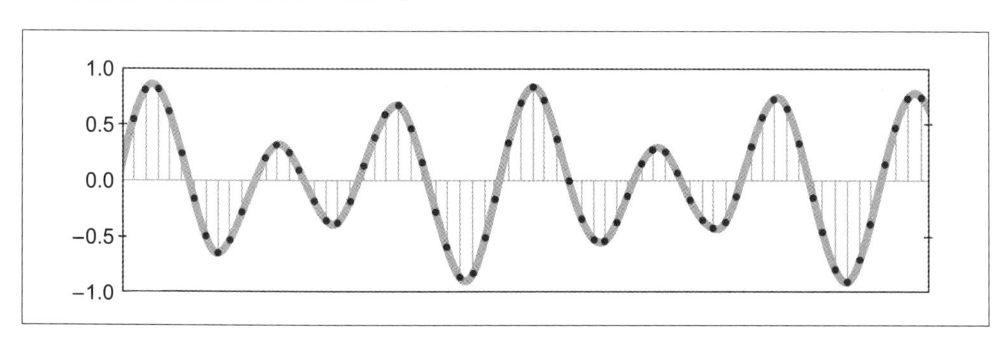

图 3-3：对语音波形进行采样

采样后得到一个数值数组，表示声波在固定时间间隔的振幅，如图 3-4 所示。

```
[-1274, -1252, -1160, -986, -792, -692, -614, -429, -286, -134, -57, -41,
-169, -456, -450, -541, -761, -1067, -1231, -1047, -952, -645, -489, -448,
-397, -212, 193, 114, -17, -110, 128, 261, 198, 390, 461, 772, 948, 1451,
1974, 2624, 3793, 4968, 5939, 6057, 6581, 7302, 7640, 7223, 6119, 5461,
4820, 4353, 3611, 2740, 2004, 1349, 1178, 1085, 901, 301, -262, -499,
-488, -707, -1406, -1997, -2377, -2494, -2605, -2675, -2627, -2500, -2148,
-1648, -970, -364, 13, 260, 494, 788, 1011, 938, 717, 507, 323, 324, 325,
350, 103, -113, 64, 176, 93, -249, -461, -606, -909, -1159, -1307, -1544]
```

图 3-4：用数值向量表示的语音信号

从上面的讨论中，可以清楚地看到，用数学形式表示图像、视频和语音是非常简单的。那么文本呢？事实证明，表示文本并不简单，因此本章会集中讨论解决这个问题的各种方法。给定一段文本，找到用数学形式来表示它的方法，这叫**文本表示**。在过去的几十年里，尤其是在最近的十年里，文本表示一直是活跃的研究领域。本章将从简单的方法开始，然后一直讨论到文本表示的最新技术。这些方法分为以下四类：

- 基本的向量化方法；
- 分布式表示；
- 通用语言表示；
- 人工特征。

接下来，本章将逐一介绍这四类方法，包括每类方法中的各种算法。但在深入研究各种方法之前，先考虑以下场景：给定一个标注好的文本语料库，构建一个情感分析模型。为了正确预测句子的情感，模型需要理解句子的意思。为了正确提取句子的意思，需要把握以下关键点。

1. 把句子切分成词素、词和短语等词法单位。
2. 推导每个词法单位的意义。
3. 理解句子的句法（语法）结构。
4. 理解句子所在的语境。

句子的**语义**（意义）是由以上关键点的结合而产生的。因此，任何好的文本表示方法都必须全力促成这些关键点的提取，以反映文本的语言属性。否则，文本表示方法就不会有多大的效果。

在自然语言处理领域，与其将顶级算法应用于普通的文本表示，不如向普通算法提供优秀的文本表示，后者会让你走得更远。

先来看一个贯穿本章的关键概念：向量空间模型。

3.1 向量空间模型

从上述引言中可以清楚地看到，为了使机器学习算法能够处理文本数据，必须先将文本数据转换成某种数学形式。在本章中，数字向量将用于表示文本单元（字符、音素、词、短语、句子、段落和文档）。这叫**向量空间模型**（vector space model, VSM）[1]。向量空间模型是一个简单的代数模型，广泛用于表示任何文本对象。向量空间模型是文档评分、文档分类和文档聚类等许多信息检索操作的基础。向量空间模型是将文本单元表示为向量的数学模型。向量的最简单形式是标识符向量，例如语料库词汇表索引号向量。在这种情况下，计算两个文本对象之间相似度的最常用方法是使用余弦相似度：对应向量之间夹角的余弦。0°的余弦为 1，180°的余弦为 –1，且余弦从 0°到 180°单调下降。给定两个向量 $\boldsymbol{A}$ 和 $\boldsymbol{B}$，每个向量都有 n 个分量，它们之间的相似度计算如下：

$$\text{相似度} = \cos\theta = \frac{\boldsymbol{A}\cdot\boldsymbol{B}}{\|\boldsymbol{A}\|_2\|\boldsymbol{B}\|_2} = \frac{\sum_{i=1}^{n} A_i B_i}{\sqrt{\sum_{i=1}^{n} A_i^2}\sqrt{\sum_{i=1}^{n} B_i^2}}$$

其中 A_i 和 B_i 分别是向量 $\boldsymbol{A}$ 和 $\boldsymbol{B}$ 的第 i 个分量。有时，人们也使用向量之间的欧氏距离来捕捉相似性。

本章研究的所有文本表示方法都属于向量空间模型的范畴。但是，不同方法之间的区别在于，产生的向量能否更好地捕捉文本的语言属性。好了，现在可以开始讨论各种文本表示方法了。

3.2 基本的向量化方法

先从文本表示的基本思想开始：将文本语料库词汇表（V）中的每个词映射到一个唯一的 ID（整数值），然后将语料库中的每个句子或文档表示为 V 维向量。那么这一思想是如何实现的？为了更好地理解这一点，假设语料库只有四个文档——D_1、D_2、D_3、D_4，如表 3-1 所示。

表3-1：简易语料库

文档编号	文档内容
D_1	Dog bites man.
D_2	Man bites dog.
D_3	Dog eats meat.
D_4	Man eats food.

将文本转换成小写格式并忽略标点符号后，这个语料库的词汇表由六个词组成：`[dog, bites, man, eats, meat, food]`。词汇表可以按任何顺序组织。本例直接使用词汇在语料库中出现的顺序。现在，语料库中的每个文档都可以用六维向量表示。本节将讨论实现这一目标的多种方法。假设文本已经按照第 2 章的预处理步骤进行了预处理（转换成小写、删除标点符号等）并进行了分词（将文本字符串拆分为词）。现在从独热编码（one-hot encoding）开始。

注 1：有时也叫**向量模型**，但本书坚持使用向量空间模型这种说法。

3.2.1 独热编码

在独热编码中，语料库词汇表中的每个词 w 被赋予一个介于 1 和 $|V|$ 之间的唯一整数 ID，w_{id}，其中 V 是语料库词汇的集合。然后，每个词都由 V 维二进制向量（若干 0 和 1）表示。在索引 $=w_{id}$ 处，只需简单地设置成 1，其余元素都用 0 填充。多个词表示经组合后形成句子表示。

现在通过简易语料库来理解这一点。首先将这六个词映射到唯一的 ID：`dog=1`，`bites=2`，`man=3`，`meat=4`，`food=5`，`eats=6`[2]。根据该方法，每个词是一个六维向量。由于“dog”映射到 ID 1，因此 dog 表示为 `[1 0 0 0 0 0]`。bites 表示为 `[0 1 0 0 0]`，以此类推。因此，D_1 表示为 `[ [1 0 0 0 0] [0 1 0 0 0] [0 0 1 0 0 0] ]`。D_4 表示为 `[ [0 0 1 0 0] [0 0 0 0 1 0] [0 0 0 0 0 1] ]`。语料库中的其他文档也可以类似地表示。

现在从基本原理的角度看一下在 Python 中实现独热编码的简单方法。以下简化的示例实现了独热编码。现实世界的项目主要使用 scikit-learn 实现的独热编码，它的优化程度要高很多。

因为文本需要分词，所以在这个例子中可以在空白处拆分文本。

```
def get_onehot_vector(somestring):
    onehot_encoded = []
    for word in somestring.split():
        temp = [0]*len(vocab)
        if word in vocab:
            temp[vocab[word]-1] = 1
        onehot_encoded.append(temp)
    return onehot_encoded

get_onehot_vector(processed_docs[1])
```

输出：`[[0, 0, 1, 0, 0, 0], [0, 1, 0, 0, 0, 0], [1, 0, 0, 0, 0, 0]]`。

前面已经介绍了这个方法，现在来讨论它的优点和缺点。从积极的方面来看，独热编码是直观的，易于理解和实现。但是，它有以下几个缺点。

- 独热向量的大小与词汇量的大小成正比，而大多数真实世界的语料库有很大的词汇量。这将造成稀疏表示，其中向量中的大多数元素是零，使得存储、计算和学习的计算效率低下（稀疏导致过拟合）。
- 独热编码的文本表示并非固定长度，也就是说，如果文本有 10 个词，那么与 5 个词的文本相比，得到的表示将更长。对于大多数学习算法，特征向量需要具有相同的长度。
- 独热向量把词看作基本单位，没有词与词之间相似性的概念。例如，考虑三个词：run、ran 和 apple。run 和 ran 意思相似，run 和 apple 意思不同。但是如果取它们各自的向量，计算它们之间的欧氏距离，那么它们之间的距离都是相等的（$\sqrt{2}$）。因此，从语义上来说，独热向量很难捕捉一个词相对于其他词的意义。
- 假设现在使用简易语料库训练一个模型。在运行时，如果出现句子“man eats fruits”，由于训练数据中不包括“fruits”，因此模型无法表示它。这就是所谓的**未登录词**（out of vocabulary, OOV）问题。独热编码方法无法处理此问题。唯一的处理办法是扩展词汇表、给新词分配 ID、重新训练模型等。

注 2：这种映射是任意的。任何其他映射也同样有效。

目前，独热编码方法已经很少有人使用。

独热编码的部分缺点可以通过下一节中描述的词袋方法来解决。

3.2.2 词袋

词袋（bag of words, BoW）是一种经典的文本表示技术，在自然语言处理中得到了广泛的应用，特别是在文本分类问题中（见第 4 章）。词袋背后的关键思想是，忽略顺序和语境，将所考虑的文本表示为“一袋词”（也就是词的集合）。词袋背后的基本直觉是，在数据集中属于给定类别的文本由一组唯一的词来表征。如果两个文本片段具有几乎相同的词，那么它们就属于同一个袋子（类别）。因此，通过分析文本中出现的词汇，可以识别出文本所属的类别（袋子）。

类似于独热编码，词袋也将词映射到 1 和 $|V|$ 之间的唯一整数 ID。区别在于，语料库中的每个文档直接转换为 $|V|$ 维向量，向量的第 i 个分量（$i=w_{id}$），就是词 w 在文档中出现的次数。也就是说，只需根据词在文档中出现的次数来给 V 中的每个词打分。

因此，对于简易语料库（见表 3-1），词 ID 分别为 `dog=1`，`bites=2`，`man=3`，`meat=4`，`food=5`，`eats=6`，D_1 变为 `[1 1 1 0 0 0]`。这是因为词汇表中的前三个词在 D_1 中正好出现了一次，后三个词根本没有出现。D_4 变为 `[0 0 1 0 1 1]`。下面的代码显示了其中的关键部分。

```
from sklearn.feature_extraction.text import CountVectorizer
count_vect = CountVectorizer()

# 为语料库构建词袋表示
bow_rep = count_vect.fit_transform(processed_docs)

# 打印词汇表映射
print("Our vocabulary: ", count_vect.vocabulary_)

# 打印前两个文档的词袋表示
print("BoW representation for 'dog bites man': ", bow_rep[0].toarray())
print("BoW representation for 'man bites dog: ",bow_rep[1].toarray())

# 使用此词汇表获取新文本的表示
temp = count_vect.transform(["dog and dog are friends"])
print("Bow representation for 'dog and dog are friends':",

temp.toarray())
```

运行这段代码，就会注意到，在“dog and dog are friends”这个句子中，词“dog”这一维度的值为 2，表示它在文本中出现的频率。有时，我们并不关心词在文本中出现的频率，只想表示一个词是否存在于文本中。研究人员已经表明，这种不考虑频率的表示对于情感分析是有用的（见 Daniel Jurafsky 和 James H. Martin 的著作 *Speech and Language Processing (3rd ed. draft)* 中的第 4 章）。在这种情况下，只需使用 `binary=True` 选项初始化

CountVectorizer，如以下代码所示。

```
count_vect = CountVectorizer(binary=True)
bow_rep_bin = count_vect.fit_transform(processed_docs)
temp = count_vect.transform(["dog and dog are friends"])
print("Bow representation for 'dog and dog are friends':", temp.toarray())
```

以上是同一句子的不同表示。CountVectorizer 还支持字符和词的 *n*-gram。

下面来看看这种编码的三个优点。

- 与独热编码一样，词袋也很容易理解和实现。
- 使用词袋向量表示后，具有不同词汇的文档距离更远，具有相同词汇的文档距离更近。D_1 和 D_2 之间的距离为 0，而 D_1 和 D_4 之间的距离为 2。因此，词袋方法产生的向量空间捕获了文档的语义相似性。因此，如果两个文档有相似的词汇表，那么它们在向量空间中会更接近，反之则会更远。
- 任意长度的句子，都具有固定长度的编码。

然而，词袋表示也有以下缺点。

- 向量的大小随着词汇表的增大而增大。因此，稀疏性仍然是一个问题。控制稀疏性的一种方法是将词汇表限制在前 *n* 个最频繁的词汇中。
- 词袋表示不能捕捉到同义词之间的相似性。假设有三个文档："I run""I ran"和"I ate"。这三个文档的词袋向量的距离是相等的。
- 词袋表示无法处理未登录词（即语料库中从未出现过的新词）。
- 顾名思义，词袋是词汇的"袋子"，语序信息在词袋表示中丢失了。在词袋方法中，D_1 和 D_2 具有相同的表示。

然而，尽管存在这些缺点，但由于原理简单、易于实现，词袋仍是一种常用的文本表示方法，尤其是对于文本分类问题。

3.2.3 *n*-gram袋

到目前为止，所有的文本表示方法都将词视为独立的单元，并没有涉及短语或词序的概念。*n*-gram 袋（bag-of-*n*-grams, BoN）方法试图解决这一问题。它将文本分成多个块，每一块由 *n* 个连续词组成。这有助于捕获一定的语境，而早期的方法无法做到这一点。每个块叫 *n*-gram。语料库词汇表 *V* 则是文本语料库中所有不同 *n*-gram 的集合。语料库中的每个文档由长度为 $|V|$ 的向量表示。该向量只统计文档中出现的 *n*-gram 的频率计数，对于不存在的 *n*-gram，频率计数为零。

为了展开说明，考虑示例语料库。现在构造 2-gram 模型（亦称二元语法模型）。语料库中所有的 2-gram 集合为：{dog bites, bites man, man bites, bites dog, dog eats, eats meat, man eats, eats food}。每个文档的 *n*-gram 袋表示由一个八维向量组成。前两个文档的 2-gram 袋，D_1 表示为 [1,1,0,0,0,0,0,0]，D_2 表示为 [0,0,1,1,0,0,0,0]。其余两个文件也遵循同样的方法来表示。注意，词袋方法是 *n*-gram 袋方法的一个特例，此时 n=1。n=2 时叫"二元语法模型"，n=3 时叫"三元语法模型"，以此类推。此外需要注意，通过增大 *n* 的值，可以体现更多的语境。然而，这进一步增强了稀疏性。在自然语言处理中，

n-gram 袋方法也叫“*n*-gram 特征选择”。

以下代码展示了 *n*-gram 袋表示的示例，它考虑了从一元、二元、三元语法模型的特征来表示上述语料库。这里通过设置 `ngram_range = (1,3)` 来使用一元、二元、三元语法向量。

```
# 使用CountVectorizer和一元、二元、三元语法构建n-gram向量示例
count_vect = CountVectorizer(ngram_range=(1,3))

# 为语料库构建词袋表示
bow_rep = count_vect.fit_transform(processed_docs)

# 打印词汇表映射
print("Our vocabulary: ", count_vect.vocabulary_)

# 使用此词汇表获取新文本的表示
temp = count_vect.transform(["dog and dog are friends"])
print("Bow representation for 'dog and dog are friends':", temp.toarray())
```

以下是 *n*-gram 袋表示的主要利弊。

- *n*-gram 袋以 *n*-gram 的形式捕捉了一定的语境和语序信息。
- 因此，得到的向量空间能够捕捉一定的语义相似性。具有不同 *n*-gram 的文档距离更远，具有相同 *n*-gram 的文档距离更近。
- 随着 *n* 的增大，维数（以及稀疏性）将会迅速增加。
- *n*-gram 袋仍然没有解决未登录词的问题。

3.2.4 TF-IDF

在以上三种方法中，文本中的所有词汇都被视为同等重要——不存在某些词比其他词更重要的概念。TF-IDF，即**词频 – 逆文档频率**，解决了这个问题。TF-IDF 的目的是量化给定词相对于文档和语料库中其他词的重要性。TF-IDF 是信息检索系统中常用的表示方法，用于从语料库中提取所查询的相关文档。

TF-IDF 背后的直觉是，如果词 w 在文档 d_i 中出现多次，但在语料库的其他文档 d_j 中出现的次数不多，那么词 w 对文档 d_i 一定非常重要。w 的重要性应该与 w 在 d_i 中的频率成正比；同时，w 的重要性应该与 w 在语料库中其他文档 d_j 中的频率成反比。在数学上，这是使用 TF 和 IDF 两个量来得到的。将两者结合起来可以算出 **TF-IDF 分值**。

TF（词频）测量的是词在给定文档中出现的频率。由于语料库中的不同文档可能具有不同的长度，因此一个词在较长文档中出现的频率可能高于较短的文档。为了计数的归一化，将出现的次数除以文档的长度。词 t 在文档 d 中的 TF 定义为：

$$\text{TF}(t, d) = \frac{\text{词 } t \text{ 在文档 } d \text{ 中出现的次数}}{\text{文档 } d \text{ 中词的总数}}$$

IDF（逆文档频率）测量的是词在语料库中的重要性。在计算 TF 时，所有词都被赋予同等的重要性（权重）。然而，众所周知的事实是，is、are、am 等停用词并不重要，即使它们经常出现。为了解释这种情况，IDF 对语料库中非常常见的词降低了权重，并对罕见的词增加了权重。词 t 的 IDF 计算如下：

$$\mathrm{IDF}(t) = \log_e \frac{\text{语料库中的文档总数}}{\text{包含词 } t \text{ 的文档数}}$$

TF-IDF 分值是以上两项的乘积。因此，TF-IDF=TF × IDF。下面来计算简易语料库的 TF-IDF 分值。有些词只出现在一个文档中，有些出现在两个文档中，而另一些则出现在三个文档中。语料库的大小是 N=4。因此，每个词的 TF-IDF 值如表 3-2 所示。

表3-2：简易语料库的TF-IDF值

词	TF值	IDF值	TF-IDF值
dog	$1/3 \approx 0.33$	$\log_2(4/3) \approx 0.4114$	$0.4114 \times 0.33 \approx 0.136$
bites	$1/6 \approx 0.17$	$\log_2(4/2)=1$	$1 \times 0.17=0.17$
man	0.33	$\log_2(4/3) \approx 0.4114$	$0.4114 \times 0.33 \approx 0.136$
eats	0.17	$\log_2(4/2)=1$	$1 \times 0.17=0.17$
meat	$1/12 \approx 0.083$	$\log_2(4/1)=2$	$2 \times 0.083 \approx 0.17$
food	0.083	$\log_2(4/1)=2$	$2 \times 0.083 \approx 0.17$

文档的 TF-IDF 向量表示则是该文档中每个词的 TF-IDF 值。因此，对于 D_1，得：

dog	bites	man	eats	meat	food
0.136	0.17	0.136	0	0	0

以下代码演示了如何使用 TF-IDF 来表示文本。

```
from sklearn.feature_extraction.text import TfidfVectorizer

tfidf = TfidfVectorizer()
bow_rep_tfidf = tfidf.fit_transform(processed_docs)
print(tfidf.idf_) # 词汇表中所有词的IDF
print(tfidf.get_feature_names()) # 词汇表中所有的词

temp = tfidf.transform(["dog and man are friends"])
print("Tfidf representation for 'dog and man are friends':\n", temp.toarray())
```

实际使用的 TF-IDF 公式与上述基本公式之间有一定的区别。因此，表 3-2 中计算的 TF-IDF 值可能与 scikit-learn 给出的 TF-IDF 值不同。这是因为 scikit-learn 使用了稍微不同的 IDF 公式。这是因为要考虑除数为零的情况，并且不能完全忽略那些所有文档中都出现的词。感兴趣的读者可以查看 TF-IDF vectorizer 文档来获得确切的公式。

和词袋类似，TF-IDF 向量也可用于计算两个文本之间的相似度，比如使用欧氏距离或余弦相似度等。TF-IDF 是信息检索和文本分类等应用场景中常用的表示方法。然而，尽管 TF-IDF 在捕捉词相似性方面优于之前的向量化方法，但它仍然面临着维数灾难的问题。

即使在今天，TF-IDF 仍然是许多自然语言处理任务的常用表示方法，尤其是在构建初步解决方案的时候。

回顾前面的讨论，不难发现，所有的表示方法都存在以下三个基本缺陷。

- 它们是离散的表示，也就是说，它们将语言单位（词、*n*-gram 等）视为基本单位。这种离散性妨碍了它们捕捉词与词之间关系的能力。
- 特征向量是稀疏的高维表示。维数随着词汇表的增大而增加，但向量中的大多数值是零。这会妨碍学习能力。此外，高维表示还会导致计算效率低下。
- 它们无法处理未登录词的问题。

好，基本的向量化方法就介绍到这里。下面开始讨论分布式表示。

3.3 分布式表示

上一节讨论了基本向量化方法普遍存在的主要缺点。为了克服这些局限性，人们设计了学习低维表示的方法。本节所述的这些方法在过去六七年中取得了突飞猛进的发展。它们使用神经网络结构来创建稠密、低维的词和文本表示。但是在研究这些方法之前，需要先了解以下关键术语。

分布相似性

分布相似性背后的思想是，词的意思可以通过其所在的语境来理解。这也叫**内涵**（connotation）：词义由语境定义。这与**外延**（denotation）相反：词义由字面意思定义。例如，“NLP rocks”。“rocks”的字面意思是“石头”，但从语境来看，此句中“rocks”是动词，形容某些事物非常棒。

分布假说

在语言学中，分布假说（distributional hypothesis）认为：语境相似的词，其语义也相似。例如，英语单词“dog”和“cat”经常出现在相似的语境中，因此，根据分布假说，这两个词一定具有相似的语义。根据向量空间模型，词义由向量表示。因此，如果两个词经常出现在相似的语境中，那么对应的向量表示也肯定是彼此接近的。

分布表示

分布表示（distributional representation）是指根据语境中词的分布而获得的表示方法。分布表示方法基于分布假说。分布的性质是从语境（周围的文本）中归纳出来的。在数学上，分布表示方法使用高维向量来表示词。这些向量是从词和语境的共现矩阵中获得的，矩阵的维数等于语料库词汇量的大小。前面看到的四种方法——独热、词袋、*n*-gram 袋和 TF-IDF——都属于分布表示的范畴。

分布式表示

分布式表示（distributed representation）也是一个基于分布假说的相关概念。如前一段所述，分布表示中的向量是非常高维和稀疏的。这使得它们计算效率低下，妨碍了学习。为了应对这种情况，分布式表示方法显著地压缩了维数。这会产生紧凑（即低维）和稠密（即几乎没有零）的向量。由此产生的向量空间称为**分布式表示**。本章后面讨论的所有方法都属于分布式表示。

嵌入

嵌入（embedding）是将语料库中的词汇从**分布表示**的向量空间映射到**分布式表示**的向量空间。

向量语义学

向量语义学（vector semantics）是指根据词在大型语料库中的分布性质来学习词的向量表示的自然语言处理方法。

在对这些术语有了基本的了解之后，现在开始讨论第一种方法：词嵌入。

3.3.1 词嵌入

文本表示应该捕捉“词之间的分布相似性”，这是什么意思？考虑几个例子。对于“美国”一词，分布相似的词可能是其他国家（如加拿大、德国、印度等）或美国的城市。对于“美丽”一词，与该词有某种关系的词（如同义词、反义词）可以被认为是分布相似的词。这些词很可能出现在相似的语境中。基于“分布相似性”和神经网络的词表示模型“Word2vec”可以捕捉到词的类比关系，例如：

$$国王 - 男人 + 女人 \approx 女王$$

该模型能够正确回答很多类似的类比问题。图 3-5 显示了某个基于 Word2vec 的类比回答系统的快照。Word2vec 模型在很多方面是现代自然语言处理的鼻祖。

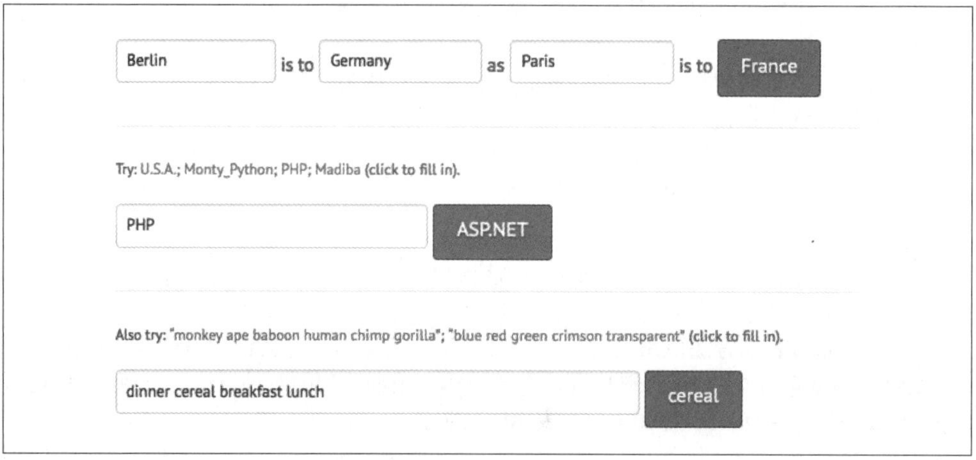

图 3-5：基于 Word2vec 的类比回答系统

除了学习丰富的语义关系，Word2vec 还确保了学习到的词表示是低维的（向量维数为 50~500，而非几千）和稠密的（向量中的大多数值为非零）。低维和稠密的词表示使机器学习任务更加易于处理和高效。在使用神经网络来学习文本表示的方向上，Word2vec 产生了大量的理论成果和应用成果。这种表示也叫“嵌入”。那么嵌入是如何工作的？如何使用嵌入来表示文本？下面先来建立直观理解。

给定文本语料库，Word2vec 的目标是学习语料库中每个词的嵌入，使得嵌入空间中的词向量能最好地捕捉词的意义。为了“推导”词的意义，Word2vec 使用分布相似性和分布假说。也就是说，Word2vec 从词的语境（出现在周围的词）中推导出词的意义。因此，如果两个不同的词经常出现在相似的语境中，那么它们的意思很可能也是相似的。Word2vec 的实现方法是，将词的意义投射到向量空间中，其中具有相似语义的词会趋向于聚集在一起，而具有不同语义的词则会距离较远。

从概念上讲，Word2vec 以大型文本语料库作为输入，并基于词在语料库中出现的语境，“学习”在公共向量空间中表示词。给定词 w 和语境 C 中的词，如何找到最能表示该词含义的向量？对于语料库中的每个词 w，首先用随机值来初始化向量 v_w。然后，Word2vec 模型会根据语境 C 中的词的向量来预测 v_w，从而改善 v_w 中的值。Word2vec 使用两层神经网络来实现这一点。在继续讨论如何训练自己的嵌入之前，先来看看预训练嵌入，借此深入研究这个问题。

1. 预训练词嵌入

训练自己的词嵌入需要耗费大量的时间和计算资源。值得庆幸的是，对于许多场景，通常不需要训练自己的词嵌入，直接使用预训练词嵌入就够了。那什么是预训练词嵌入？有人已经使用大型语料库（例如维基百科、新闻文章，甚至整个互联网）训练好了词嵌入，并把词和对应的向量放在了网上。困难的工作已经完成。下载这些嵌入可以直接获得所需的词向量。预训练词嵌入可以被认为是键 – 值对的大集合，其中键是词汇表中的词，值是对应的词向量。谷歌的 Word2vec、斯坦福的 GloVe 和 Facebook 的 fastText 词嵌入等都是最常见的预训练词嵌入。此外，它们还提供多种维数选择，如 `d = 25, 50, 100, 200, 300, 600`。

下面的代码涵盖了关键步骤。这里找到了语义上与“beautiful”一词最相似的词，最后一行返回单词“beautiful”的嵌入向量。

```
from gensim.models import Word2Vec, KeyedVectors
pretrainedpath = "NLPBookTut/GoogleNews-vectors-negative300.bin"
w2v_model = KeyedVectors.load_word2vec_format(pretrainedpath, binary=True)
print('done loading Word2Vec')
print(len(w2v_model.vocab)) # 词汇表中词的数量
print(w2v_model.most_similar['beautiful'])
W2v_model['beautiful']
```

`most_similar('beautiful')` 返回与“beautiful”最相似的词，输出如下所示。每个词都附有相似度分值，分值越高，表示该词与查询词越相似。

```
[('gorgeous', 0.8353004455566406),
 ('lovely', 0.810693621635437),
 ('stunningly_beautiful', 0.7329413890838623),
 ('breathtakingly_beautiful', 0.7231341004371643),
 ('wonderful', 0.6854087114334106),
 ('fabulous', 0.6700063943862915),
 ('loveliest', 0.6612576246261597),
 ('prettiest', 0.6595001816749573),
 ('beatiful', 0.6593326330184937),
 ('magnificent', 0.6591402292251587)]
```

`w2v_model` 返回查询词的向量。对于“beautiful”这个词，得到的向量如图 3-6 所示。

```
[6] #What is the vector representation for a word?
    w2v_model['beautiful']

array([-0.01831055,  0.05566406, -0.01153564,  0.07275391,  0.15136719,
       -0.06176758,  0.20605469, -0.15332031, -0.05908203,  0.22851562,
       -0.06445312, -0.22851562, -0.09472656, -0.03344727,  0.24707031,
        0.05541992, -0.00921631,  0.1328125 , -0.15429688,  0.08105469,
       -0.07373047,  0.24316406,  0.12353516, -0.09277344,  0.08203125,
        0.06494141,  0.15722656,  0.11279297, -0.0612793 , -0.296875  ,
       -0.13378906,  0.234375  ,  0.09765625,  0.17773438,  0.06689453,
       -0.27539062,  0.06445312, -0.13867188, -0.08886719,  0.171875  ,
        0.07861328, -0.10058594,  0.23925781,  0.03808594,  0.18652344,
       -0.11279297,  0.22558594,  0.10986328, -0.11865234,  0.02026367,
        0.11376953,  0.09570312,  0.29492188,  0.08251953, -0.05444336,
       -0.0090332 , -0.0625    , -0.17578125, -0.08154297,  0.01062012,
       -0.04736328, -0.08544922, -0.19042969, -0.30273438,  0.07617188,
        0.125     , -0.05932617,  0.03833008, -0.03564453,  0.2421875 ,
        0.36132812,  0.04760742,  0.00631714, -0.03088379, -0.13964844,
        0.22558594, -0.06298828, -0.02636719,  0.1171875 ,  0.33398438,
       -0.07666016, -0.06689453,  0.04150391, -0.15136719, -0.22460938,
        0.03320312, -0.15332031,  0.07128906,  0.16992188,  0.11572266,
       -0.13085938,  0.12451172, -0.20410156,  0.04736328, -0.296875  ,
       -0.17480469,  0.00872803, -0.04638672,  0.10791016, -0.203125  ,
       -0.27539062,  0.2734375 ,  0.02563477, -0.11035156,  0.0625    ,
        0.1953125 ,  0.16015625, -0.13769531, -0.09863281, -0.1953125 ,
       -0.22851562,  0.25390625,  0.00915527, -0.03857422,  0.3984375 ,
       -0.1796875 ,  0.03833008, -0.24804688,  0.03515625,  0.03881836,
        0.03442383, -0.04101562,  0.20214844, -0.03015137, -0.09619141,
        0.11669922, -0.06738281,  0.0625    ,  0.10742188,  0.25585938,
       -0.21777344,  0.05639648, -0.0065918 ,  0.16113281,  0.11865234,
       -0.03088379, -0.11572266,  0.02685547,  0.03100586,  0.09863281,
        0.05883789,  0.00634766,  0.11914062,  0.07324219, -0.01586914,
        0.18457031,  0.05322266,  0.19824219, -0.22363281, -0.25195312,
        0.15039062,  0.22753906,  0.05737305,  0.16992188, -0.22558594,
        0.06494141,  0.11914062, -0.06640625, -0.10449219, -0.07226562,
       -0.16992188,  0.0625    ,  0.14648438,  0.27148438, -0.02172852,
       -0.12695312,  0.18457031, -0.27539062, -0.36523438, -0.03491211,
       -0.18554688,  0.23828125, -0.13867188,  0.00296021,  0.04272461,
        0.13867188,  0.12207031,  0.05957031, -0.22167969, -0.18945312,
       -0.23242188, -0.28710938, -0.00866699, -0.16113281, -0.24316406,
        0.05712891, -0.06982422,  0.00053406, -0.10302734, -0.13378906,
       -0.16113281,  0.11621094,  0.31640625, -0.02697754, -0.01574707,
        0.11425781, -0.04174805,  0.05908203,  0.02661133, -0.08642578,
        0.140625  ,  0.09228516, -0.25195312, -0.31445312, -0.05688477,
        0.01031494,  0.0234375 , -0.02331543, -0.08056641,  0.01269531,
       -0.34179688,  0.17285156, -0.16015625,  0.07763672, -0.03088379,
        0.11962891,  0.11767578,  0.20117188, -0.01940918,  0.02172852,
        0.23046875,  0.28125   , -0.17675781,  0.02978516,  0.08740234,
       -0.06176758,  0.00939941, -0.09277344, -0.203125  ,  0.13085938,
       -0.13671875, -0.00500488, -0.04296875,  0.12988281,  0.3515625 ,
        0.0402832 , -0.12988281, -0.03173828,  0.28515625,  0.18261719,
        0.13867188, -0.16503906, -0.26171875, -0.04345703,  0.0100708 ,
        0.08740234,  0.00421143, -0.1328125 , -0.17578125, -0.04321289,
       -0.015625  ,  0.16894531,  0.25      ,  0.37109375,  0.19921875,
       -0.36132812, -0.10302734, -0.20800781, -0.20117188, -0.01519775,
       -0.12207031, -0.12011719, -0.07421875, -0.04345703,  0.14160156,
        0.15527344, -0.03027344, -0.09326172, -0.04589844,  0.16796875,
       -0.03027344,  0.09179688, -0.10058594,  0.20703125,  0.11376953,
       -0.12402344,  0.04003906,  0.06933594, -0.34570312,  0.03881836,
        0.16210938,  0.05761719, -0.12792969, -0.05810547,  0.03857422,
       -0.11328125, -0.1953125 , -0.28125   , -0.13183594,  0.15722656,
       -0.09765625,  0.09619141, -0.09960938, -0.00285339, -0.03637695,
        0.15429688,  0.06152344, -0.34570312,  0.11083984,  0.03344727],
      dtype=float32)
```

图 3-6：预训练 Word2vec 中表示“beautiful”的词向量

注意，如果搜索的词在 Word2vec 模型中不存在（例如，“practicalnlp”），将出现“key not found”错误。因此，作为一种良好的编程实践，建议在尝试检索词向量之前，先检查该词是否存在于模型的词汇表中。这个代码片段中使用的 Python 库 gensim 还支持训练和加载 GloVe 预训练模型。

如果对词嵌入不熟悉，那么在项目的开始阶段，最好使用预先训练好的词嵌入。了解它们的优缺点后，再考虑构建自己的嵌入。使用预先训练的嵌入可以很快为手头任务提供一个强大的基线。

下面来看如何训练自己的词嵌入。

2. 训练自己的嵌入

现在着重讨论训练自己的词嵌入。为此，这里先看看 Word2vec 最初提出的两种结构变体。它们分别是：

- 连续词袋（CBOW）模型；
- 跳词（SkipGram）模型。

两者具有很多相似之处。下面分别介绍 CBOW 模型和 SkipGram 模型。本节将使用“The quick brown fox jumps over the lazy dog”这句话作为简易语料库。

CBOW 模型。CBOW 的首要任务是构建语言模型，即在给定周围语境词的情况下，正确地预测中心词。那什么是语言模型？语言模型是一种统计模型，它试图给出词序列的概率分布。例如，给定一个含有 n 个词的句子，语言模型试图给出整个句子的概率 $Pr(w_1, w_2, \cdots, w_n)$。语言模型的目标是给“好句子”分配高概率，给“坏句子”分配低概率。所谓“好句子”，指的是语义和句法都正确的句子。所谓“坏句子”，指的是语义或句法不正确的句子。因此，对于像“The cat jumped over the dog”这样的句子，语言模型会尝试分配一个接近于 1.0 的概率，而对于像“jumped over the the cat dog”这样的句子，语言模型会尝试分配一个接近于 0.0 的概率。

CBOW 试图学习一种根据语境词来预测“中心词”的语言模型。下面使用简易语料库来理解这一点。如果把“jumps”这个词作为中心词，那么它的语境就由它附近的词构成。如果语境大小取 2，那么上述示例的语境就是 brown、fox、over 和 the。CBOW 使用语境词来预测目标词 jumps，如图 3-7 所示。CBOW 尝试对语料库中的每个词都做这样的处理，也就是说，CBOW 把语料库中的每一个词都当作目标词，并试图根据对应的语境词来预测目标词。

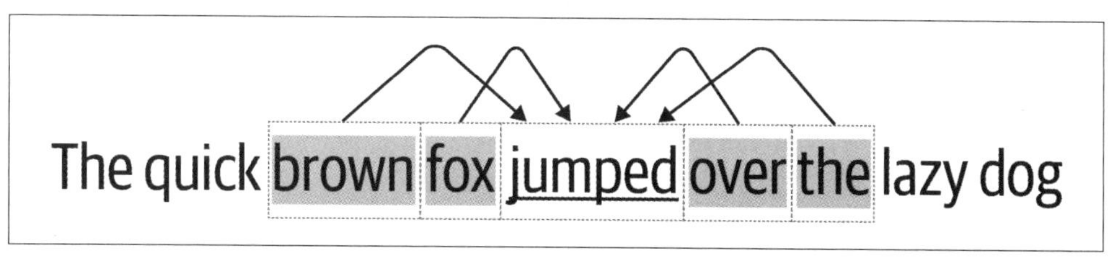

图 3-7：CBOW：给定语境词，预测中心词

将上述思想扩展到整个语料库，以构建训练集。具体而言，就是在文本语料库上运行大小为 $2k+1$ 的滑动窗口。在刚才的例子中，k 取值为 2。窗口中的每个位置构成了当前正在考虑的 $2k+1$ 个词的集合。窗口中的中心词是目标词，中心词两侧的 $2k$ 个词构成了语境。这是一个数据点。如果数据点表示为 (X, Y)，则语境为 X，目标词为 Y。每个数据点由一组数字组成：(2k 个语境词的索引 , 1 个目标词的索引)。为了得到下一个数据点，只需将语料库上的窗口向右移动一个词，然后重复这个过程。这样，在整个语料库上滑动窗口就可以创建出训练集，如图 3-8 所示，其中目标词用蓝色表示，k=2。

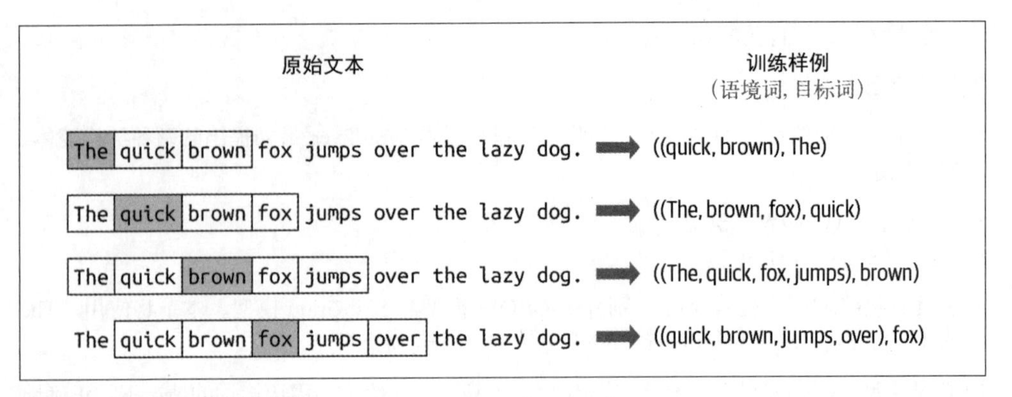

图 3-8：为 CBOW 准备数据集

现在训练数据已经准备好了，接下来构建模型。这里构建的是一个浅层网络（之所以是浅层，是因为只有一个隐藏层），如图 3-9 所示。假设要学习的是 D 维词嵌入。令 V 为文本语料库的词汇表。

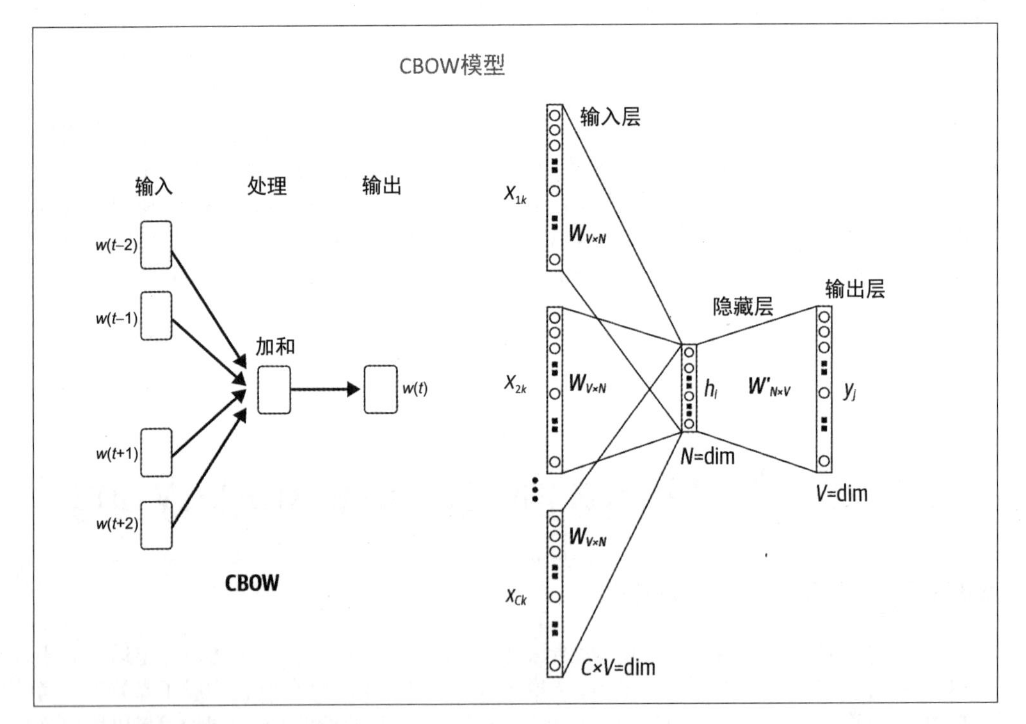

图 3-9：CBOW 模型

建模的目标是学习嵌入矩阵 $E_{|V| \times d}$，其中 $|V|$ 是语料库词汇表的大小，d 是词嵌入的维数。首先，需要将嵌入矩阵随机初始化。接下来看一下图 3-9 中所示的浅层网络。在输入层中，使用语境词的索引从嵌入矩阵 $E_{|V| \times d}$ 中获取相应的行，再将获取的向量相加，得到一个 d 维向量，并将其传递到下一层。下一层直接将 d 维向量与矩阵 $E'_{d \times |V|}$ 相乘，得到 $1 \times |V|$ 的

向量，送入 softmax 函数后，得到它在词汇表空间上的概率分布。然后将该分布与标签进行比较，并使用反向传播来相应地更新矩阵 E 和 E'。在训练结束时，E 就是学习到的嵌入矩阵[3]。

SkipGram 模型。SkipGram 与 CBOW 非常相似，只是有一些细微的变化。在 SkipGram 中，模型的任务是根据中心词来预测语境词。对于刚才的简易语料库，如果语境大小为 2，则使用中心词“jumps”来预测各个语境词——“brown”“fox”“over”“the”，如图 3-10 所示。这构成流程中的一步。SkipGram 会以语料库中的每个词为中心词重复这一步。

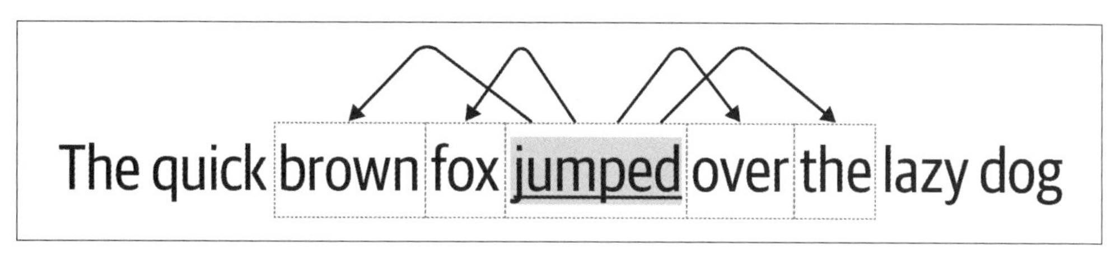

图 3-10：SkipGram：给定中心词，预测各个语境词

训练 SkipGram 的数据集按如下方式准备：在文本语料库上运行大小为 $2k+1$ 的滑动窗口，获得当前正在考虑的 $2k+1$ 个词的集合。窗口中的中心词是 X，中心词两边的 $2k$ 个词是 Y。与 CBOW 不同，这里提供了 $2k$ 个数据点。每个数据点由一对数字组成：(中心词索引，目标词索引)。然后将语料库上的窗口向右移动一个词，重复这个过程。这样，在整个语料库上滑动窗口就可以创建出训练集，如图 3-11 所示。

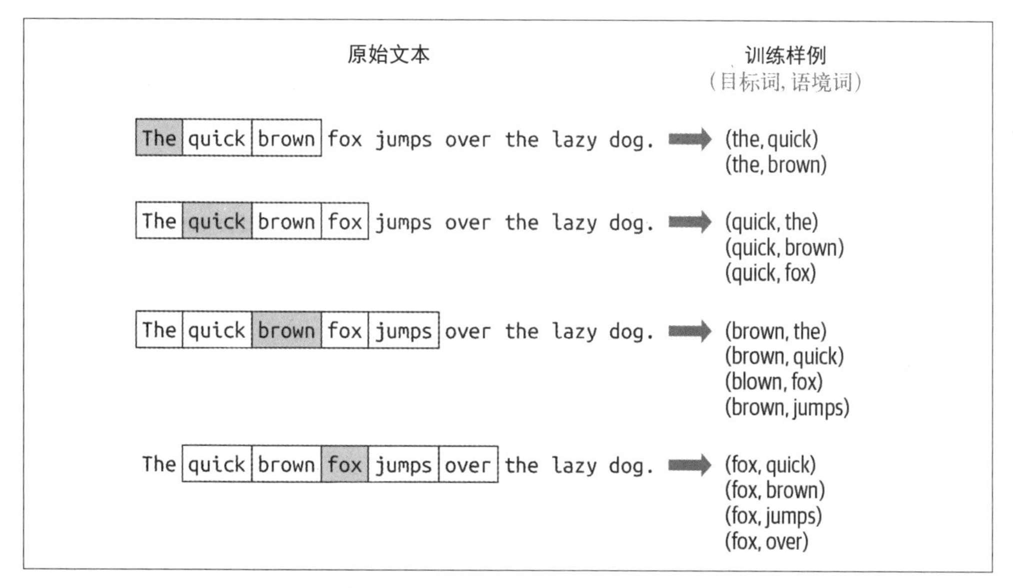

图 3-11：为 SkipGram 准备数据集

注 3：从技术上讲，E 和 E' 是两个不同的嵌入矩阵。可以使用其中的任何一个，也可以直接求平均，将两者合二为一。

如图 3-12 所示，训练 SkipGram 模型所用的浅层网络，与 CBOW 所用的网络非常相似，只是有一些细微的变化。在输入层中，利用目标词的索引从嵌入矩阵 $E_{|V| \times d}$ 中获取相应的行。获取的向量随后被传入下一层。下一层直接将 d 维向量与矩阵 $E'_{d \times |V|}$ 相乘，得到 $1 \times |V|$ 的向量，输入 softmax 函数后，得到它在词汇表空间上的概率分布。将该分布与标签进行比较，并使用反向传播来相应地更新矩阵 E 和 E'。在训练结束时，E 就是所要学习的嵌入矩阵。

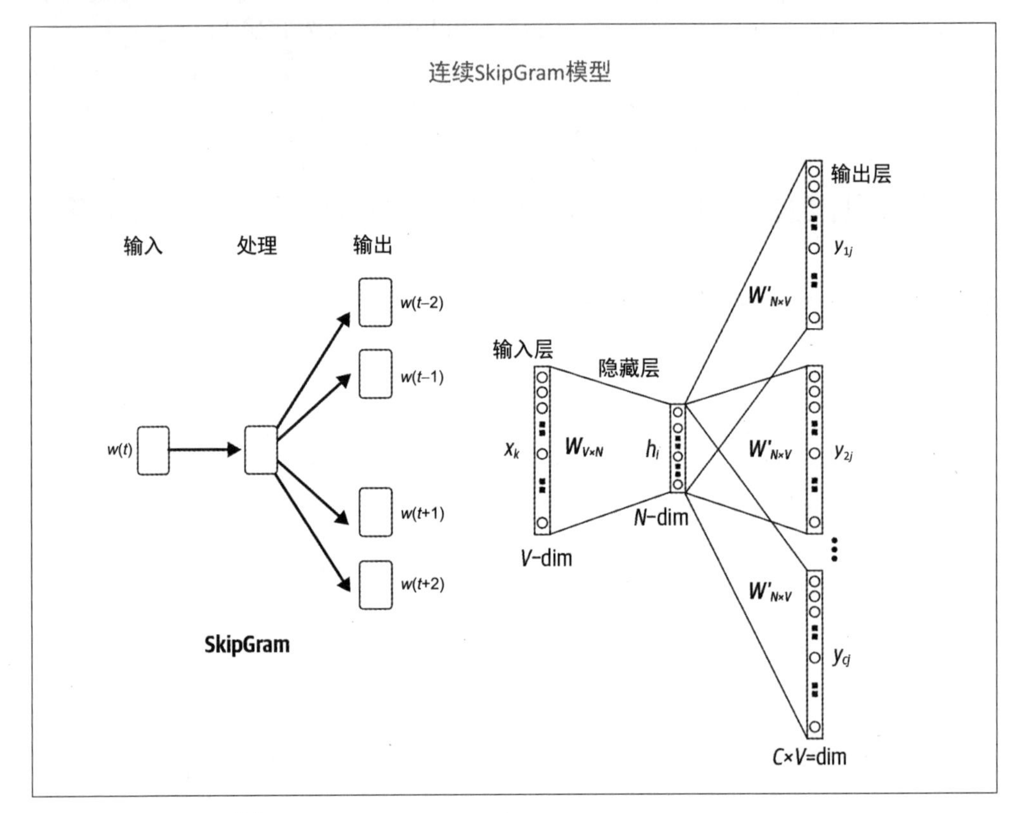

图 3-12：SkipGram 结构

CBOW 和 SkipGram 模型还有许多其他细节。感兴趣的读者可以参考 Xin Rong 的文章“word2vec Parameter Learning Explained”，其中有对 Word2vec 参数的详细推导。另一个需要牢记的要点是模型的超参数，例如窗口大小、向量维数、学习率、轮数（epoch）等。众所周知，超参数对模型的最终质量起着至关重要的作用。

要在实践中使用 CBOW 和 SkipGram 算法，可以使用现成的库，它们抽象了其中的数学细节。最常用的库是 gensim。

尽管有现成的库可以使用，但仍然需要对超参数（即训练之前需要设置的变量）进行设置。下面来看两个例子。

词向量的维数

词向量的维数决定了嵌入空间的维数。虽然维数不存在一个理想的数字，但通常会构造维数在 50 和 500 之间的词向量，并在任务中对它们进行评估，以选择最佳维数。

语境窗口

学习向量表示所需的语境的长度。

另外，在学习词嵌入时，还会面临其他选择，例如究竟是使用 CBOW 还是 SkipGram。在这一点上，这种选择更像是一门艺术，而非科学。而且，关于选择正确超参数的方法，有很多研究仍在进行当中。

从代码的角度来看，使用 gensim 等包可以非常容易地实现 Word2vec。下面的代码展示了如何使用 gensim 中提供的 common_texts 简易语料库来训练自己的 Word2vec 模型。如果使用自己领域的语料库，沿用下面的代码片段也能很快地得到自己的词嵌入。

```
# 导入gensim中提供的测试数据集来训练模型
from gensim.test.utils import common_texts
# 选择参数，并构建模型
our_model = Word2Vec(common_texts, size=10, window=5, min_count=1, workers=4)
# 保存模型
our_model.save("tempmodel.w2v")
# 检查模型：找出与测试词最相似的词
print(our_model.wv.most_similar('computer', topn=5))
# 看看computer的10维向量是什么样子的
print(our_model['computer'])
```

现在，只需在模型中查找一下，就可以得到语料库中任何词的向量表示，前提是该词存在于模型的词汇表中。但是如何得到一个短语（例如“word embeddings”）的向量呢？

3.3.2 词语之上

前面展示了使用预训练词嵌入，以及训练自己的词嵌入的例子。最后得到的是紧凑和稠密的词表示。然而，大多数自然语言处理应用程序不会直接处理词这种基本单元，它们处理的是句子、段落，甚至是全文。因此，需要一种方法来表示更大的文本单元。那么能否使用词嵌入来获取更大文本单元的特征表示呢？

一种简单的方法是将文本分解成词，取每个词的嵌入，并将它们组合起来形成文本的表示。组合的方法有很多，最常见的是求和、取平均值等。虽然这些方法可能无法捕捉词序等文本的整体特征，但令人惊讶的是，这些方法在实践中效果非常好（见第 4 章）。事实上，在 CBOW 中，对语境词向量求和已经证明了这一点。得到的向量表示整个语境，可以用来预测中心词。

在选择其他表示之前，最好先对上述方法进行实验。下面的代码展示了如何使用 spaCy 库来对词向量求平均，从而获得文本的向量表示。

```
import spacy
import en_core_web_sm
```

```
# 加载spaCy模型。这需要几秒钟
nlp = en_core_web_sm.load()

# 使用模型处理句子
doc = nlp("Canada is a large country")

# 获取单个词的向量
#print(doc[0].vector) # 文本中第一个词Canada的向量
print(doc.vector) # 整个句子的平均向量
```

预训练和自训练的词嵌入都依赖于它们在训练数据中看到的词汇。但是，应用程序的生产数据不可能只出现这些词汇。尽管使用 Word2vec 等词嵌入可以很容易地从文本中提取特征，但是处理未登录词还没有比较好的方法。到目前为止，在上文所述的所有表示中，未登录词是一个反复出现的问题。怎么办？

一种简单有效的方法是在特征提取过程中排除这些未登录词，这样就不必担心如何获得未登录词的表示。如果使用的模型是用大型语料库训练的，那么应该不会出现太多的未登录词。但是，如果生产数据中出现了大量未登录词，那么就不可能有好的性能。这种词汇重叠度是衡量自然语言处理模型性能的一个有效方法。

如果语料库和词嵌入的词汇重叠度低于 80%，那么自然语言处理模型的性能就可能不是很好。

即使重叠度超过 80%，模型效果可能仍然很差，这取决于哪些词处于这 20% 的范围中。如果这些词对于任务很重要，那么模型效果很可能较差。例如，在癌症医疗文档和心脏病医疗文档的分类任务中，心脏病、癌症等词对于区分这两种文档非常重要。如果这些词没有出现在词嵌入的词汇表中，分类器效果就可能较差。

另一种处理词嵌入未登录词问题的方法是创建随机初始化的向量，其中每个分量在 –0.25 和 +0.25 之间，并在构建的整个应用程序中一直使用这些向量。根据经验，这可以使性能提高 1%~2%。

此外，在训练时引入字符、子词等语言成分，也可以处理未登录词问题。下面来看其中的一种方法。其关键思想是，使用词法属性（如前缀、后缀、词尾）等子词信息，或使用字符表示来处理未登录词问题。Facebook 人工智能研究院的 fastText 就是使用这种方法的常见算法之一。一个词可以用它的字符 *n*-gram 来表示。fastText 采用类似于 Word2vec 的结构，同时学习词和字符 *n*-gram 的嵌入，并将词嵌入向量视为其字符 *n*-gram 的聚合。如此一来，即使词汇表中不存在的词，也可以生成嵌入。例如，“gregarious”如果在嵌入的词汇表中不存在，就可以将该词分解成字符 *n*-gram——gre, reg, ega, ..., ous——并将这些字符 *n*-gram 的嵌入结合起来，就得到了“gregarious”的嵌入。

gensim 的 fastText 包装器可以用于加载预训练模型，也可以使用 fastText 以类似于 Word2vec 的方式训练模型。这留给读者作为练习。第 4 章将介绍如何使用 fastText 嵌入进行文本分类。现在来看词语之上的分布式表示。

3.4 词和字符之上的分布式表示

前面介绍了使用嵌入来实现文本表示的两种方法。Word2vec 学习的是词的表示，词表示经过聚合后形成文本表示。fastText 学习的是字符 *n*-gram 的表示，字符 *n*-gram 表示经过聚合后形成词表示，进而形成文本表示。这两种方法的一个潜在问题是没有考虑到词的语境。以"狗咬人"（dog bites man）和"人咬狗"（man bites dog）这两个句子为例，在上述两种方法中，它们得到了相同的表示，但它们显然具有不同的含义。现在来看另一种方法 Doc2vec，它通过考虑文本中词的语境来直接学习任意长度文本（短语、句子、段落和文档）的表示。

Doc2vec 基于段落向量框架，在 gensim 中已经实现。Doc2vec 的基本结构和 Word2vec 类似，不同的是，Doc2vec 不仅学习词向量，还要学习"段落向量"来表示整个文本（即通过语境中的词）。在使用大型语料库（拥有很多文本）进行学习时，段落向量对于给定的文本（"文本"可以指任意长度的文本）是唯一的，而词向量在所有文本之间共享。学习 Doc2vec 嵌入所用的浅层神经网络（见图 3-13）与 Word2vec 的 CBOW 和 SkipGram 结构非常相似。这两种结构分别叫分布式存储（DM）和分布式词袋（DBOW），如图 3-13 所示。

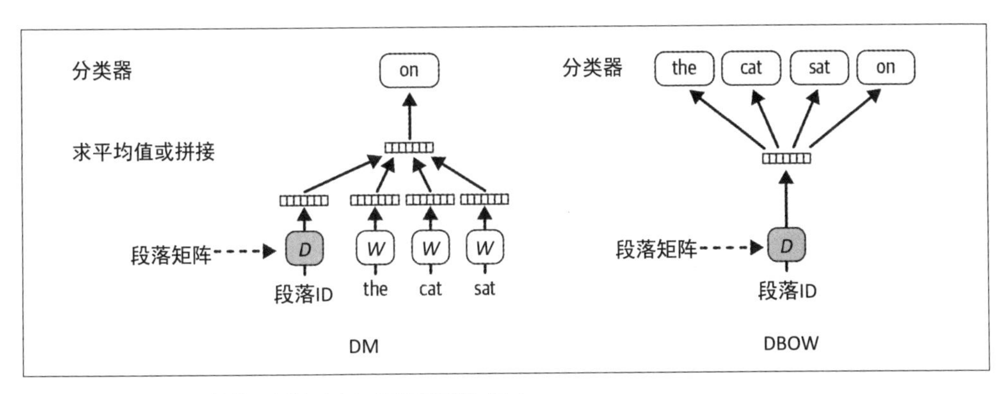

图 3-13：Doc2vec 结构：DM（左）和 DBOW（右）

Doc2vec 模型训练好后，利用训练得到的公共词向量来推断新文本的段落向量。Doc2vec 也许是第一个不直接通过词向量的组合而获得全文嵌入表示的常见方法。由于 Doc2vec 对语境进行了一定程度的建模，并且可将任意长度的文本编码为固定长度的低维稠密向量，因此它在文本分类、文档标记、文本推荐和常见问题聊天机器人等自然语言处理应用程序中得到了广泛的应用。第 4 章将展示如何训练 Doc2vec 表示并将其用于文本分类的示例。下面继续讨论涉及全文的文本表示方法。

3.5 通用文本表示

在前面介绍的所有表示中，每一个词都对应一个固定的表示。这有没有问题？在某种程度上会有问题。词在不同的语境中可能有不同的意思。例如，"I went to a bank to withdraw money"和"I sat by the river bank and pondered about text representations"这两个句子都使用了"bank"一词，但它们在句子中的意思是不同的。前面介绍的向量方法和嵌入方法都无法直接捕捉这方面的信息。

2018 年，研究人员提出了**语境化词表示**（contextual word representation）的思想，解决了这一问题。语境化词表示使用“语言建模”，即预测词序列中下一个词的任务。在最早的形式中，语境化词表示使用 *n*-gram 频率来估计给定历史词后下一个词的概率。在过去的几年中，出现了高级的神经语言模型（例如 Transformer），它们利用了前面讨论过的词嵌入，但使用了复杂的网络结构，包括多次通过文本，以及从左到右和从右到左的多次读取，从而对语言使用的语境进行建模。

人们使用循环神经网络（RNN）和 Transformer 等神经网络来开发大规模语言模型（例如 ELMo 和 BERT），然后使用这些大规模语言模型作为预训练模型来生成文本表示。这里的核心思想是利用“迁移学习”，即在大规模语料库中学习语言模型等通用任务的嵌入，然后在特定任务的数据上进行微调学习。这些模型在问题回答、语义角色标注、命名实体识别和共指消解等基本的自然语言处理任务上都有了显著的改进。第 1 章简要介绍了其中的一些任务。

前面三节介绍了词嵌入背后的核心思想、训练方法，以及如何使用预训练的词嵌入来获得文本表示。后面的内容还将进一步介绍如何在不同的自然语言处理应用程序中使用这些表示。这些表示在现代自然语言处理中非常有用和流行。然而，根据我们的经验，在项目中使用这些表示时，需要牢记以下几个要点。

- 所有的文本表示都是基于训练数据的，因此会存在固有偏见。例如，用科技新闻或文章训练的嵌入模型很可能会认为“Apple”更接近微软或 Facebook，而不是橘子或梨。虽然这不一定是真的，但这种来自训练数据的偏见可能会对依赖于这些表示的自然语言处理模型以及系统的性能产生严重影响。因此，理解所学嵌入中可能存在的偏见，并开发相应的解决方法是非常重要的。在开发任何自然语言处理软件的过程中，这些偏见都是需要考虑的重要因素。
- 不同于基本的向量化方法，预训练的嵌入通常是大型文件（GB 级），这可能会带来一定的部署问题。因此，需要解决这样的问题，否则它会成为性能上的一个工程瓶颈。Word2vec 模型大约占用 4.5GB 的内存。一个很好的方法是使用 Redis 这样的内存数据库，其中的缓存可以解决扩展和延迟的问题。因此，可将嵌入加载到这样的数据库中，并像在内存中一样使用嵌入。
- 真实应用程序的语言任务不仅仅是使用词嵌入和句子嵌入来捕获信息。仍然需要一些方法来编码文本的特定属性、句子之间的关系，以及嵌入表示本身可能无法解决的任何其他特定于领域和应用程序的需求。例如，讽刺语检测任务需要细腻的语言信息，嵌入技术目前尚不能很好地捕捉。
- 正如前文所说，神经文本表示是自然语言处理中一个不断发展的领域，其技术发展正在突飞猛进。虽然新闻中的下一个大模型很容易让人忘乎所以，但从业者在尝试将其用于生产级应用程序之前，需要谨慎行事，并考虑投资回报率、业务需求和基础设施限制等实际问题。

感兴趣的读者可以参考 Noah A. Smith 的文章“Contextual Word Representations: A Contextual Introduction”，它简要总结了词表示的演变和神经网络文本表示模型的研究挑战。接下来开始讨论嵌入的可视化技术。

3.6 可视化嵌入

上面介绍了文本表示的各种向量化技术。得到的向量可以用作文本分类、问答系统等自然语言处理任务的特征。而对特征进行探索是任何机器学习项目的重要环节。那么如何探索这些必须使用的向量？任何与数据相关的问题通常都会涉及可视化探索。有没有一种方法可以对词向量进行可视化？虽然嵌入向量已经是低维向量，但仍然具有 100~300 维，维数还是太高，无法进行可视化。

t-SNE，全称 **t 分布随机邻域嵌入**（t-distributed Stochastic Neighboring Embedding），是一种通过将高维数据（如嵌入）简化为二维或三维数据来实现可视化的技术。t-SNE 以嵌入（或任何其他数据）为输入，并使用较少的维度来最好地表示输入数据，同时在原始高维输入空间和低维输出空间中保持相同的数据分布。因此，这使得输入数据的绘制和可视化成为可能。t-SNE 有助于对词嵌入空间有一个直观的感受。

下面来看使用 t-SNE 进行可视化的一些例子。先来看 MNIST 数字数据集特征向量的可视化。在这里，MNIST 数字图像通过卷积神经网络后形成最终的特征向量。图 3-14 显示了向量的二维绘图。它清楚地表明，这些特征向量的效果是很好的，因为同一类别的向量集中在一起。

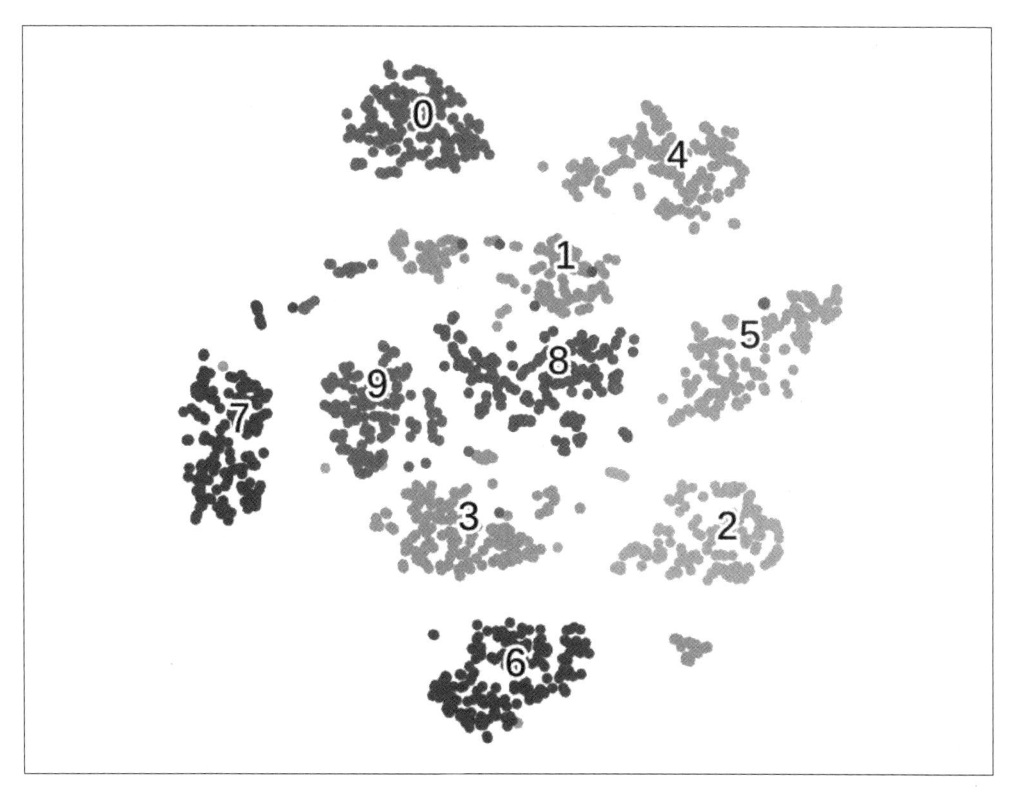

图 3-14：使用 t-SNE 可视化 MNIST 数据（参见 Cyril Rossant 的文章“An illustrated introduction to the t-SNE algorithm”）

现在来看词嵌入的可视化。虽然图 3-15 中只显示了几个词，但有趣的是，意思相似的词往往会集中在一起。

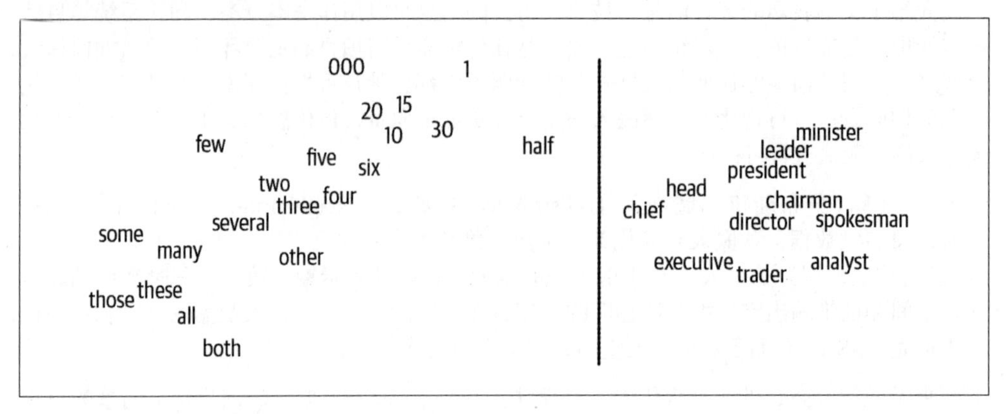

图 3-15：词嵌入的 t-SNE 可视化（左：数字；右：职务）

再看一个词嵌入的可视化，它可能是自然语言处理界最著名的例子。图 3-16 显示了一组词（男人、女人、叔叔、阿姨、国王、皇后）的嵌入向量的二维可视化。图 3-16 不仅显示了这些词向量的位置，还显示了向量之间的一个有趣现象——箭头捕捉了词之间的“关系”。使用 t-SNE 可视化非常有助于人们观察到这类现象。

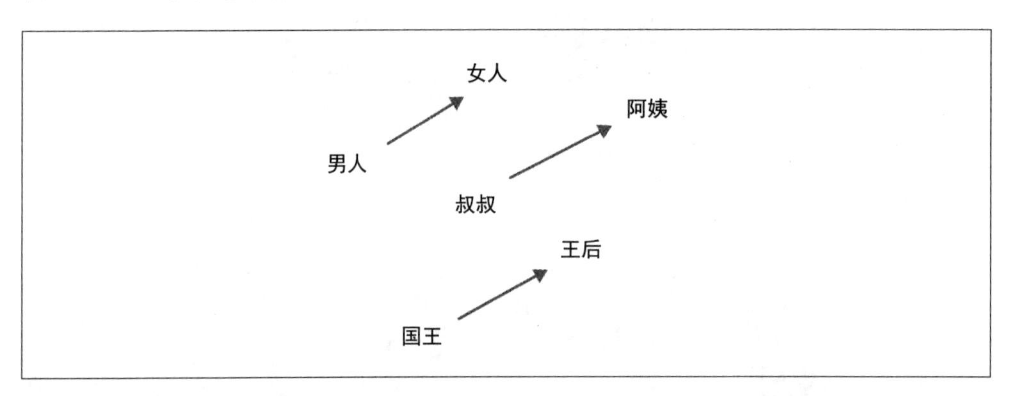

图 3-16：t-SNE 可视化显示了一些有趣的关系

t-SNE 同样适用于文档嵌入的可视化。例如，获取维基百科上不同主题的文章，获得每篇文章对应的文档向量，然后使用 t-SNE 绘制这些向量。图 3-17 中的可视化清楚地显示了同一类别的文章会分在同一组。

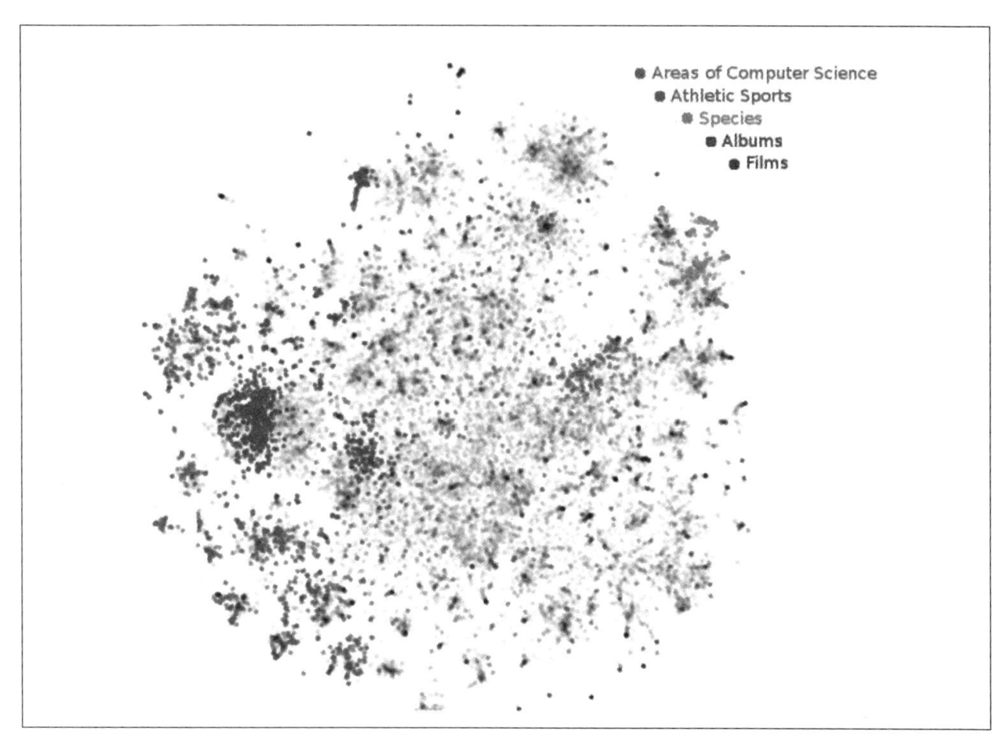

图 3-17：维基百科文档向量的可视化

显然，t-SNE 对于观察特征向量的质量非常有用。可以使用 TensorBoard 中的嵌入投影仪等工具来可视化日常工作中的嵌入。如图 3-18 所示，TensorBoard 有一个很好的界面，专门为可视化嵌入而定制。这里把它作为练习留给读者进一步探索。

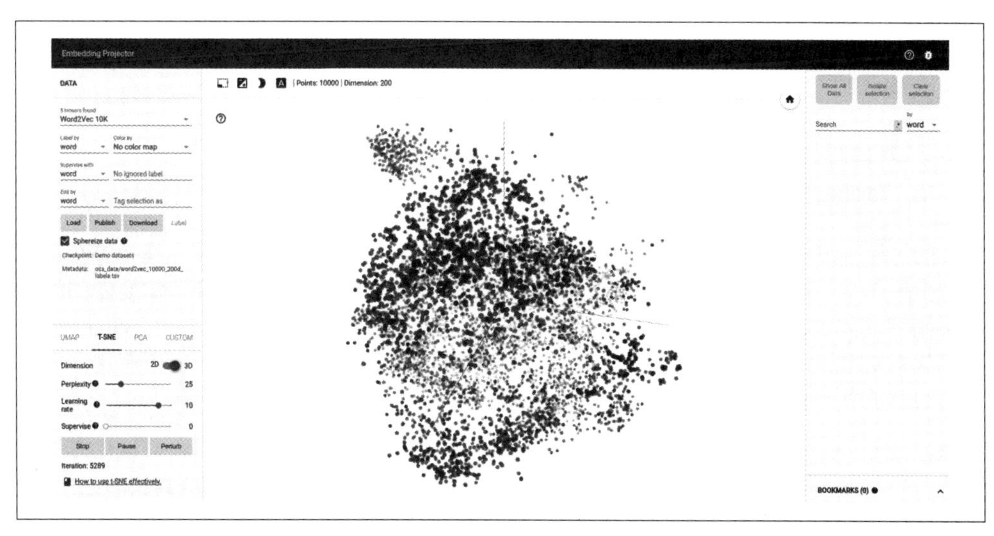

图 3-18：用于嵌入可视化的 TensorBoard 界面截图

3.7 人工特征表示

前面已经介绍了各种基于文本语料库的特征表示方法。这些特征表示大都不依赖于特定的自然语言处理问题或应用领域[4]。无论文本表示用于信息提取还是文本分类，也无论使用 Twitter 语料库还是科技文章语料库，都可以使用相同的方法。

然而，在许多情况下，对于给定的自然语言处理问题，一些特定于领域的知识确实是存在的。如果希望将这些知识融入构建的模型当中，就需要使用人工特征。下面以真实的自然语言处理系统 TextEvaluator 为例。TextEvaluator 是美国教育考试服务中心（ETS）开发的软件。该工具的目的是帮助教师和教育工作者为学生选择相应年级的阅读材料，并找到文本理解困难的原因。显然，这是一个非常专门的问题。使用通用的词嵌入不会有多大帮助。它需要从文本中提取专门的特征来对某种形式的年级适当性进行建模。图 3-19 中的屏幕截图显示了从文本中提取的一些专门特征，从而对文本复杂度的各个维度进行建模。显然，只将文本转换为词袋表示或嵌入表示是不能计算句法复杂性（syntactic complexity）、具体性（concreteness）等指标的。它们必须结合领域知识和机器学习算法来人工设计，从而训练自然语言处理模型。这就是它被称为人工特征表示的原因。

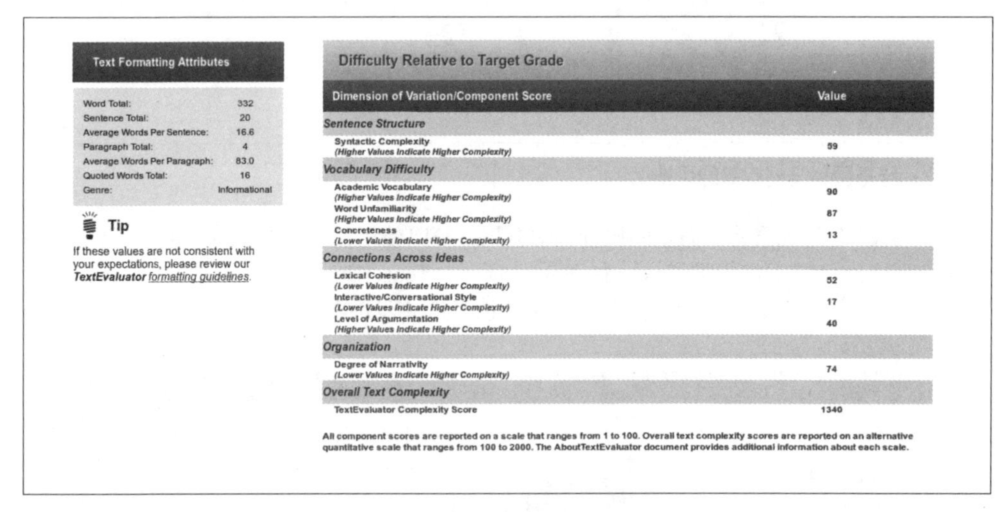

图 3-19：TextEvaluator 软件输出需要人工特征

ETS 的另一个很受欢迎的评分软件是自动作文评分系统，它用于评估 GRE、托福等在线考试考生的作文。这个工具也需要人工特征。对一篇文章的各个方面进行评估需要专门的特征来满足这些需求。仅仅依靠 *n*-gram 或词嵌入是不够的。另外，微软 Word、Grammarly 等工具中使用的拼写和语法纠正功能，可能也需要这种专门的特征工程。在所有这些常用工具的例子中，通常需要自定义特征来融合领域知识。

显然，自定义特征工程比其他特征工程方法要难得多。正是由于这个原因，向量化方法更容易上手，特别是在对专业领域没有足够了解的情况下。尽管如此，在一些真实的应用中，

注 4：除非已经针对手头的任务进行了微调。

人工特征还是非常常见的。在大多数工业应用场景中，人们会将通用的特征表示（基本向量化表示和分布式表示）与特定于领域的特征相结合，由此来开发混合特征。IBM 研究院和沃尔玛最近的研究展示了在真实的行业系统中综合使用启发式、人工特征和机器学习来解决自然语言处理问题的例子。接下来的内容（例如第 4 章、第 5 章）还会涉及使用人工特征的例子。

3.8 小结

本章详细介绍了文本表示的不同技术，既包括基本的向量化方法，也包括先进的深度学习方法。这时自然会出现一个问题：什么时候应该使用向量化特征和嵌入，什么时候应该使用人工特征？答案取决于手头的任务。对于某些应用，例如文本分类，更常见的是直接将向量化方法和嵌入作为文本的特征表示。对于其他一些应用，例如信息提取，或者上一节出现的示例，更常见的是使用特定于领域的人工特征。但在实践中，人们常常会使用结合这两种特征的混合方法。尽管如此，向量化方法仍然是一个很好的起点。

希望本章的各种讨论和观点能让你很好地理解文本表示在自然语言处理中的作用、文本表示的不同技术，以及它们各自的优缺点。接下来的内容（第 4~7 章）将继续解决自然语言处理的基本任务，它们将使用不同的文本表示。

3.8 小结

第二部分

核心

第4章 文本分类

无论做什么事，都应该提前组织规划，这样做事才能有条不紊。

——艾伦·亚历山大·米恩

我们每天都会查看电子邮件，而且可能不止一次。大多数电子邮件服务商能提供自动过滤垃圾邮件的有用功能。这就是**文本分类**的一个用例。文本分类是一项常见的自然语言处理任务，是本章讨论的重点。文本分类是将潜在类别集合中的一个或多个类别分配给给定文本的任务。在垃圾邮件识别的例子中，有两个类别：垃圾邮件和非垃圾邮件。每一封传入的电子邮件都会被分配到其中的一个类别。基于某些属性对文本进行分类的任务在社交媒体、电子商务、医疗保健、法律和市场营销等各种领域都有着广泛的应用。尽管文本分类的目的和应用可能因领域而异，但背后的抽象问题是相同的。这种核心问题的不变性以及在众多领域的应用使得文本分类成为目前工业界应用最广泛、学术界研究最多的自然语言处理任务。本章将讨论文本分类的用处、文本分类器的构建方法，以及针对真实场景的实用技巧。

在机器学习中，分类是将数据实例分类到一个或多个已知类别的问题。原始数据点可能具有不同的格式，例如文本、语音、图像或数值。文本分类是分类问题中的一个特殊实例，其输入数据点是文本，目标是将文本分类到预定义桶（类）中的一个或多个桶（类）中。“文本”可以是任意长度的字符、词语、句子、段落，或者整个文档。考虑这样一个场景：将产品的所有客户评论分为正面、负面和中性这三类。文本分类的挑战是从各个类别的样例集合中“学习”这种分类，并预测新产品和新客户评论的类别。但是，文本分类不一定总是产生一个类别，它可以是任意数量的已知类别。为了理解这一点，下面先快速介绍文本分类的分类方法。

任何监督分类方法，包括文本分类，都可以根据所涉及类别的数量进一步分为三类：二分类、多分类和多标签分类。如果类别的数量是两个，则称为**二分类**。如果类别的数量超过两个，则称为**多分类**。因此，将电子邮件分为垃圾邮件或非垃圾邮件是二分类的例子，而将客户评论的情绪分为负面、中性或正面是多分类的例子。在二分类和多分类中，每个文档恰好属于类别集合 C 中的一个类别。在**多标签分类**中，一个文档可以拥有一个或多个标签 / 类。例如，关于足球比赛的新闻文章可能同时属于“体育”和“足球”两个类别，而关于美国选举的新闻文章可能具有“政治”“美国”和“选举”三个标签。因此，每个文档所具有的标签属于 C 的子集。每篇文章可以不属于任何类，也可以属于一个类、多个类或所有类。有时，集合 C 中的标签数量可能很多，这叫“极端分类”。在有些场景中，可能会使用层级分类系统，文本在不同的层级具有不同的标签。本章将只关注二分类和多分类，因为它们是业界最常见的文本分类用例。

文本分类有时也称为**主题分类**或**文档分类**。本书后面将使用“文本分类”这一说法。注意，主题分类不同于话题检测，话题检测指的是从文本中发现或提取“话题”的问题，第 7 章将对此进行研究。

本章将深入探讨文本分类任务，并使用多种方法构建文本分类器。本章的目标是介绍最常用的技术，并给出应对不同场景的实用建议和构建文本分类系统时必须做出的决策。下面首先介绍文本分类的常见应用程序，然后讨论文本分类的流水线，并说明如何使用该流水线来训练和测试文本分类器，使用的方法不仅有传统的方法，而且还有先进的方法。接下来是解决训练数据收集 / 稀疏性的问题及其处理方法。最后是总结本章各节的知识，并提供一些实用建议和一个案例研究。

注意，本章将只讨论文本分类器的训练和评估。有关部署自然语言处理系统和执行质量保证的一般性问题将在第 11 章中讨论。

4.1 应用程序

从 19 世纪的未知文本作者识别到 20 世纪 60 年代的美国邮政局对地址和邮政编码的光学字符识别，文本分类在许多应用场景中引起了人们的兴趣。20 世纪 90 年代，研究人员开始成功地将机器学习算法应用于大数据文本分类。电子邮件过滤，通常也叫“垃圾邮件分类”，是最早的文本自动分类的例子之一，它至今还在影响我们的生活。从文本文档的手动分析到基于计算机的纯统计方法，再到先进的深度神经网络，文本分类已经取得了长足的进步。在深入探究文本分类的不同方法之前，下面先简要讨论一些常见的应用程序。这些例子有助于识别哪些问题可以使用文本分类的方法予以解决。

内容分类与组织

: 内容分类与组织是指对大量的文本数据进行分类或标注的任务。这反过来又可以支持内容组织、搜索引擎和推荐系统等用例。文本数据包括新闻网站、博客、在线书架、产品评论、推文等。对电商网站上的产品说明进行标注，将公司的客户服务请求发送给相应的支持团队，将电子邮件组织成个人、社交和促销三类，都是使用文本分类进行内容分类与组织的例子。

客户支持

: 顾客经常使用社交媒体来表达他们对产品或服务的看法和体验。文本分类通常用于识别品牌必须回应的推文（即需要采取行动的推文）和不需要回应的推文（即噪声）。为了说明这一点，请考虑图 4-1 所示的关于梅西百货品牌的三条推文。

· 4h
不要在@Macys网上订购任何东西，除非你要的东西有库存!
1

· Mar 7
我们的#WCW属于莉莉 · 罗查、凯伦 · 希尔和所有从心脏病和中风中幸存下来的女性。我们很自豪能与你一起建设更健康的生活。#RedDressCollection由@Macys呈现

· 22 Nov 2017
带着节日的精神来看我明天在@Macys感恩节活动上的表演! # YouMakeItFeelLikeChristmas # MacysParade

图 4-1：涉及品牌的推文：一条需要采取行动，另外两条是噪声

尽管这三条推文都明确提到了梅西百货这个品牌，但只有第一条推文需要梅西百货客户支持团队回复。

电子商务

顾客会在亚马逊、eBay 等电商网站上留下一系列的产品评论。在这种情况下，文本分类的一个例子就是根据顾客评论来理解和分析顾客对产品或服务的看法。这通常叫“情感分析”。世界各地的品牌都广泛使用情感分析来更好地了解品牌与顾客的距离。在一段时间内，情感分析不再只是将顾客反馈简单地分为正面、负面或中性，而是演变成一种更复杂的范式：基于多个方面的情感分析。为了理解这一点，请考虑图 4-2 中所示的餐馆顾客评论。

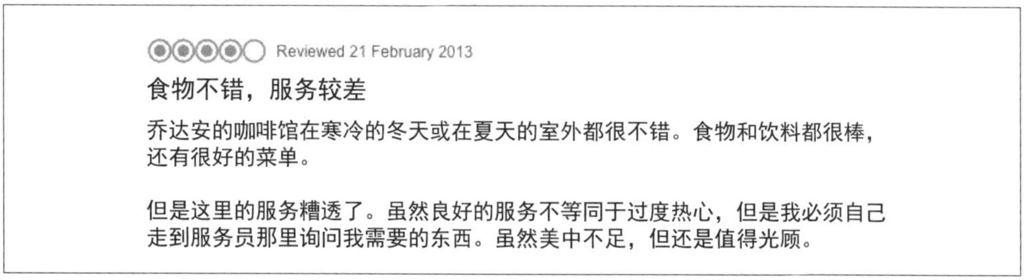

Reviewed 21 February 2013

食物不错，服务较差

乔达安的咖啡馆在寒冷的冬天或在夏天的室外都很不错。食物和饮料都很棒，还有很好的菜单。

但是这里的服务糟透了。虽然良好的服务不等同于过度热心，但是我必须自己走到服务员那里询问我需要的东西。虽然美中不足，但还是值得光顾。

图 4-2：赞扬某些方面、批评另一些方面的评论

图 4-2 中的评论是负面、正面，还是中性？这个问题很难回答——食物很棒，但服务很差。情感分析的相关从业者和品牌已经意识到，许多产品或服务具有多个方面。为了了解整体情绪，需要了解情绪的每个方面。在对客户反馈进行这种细粒度分析时，文本分类起到了重要的作用。第 9 章将详细讨论电子商务。

其他应用

除了上述范畴外，文本分类还用于以下多个不同的领域。

- 文本分类用于语言识别，例如识别新推文或新帖文的语言。谷歌翻译具有自动识别语言的功能。

- 作者身份归属，也就是从作者库中识别出未知文本的作者，是文本分类的另一个常见用例，它被广泛应用于从法医分析到文学研究等各个领域。
- 最近，文本分类已被用于在线心理健康论坛的帖文分类。在自然语言处理界，每年都会举办解决这种源于临床研究的文本分类竞赛。
- 最近，文本分类还被用于区分真假新闻。

注意，本节旨在说明文本分类的广泛应用，列表并非详尽无遗，但这些背景知识有助于快速识别工作项目中遇到的文本分类问题。下面来看如何构建文本分类模型。

4.2 文本分类流水线

第 2 章讨论了常见的自然语言处理流水线。文本分类流水线中的部分步骤与第 2 章学习的流水线相同。

在构建文本分类系统时，通常要遵循以下步骤。

1. 收集或创建适合任务的标注数据集。
2. 将数据集分成训练集和测试集两个部分，或训练集、验证集（即开发集）和测试集三个部分，然后确定评估指标。
3. 将原始文本转换为特征向量。
4. 在训练集中使用特征向量和对应的标签训练分类器。
5. 使用步骤 2 中的评估指标，在测试集中测试模型性能。
6. 部署模型，服务于真实世界的用例，并监控其性能。

图 4-3 显示了构建文本分类系统的典型步骤。

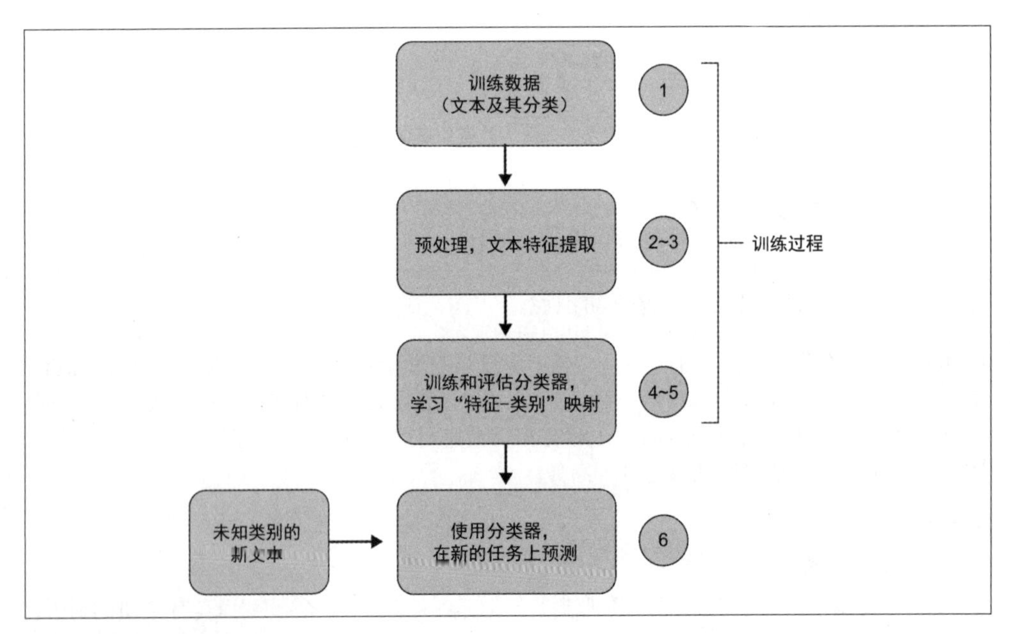

图 4-3：文本分类流水线

重复第 3~5 步，探索不同的特征和分类算法及其参数，并调整超参数，然后进入第 6 步：在生产中部署最优模型。

数据收集和预处理的相关步骤已在之前讨论过。例如，第 1 步和第 2 步已在第 2 章中详细讨论过。第 3 章则集中讨论了第 3 步。本章的重点是第 4 步和第 5 步，最后再回到第 1 步，讨论特定于文本分类的问题。第 11 章将讨论第 6 步。为了能够执行第 4 步和第 5 步（即测试模型性能或比较多个分类器），需要正确的评估指标。第 2 章讨论了自然语言处理系统评估中使用的各种通用指标。具体到分类器的评估，在第 2 章介绍的指标中，以下几个比较常用：分类准确率、精确率、召回率、F1 分数和 ROC 曲线下面积。本章将使用其中的部分指标来评估模型，同时还将通过混淆矩阵来详细了解模型的性能。

此外，当在实际应用程序中部署分类系统时，还会使用特定于给定业务用例的关键性能指标（KPI）来评估分类系统的影响和投资回报率（ROI）。这些通常是业务团队关心的指标。例如，如果使用文本分类来自动发送客户服务请求，那么与手动发送相比，一个可能的 KPI 是减少请求得到响应的等待时间。本章的重点是讨论自然语言处理的评估方法。本书的第三部分（讨论垂直行业的自然语言处理用例）将介绍垂直行业中常用的 KPI。

在使用流水线来构建文本分类器之前，先介绍几个不需要或不可能使用流水线的场景。

4.2.1 不使用文本分类流水线的简单分类器

文本分类流水线通常指的是有监督的机器学习场景。然而，不使用机器学习，不使用流水线，也可以构建简单的分类器。考虑以下场景：给定 Twitter 语料库，其中每个推文都有对应的情感标签：消极或积极。例如，一条推文显示“詹姆斯·邦德的新电影太棒了！”，显然是在表达积极情绪。而另一条推文显示“我再也不会光顾这家餐厅了，可怕的地方！！！”，则是在表达消极情绪。我们希望构建一个分类系统，只使用推文文本来预测新推文的情感。一个简单的解决办法是创建积极词和消极词列表，然后比较输入推文中积极词和消极词的使用情况，并根据这些信息做出预测。进一步的改进可能涉及创建更复杂的词典，其中包含词的积极、消极和中性情感的程度，或者制定特定的启发式（例如，使用笑脸表示积极情感），并使用它们来进行预测。这种方法叫**基于词汇的情感分析**。

显然，这里的文本分类是基于启发式 / 规则和情感词词典等定制资源，并不涉及任何“学习”。虽然这种方法看起来过于简单，无法在许多真实的场景中取得理想的效果，但是它有利于快速部署最小可行产品（MVP）。最重要的是，这种简单的模型有助于更好地理解问题，并为评估指标和模型速度提供一个简单的基线。根据经验，在处理新的自然语言处理问题时，最好从这些简单的方法开始。但是，如果要在大量的文本数据集合中推断出更多的洞见，并获得更好的效果，最终仍然需要使用机器学习方法。

4.2.2 使用现成的文本分类API

如果手头任务属于通用型任务，例如识别文本的一般类别（如技术或音乐），就可能不必自行“学习”分类器或遵循上述文本分类流水线。在这种情况下，可以使用谷歌云自然语言等现成的 API，这些 API 提供现成的内容分类模型，可以识别近 700 种不同的文本类别。另一个常见的分类任务是情感分析。所有主要的服务提供商（如谷歌、微软和亚马逊）都提供了情感分析 API，并有多种支付方案。对于情感分类任务，如果现成的 API 能够满足业务需求，那么就不必构建自己的系统。

然而，许多分类任务需要满足特定的业务需求。因此，本章接下来将参照前面描述的流水线，来讨论构建自己的分类器。

4.3 一个流水线，多个分类器

现在来看文本分类器的构建。流水线中的第 3~5 步需要修改，其余步骤保持不变。好的数据集是开始使用流水线的先决条件。所谓“好的数据集”指的是能够代表真实生产数据的数据集。本章将使用公开数据集进行文本分类。大量的自然语言处理数据集，包括文本分类数据集，都可以在网上找到。

注意，本章的目标是提供不同方法的概述。目前还没有一种方法可以普遍适用于所有类型的数据和所有的分类问题。在现实世界中，通常需要尝试和评估多种方法，并选择最优的方法在实践中部署。

接下来，本节将使用一个新闻数据集来演示文本分类。它由 8000 篇新闻文章组成，每篇文章标注了是否与美国经济相关（属于是 / 否二分类）。这个数据集是不平衡的，1500 篇为相关文章，6500 篇为不相关文章，这就提出了一个挑战，要防止学习偏向多数类别（在本例中为不相关文章）。显然，使用这个数据集学习什么是相关的新闻文章比学习什么是不相关的新闻文章更具挑战性。毕竟，只要猜测都是不相关的，就已经有了 80% 的准确率。

下面沿着本章前面描述的流水线，探讨词袋表示（在第 3 章中介绍过）在该数据集中的使用。分类器的构建将使用朴素贝叶斯、逻辑回归和支持向量机三种著名的算法。本节主要讨论其中的重要步骤。

4.3.1 朴素贝叶斯分类器

朴素贝叶斯是一种概率分类器，它利用贝叶斯定理，根据训练数据中观察到的证据对文本进行分类。朴素贝叶斯根据特征在类中的出现情况来估算给定文本中的每个特征在每个类中的条件概率。每个类的概率乘以给定文本的所有特征的条件概率后，计算出每个类的最终分类概率。最后选择概率最大的类。对分类器的详细解释超出了本书的讨论范围。然而，如果读者对朴素贝叶斯文本分类感兴趣，可以查看 Daniel Jurafsky 和 James H. Martin 的著作 *Speech and Language Processing (3rd ed. draft)* 中第 4 章的详细解释。朴素贝叶斯虽然简单，但在分类实验中常常用作基线算法。

下面浏览一下流水线的关键步骤。这里使用 scikit-learn 实现的朴素贝叶斯。数据集加载后，将数据分为训练数据和测试数据，如下面的代码片段所示。

```
# 步骤1：划分训练集和测试集
X = our_data.text
# text列包含了文本数据，用于从中提取特征
y = our_data.relevance
# relevance列是所要学习预测的列
X_train, X_test, y_train, y_test = train_test_split(X, y, random_state=1)
# 将X和y拆分为训练集和测试集。默认情况下，训练集为75%，测试集为25%
# random_state=1，便于复现结果
```

下一步是对文本进行预处理，然后将其转换为特征向量。虽然预处理涉及许多不同的操作，但这里需要的操作包括：转换小写；删除标点符号、数字和自定义字符串；删除停用词。下面的代码片段显示了如何使用 scikit-learn 中的 CountVectorizer 对训练数据和测试数据进行预处理并将其转换为特征向量，CountVectorizer 实现了第 3 章中介绍的词袋方法。

```
# 步骤2~3：对训练数据和测试数据进行预处理和向量化
vect = CountVectorizer(preprocessor=clean)
# clean是自定义的预处理函数
X_train_dtm = vect.fit_transform(X_train)
X_test_dtm = vect.transform(X_test)
print(X_train_dtm.shape, X_test_dtm.shape)
```

运行代码后，将得到超过 45 000 个特征的特征向量。现在数据转换成了所需的格式：特征向量。因此，下一步是训练和评估分类器。下面的代码片段展示了如何使用提取的特征来训练和评估朴素贝叶斯分类器。

```
nb = MultinomialNB() # 实例化一个多项式朴素贝叶斯分类器
nb.fit(X_train_dtm, y_train) # 训练模型
y_pred_class = nb.predict(X_test_dtm) # 预测测试数据的类别
```

图 4-4 显示了朴素贝叶斯分类器在测试数据上的混淆矩阵。

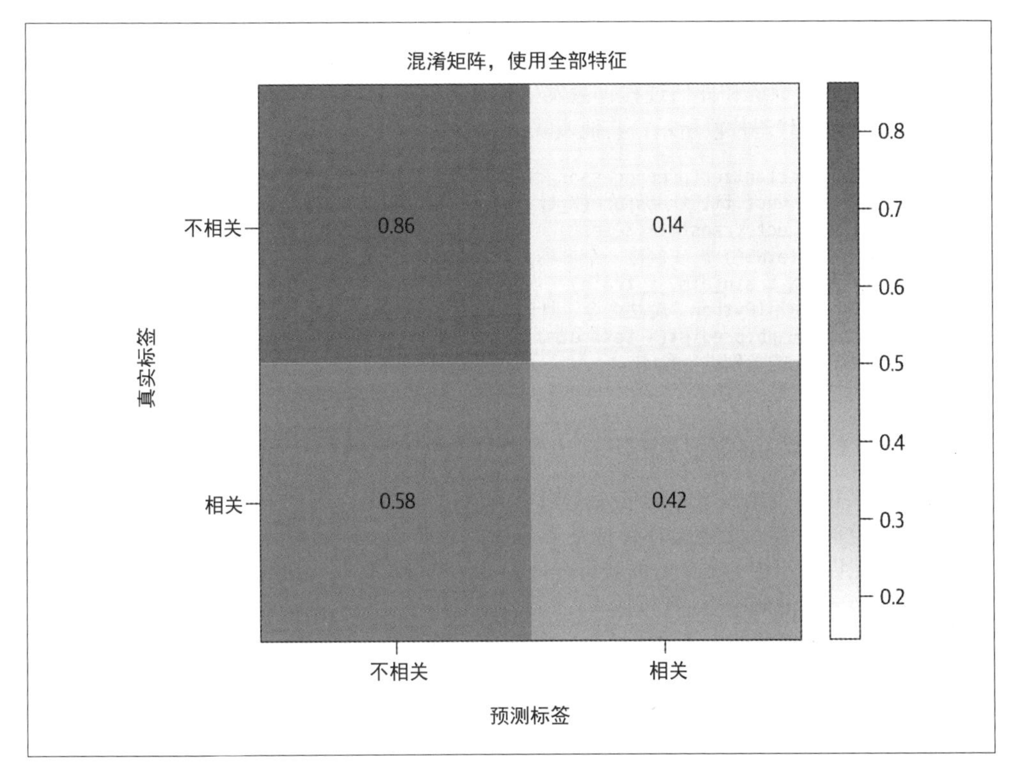

图 4-4：朴素贝叶斯分类器的混淆矩阵

如图 4-4 所示，在识别不相关文章方面，分类器效果较好，错误率只有 14%，但在识别相关文章方面，分类器效果并不好，准确率只有 42%。一个显而易见的想法是收集更多的数据。这是正确的，而且往往也是最有回报的方法。但是为了介绍其他方法，这里假设不能改变数据或收集更多的数据。这个假设并非牵强附会——在业界，收集更多的数据通常是奢侈的，我们必须利用现有的数据。分类器性能较差的可能原因及其改进方法见表 4-1，本章接下来会介绍其中的一部分。

表4-1：分类器效果不佳的可能原因

编号	内容
原因 1	因为提取了所有可能的特征，所以最后得到的是大而稀疏的特征向量，其中大多数特征非常罕见，最终成为噪声。稀疏的特征集也使训练变得困难
原因 2	数据集不相关文章占约 80%，相关文章仅占约 20%。这种类别不平衡使得学习过程偏向于“非相关”文章的类别，这是因为“相关”文章的样例非常少
原因 3	也许需要更好的学习算法
原因 4	也许需要更好的预处理和特征提取机制
原因 5	也许应该考虑调整分类器的参数和超参数

如何提高分类性能？针对原因 1 的解决办法是减少特征向量中的噪声。前面代码示例中的方法得到了近 40 000 个特征。大量的特征导致稀疏性，即特征向量中的大部分特征是零，只有少数值为非零。这反过来又影响了文本分类算法的学习能力。如果将特征数限制在 5000，并重新运行训练和评估过程，会发生什么？这需要修改 CountVectorizer 实例化时的参数，如下面的代码片段所示，其他步骤保持不变。

```
vect = CountVectorizer(preprocessor=clean, max_features=5000) # 第1步
X_train_dtm = vect.fit_transform(X_train) # 合并第2步和第3步
X_test_dtm = vect.transform(X_test)
nb = MultinomialNB() # 实例化一个多项式朴素贝叶斯分类器
%time nb.fit(X_train_dtm, y_train)
# 训练模型（使用IPython“魔法命令”计时）
y_pred_class = nb.predict(X_test_dtm)
# 对X_test_dtm的类别进行预测
print("Accuracy: ", metrics.accuracy_score(y_test, y_pred_class))
```

图 4-5 显示了此设置下的新混淆矩阵。

很明显，虽然识别不相关文章的准确率似乎有所下降，但识别相关文章的准确率提高了 20% 以上。这时，有人可能会怀疑这是否是我们想要的。问题的答案取决于要解决的问题。如果要在识别不相关文章方面获得合理的准确率，同时尽可能提高识别相关文章的准确率，或者两者的准确率要达到同样高，那么可以得出结论：在使用朴素贝叶斯分类器的情况下，减小特征向量的大小对于这个数据集是有用的。

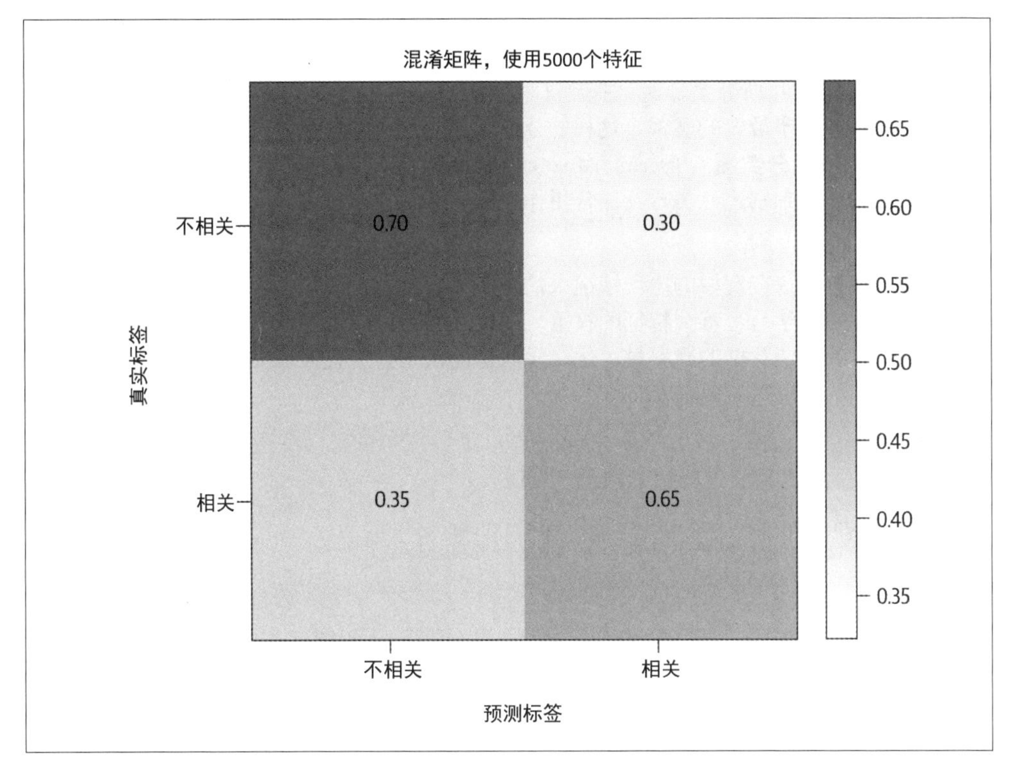

图 4-5：使用朴素贝叶斯和特征选择改进分类性能

如果特征太多，为了减少数据稀疏性，不妨考虑减少特征的数量。

表 4-1 中的原因 2 是数据向多数类倾斜的问题。这个问题有多种解决方法。比较典型的两种方法是对少数类的实例进行过采样和对多数类的实例进行欠采样，以创建一个平衡的数据集。Python 库 Imbalanced-Learn 集成了解决这个问题的部分采样方法。虽然这里不会深入探究库的细节，但是分类器也有内置的机制来处理不平衡的数据集。下一节将通过逻辑回归分类器来介绍如何使用类别权重平衡。

类别不平衡是导致分类器性能不佳的最常见原因之一。必须经常检查手头任务是否存在这种情况，并加以解决。

针对原因 3 的解决办法是尝试使用其他算法，接下来从逻辑回归开始。

4.3.2 逻辑回归

前面在描述朴素贝叶斯分类器时，提到了朴素贝叶斯分类器学习的是文本属于各个类别的概率，并选择概率最大的类别。这样的分类器称为**生成式分类器**（generative classifier）。相反，还有**判别式分类器**（discriminative classifier），它的目标是学习所有类别的概率分布。逻辑回归属于判别式分类器，通常用作文本分类研究的基线，以及真实行业场景中的MVP。

朴素贝叶斯根据特征在类中的出现情况来估计概率，但逻辑回归不同，它根据特征对分类决策的重要性来“学习”每个特征的权重。逻辑回归的目标是学习训练数据中的类之间的线性分隔，目的是使数据的概率最大化。学习特征权重和所有类别的概率分布是通过“逻辑”函数和“逻辑回归”来完成的。

下面使用朴素贝叶斯例子最后一步得到的5000维特征向量来训练逻辑回归分类器。下面的代码片段显示了如何将逻辑回归用于分类任务。

```
from sklearn.linear_model import LogisticRegression
logreg = LogisticRegression(class_weight="balanced")
logreg.fit(X_train_dtm, y_train)
y_pred_class = logreg.predict(X_test_dtm)
print("Accuracy: ", metrics.accuracy_score(y_test, y_pred_class))
```

分类器的准确率为73.7%。图4-6显示了这种方法的混淆矩阵。

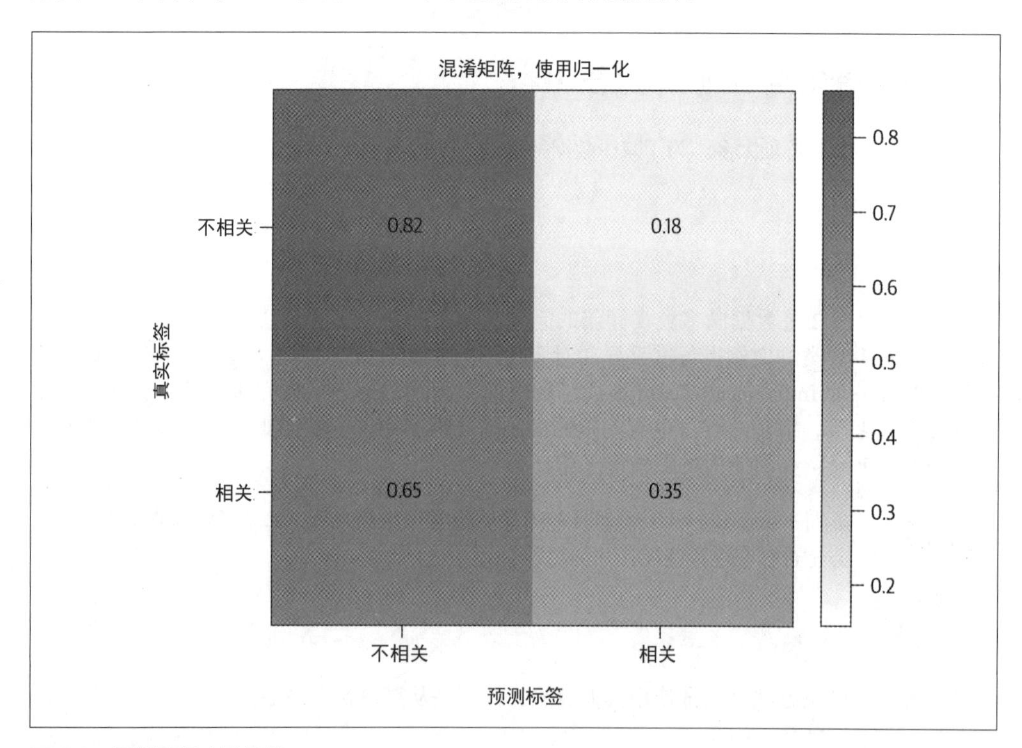

图4-6：逻辑回归分类性能

逻辑回归分类器实例化时有一个参数 class_weight，赋值为 balanced 表示分类器会按照各个类别样本量的倒数来改变类的权重。因此，代表性较低的类预计会有更好的表现。作为实验，删除该参数并重新训练分类器后，可以看到混淆矩阵右下角单元格数值下降了大约 5%。然而，对于这个数据集，逻辑回归的效果显然比朴素贝叶斯差。

表 4-1 中的原因 3 是“也许需要更好的学习算法”。这就引出了一个问题：什么是更好的学习算法？使用机器学习方法时的一般经验法则是，没有一种算法能适用于所有的数据集。因此，通常需要对各种算法进行实验和对比。

下一节中用另一种著名的分类算法“支持向量机”来代替逻辑回归，看看这个想法是否有帮助。支持向量机在部分文本分类任务中被证明是有用的。

4.3.3 SVM

根据前文描述，逻辑回归是一种判别式分类器，它学习各个特征的权重并预测类的概率分布。**支持向量机**（SVM）最早出现于 20 世纪 60 年代初，是一种类似于逻辑回归的判别式分类器。但与逻辑回归不同的是，SVM 在更高维的空间中寻找最优超平面，以最大可能的间隔将数据中的类分开。此外，与逻辑回归不同，SVM 甚至能够学习类之间的非线性分离。但是，SVM 可能需要更长的时间来训练。

在 sklearn（scikit-learn）中，SVM 有多种形式。现在来看其中的一种。最大特征数需要改为 1000，而不是前面示例中的 5000，其余所有内容保持不变。之所以将特征数限制为 1000，是因为支持向量机算法的训练时间较长。下面的代码片段展示了具体的做法，图 4-7 显示了得到的混淆矩阵。

```
from sklearn.svm import LinearSVC
vect = CountVectorizer(preprocessor=clean, max_features=1000) # 第1步
X_train_dtm = vect.fit_transform(X_train) # 合并第2步和第3步
X_test_dtm = vect.transform(X_test)
classifier = LinearSVC(class_weight='balanced') # 注意balanced选项
classifier.fit(X_train_dtm, y_train) # 用训练数据拟合模型
y_pred_class = classifier.predict(X_test_dtm)
print("Accuracy: ", metrics.accuracy_score(y_test, y_pred_class))
```

与逻辑回归相比，SVM 识别相关文章的准确率似乎更高。但在这组实验中，朴素贝叶斯（使用较小的特征集）似乎是这一数据集的最佳分类器。

前面这些例子展示了各个步骤的改变是如何影响分类性能的，同时也给出了对不同结果的解释。很明显，本节没有考虑许多其他的可能性，比如尝试其他文本分类算法，改变不同分类器的不同参数，提出更好的预处理方法等。这里留给读者作为进一步的练习。在真实世界中，文本分类项目需要尝试多种选项：先从最简单的方法开始建模、部署和扩展，然后逐渐增加复杂性，最终的目标是在考虑所有其他约束条件的情况下，构建最能满足业务需求的分类器。

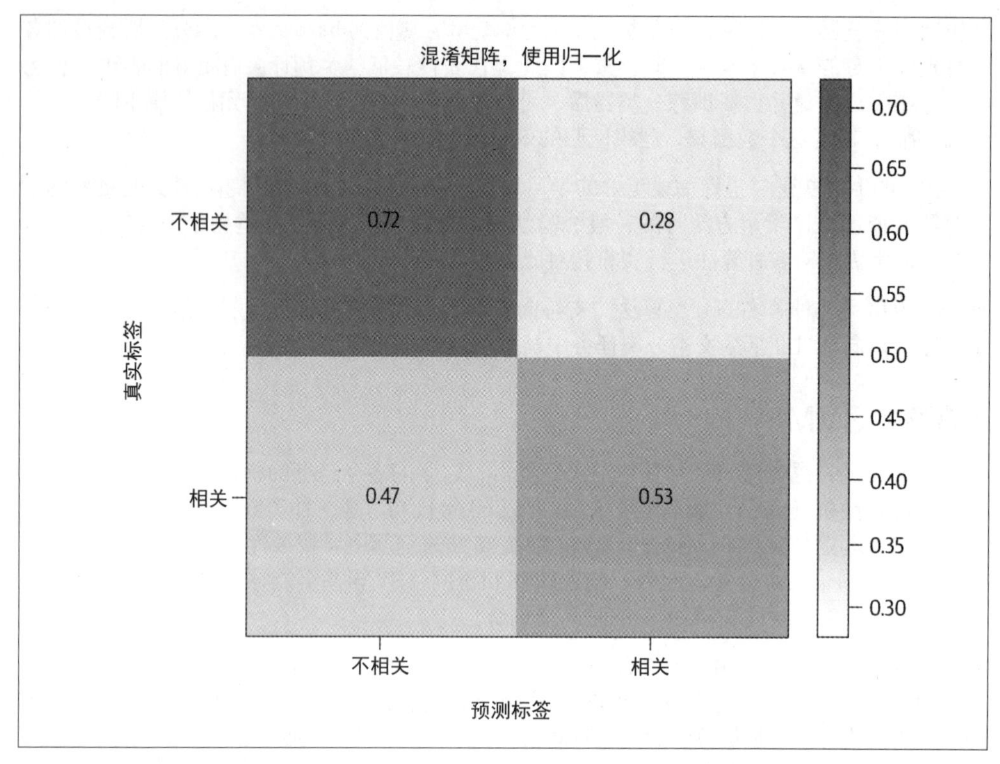

图 4-7：支持向量机分类的混淆矩阵

现在考虑表 4-1 中的原因 4，“也许需要更好的预处理和特征提取机制”。前面已经使用了词袋特征，下面使用第 3 章介绍的其他特征表示技术进行文本分类。

4.4 在文本分类中使用神经嵌入

第 3 章的后半部分讨论了基于神经网络的特征工程技术，如词嵌入、字符嵌入和文档嵌入。使用基于嵌入的特征的优势在于，它们可以创建稠密、低维的特征表示，而不是词袋/TF-IDF 等稀疏、高维的结构。设计和使用基于神经嵌入的特征有不同的方法。本节将介绍在文本分类中使用嵌入表示的一些方法。

4.4.1 词嵌入

长期以来，文本分类主要使用词和 *n*-gram 作为特征。词的向量化有不同的方法，4.3 节使用了 `CountVectorizer` 的向量化表示。在过去的几年里，使用神经网络结构来“学习”词的表示（即词嵌入）变得流行起来。第 3 章介绍了这背后的一些直觉。下面来看如何使用词嵌入特征进行文本分类。这里只介绍重要的步骤，以及这种方法与 4.3 节方法的区别。

文本数据的加载和预处理仍然是一样的。但是文本的向量化不再使用基于词袋的特征，而是使用神经嵌入模型，具体而言，也就是前面介绍过的预训练嵌入模型。Word2vec 是一种常用的词嵌入模型训练算法，如第 3 章所讨论。互联网上提供了几个在大型语料库上训练的 Word2vec 预训练模型。这里使用谷歌提供的预训练模型。下面的代码片段展示了如何使用 gensim 将这个模型加载到 Python 中。

```
data_path= "/your/folder/path"
path_to_model = os.path.join(data_path,'GoogleNews-vectors-negative300.bin')
training_data_path = os.path.join(data_path, "sentiment_sentences.txt")
# 加载Word2vec模型。这需要一点时间
w2v_model = KeyedVectors.load_word2vec_format(path_to_model, binary=True)
print('done loading Word2Vec')
```

这个大型模型可以看作一个字典，其中键是词汇表中的词，值是模型所学习的嵌入表示。给定一个查询词，如果该词的嵌入存在于字典中，将返回该词的嵌入。如何使用这种预先学习的嵌入来表示特征？正如在第 3 章中所讨论的，有多种方法可以实现这一点。一个简单的方法就是对文本中的词嵌入求平均值。下面的代码片段显示了实现此操作的一个简单函数。

```
# 通过对所有词嵌入求平均值，创建一个特征
def embedding_feats(list_of_lists):
    DIMENSION = 300
    zero_vector = np.zeros(DIMENSION)
    feats = []
    for tokens in list_of_lists:
        feat_for_this =  np.zeros(DIMENSION)
        count_for_this = 0
        for token in tokens:
            if token in w2v_model:
                feat_for_this += w2v_model[token]
                count_for_this +=1
        feats.append(feat_for_this/count_for_this)
    return feats

train_vectors = embedding_feats(texts_processed)
print(len(train_vectors))
```

注意，上述代码只对字典中存在的词使用嵌入，忽略没有嵌入的词。另外，上述代码将返回维度为 `DIMENSION(=300)` 的单一向量。得到的嵌入向量视为代表整个文本的特征向量。特征工程完成后，最后一步类似于 4.3 节：使用这些特征训练一个分类器。这里把它留给读者作为练习。

使用这些特征来训练逻辑回归分类器，得到的分类准确率是 81%。考虑到只使用了预训练词嵌入模型，并且只遵循了基本的预处理步骤，这是一个很棒的基线模型。另外，也可以对第 3 章介绍的 GloVe 等其他预训练嵌入方法进行实验。本例中使用的 gensim 还支持训练自己的词嵌入。如果自定义领域的词汇表与预训练嵌入的词汇表相差很大，那么就需要训练自己的嵌入来提取特征。

为了决定是训练自己的嵌入还是使用预先训练的嵌入，一个很好的经验法则是计算词汇重叠度。如果自定义领域和预训练嵌入的词汇重叠度大于 80%，那么使用预训练词嵌入往往能得到较好的文本分类效果。

在使用基于嵌入的特征提取方法部署模型时，需要考虑的一个重要因素是，学习到的或预训练的嵌入模型必须加载到内存中。如果模型本身很庞大（例如，上面使用的预训练模型需要 3.6GB），那么部署时需要考虑这一因素。

4.4.2 子词嵌入和fastText

词嵌入，顾名思义，是关于"词"的表示的。如前文所述，现成的嵌入在分类任务上似乎效果不错。但是，如果数据集中的词在预训练模型的词汇表中不存在，那么如何获得这个词的表示呢？这个问题通常叫**未登录词**（OOV）问题。在前面的例子中，特征提取直接忽略了未登录词。有没有更好的办法？

第 3 章讨论过 fastText 嵌入，其思想是利用子词信息来丰富词嵌入。词嵌入因此可以表示为各个字符 *n*-gram 的表示的和。与词嵌入相比，子词嵌入似乎过程更长，但它有以下两个优点。

- 这种方法可以处理训练数据中没有出现的词（即未登录词）。
- 这种实现有助于在非常大的语料库上进行极快的学习。

虽然 fastText 是学习嵌入的通用库，但它也提供端到端的分类器训练和测试来支持现成的文本分类。也就是说，不需要单独的特征提取。接下来，本节将展示如何使用 fastText 分类器进行文本分类。这里使用的数据集是一个平衡的数据集，由 14 个类组成，每个类有 40 000 个训练样例和 5000 个测试样例。因此，数据集的总大小为 560 000 个训练数据点和 70 000 个测试数据点。显然，这个数据集比之前的要大得多。能否使用 fastText 快速构建训练模型？来试一试吧。

训练集和测试集以 CSV 文件提供。因此，第一步是将这些文件读入 Python 环境，并执行文本清理操作删除无关字符，这与前面其他分类器的预处理步骤相同。完成后，使用 fastText 的过程就非常简单了。下面的代码片段显示了一个简单的 fastText 模型。

```
## 使用fastText进行特征提取和训练
from fasttext import supervised
"""fastText expects and training file (csv), a model name as input arguments.
label_prefix refers to the prefix before label string in the dataset.
default is __label__. In our dataset, it is __class__.
"""
model = supervised(train_file, 'temp', label_prefix="__class__")
results = model.test(test_file)
print(results.nexamples, results.precision, results.recall)
```

运行这段代码，就会注意到，尽管这是一个巨大的数据集，而且提供给分类器的是原始文本而不是特征向量，但是训练只需要几秒钟，就能获得接近 98% 的准确率和召回率。作为练习，请尝试在这个数据集上使用词袋或词嵌入特征和逻辑回归等算法来构建分类器。注意记录特征提取和分类学习分别需要多长时间。

面对大型数据集，如果前面的方法效果都不好，那么不妨选择 fastText 来构建强大而有效的基线。然而，在使用 fastText 时，需要注意，fastText 使用了预先训练好的字符 *n*-gram 嵌入。因此，当保存训练好的模型时，它会携带整个字符 *n*-gram 嵌入字典。这将导致模型臃肿，并可能导致出现工程问题。例如，在上面的代码片段中，“temp”模型的大小接近450MB。不过，fastText 提供了减少分类模型内存占用的选项，同时尽量减少对分类性能的影响。fastText 使用词汇剪枝和压缩算法来做到这一点。在模型尺寸受到限制的情况下，探索这些可能性也许不失为一种好的选择。

fastText 训练速度极快，非常有利于构建强大的基线，缺点是模型太大。

上面介绍了 fastText 在文本分类中的作用。这里仅展示默认的分类模型，未对超参数进行任何调整。关于分类器参数调整和自定义嵌入训练，详见 fastText 的官方文档。但是，前面介绍的两种嵌入表示都只学习词和字符的表示，然后汇集起来形成文本表示。下面来看如何使用第 3 章中讨论的 Doc2vec 方法直接学习文档的表示。

4.4.3 文档嵌入

Doc2vec 嵌入方法直接学习整个文档（句子或段落）的表示，而不是每个词的表示。正如同词和字符嵌入可以作为文本分类的特征，Doc2vec 也可以用作特征表示机制。由于最新版的 Doc2vec 无法使用现有的预训练模型，下面来看如何构建自己的 Doc2vec 模型，并将其用于文本分类。

这里使用的数据集包含 40 000 条推文，分别用 13 个标签表示不同的情感。我们选取数据集中最常见的“中性”“担忧”“高兴”三个标签来构建文本分类器，从而将新的推文分类到三个类别中的一个。

加载数据集并选择三个最常见标签的子集之后，需要考虑的一个重要步骤是数据预处理。与前面的例子相比，这里有什么不同？为什么不能直接照抄以前的步骤？正如第 2 章关于文本预处理的简要讨论，推文与新闻文章或其他类似文本有一些不同之处。首先，推文很短。其次，传统的分词器可能无法很好地将推文中的微笑符、标签、用户名等拆分成多个词。最近，这种特殊的需求促使人们对 Twitter 的自然语言处理进行了大量的研究，从而产生了几个用于推文的预处理方案，其中一个方案是 Python NLTK 库中实现的 `TweetTokenizer`。关于这个话题，第 8 章将详细讨论。现在来看如何在下面的代码片段中使用 `TweetTokenizer`。

```
tweeter = TweetTokenizer(strip_handles=True,preserve_case=False)
mystopwords = set(stopwords.words("english"))

# 推文预处理和分词函数
def preprocess_corpus(texts):
    def remove_stops_digits(tokens):
    # 删除停用词和数字的嵌套函数
        return [token for token in tokens if token not in mystopwords
                and not token.isdigit()]
    return [remove_stops_digits(tweeter.tokenize(content)) for content in texts]
```

```
mydata = preprocess_corpus(df_subset['content'])
mycats = df_subset['sentiment']
```

下一步是训练 Doc2vec 模型来学习推文表示。对于这一步，任何大型推文数据集都可以。然而，由于没有现成的语料库，这里将数据集拆分成训练集和测试集，并用训练数据来学习 Doc2vec 表示。这个过程首先使用 TaggedDocument 类将文档表示为词的列表和“标签”（最简单的形式是文件名或文档 ID），从而将数据转换为 Doc2vec 可读的格式。不过，Doc2vec 本身也可以用作多分类问题和多标签分类问题的最近邻分类器。这里留给读者作为探索性练习。下面的代码片段展示了如何训练用于推文的 Doc2vec 分类器。

```
# 准备doc2vec格式的训练数据
d2vtrain = [TaggedDocument((d),tags=[str(i)]) for i, d in enumerate(train_data)]
# 训练doc2vec模型来学习推文的表示。只使用训练数据
model = Doc2Vec(vector_size=50, alpha=0.025, min_count=10, dm =1, epochs=100)
model.build_vocab(d2vtrain)
model.train(d2vtrain, total_examples=model.corpus_count, epochs=model.epochs)
model.save("d2v.model")
print("Model Saved")
```

如以上代码片段中的模型定义所示，Doc2vec 的训练需要设置几个参数：vector_size 是指所要学习的嵌入的维数；alpha 是学习率；min_count 是保留在词汇表中的词的最低频率；dm（分布式存储）是 Doc2vec 中实现的一种表示学习器（另一种是 dbow，即分布式词袋）；epochs 是训练迭代的次数。还有一些其他参数也可以自定义。虽然 Doc2vec 模型的最佳训练参数有一些指导方针，但这些指导方针并没有得到充分的验证，而且我们不知道这些指导方针是否适用于推文。

解决这个问题的最佳方法是尝试 dm/dbow、向量大小、学习率等重要参数的各种取值，并对多个模型进行比较。由于模型只学习了文本的表示，那么如何比较这些模型呢？一种方法是在下游任务中使用这些所学习的表示——在本例中，这个下游任务是文本分类。Doc2vec 的 infer_vector 函数使用预训练模型来推断给定文本的向量表示。由于不同的超参数会产生一定的随机性，所以每次推断出的向量都是不同的。由于这个原因，为了得到稳定的表示，需要运行多次（多步），然后将向量进行聚合。下面使用学习模型来推断数据的特征，并训练逻辑回归分类器。

```
# 使用已训练的模型来推断训练数据和测试数据的特征表示
model= Doc2Vec.load("d2v.model")
# 多步推断，以获得稳定的表示
train_vectors = [model.infer_vector(list_of_tokens, steps=50)
                 for list_of_tokens in train_data]
test_vectors = [model.infer_vector(list_of_tokens, steps=50)
                for list_of_tokens in test_data]
myclass = LogisticRegression(class_weight="balanced")
# 这是因为类别不平衡
myclass.fit(train_vectors, train_cats)
preds = myclass.predict(test_vectors)
print(classification_report(test_cats, preds))
```

在只有三个类的大语料库上，该模型的 F1 分数为 0.51，性能似乎很差。对于这个糟糕的结果，有几种解释。首先，推文不同于完整的新闻文章或结构标准的句子，每条推文包含

的数据非常有限。其次，人们发推文时会使用各种各样的拼写和语法，以及很多不同形式的表情符号。特征表示需要捕捉这些方面的信息。虽然尝试大量参数可能有助于找到最佳模型，但正如第 3 章所讨论的，也可以选择探究特定于问题的特征表示。第 8 章将介绍推文的特征表示。和 fastText 一样，使用 Doc2vec 需要记住：如果使用 Doc2vec 进行特征表示，就必须存储学习了这种表示的模型。虽然 Doc2vec 模型通常没有 fastText 那么臃肿，但它的训练速度也不如 fastText 那么快。在部署之前，需要考虑和比较这些优缺点。

前面介绍了各种特征表示，以及它们在机器学习文本分类中的作用。现在来看这几年流行起来的一个算法家族：深度学习。

4.5 用于文本分类的深度学习

正如第 1 章所讨论的，深度学习是通过各种多层神经网络结构进行学习的一系列机器学习算法。在过去的几年里，深度学习已经显著地提高了图像分类、语音识别和机器翻译等标准机器学习任务的性能。这使得人们产生了将深度学习用于文本分类等各种任务的广泛兴趣。前面介绍了如何使用词袋等嵌入表示训练不同的机器学习分类器。现在来看如何使用深度学习进行文本分类。

文本分类中最常用的两种神经网络分别是卷积神经网络（CNN）和循环神经网络（RNN）。长短期记忆（LSTM）网络是一种常见的 RNN。最近的方法则是使用大型的预训练语言模型来微调手头任务。本节将使用一个情感分类数据集来学习如何训练 CNN 和 LSTM，以及如何微调预训练语言模型来进行文本分类。注意，关于神经网络原理的详细解释超出了本书的讨论范围。Daniel Jurafsky 和 James H. Martin 的著作 *Speech and Language Processing (3rd ed. draft)* 对自然语言处理中的各种神经网络方法进行了简明的概述。

训练任何机器学习或深度学习模型的第一步是定义特征表示。这一步在前面看到的词袋或嵌入向量等方法中是相对简单的。但是，对于神经网络，如第 3 章中所述，输入向量需要进行进一步处理。下面快速回顾将训练和测试数据转换成神经网络输入层所需格式的步骤。

1. 对文本进行分词，并将其转换为词索引向量。
2. 填充文本序列，使所有文本向量具有相同的长度。
3. 将每个词索引映射到嵌入向量，方法是将词索引向量与嵌入矩阵相乘。嵌入矩阵可以使用预训练嵌入来填充，也可以使用该语料库来训练。
4. 使用第 3 步的输出作为神经网络结构的输入。

这些步骤都完成后，接下来就是确定神经网络结构，并用神经网络训练分类器。本节中的代码展示了从文本预处理到神经网络训练和评估的整个过程。这里使用的 Keras 是一个基于 Python 的深度学习库。下面的代码片段展示了第 1 步和第 2 步。

```
# 使用Keras Tokenizer将文本样例转换成二维整数张量
# Tokenizer只使用训练数据进行拟合，拟合后可用于训练数据和测试数据的分词
tokenizer = Tokenizer(num_words=MAX_NUM_WORDS)
tokenizer.fit_on_texts(train_texts)
train_sequences = tokenizer.texts_to_sequences(train_texts)
test_sequences = tokenizer.texts_to_sequences(test_texts)
word_index = tokenizer.word_index
print('Found %s unique tokens.' % len(word_index))
```

```
# 将其转换为输入神经网络的序列。序列的最大长度为1000，和前面的设置一样
# 初始填充为0，直到向量的大小为MAX_SEQUENCE_LENGTH为止
trainvalid_data = pad_sequences(train_sequences, maxlen=MAX_SEQUENCE_LENGTH)
test_data = pad_sequences(test_sequences, maxlen=MAX_SEQUENCE_LENGTH)
trainvalid_labels = to_categorical(np.asarray(train_labels))
test_labels = to_categorical(np.asarray(test_labels))
```

第 3 步：如果使用预训练嵌入将训练数据和测试数据转换成嵌入矩阵，就必须下载预训练嵌入，并使用预训练嵌入将数据转换成神经网络输入所需的格式。下面的代码片段演示了如何使用 GloVe 嵌入（第 3 章中介绍过）实现这一点。GloVe 嵌入自带多种维度，这里选择 100 作为维数。维度的值是一个超参数。可以使用其他维数进行实验[1]。

```
embeddings_index = {}
with open(os.path.join(GLOVE_DIR, 'glove.6B.100d.txt')) as f:
    for line in f:
        values = line.split()
        word = values[0]
        coefs = np.asarray(values[1:], dtype='float32')
        embeddings_index[word] = coefs

num_words = min(MAX_NUM_WORDS, len(word_index)) + 1
embedding_matrix = np.zeros((num_words, EMBEDDING_DIM))
for word, i in word_index.items():
    if i > MAX_NUM_WORDS:
        continue
    embedding_vector = embeddings_index.get(word)
    if embedding_vector is not None:
        embedding_matrix[i] = embedding_vector
```

第 4 步：现在可以开始训练文本分类的深度学习模型了。深度学习结构由输入层、输出层和介于两者之间的若干隐藏层组成。不同的网络结构使用不同的隐藏层。文本输入的输入层通常是嵌入层。输出层，特别是在文本分类的情况下，是一个产生分类输出的 softmax 层。如果不使用预训练嵌入，而是直接训练输入层，最简单的方法是调用 Keras 的 Embedding 类，指定输入和输出维度。但是，由于这里使用预训练嵌入，因此应该使用刚刚构建的嵌入矩阵来创建一个自定义的嵌入层。下面的代码片段显示了如何进行此操作。

```
embedding_layer = Embedding(num_words, EMBEDDING_DIM,
                            embeddings_initializer=Constant(embedding_matrix),
                            input_length=MAX_SEQUENCE_LENGTH,
                            trainable=False)
print("Preparing of embedding matrix is done")
```

这将作为 CNN、LSTM 或其他任何想要使用的神经网络的输入层。在了解如何预处理输入并定义输入层之后，接下来就是确定 CNN 和 LSTM 等神经网络结构的其余部分。

4.5.1 用于文本分类的CNN

现在来看如何定义、训练和评估 CNN 文本分类模型。CNN 通常由一系列卷积层和池化层等隐层组成。在文本分类中，CNN 将学习最有用的词袋或 *n*-gram 特征，而不是将整个词

注 1：还有其他预训练嵌入可以选择。这里的选择是任意的。

集或 n-gram 集合作为特征。由于数据集只有正、负两个类别，因此输出层只有两个输出，激活函数为 softmax。下面使用 Keras 中的 Sequential 模型类来定义一个具有三个卷积池化层的 CNN，Sequential 允许我们将深度学习模型定义为层和层的顺序编排。每一层及其激活函数确定后，接下来是定义优化器、损失函数和评估指标等重要参数来调整模型的超参数。这些都完成后，下一步是对模型进行训练和评估。下面的代码片段显示了如何使用 Python 库 Keras 来指定文本分类的 CNN 结构，并基于所用的数据集打印了该模型的结果。

```
print('Define a 1D CNN model.')
cnnmodel = Sequential()
cnnmodel.add(embedding_layer)
cnnmodel.add(Conv1D(128, 5, activation='relu'))
cnnmodel.add(MaxPooling1D(5))
cnnmodel.add(Conv1D(128, 5, activation='relu'))
cnnmodel.add(MaxPooling1D(5))
cnnmodel.add(Conv1D(128, 5, activation='relu'))
cnnmodel.add(GlobalMaxPooling1D())
cnnmodel.add(Dense(128, activation='relu'))
cnnmodel.add(Dense(len(labels_index), activation='softmax'))
cnnmodel.compile(loss='categorical_crossentropy',
                 optimizer='rmsprop',
                 metrics=['acc'])
cnnmodel.fit(x_train, y_train,
             batch_size=128,
             epochs=1,
             validation_data=(x_val, y_val))
score, acc = cnnmodel.evaluate(test_data, test_labels)
print('Test accuracy with CNN:', acc)
```

如上所示，在定义模型时，需要做很多选择，例如激活函数、隐藏层、层大小、损失函数、优化器、评估指标、轮数和批大小。虽然有一些推荐选项，但是对于最适合所有数据集和问题的最佳组合还没有达成共识。因此，构建模型的一个好方法是使用不同的设置（即超参数）进行实验。记住，所有这些决策都伴随着一定的成本。例如，在实践中，可以将轮数设为 10 以上，但这也增加了训练模型所需的时间。另外，如果要在模型中训练一个嵌入层，而不是使用预训练嵌入，那么只需将 cnnmodel.add(embedding_layer) 这一行改成 cnnmodel.add(Embedding(Param1, Param2))。下面的代码片段显示了相应的代码和模型性能。

```
print("Defining and training a CNN model, training embedding layer on the fly
      instead of using pre-trained embeddings")
cnnmodel = Sequential()
cnnmodel.add(Embedding(MAX_NUM_WORDS, 128))
...
...
cnnmodel.fit(x_train, y_train, batch_size=128,
             epochs=1, validation_data=(x_val, y_val))
score, acc = cnnmodel.evaluate(test_data, test_labels)
print('Test accuracy with CNN:', acc)
```

运行这段代码，就会注意到，在这种情况下，使用自己的数据集训练嵌入层似乎可以更好地对测试数据进行分类。但是，如果训练数据非常少，那么最好选择使用预训练嵌入，或者使用本章后面讨论的领域适应技术。现在来看如何使用 LSTM 来训练文本分类模型。

4.5.2 用于文本分类的LSTM

如第 1 章所述，LSTM 等 RNN 变体在过去几年中已经成为神经语言建模的首选方法。这主要是因为语言在本质上是顺序的，而 RNN 专门用于处理顺序数据。在语言中，句子中的当前词依赖于它的上下文，也就是它前后的词。但是，CNN 文本建模并没有考虑这个至关重要的事实，而 RNN 在学习语言表示或语言模型时会使用这种语境。因此，RNN 在自然语言处理任务中表现出了良好的效果。虽然有些 CNN 变体也能将语境信息考虑在内，但 CNN 与 RNN 孰好孰坏仍然充满争议。本节将介绍一个使用 RNN 进行文本分类的例子。由于前面已经展示了一个神经网络，再训练一个就相对容易，只需在前面的两个代码示例中用 LSTM 替换卷积和池化部分即可。下面的代码片段演示了如何使用同样的 IMDB 数据集对 LSTM 文本分类模型进行训练。

```
print("Defining and training an LSTM model, training embedding layer on the fly")
rnnmodel = Sequential()
rnnmodel.add(Embedding(MAX_NUM_WORDS, 128))
rnnmodel.add(LSTM(128, dropout=0.2, recurrent_dropout=0.2))
rnnmodel.add(Dense(2, activation='sigmoid'))
rnnmodel.compile(loss='binary_crossentropy',
                 optimizer='adam',
                 metrics=['accuracy'])
print('Training the RNN')
rnnmodel.fit(x_train, y_train,
             batch_size=32,
             epochs=1,
             validation_data=(x_val, y_val))
score, acc = rnnmodel.evaluate(test_data, test_labels,
                               batch_size=32)
print('Test accuracy with RNN:', acc)
```

注意，这段代码的运行时间比 CNN 示例要长很多。虽然 LSTM 更能利用文本的顺序特征，但 LSTM 对数据的需求量要远远大于 CNN。因此，LSTM 在某些数据集上表现出相对较差的效果，不一定是因为模型本身存在缺陷。也可能是因为拥有的数据量太少，所以不足以充分利用 LSTM 的全部潜力。另外，和 CNN 一样，多个参数和超参数在模型性能中扮演着重要的角色。因此，在确定最终模型之前，最好尝试多种选择并比较不同的模型。

4.5.3 使用大型预训练语言模型进行文本分类

在过去的两年中，基于神经网络的文本表示方法有了很大的改进。第 3 章的 3.5 节讨论了其中的一部分。最近，这些文本表示已经成功地用于文本分类，方法是微调预训练模型来适应给定的任务和数据集。第 3 章提到的 BERT 就是这样一种常见的文本分类模型。现在来看如何使用前面的数据集将 BERT 用于文本分类。

这里使用 ktrain（TensorFlow Keras 的简化封装库）来训练和使用预训练深度学习模型。ktrain 简化了数据集和预训练 BERT 获取、分类任务微调等各个步骤。

加载数据集后，下一步是下载 BERT 模型，并根据 BERT 的要求对数据集进行预处理。下面的代码片段展示了如何使用 ktrain 的函数执行此操作。

```
(x_train, y_train), (x_test, y_test), preproc =
    text.texts_from_folder(IMDB_DATADIR,maxlen=500,
                           preprocess_mode='bert',train_test_names=['train','test'],
```

下一步是加载预训练 BERT 模型，并针对本数据集进行微调。下面是执行此操作的代码片段。

```
model = text.text_classifier('bert', (x_train, y_train), preproc=preproc)
learner=ktrain.get_learner(model,train_data=(x_train,y_train),
                           val_data=(x_test, y_test), batch_size=6)
learner.fit_onecycle(2e-5, 4)
```

这三行代码的作用是使用 BERT 预训练模型来训练文本分类器。和前面的其他例子一样，这里也需要进行参数调优和反复实验来选择性能最佳的模型。这里把它留给读者作为练习。

本节通过 CNN 和 LSTM 两种神经网络结构介绍了如何使用深度学习进行文本分类的思想，并展示了如何针对给定的数据集和分类任务来微调先进的预训练语言模型（BERT）。除了 CNN 和 LSTM，这些神经网络结构还存在多种变体，而且自然语言处理研究人员每天都在提出新的模型。另外，预训练语言模型 BERT 也有其他类似的模型，这是自然语言处理研究中一个不断发展的领域，技术水平每隔几个月（甚至几周）就会提升。然而，作为从业者，根据我们的经验，一些自然语言处理任务，特别是文本分类，仍然广泛使用本章前面介绍的几种非深度学习方法。造成这种情况主要有两个原因：一是神经网络需要大量的特定于任务的训练数据，二是相关的计算和部署成本非常高昂。

基于深度学习的文本分类器通常只是训练数据的稠密表示。这些模型的性能往往取决于训练数据集。因此，选择正确的数据集是非常重要的。

在本节的最后，我们再次强调：在大多数工业环境中，最好先从简单、易于部署的方法开始，形成 MVP，然后考虑客户需求和可行性，逐步推进。

上面介绍了构建文本分类模型的几种方法。不同于启发式方法，机器学习模型在预测时通常被视为黑箱。不过，可解释机器学习最近开始崭露头角，而能够“解释”机器学习模型预测结果的程序也已经出现。下面快速了解一下它们在文本分类中的应用。

4.6 解释文本分类模型

前面已经介绍了如何使用不同的方法来训练文本分类器。所有这些例子都是直接接受分类器的预测结果，不需要任何解释。事实上，大多数真实世界的文本分类用例可能是类似的——直接使用分类器的输出，而不质疑它的决定。例如，在垃圾邮件分类中，人们通常不需要解释为什么某封邮件被归类为垃圾邮件或普通邮件。但是，在某些情况下，解释是必要的。

考虑这样一个场景：某论坛网站需要开发一个识别恶意评论的分类器。分类器需要识别出恶意评论，并像人类版主一样删除或隐藏恶意评论。我们知道分类器是不完美的，可能会出错。如果评论者质疑这种审核决定并要求解释，那么该怎么办？在这种情况下，指出影响分类决策的特征来“解释”分类决策可能是有用的。这种方法也有助于深入了解模型及其在实际数据（而不是训练集或测试集）上的表现，这反过来有助于后面产生更好、更可靠的模型。

随着机器学习模型开始部署到实际应用程序中，人们对模型可解释性的兴趣也在增加。最近的一些研究催生了解释模型预测（特别是分类）的工具。Lime 就是这样一种工具，它试图使用训练实例周围的局部线性模型来近似分类模型，从而解释黑箱模型。这样做的好处是，线性模型可以表示为特征的加权和，人类很容易理解。例如，对于具有 A 和 B 两个类别的二分类器，对于给定的测试实例，如果存在两个特征 f1 和 f2，那么该实例附近的 Lime 线性模型可能是 $-0.3 \times f1 + 0.4 \times f2$，预测值为 B。这表明特征 f1 的存在会对预测结果产生负面影响（0.3），并使其偏向 A。下面来看如何使用 Lime 来理解文本分类器的预测。

用Lime解释分类器预测

这里使用本章前面构建的模型来看 Lime 如何解释模型的预测。下面的代码片段使用了之前构建的逻辑回归模型，可将给定的新闻文章分类为相关或不相关。代码片段同时展示了 Lime 的使用。

```
from lime import lime_text
from lime.lime_text import LimeTextExplainer
from sklearn.pipeline import make_pipeline

y_pred_prob = classifier.predict_proba(X_test_dtm)[:, 1]
c = make_pipeline(vect, classifier)
mystring = list(X_test)[221] # 从测试实例中获取一个字符串
print(c.predict_proba([mystring])) # 预测值为"no"，也就是不相关
class_names = ["no", "yes"] # 不相关，相关
explainer = LimeTextExplainer(class_names=class_names)
exp = explainer.explain_instance(mystring, c.predict_proba, num_features=6)
exp.as_list()
```

这段代码展示了在预测中起到重要作用的六个特征，具体如下。

```
[('YORK', 0.23416984139912805),
 ('NEW', -0.22724581340890154),
 ('showing', -0.12532906927967377),
 ('AP', -0.08486610147834726),
 ('dropped', 0.07958281943957331),
 ('trend', 0.06567603359316518)]
```

因此，上述代码的输出可以看作这六个特征的线性和。这意味着，如果去掉特征“NEW”和“showing”，那么预测应该朝相反的类“relevant/Yes”移动 0.35（两个特征的权重之和）。Lime 还提供预测的可视化函数。图 4-8 显示了上述解释的可视化。

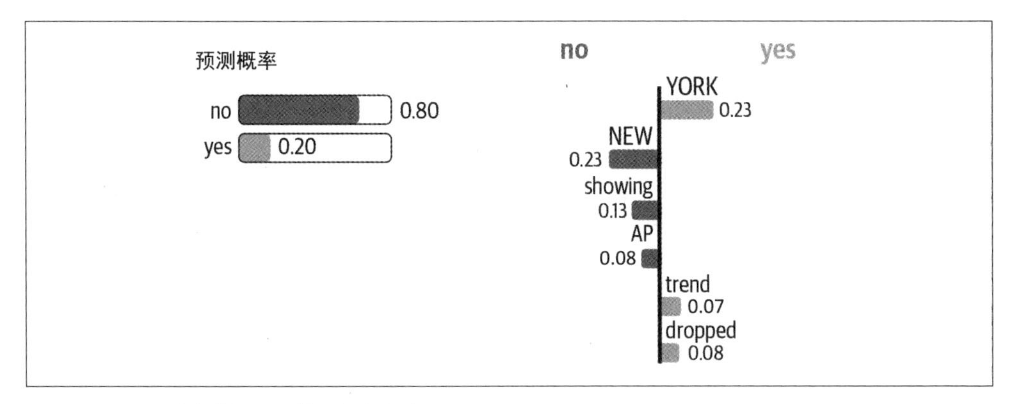

图 4-8：Lime 对分类器预测的可视化解释

如图所示，YORK、trend 和 dropped 这三个词的存在使预测偏向 yes，而其他三个词使预测偏向 no。除了前面提到的一些用途之外，分类器可视化还有助于我们做一些有根有据的特征选择。

希望这个简短的介绍有助于你理解如何解释分类器的预测。

4.7 无数据或少数据学习和新领域适应

在前面的所有示例中，相关任务都有相对较大的训练数据集可用。然而，在大多数真实场景中，这样的数据集并不容易获得。在另外一些情况下，数据集可能已经标注好，但数据量不够大，不足以训练好的分类器。还可能有这样的情况：某个系列的产品有很多数据，比如客户投诉和请求，但是另一个系列的产品只有很少的数据，因此需要调整现有的模型来适应新的领域。本节将讨论如何为这些没有数据、有很少数据，或必须适应新领域训练数据的场景构建良好的分类系统。

4.7.1 无训练数据

考虑这样一个任务：为电商公司设计顾客投诉分类器。分类器需要将顾客投诉邮件自动发送到“账单”“发货”和“其他”三个类别中。如果幸运的话，公司内部可能已经有大量的标注数据可用，其形式为客户请求及其类别的历史数据库。但是，如果这样的数据库不存在，那么应该从何开始构建分类器呢？

在这种场景中，第一步是创建标注数据集，将顾客投诉映射到相应类别中。解决这个问题的一种方法是让客服人员手动标注部分投诉，并将其作为机器学习模型的训练数据。另一种方法是“自举”或“弱监督”。不同类别的客户请求可能存在不同的信息模式。账单类的请求可能会提到“账单”之类的词语、货币金额等。发货类的请求可能会提到运输、延迟等。不妨编译这些模式，并使用模式的存在与否来标注客户请求，从而为分类任务创建小型标注数据集（可能带有噪声）。然后在此基础上构建一个分类器来标注更大的数据集合。斯坦福大学最近开发的 Snorkel 软件工具可用于部署分类等各种任务的弱监督学习。谷歌曾使用 Snorkel 部署了基于弱监督的工业级文本分类模型。这些模型表明，弱监督分类器的质量堪比那些基于数万个手工标注样例训练出来的分类器。Snorkel 网站文章“Snorkel Intro Tutorial: Data Labeling”展示了如何使用 Snorkel 基于大量未标注数据生成训练数据并进行文本分类的示例。

在有些情况下，如果大规模收集数据是必要和可行的，那么可以选择众包进行数据标注。亚马逊 Mechanical Turk 和 Figure Eight 等网站平台就是利用人类智能来创建机器学习任务的高质量训练数据的。使用群体智慧创建分类数据集的一个常见例子是谷歌的“验证码测试”，它要求用户回答一组图像是否包含给定物体（例如，“选择所有包含街道标志的图像”）。

4.7.2 少训练数据：主动学习和领域适应

在前面描述的场景中，使用人工标注或自举方法可以收集少量数据，但有时这些数据量太小，无法构建较好的分类模型。另外，收集到的请求可能大部分属于“账单类”，只有很少一部分属于其他类别，这会导致数据集高度不平衡。而且，要求客服人员花费大量时间进行人工标注并不总是可行的。这种情况下该怎么办？

解决这类问题的一种方法是**主动学习**。主动学习主要是确定哪些数据点更重要，从而将其用作训练数据。主动学习有助于回答以下问题：如果有 1000 个数据点，但只能标注 100 个，应该选择哪 100 个？这意味着，对于训练数据，并非所有的数据点都是平等的。在决定分类器的训练质量方面，有些数据点比其他数据点更重要。主动学习将此转化为一个持续的过程。

使用主动学习训练分类器的具体过程如下。

1. 使用现有的数据量训练分类器。
2. 开始使用分类器对新数据进行预测。
3. 如果分类器对预测结果非常不确定，则将数据点发送给人工标注员进行正确分类。
4. 将这些数据点加入现有的训练数据中，重新训练模型。

重复第 1~4 步，直到模型性能达到满意的效果。

Prodigy 等工具实现了文本分类的主动学习解决方案，并支持高效使用主动学习来快速创建标注数据和文本分类模型。主动学习背后的基本思想是，模型不太确定的数据点对提高模型质量贡献最大，因此只对这些数据点进行标注。

考虑这样一个场景：顾客投诉分类器使用了一系列产品的大量历史数据训练，现在需要对其进行调优，使其能够适应新的产品系列。那么在这种情况下，潜在的挑战是什么？典型的文本分类方法依赖于训练数据的词汇。因此，它们本质上会倾向于训练数据中出现的那种语言。因此，如果新产品和原产品大不相同（例如，模型是基于电子产品训练的，而现在将其用于处理化妆品投诉），那么使用其他数据训练的预训练分类器就不太可能有好的效果。然而，为每个产品或每个系列的产品从头开始训练新的模型也是不现实的，因为仍然会遇到训练数据不足的问题。领域自适应是解决此类情况的一种方法，这也叫**迁移学习**。迁移学习就是把从源领域学习到的知识“迁移”到目标领域。源领域拥有大量数据，目标领域拥有少量标注数据和大量未标注数据。本章前面已经介绍如何使用 BERT 进行文本分类的示例。

这种在文本分类中进行领域自适应的方法可以概括如下。

1. 在源领域的大型数据集（例如维基百科数据）上训练大型、预训练语言模型。
2. 使用目标语言的未标注数据来调优此模型。
3. 使用第 2 步的调优语言模型提取特征表示，进而在标注的目标领域数据上训练分类器。

另外，ULMFit 也是常见的文本分类领域自适应方法。研究实验表明，在文本分类任务中，该方法在 100 个标注样本上的效果能匹敌在 10~20 倍数量的样本上从头开始训练的模型。当使用未标注数据来微调预训练语言模型时，在同样的文本分类任务上，该方法能匹敌在 50~100 倍数量的样本上从头开始训练的模型。目前，迁移学习方法仍然是自然语言处理研究的一个活跃领域。迁移学习用于文本分类，目前还没有在标准数据集上显示出显著的改进，而且迁移学习也不是业内文本分类场景的默认解决方案。但可以预期的是，这种方法在不久的将来会产生越来越好的效果。

到目前为止，本章介绍了一系列的文本分类方法，并讨论了如何获取合适的训练数据，以及使用不同的特征表示来训练分类器。此外，本章还简要介绍了如何解释文本分类模型给出的预测结果。下面使用一个小案例研究来巩固目前所学的知识：构建真实场景的文本分类器。

4.8 案例研究：企业工单系统

下面考虑一个真实的场景，并借此来学习如何应用本章中讨论的一些概念。假设现在需要构建一个企业工单系统，来跟踪组织中人们面临的所有工单或问题，并将它们发送给内部或外部代理。图 4-9 显示了 Spoke 企业工单系统的截图。

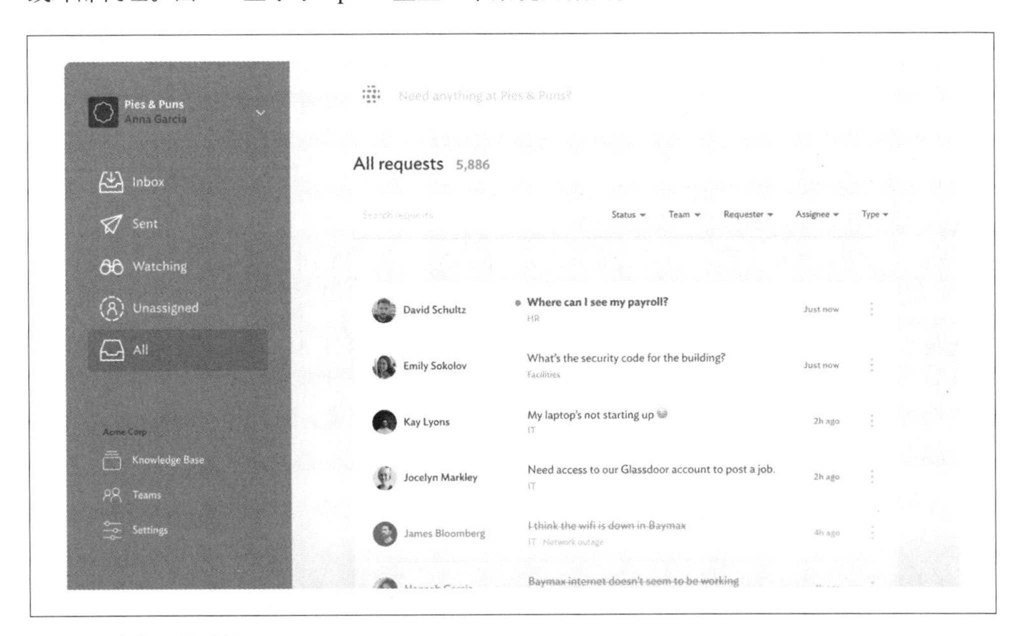

图 4-9：企业工单系统

现在假设公司最近聘请了一位医疗顾问，并与一家医院合作。因此，我们的系统还应该能够准确地指出任何与医疗相关的问题，并将其发送给相关的人员和团队。但是，虽然过去有一些工单，但都没有标注为与“健康”相关。在没有标注的情况下，如何构建健康问题分类系统？

先来探讨以下几个选项。

使用现成的 API 或库

一种选择是使用公开 API 或库，并将类别映射到相关内容上。例如，本章前面提到的谷歌 API 可以将内容分为 700 多个类别，其中有 82 个类别与医疗或健康问题相关。这些类别包括“/ 健康 / 健康状况 / 疼痛管理”“/ 健康 / 医疗设施和服务 / 医生办公室”“/ 金融 / 保险 / 健康保险”等。

虽然并非所有类别都是相关的，但是有些类别可能是相关的，需要相应地映射这些类别。例如，如果认为药物滥用和肥胖问题与医疗咨询无关，就可以忽略 API 中的“/ 健康 / 药物滥用”和“/ 健康 / 健康状况 / 肥胖”。同样，保险是属于人力资源的一部分，还是属于其他部门，也可以根据这些类别来处理。

使用公开数据集

也可以根据需要采用公开数据集。可以使用公开数据集来训练一个基本分类器。

使用弱监督

如果过去的工单记录是未标注的，那么可以考虑使用本节前面描述的方法，从未标注工单中自举出一个数据集。例如，考虑规则：“如果过去的工单包含发烧、腹泻、头痛或恶心之类的词，则将它们归入医疗顾问类别。”这条规则可以创建少量数据，作为分类器的起点。

主动学习

可以使用 Prodigy 等工具进行数据收集实验：让客服人员查看工单描述，并用预先设置的类别对其进行标注。图 4-10 显示了使用 Prodigy 实现此目的的例子。

从隐式反馈和显式反馈中学习

在构建、迭代和部署解决方案的整个过程中，可以使用反馈来改进系统。显式反馈可以是医疗顾问或医院明确表示“工单不相关”的反馈。隐式反馈可以从工单响应时间、工单响应率等其他因变量中提取。考虑所有这些因素，并使用主动学习技术来改进模型。

上述流水线如图 4-11 所示。首先从无标注数据开始，使用公开 API、公开数据集或弱监督创建第一个基线模型。模型上线后，就会得到成功或失败的显式和隐式信息。使用这些信息来改善模型，并使用主动学习来选择需要标注的最佳实例集。随着时间的推移，收集的数据越来越多，这时可以构建更复杂和更深层的模型。

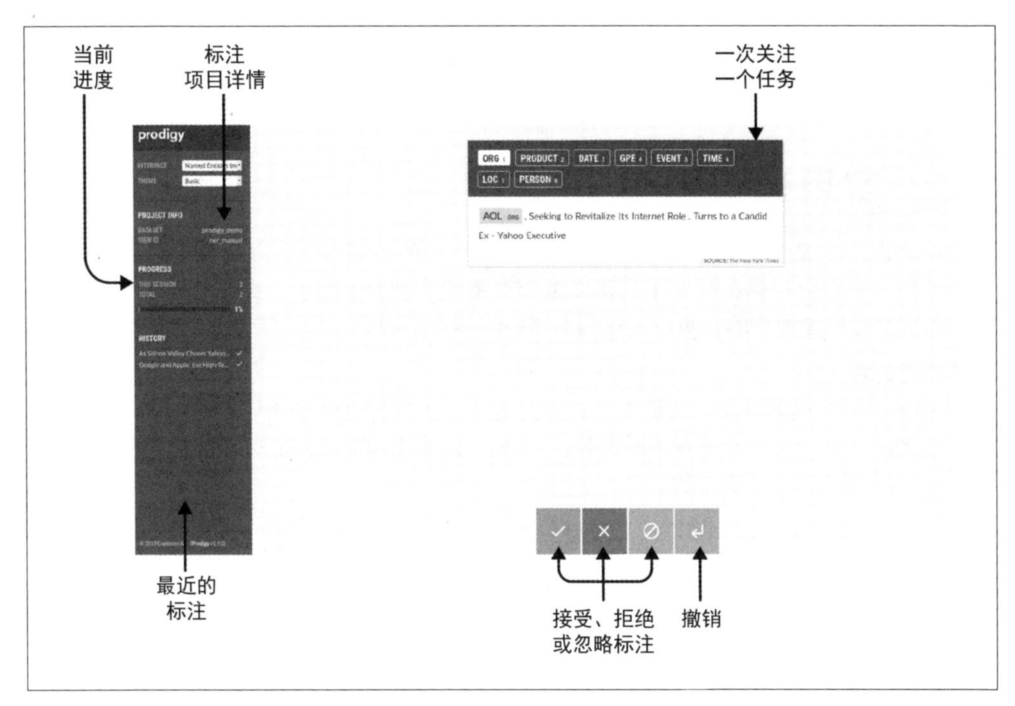

图 4-10：使用 Prodigy 主动学习

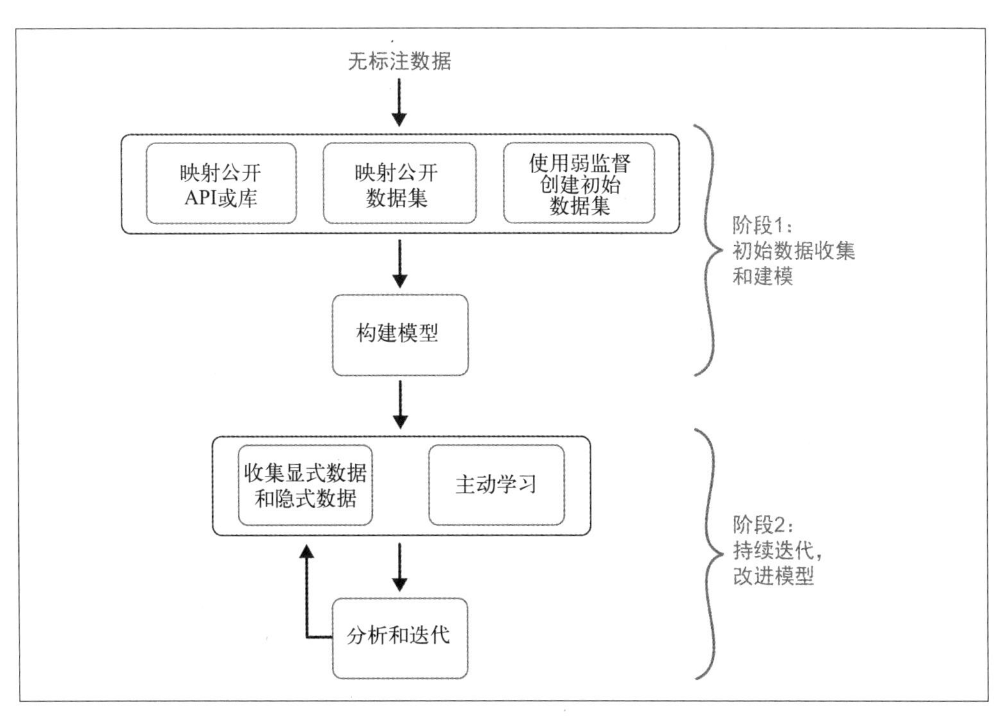

图 4-11：在没有训练数据的情况下构建分类器的流水线

本节介绍了一个实际的场景：在没有足够训练数据的情况下构建自己的文本分类器，并讨论了解决这个问题的几种可能办法。希望这有助于你将来在文本分类项目中进行数据收集和创建。

4.9 实用建议

到目前为止，本章已经介绍了一系列构建文本分类器的不同方法，以及可能遇到的潜在问题。最后，本章会根据在行业中构建文本分类系统的观察和经验，给出一些实用的建议，其中大部分建议是通用的，可以应用到本书中的其他主题。

构建强大的基线

直接使用最先进的算法，这是常见的错误观点，在当前的深度学习时代尤其如此，因为每天都有新的方法 / 算法在不断涌现。但是，使用简单的方法先构建强大的基线总是好的。这主要有以下三个原因。

1. 有助于更好地理解问题陈述和关键挑战。
2. 快速构建 MVP 有助于从最终用户和利益相关者那里获得初步反馈。
3. 与基线相比，最先进的研究模型可能只会带来很小的改进，但它可能会带来大量的技术债务。

平衡训练数据

在分类任务中，有一个平衡的数据集（各个类别的比例大致相当）是非常重要的。不平衡的数据集会对算法的学习产生不利的影响，并导致分类器产生**偏见**。虽然训练数据的平衡性并不总是能够控制，但是有各种技术可以处理训练数据中的类别不平衡。例如，收集更多的数据、重新采样（多数类的欠采样和少数类的过采样）以及权重平衡等。

将模型和人类结合起来

在实际场景中，可以将多个分类模型的输出与各个领域的专家编写的规则相结合，以实现业务的最佳性能。另外，如果机器对其分类不确定，那么可以将分类稍后交给人类评估员来决定。最后，还可能出现这样的情况：学习的模型必须随着时间和数据更新而改变。第 11 章将讨论这类场景的解决方案。

先运行起来，然后再提高

构建分类系统不仅仅是构建模型。在大多数工业场景中，构建模型通常只占整个项目的 5%~10%。剩下的工作包括收集数据、构建数据流水线、部署、测试、监控等。快速构建模型，用它来构建系统，然后开始改进迭代，这总是好的，而且有助于快速找到主要障碍和工作量最大的部分（通常不是建模）。

运用众人的智慧

每种文本分类算法都有自己的优点和缺点。没有一种算法可以适用于所有的情况。解决这个问题的一个方法是训练多个分类器进行**集成**。数据进入各个分类器，生成的各个预测经过汇总（例如多数投票法）后，得到最终的类别预测。

4.10 小结

本章从多个角度探讨了如何解决文本分类的问题。具体而言，本章讨论了如何识别分类问题，处理文本分类流水线中的各个阶段，收集数据创建相关数据集，使用不同的特征表示，以及训练多种分类算法。有了这些基础知识，希望读者能够根据自己的使用情况和场景解决文本分类问题，并知道如何使用现有的解决方案，如何使用各种方法构建自己的分类器，包括解决这个过程中可能遇到的困难。本章只关注在行业应用中构建文本分类系统的一个方面：构建模型。自然语言处理系统的端到端部署将在第 11 章中讨论。第 5 章将使用这里学到的一些思想来处理另外一个相关的自然语言处理问题：信息提取。

第5章

信息提取

名称有什么关系呢？玫瑰即使不叫玫瑰，依然芳香如故。

——威廉·莎士比亚

我们每天都会接触大量的文本内容，包括手机短信、日常邮件、休闲或工作读物、时事新闻等。这些文本文档对我们来说是丰富的信息来源。根据语境的不同，“信息”可以指关键事件、人物、人物关系、地点或组织等多种事物。信息提取（IE）是指从文本文档中提取相关信息的自然语言处理任务。信息提取在实际应用中的一个例子是，采用谷歌搜索引擎搜索名人时，搜索框右侧所展示的人物简介。

与结构化信息源（如数据库或数据表）和半结构化信息源（如包含标记的网页）相比，文本是一种非结构化的数据。例如，在数据库中，可以根据结构查找信息。然而，文本文档在很大程度上通常是自由流动的文本，没有固定的结构。这使得信息提取成为一个具有挑战性的问题。文本中可能包含各种各样的信息。然而，即使文本本身属于非结构化数据，在大多数情况下，直接使用正则表达式等基于模式的提取技术仍然可以提取地址、电话号码、日期等具有固定模式的信息。但是，提取人名、实体关系、日历事件等其他信息可能需要更高级的语言处理。

本章将讨论各种信息提取任务以及在具体应用程序中实现信息提取的方法。本章将首先简要介绍信息提取的历史背景，然后概述各种不同的信息提取任务以及信息提取在真实世界中的应用。随后，本章将介绍用于解决任何信息提取任务的典型流水线，并讨论如何解决关键词提取、命名实体识别、命名实体消歧和链接以及关系提取等特定的信息提取任务，以及在项目中实现这些任务的一些实用建议。最后，本章将介绍如何在真实场景中使用信息提取的案例研究，并简要介绍其他高级信息提取任务。好了，下面来探讨信息提取。先从简单的历史回顾开始。

尽管研究界早就提出了从科学论文、医学报告等文档中提取不同信息的方法，但是“信息理解会议”（1987~1998 年）可以被认为是现代文本信息提取研究的起点。后来，美国国家标准与技术研究院（NIST）组织的“自动内容提取计划”（1999~2008 年）和“文本分析会议”（2009~2018 年）引入了文本信息提取竞赛，包括识别不同实体的名称和构建可查询的大型知识库等。无论是现有的文本信息提取库和方法，还是它们在实应用程序中的使用，都可以追溯到这些会议中开始的研究。在介绍信息提取方法和库之前，先来看实际应用程序中使用信息提取的例子。

5.1 信息提取应用程序

信息提取在新闻文章、社交媒体、收条收据等真实应用程序中有着广泛的应用。下面仅详细讨论其中的部分应用程序。

新闻或其他内容标记

世界各地每天都在发生各种各样的事件，产生的文本更是层出不穷。除了使用第 4 章讨论的方法对文本进行分类外，还可以把文本中提到的重要实体标记出来，这对于搜索引擎、推荐系统等应用程序是有用的。

聊天机器人

为了生成或检索正确的响应，聊天机器人需要理解用户的问题。例如，考虑这样一个问题：“埃菲尔铁塔周围最好的咖啡馆是哪些？”聊天机器人需要理解“埃菲尔铁塔”和“咖啡馆”是位置，然后才能确定埃菲尔铁塔周围一定距离内的咖啡馆。信息提取常常用于在现有数据池中提取这些特定的信息。第 6 章将详细讨论聊天机器人。

社交媒体应用

很多信息是通过 Twitter 等社交媒体渠道传播的。从社交媒体文本中提取信息摘要，例如，根据推文提取交通更新、救灾工作等时效性强和频繁更新的信息，可能有助于正确决策。“Twitter 自然语言处理”是最有用的应用程序之一，它利用了社交媒体中存在的丰富信息。第 8 章将讨论社交媒体应用程序。

提取表单和收据数据

如今，很多银行应用程序提供了扫描支票并将钱直接存入账户的功能。无论是个人、小型企业还是大型企业，使用应用程序扫描账单和收据的情况并不少见。信息提取技术和光学字符识别（OCR）一起，在这些应用程序中扮演着重要角色。虽然 OCR 是这类应用程序的主要步骤，但它不属于本书的处理流水线，因此本章不会讨论这一方面。

上面简要介绍了信息提取的概念及其应用。接下来继续介绍信息提取具体包括哪些任务。

5.2 信息提取任务

“信息提取”包括了一系列复杂程度不同的任务。信息提取的宗旨是提取文本中的“知识”，不同的信息提取任务通过使用不同的信息来提取知识。要理解这些任务是什么，请考虑图 5-1 所示的《纽约时报》文章片段。

SAN FRANCISCO — Shortly after Apple used a new tax law last year to bring back most of the $252 billion it had held abroad, the company said it would buy back $100 billion of its stock.

On Tuesday, Apple announced its plans for another major chunk of the money: It will buy back a further $75 billion in stock.

“Our first priority is always looking after the business and making sure we continue to grow and invest,” Luca Maestri, Apple’s finance chief, said in an interview. “If there is excess cash, then obviously we want to return it to investors.”

Apple’s record buybacks should be welcome news to shareholders, as the stock price is likely to climb. But the buybacks could also expose the company to more criticism that the tax cuts it received have mostly benefited investors and executives.

图 5-1：2019 年 4 月 30 日《纽约时报》文章片段

作为人类读者，我们在这篇文章中发现了几条有用的信息。例如，这篇文章是关于 Apple 公司（而不是水果）的，而且它提到了公司的财务总监卢卡·梅斯特里（Luca Maestri）。另外，这篇文章是关于股票回购以及其他相关问题的。对于一台机器来说，要理解这些内容，就需要不同层次的信息提取。

判断文章是关于“回购”或“股价”的，属于**关键词提取**（KPE）任务。判断 Apple 是一个组织，以及卢卡·梅斯特里是一个人，属于**命名实体识别**（NER）任务。判断 Apple 不是水果，而是一家公司，而且指的是 Apple 公司，而不是名称中有“Apple”一词的其他公司，属于**命名实体消歧和链接**任务。提取“卢卡·梅斯特里是 Apple 财务总监”的信息，属于**关系提取**任务。

除此之外，还有一些高级的信息提取任务。例如，识别出文章中的某个事件（例如 Apple 公司回购股票事件），并链接到后续谈论同一事件的其他文章，这种信息提取任务叫**事件提取**。与此相关的一个任务是**时间信息提取**，其目的是提取时间和日期信息，用于开发日历应用程序和交互式个人助理。最后，许多应用程序，如自动生成天气报告或航班公告，都遵循一个标准模板，其中的空白位置需要使用提取的数据进行填充，这种信息提取任务叫**模板填充**。

以上的每一项任务都需要不同层次的自然语言处理。基于规则的方法以及监督、无监督和半监督的机器学习方法（包括先进的深度学习方法）都可以用于开发这些任务的解决方案。然而，考虑到信息提取在很大程度上依赖于应用领域（例如金融、新闻、航空等），业界的信息提取通常会综合使用基于规则的方法和基于学习的方法。目前，信息提取仍然是一个非常活跃的研究领域，并非所有这些任务都有解决方案，也并非所有任务都拥有可用于真实场景的标准方法。虽然关键词提取、命名实体识别等任务得到了广泛的研究，并且有一些经过实践检验的解决方案，但其他的任务相对来说更具挑战性，通常需要使用微软、谷歌和 IBM 等大厂提供的按量付费服务。

关于信息提取，需要注意的一个重要问题是，训练信息提取模型所需的数据集通常更加专业化，这不像在第 4 章中，所需的数据集只是映射到某些类别的文本集合。因此，在真实用例中，可能并不总是需要从头开始训练信息提取模型。对于某些任务，完全可以使用外部 API。在继续讨论具体任务之前，下面先来看信息提取任务的通用流水线。

5.3 信息提取的通用流水线

与第 4 章的文本分类相比，信息提取的通用流水线需要更细粒度的自然语言处理。例如，如果要识别人名、组织名等命名实体，就需要知道词性。如果要将多个指称关联到同一个实体（例如，“阿尔伯特·爱因斯坦”“爱因斯坦”“科学家”“他”等），就需要共指消解。注意，这些都不是构建文本分类系统的必要步骤。因此，信息提取是一项比文本分类更需要自然语言处理的任务。图 5-2 显示了信息提取任务的典型流水线。不过，不是每一项信息提取任务都要用到流水线中的所有步骤，不同的信息提取任务需要不同层次的分析，如图 5-2 所示。

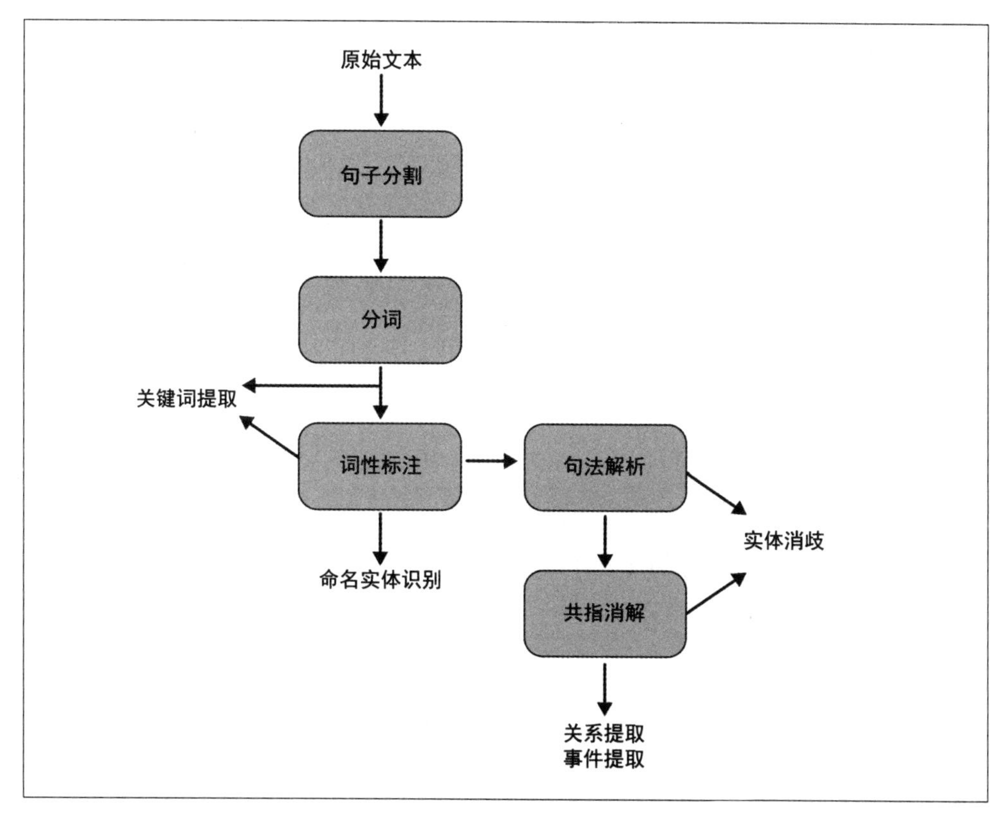

图 5-2：信息提取流水线（部分信息提取任务所需的自然语言处理）

这些步骤的详细讨论见第 1 章和第 2 章。如图 5-2 所示，关键词提取是需要自然语言处理最少的任务（不过有些算法在提取关键词之前仍然会进行词性标注），而除了命名实体识别之外，所有其他的信息提取任务都需要更深入的自然语言处理预处理，然后才能针对这些特定任务开发相关模型。信息提取任务通常使用标准评估集，根据精确率、召回率和 F1 分数进行评估。由于不同的信息提取任务需要不同层次的自然语言处理预处理，因此这些预处理步骤的准确率会影响信息提取任务的效果。如果需要收集相关的训练数据，训练自己的信息提取模型，那么就应该考虑这些方面。有了这样的背景介绍，现在开始逐一讲解每项信息提取任务。

5.4 关键词提取

考虑这样一个场景：在亚马逊网站上购物，但商品评论有上百条。我们不可能阅读所有的评论来了解其他用户的看法。为了方便这一点，亚马逊网站提供了一项根据关键词进行评论筛选的功能。该功能会呈现用户评论中出现的高频关键词，从而对评论进行筛选，如图 5-3 所示。这个例子很好地说明了关键词提取在日常应用程序中的用处。

关键词提取，顾名思义，是从给定文本文档中提取那些体现了文本要旨的重要词语的信息提取任务。关键词提取适用于搜索 / 信息检索、自动文档标注、推荐系统、文本摘要等下游自然语言处理任务。

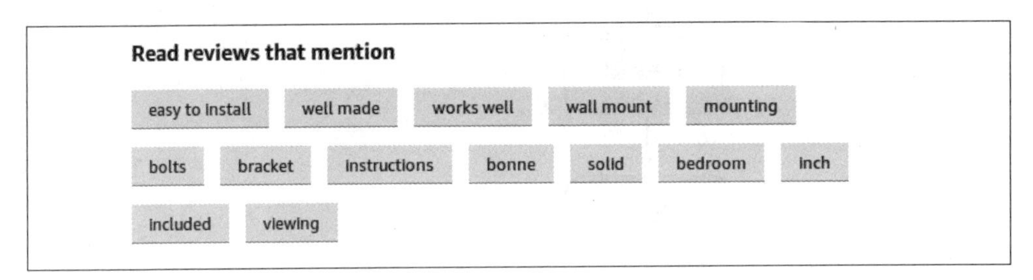

图 5-3：亚马逊网站的“筛选评论依据”

关键词提取是自然语言处理界研究得较多的问题，解决这个问题最常用的两种方法是监督学习和无监督学习。监督学习方法需要提供语料库（包含文本和对应的关键词），并使用特征工程或深度学习技术。对于关键词提取任务，创建这样的标注数据集是一项费时费力的工作。因此，不需要标注数据集并且与领域基本无关的无监督方法往往更受欢迎，而且无监督方法在实际应用程序中也更为常用。最近的研究也表明，对于关键词提取，先进的深度学习方法并不比无监督学习方法性能更好。

所有常见的无监督关键词提取算法都是基于这样的思想：首先，将文本中的词和短语表示为加权图中的节点，其中的权重表示关键词的重要性。然后，根据关键词与图中其他节点的连接程度来识别关键词。最后，将图中前 n 个重要节点作为关键词返回。重要节点是指那些足够频繁，且与文本其他部分有较强联系的词和短语。但是，对于基于图的关键词提取，不同方法之间的差别在于如何从文本中（从整个文本中一大堆可能的词和短语中）选择潜在的词 / 短语，以及如何为图中的词 / 短语打分。

关键词提取这一主题已经取得了大量的成果和部分可行的实现。在大多数情况下，现成的方法足以满足需求。那么如何在项目中使用这些方法来实现关键词提取器呢？下面来看一个例子。

5.4.1 实现关键词提取

Python 库 textacy（基于著名的 spaCy 库）实现了部分常见的基于图的关键词提取算法。本节中演示了如何使用 textacy 库中的 TextRank 和 SGRank 两种算法来提取关键词。使用的测试文档是一个介绍自然语言处理历史的文本文件。下面的代码片段显示了如何使用 textacy 库来提取关键词。

```
from textacy import *
import textacy.ke

mytext = open("nlphistory.txt").read()
en = textacy.load_spacy_lang("en_core_web_sm", disable=("parser",))
doc = textacy.make_spacy_doc(mytext, lang=en)

print("Textrank output: ", [kps for kps, weights in textacy.ke.textrank(doc,
normalize="lemma", topn=5)])

print("SGRank output: ", [kps for kps, weights in textacy.ke.sgrank(mydoc,
n_keyterms=5)])
```

输出如下：

```
Textrank output:  ['successful natural language processing system',
'statistical machine translation system', 'natural language system',
'statistical natural language processing', 'natural language task']

SGRank output:  ['natural language processing system',
'statistical machine translation', 'research', 'late 1980', 'early']
```

这里有很多选项需要选择：短语中 *n*-gram 应该有多长；是否考虑词性标注；应该事先进行哪些预处理；如何消除重叠的 *n*-gram，如以上例子中的“statistical machine translation”和“machine translation”；等等。

上面仅展示了一个用 textacy 库实现关键词提取的例子。不过除此之外，还有其他选择。例如，Python 库 gensim 提供了一个基于 TextRank 的关键词提取器。因此不妨多考察几个库，对比之后再选择。

5.4.2 实用建议

前面已经介绍了如何使用 spaCy 和 textacy 来实现关键词提取，以及如何修改选项来满足我们的需要。但是，从实际的角度来看，在生产中使用基于图的算法时，有几个注意事项需要牢记。下面列出其中的一些注意事项，同时给出如何在软件产品中添加关键词提取功能的一些建议。

- 提取潜在的 *n*-gram 并用 *n*-gram 构建图的过程对文档长度很敏感，这在生产场景中可能是一个问题。处理这一问题的一个方法是不使用全文，而是尝试使用文本的前 *M*% 和后 *N*%，这是因为文本的介绍性部分和结论性部分通常包括了文本的主要信息。
- 由于每个关键词是独立排序的，因此有时会看到重叠的关键词（例如，“buy back stock”和“buy back”）。解决这个问题的一种方法是在排名靠前的关键词之间使用相似性（例如余弦相似性）进行度量，并选择彼此最不相似的关键词。textacy 已经实现了解决这个问题的函数。
- 另一个常见的问题是碰到反常的模式（例如，以介词开头的关键词）。这个问题处理起来比较简单，方法是调整算法的实现代码并显式地编码这些不需要的词的模式。
- 不当的文本提取也会影响关键词提取，特别是在处理 PDF 或扫描图像等格式的文本时。这主要是因为关键词提取对文档中的句子结构很敏感。因此，最好对提取的关键词列表做进一步的处理，以创建有意义和无噪声的最终列表。

现有的基于图的关键词提取算法如果解决了上述问题，再加上特定于领域的启发式列表，就能形成自定义的解决方案。根据经验，这足以应对典型自然语言处理项目中关键词提取最常遇到的问题。

本节介绍了如何使用关键词提取算法从文档中提取重要的词和短语，以及如何克服潜在的挑战。虽然关键词可以捕获文本中重要实体的名称，但是关键词提取算法并非专门用于寻找命名实体。现在来看下一个信息提取任务：命名实体识别。命名实体识别也许是最常见的信息提取任务，它专门用来查找文本中存在的命名实体。

5.5 命名实体识别

考虑这样一个场景——使用谷歌搜索“Where was Albert Einstein born?（阿尔伯特·爱因斯坦出生在哪里？）”。

为了能够显示“Ulm, Germany”（德国，乌尔姆）这个查询结果，搜索引擎首先需要识别出阿尔伯特·爱因斯坦是一个人，然后再去查找他的出生地。这是命名实体识别在实际应用程序中的一个例子。

命名实体识别是指识别文档中实体的信息提取任务。实体通常是人名、地名、组织名，以及货币表达式、日期、产品、法律或文章名称 / 编号等特殊字符串。在涉及信息提取的一些自然语言处理应用程序中，命名实体识别是一个重要的步骤。

对于给定的文本，命名实体识别的作用是识别其中的人名、地名、日期和其他实体。这里识别出的不同实体类别是命名实体识别系统开发中常用的实体类别。命名实体识别是执行关系提取、事件提取等其他信息提取任务的先决条件，这些任务在本章前面介绍过，稍后将详细讨论。另外，命名实体识别在机器翻译等其他应用程序中也很有用，因为在翻译句子时通常不需要翻译人名。因此，很明显，在很多自然语言处理项目中，命名实体识别是重要的组成部分。而且，命名实体识别也是行业自然语言处理项目中可能遇到的常见任务之一。下面将重点讨论如何构建命名实体识别系统，具体分三种情况：构建命名实体识别系统、使用现有的库，以及使用主动学习。

5.5.1 构建命名实体识别系统

构建命名实体识别系统的一个简单方法是维护一个最相关的人 / 组织 / 地点名称集合，例如，所有客户的名称及其地址中的城市等，这通常叫**名称词典**（gazetteer）。要查看给定的词是否是命名实体，只需在名称词典中进行查找即可。如果名称词典能覆盖数据中的大量实体，那么不妨从名称词典开始，特别是在没有现成的命名实体识别系统可用时。但是这种方法有几个问题需要考虑：如何处理新名称？如何定期更新数据库？如何跟踪别名，即给定名称的不同变体，如美国、美利坚合众国等？

超越查找表的一种方法是基于规则的命名实体识别，这些规则可以是编译好的基于词元和词性标记的模式串列表。例如，在模式串"NNP was born"中，"NNP"表示专有名词的词性标记，如果一个词被标记为"NNP"，则它指的是人。通过编写这样的规则并涵盖尽可能多的情况，就可以构建基于规则的命名实体识别系统。Stanford NLP 的 RegexNER 和 spaCy 的 EntityRuler 都提供了相应的功能来实现基于规则的命名实体识别系统。

更实用的方法是训练机器学习模型来预测新文本中的命名实体。对于每一个词，模型都必须决定该词是否是一个实体，如果是，实体的类型是什么。这在许多方面都与第 4 章中讨论的分类问题非常相似。唯一的区别是，命名实体识别属于"序列标注"问题。第 4 章中介绍的标准分类器对文本标签的预测不依赖于上下文。例如在影评情感分类器中，分类器对当前句子的分类通常不会考虑前面或后面句子的情感。但是在序列分类器中，这样的上下文非常重要。序列标注的一个常见用例是词性标注。词性标注需要周围词的词性信息来估计当前词的词性。命名实体识别建模在传统上属于序列分类问题，它对当前词是否为实体的预测依赖于上下文。例如，在前一个词是人名的情况下，如果当前词是名词，那么当前词也是人名（例如，名字和姓氏）的可能性更高。

为了说明普通分类器和序列分类器之间的区别，考虑这样一个句子："华盛顿是一个多雨的州"。普通分类器在看到这句话的时候只能逐词分类，直接决定华盛顿指的是乔治·华盛顿还是华盛顿州，而不看前后的词。但是在这个句子中，只有查看了华盛顿所处的上下文，才有可能将华盛顿一词分类为一个地点。正因为如此，命名实体识别模型需要使用序列分类器进行训练。

条件随机场（CRF）是目前常见的一种序列分类器训练算法。本节展示了如何使用 CRF 来训练命名实体识别系统。这里使用 CONLL-03（训练命名实体识别系统的常用数据集）、sklearn-crfsuite（开源序列标注库）以及基于词和词性标注的一组简单特征（提供任务所需的上下文信息）。

为了执行序列分类，需要进行一定的数据格式转换，以便对上下文进行建模。训练命名实体识别的典型数据格式如图 5-4 所示，示例句子选自 CONLL-03 数据集。

图 5-4 中的标签采用 BIO 表示法：B 表示实体的开始；I 表示处于实体内部，意味着该实体包含多个词；O 表示非实体。在图 5-4 所示的例子中，"Peter Such"这个人名由两个词组成。因此，"Peter"的标签是 B-PER，而"Such"的标签是 I-PER，以表示两者属于同一个实体。Essex、Yorkshire 和 Headingley 等其他实体都由一个词组成。因此，它们的标签只有 B-ORG 和 B-LOC。假如获得的句子数据集是以这种形式标注的，并且也有了序列分类器算法，那么应该如何训练命名实体识别系统？

```
Essex   B-ORG
,       O
however O
,       O
look    O
certain O
to      O
regain  O
their   O
top     O
spot    O
after   O
Nasser  B-PER
Hussain I-PER
and     O
Peter   B-PER
Such    I-PER
gave    O
them    O
a       O
firm    O
grip    O
on      O
their   O
match   O
against O
Yorkshire       B-ORG
at      O
Headingley      B-LOC
.       O
```

图 5-4：命名实体识别训练数据格式示例

步骤与第 4 章的文本分类器相同：

1. 加载数据集；
2. 提取特征；
3. 训练分类器；
4. 在测试集上评估。

加载数据集很简单。上述数据集已经分割成训练集、开发集和测试集。因此，这里直接使用训练集来训练模型。前面第 3 章已经介绍了一系列的特征表示技术。这次来看一个使用人工特征的例子。根据直觉，哪些特征与这项任务相关？为了识别人名或地名，不妨先使用这些模式来训练命名实体识别模型：单词是否以大写字母开头，前面或后面是否有动词或名词，等等。下面的代码片段显示了如何用函数提取给定句子中每个词的前一个词和后一个词的词性标注。

```
def sent2feats(sentence):
    feats = []
    sen_tags = pos_tag(sentence)
    for i in range(0,len(sentence)):
        word = sentence[i]
        wordfeats = {}
        # 词性标注特征：当前标注、之前2个和之后2个标注
        wordfeats['tag'] = sen_tags[i][1]
        if i == 0:
            wordfeats["prevTag"] = "<S>"
        elif i == 1:
            wordfeats["prevTag"] = sen_tags[0][1]
        else:
            wordfeats["prevTag"] = sen_tags[i - 1][1]
        if i == len(sentence) - 2:
            wordfeats["nextTag"] = sen_tags[i + 1][1]
        elif i == len(sentence) - 1:
            wordfeats["nextTag"] = "</S>"
        else:
            wordfeats["nextTag"] = sen_tags[i + 1][1]
        feats.append(wordfeats)
    return feats
```

从上述代码中的 wordfeats 变量可以看出，每个词都转换成了一个特征字典，因此每个句子看起来就像一个字典列表（即代码中的 feats 变量），该字典列表将用于 CRF 分类器。下面的代码片段显示了一个函数，其作用是使用 CRF 模型来训练命名实体识别系统，并使用开发集来评估模型性能。

```
# 训练序列模型
def train_seq(X_train,Y_train,X_dev,Y_dev):
    crf = CRF(algorithm='lbfgs', c1=0.1, c2=10, max_iterations=50)
    crf.fit(X_train, Y_train)
    labels = list(crf.classes_)
    y_pred = crf.predict(X_dev)
    sorted_labels = sorted(labels, key=lambda name: (name[1:], name[0]))
    print(metrics.flat_f1_score(Y_dev,y_pred,average='weighted',
                                labels=labels))
```

训练好的 CRF 模型在开发数据上获得了 0.92 的 F1 分数，非常不错！这里使用的是主流训练方法和开源数据集，并且只展示了训练命名实体识别系统时最常用的一些特征。很明显，在调优模型和开发更好的特征方面还有很多工作要做。这个示例仅用来说明在拥有相关数据集和特定库的情况下如何快速开发命名实体识别模型。另外，训练命名实体识别系统还可以使用 MITIE 库。

命名实体识别研究的最新进展大都使用神经网络模型来排除或增强这个例子中所做的特征工程。NCRF++ 库提供了不同的神经网络结构来训练自己的命名实体识别。

前面快速介绍了如何训练自己的命名实体识别系统。然而，在实际场景中，数据在不断变化，新实体在不断增加，而且还会出现一些特定于领域的实体或模式，仅仅使用训练好的模型是不够的。因此，在真实场景中部署的命名实体识别系统大都会将机器学习模型、名称词典和基于模式匹配的启发式结合起来提高性能。“MITIE: MIT Information Extraction”展示了 Rasa（一家构建智能聊天机器人的公司）如何利用查找表来改进实体提取的例子。

显然，要构建自己的命名实体识别系统，需要如图 5-4 所示格式的大型标注数据集。虽然可以使用 CONLL-03 这样的开源数据集，但它们只能在有限的领域中处理有限的实体集（人、组织、地点等）。虽然 OntoNotes 等数据集要大得多，并且能覆盖不同种类的文本，但它们都不是免费的，通常需要根据昂贵的许可协议购买。如果组织预算不支持，那么应该怎么办？

5.5.2 命名实体识别：使用现有库

这些关于训练命名实体识别系统的讨论，虽然可能会使构建和部署命名实体识别系统看起来像一个漫长的过程（从获取数据集开始），但所幸在过去的几十年中，命名实体识别已经得到了很好的研究，有很多现成的库可以直接使用。Stanford NER、spaCy 和 AllenNLP 等著名的自然语言处理库，可以用于将预先训练的命名实体识别模型整合到软件产品中。下面的代码片段演示了 spaCy 命名实体识别的使用。

```
import spacy
nlp = spacy.load("en_core_web_lg")
text_from_fig = "On Tuesday, Apple announced its plans for another major chunk
                of the money: It will buy back a further $75 billion in stock."
doc = nlp(text_from_fig)
for ent in doc.ents:
    if ent.text:
        print(ent.text, "\t", ent.label_)
```

运行这个代码片段将显示 `Tuesday` 为日期，`Apple` 为组织，`$75 billion` 为货币。考虑到 spaCy 的命名实体识别使用了先进的神经网络模型，并结合了一定的模式匹配和启发式学习，这是一个很好的起点。然而，我们可能会遇到以下两个问题。

1. 如前所述，如果在特定的领域使用命名实体识别，那么预先训练的模型可能无法捕捉到该领域的特性。
2. 有时，我们可能希望向命名实体识别系统添加新的类别，但又不必为所有常见的类别收集大量的数据。

在这种情况下应该怎么做？

5.5.3 命名实体识别：使用主动学习

根据经验，如果想要定制解决方案但又不想从头开始训练，那么构建命名实体识别的最佳方法是对现有的产品进行增强。可以使用 RegexNER 或 EntityRuler 等工具，针对特定领域定制启发式学习，也可以使用 Prodigy 等工具来实施主动学习（如第 4 章文本分类中所介绍的）。这就允许通过手动标注少量的句子样例（包含新的命名实体识别类别）来改进现有的预训练命名实体识别模型，或者手动修正少量的模型预测并重新训练模型。

大多数情况下，通常不需要考虑从头开发命名实体识别系统。但如果确实需要，那么要做的第一件事就是获得大型标注数据集，其中每个词都标注了类别（实体类型等）。一旦有了这样的数据集，下一步就是用它来获得人工特征表示和 / 或神经特征表示，并将其馈送到序列标注模型。但是如果没有这样的数据集，那么就要从基于规则的命名实体识别开始。

首先构建预训练命名实体识别模型，然后再用启发式或主动学习或结合两者来增强模型。

5.5.4 实用建议

前面快速介绍了如何增强现有的命名实体识别系统，并讨论了如何从头开始训练自己的命名实体识别系统。尽管先进的命名实体识别具有很高的准确率（在标准的命名实体识别评估框架下，F1 分数超过 0.90），但是在自己的软件应用程序中使用命名实体识别时，仍有几个问题需要牢记。根据我们开发命名实体识别系统的经验，以下几点需要注意。

- 命名实体识别对输入数据的格式非常敏感。使用格式良好的纯文本比使用 PDF 文档更准确。这是因为处理 PDF 文档，首先需要从中提取出纯文本。虽然在特定领域或使用推文数据也可以构建自定义的命名实体识别系统，但 PDF 的挑战在于无法在保留结构的同时，百分之百准确地从中提取文本。那么，为什么需要准确地从 PDF 中提取结构呢？这是因为 PDF 中有很多不完整的句子、标题和格式，它们都可能影响命名实体识别的准确性。目前对此还没有万能的解决方案。常用的办法是对 PDF 进行自定义的后期处理，待提取出文本块后，再运行命名实体识别。

如果面对的是报表之类的文档，则需要先进行预处理，待提取文本块后，再对其运行命名实体识别。

- 命名实体识别还对流水线中句子切分、分词、词性标注（见图 5-2）等前序步骤的准确性非常敏感。例如，句子切分不当可能会导致命名实体识别效果变差。因此，在将文本送入命名实体识别模型提取实体之前，一定的预处理可能是必要的。

尽管存在这些缺点，命名实体识别在内容标注、搜索和社交媒体挖掘等许多信息提取场景中还是非常有用的。虽然命名实体识别（和关键词提取）可以用于识别文档中重要的词、短语和实体，但是有些自然语言处理应用程序需要对语言做进一步分析，这就引出了更高级的自然语言处理任务：实体消歧或实体链接，也就是下一节的主题。

5.6 命名实体消歧与链接

考虑这样一个场景：一家大型报业公司（比如《纽约时报》）的数据科学团队需要构建一个新闻故事的可视化表示系统，如图 5-5 所示，该系统能将新闻故事中提到的不同实体与它们在现实世界中所指的内容链接起来。

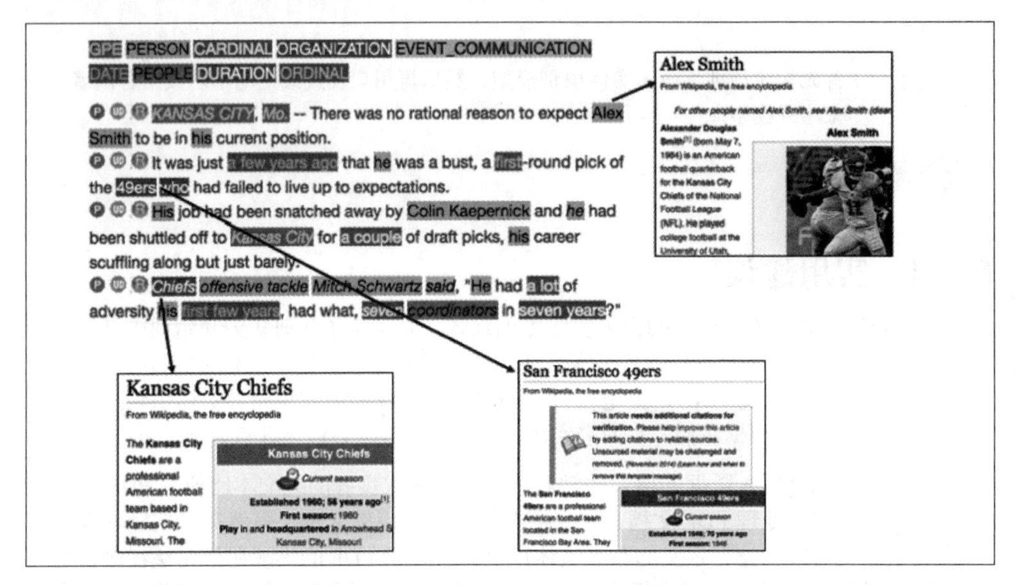

图 5-5：IBM 实体链接（参见 IBM Research Editorial Staff 的文章“Making sense of language. Any language”）

要做到这一点，除了前面介绍的命名实体识别和关键词提取，还需要掌握其他一些信息提取任务的知识。首先，需要知道这些实体或关键词在现实世界中实际上指的是什么。为什么这很难？举一个例子，考虑这句话，“Lincoln drives a Lincoln Aviator and lives on Lincoln Way（林肯开的是林肯飞行家，住在林肯路）”。这里提到的三个“Lincoln”分别指的是不同的实体，而且是不同类型的实体——第一个是人，第二个是交通工具，第三个是地点。那么如何才能像图 5-5 那样，正确地将三个 Lincoln 链接到相应的维基百科页面？

命名实体消歧（NED）是指这样一项自然语言处理任务：为文本中提到的实体分配一个唯一的标识。通过识别实体之间的关系，命名实体消歧也是解决上述场景复杂任务的第一步。命名实体识别和命名实体消歧一起叫**命名实体链接**（NEL）。需要命名实体链接的自然语言处理应用程序还包括问题回答和大型知识库（关联事件和实体），例如谷歌知识图谱。

那么，执行命名实体链接的信息提取系统应该如何构建呢？正如命名实体识别使用语境信息来识别实体及其跨度一样，命名实体链接也依赖于语境。然而，就所需的预处理而言，命名实体链接的要求已经超越了词性标注。至少，命名实体链接需要某种形式的解析来识别诸如主语、动词和宾语之类的语言项。此外，命名实体链接还可能需要共指解析，以解析同一实体的多个指称（如“阿尔伯特·爱因斯坦”“科学家”“爱因斯坦”等）并将其链接到大型百科全书知识库（如维基百科）中的同一指称。这通常被建模为有监督的机器学习问题，并根据标准测试集的精确率、召回率和F1分数进行评估。

先进的命名实体链接使用了一系列不同的神经网络结构。显然，学习命名实体链接模型需要大型标注数据集以及百科全书链接资源。此外，与前面看到的文本表示、文本分类、命名实体识别、关键词提取任务相比，命名实体链接是更加专业的自然语言处理任务。根据经验，常见的做法是使用IBM（沃森）和微软（Azure）等大型服务商提供的现成的、按需付费的命名实体链接服务，而不是开发内部系统。

命名实体链接：使用Azure API

Azure文本分析API是命名实体链接最常用的API之一。DBpedia Spotlight是实现了同样功能的免费工具。Azure提供7天的免费试用，可借此了解API是否满足要求。

根据经验，在项目中使用命名实体链接时，需要记住以下几点。

- 现有的命名实体链接方法并不完美，它们无法很好地处理新名称或特定领域的术语。由于命名实体链接还涉及句法分析等更多的语言处理步骤，因此准确性也受到其他处理步骤的影响。
- 自然语言处理流水线的第一步——文本提取和清理——会影响命名实体链接的输出，这和其他信息提取任务一样。当使用第三方服务时，通常很难根据需要来调整它们适应自己的领域，或修改它们内部的工作方式来满足特定的需求。

前面简要介绍了如何将命名实体链接引入项目的自然语言处理流水线中。现在继续下一个信息提取任务：关系提取，它以命名实体链接为先决条件。

5.7 关系提取

考虑这样一个任务：挖掘海量的新闻文章来获得金融方面的见解。为了能够每天对成千上万的新闻文本进行分析，可能需要一个持续更新的知识库，它能根据新闻内容将不同的人、组织和事件关联起来。这种知识库的一个用例是根据公司发布的文件及其相关的新闻文章来分析股票市场。那么应该如何构建这样的工具？前面介绍的关键词提取、命名实体识别和命名实体链接都在一定程度上有助于识别实体、事件、关键词等。但是接下来如何用某种关系将它们“连接”起来？这些关系具体是什么？如何提取？回到如图5-1所示的《纽约时报》文章。可以提取的一个关系是(卢卡·梅斯特里, 财务总监, `Apple`)。在这里，“卢卡·梅斯特里”通过“财务总监”与“Apple”关联。

关系提取（RE）是指从文本文档中提取实体及其关系的信息提取任务。关系提取是构建知识库的一个重要步骤，有助于改进搜索和开发问答系统。图5-6显示了Rosette Text Analytics关系提取系统处理以下文本片段的例子。

> Satya Nadella is an Indian-American business executive. He currently serves as the Chief Executive Officer (CEO) of Microsoft, succeeding Steve Ballmer in 2014. Before becoming chief executive, he was Executive Vice President of Microsoft's Cloud and Enterprise Group, responsible for building and running the company's computing platforms.

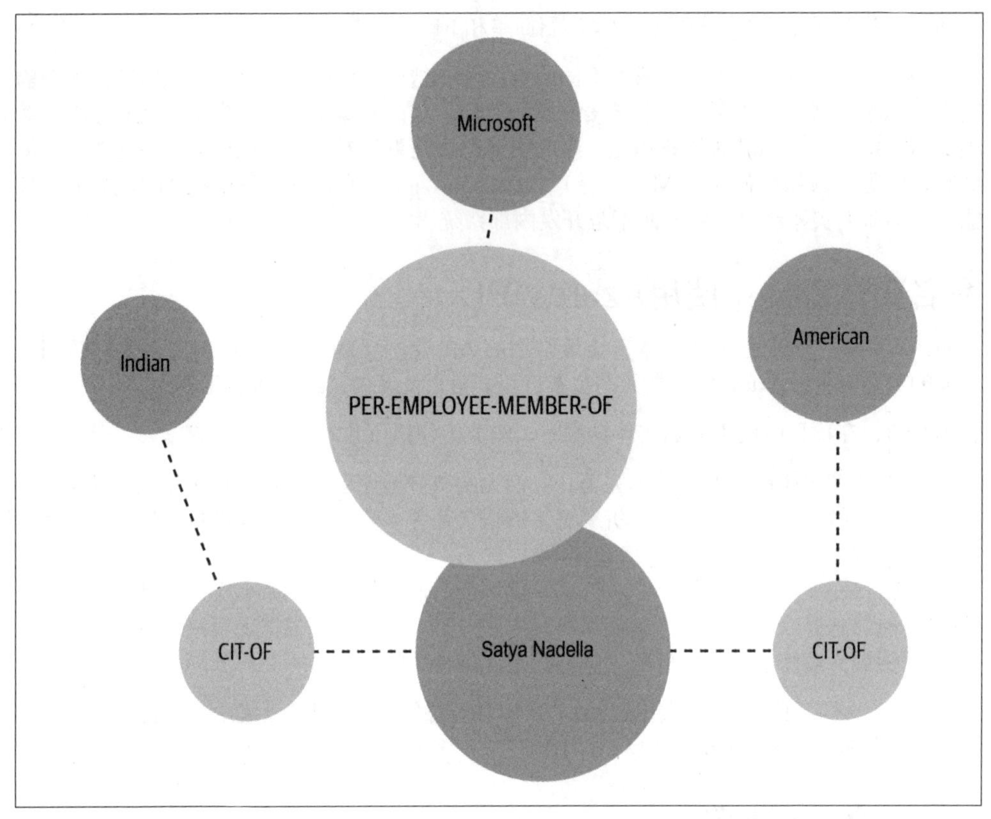

图 5-6：关系提取演示

输出显示，萨蒂亚·纳德拉（Satya Nadella）与微软（Microsoft）的关系是雇员（PER-EMPLOYEE-MEMBER-OF），与 Indian 和 American 的关系是公民（CIT-OF），等等。那么如何从文本中提取这些关系呢？显然，关系提取比前面介绍的其他信息提取任务更具挑战性。与本书前面讨论的其他自然语言处理任务相比，关系提取需要更深的语言处理知识。除了识别实体并消除它们的歧义之外，关系提取还需要考虑句子中连接实体的词及其用法等，从而对实体关系提取的过程进行建模。进一步而言，关系提取需要解决的一个重要问题：什么构成“关系”？不同的领域可能有不同的关系。例如，在医疗领域，关系可能包括受伤类型、受伤位置、受伤原因、受伤治疗等。而在金融领域，关系可能指完全不同的东西。人、地点和组织之间的关系通常包括：位置关系、从属关系、创始人关系、父母子女关系等。那么如何提取关系？

5.7.1 关系提取的方法

在自然语言处理中，关系提取是一个研究得比较充分的课题，从人工模式到监督学习、半监督学习和无监督学习等用于构建关系提取系统的各种方法都得到了探索和使用。人工构建的模式由正则表达式组成，旨在捕获特定的关系。例如，“PER, [something] of ORG”这样的模式可以表示人和组织之间的“所属”关系。人工模式具有精确度高的优点，但覆盖率通常较低，很难覆盖领域内所有可能的关系。

因此，关系提取通常采用监督分类方法。和分类数据集一样，用于训练关系提取系统的数据集包含一组预定义的关系。关系提取可以建模为两个步骤的分类问题。

1. 文本中的两个实体是否相关（二分类）。
2. 如果相关，两个实体之间的关系是什么（多分类）。

这些都可以使用命名实体识别中用到的人工特征、语境特征（例如实体周围的词）、句法结构（例如“NP VP NP”模式，其中 NP 是名词短语，VP 是动词短语）等，按照常规的文本分类问题进行处理。神经模型通常会使用不同的嵌入表示（见第 3 章），以及循环神经网络等结构（见第 4 章）。

监督方法和基于模式的方法通常是特定于领域的，因此每次开始新领域的自然语言处理，都需要获取大量的标注数据，这既具有挑战性，又非常昂贵。正如第 4 章所述，这样的场景可以使用自举方法：先使用少量种子模式开始提取句子，然后根据提取的句子学习新的模式，从而进行泛化。这种弱监督方法的一个延伸就是**远程监督**（distant supervision）：不使用少量种子模式，而是使用 Wikipedia、Freebase 等大型数据库来收集不同关系的数千个样例（例如使用 Wikipedia infoboxes）来创建大型关系数据集，然后使用常规的有监督的关系提取方法。但是，这种方法只有在存在大型数据库时才有效。

如果用于监督方法的训练数据无法获得，那么不妨采取无监督的方法。无监督关系提取（也称为“开放信息提取”）旨在从网络中提取关系，而不依赖于任何训练数据或任何关系列表。提取的关系为 `<verb, argument1, argument2>` 元组的形式。有时，一个动词可能有更多的论元（argument）。图 5-7 显示了 AllenNLP 开放信息提取系统的输出。

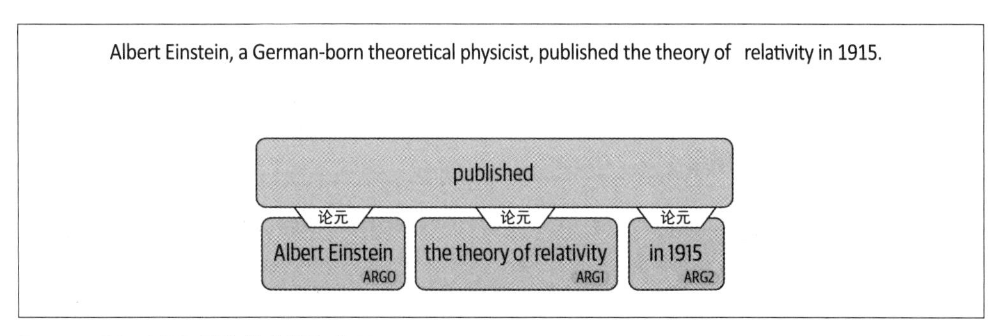

图 5-7：AllenNLP 开放信息提取演示

如图 5-7 所示，关系包括一个动词和三个论元：`<published, albert einstein, the theory of relativity, in 1915>`。此外，还可以提取关系元组 `<published, albert einstein, the theory of relativity>`、`<published, albert einstein, in 1915>` 和 `<published, theory of relativity, 1915>`。显然，在这样的系统中，此类元组 / 四元组至少和动词的数量一样多（通常会更多）。虽然这是一个优点，因为它可以提取到所有的关系，但这种方法的挑战在于，将提取的关系映射到数据库中的标准关系集（例如 `fatherOf`、`motherOf`、`inventorOf` 等）。然后，为了提取信息中的特定关系，就必须综合考虑命名实体识别 / 命名实体链接、共指消解和开放式信息提取的输出，从而设计自己的程序。

5.7.2 关系提取：使用IBM沃森API

关系提取是一个难题，从零开始开发自己的关系提取系统不仅难度很大，而且耗时很长。业界在自然语言处理项目中常用的解决方案是依靠 IBM 沃森提供的自然语言理解服务。下面的代码片段演示了如何使用 IBM 沃森来提取实体关系。

```
mytext3 = """Nadella attended the Hyderabad Public School, Begumpet [12] before
receiving a bachelor's in electrical engineering[13] from the Manipal Institute
of Technology (then part of Mangalore University)in Karnataka in 1988."""
response = natural_language_understanding.analyze(text=mytext3,
            features=Features(relations=RelationsOptions())).get_result()
for item in response['relations']:
    print(item['type'])
    for subitem in item['arguments']:
        print(subitem['entities'])
```

图 5-8 显示了关系提取的输出。关系提取使用监督模型。由于使用了预先设置的关系列表，因此关系列表之外的任何内容都不会被提取。

```
employedBy
[{'type': 'Person', 'text': 'Nadella'}]
[{'type': 'Organization', 'text': 'Hyderabad Public School', 'disambiguation': {'subtype': ['Commercial']}}]
awardedTo
[{'type': 'Degree', 'text': 'bachelor'}]
[{'type': 'Person', 'text': 'Nadella'}]
educatedAt
[{'type': 'Person', 'text': 'Nadella'}]
[{'type': 'Organization', 'text': 'Manipal Institute of Technology', 'disambiguation': {'subtype': ['Educati
onal']}}]
educatedAt
[{'type': 'Person', 'text': 'Nadella'}]
[{'type': 'Organization', 'text': 'Mangalore University', 'disambiguation': {'subtype': ['Educational']}}]
awardedBy
[{'type': 'Degree', 'text': 'bachelor'}]
[{'type': 'Organization', 'text': 'Manipal Institute of Technology', 'disambiguation': {'subtype': ['Educati
onal']}}]
basedIn
[{'type': 'Organization', 'text': 'Mangalore University', 'disambiguation': {'subtype': ['Educational']}}]
[{'type': 'GeopoliticalEntity', 'text': 'Karnataka'}]
```

图 5-8：IBM 沃森关系提取输出

输出信息显示了不同实体之间的关系，这可以用于构建组织数据知识库。正如前面所介绍的，关系提取还不是一个完全解决了的问题。而且，方法的性能也依赖于领域，适用于维基百科文章的方法可能不适用于一般的新闻文章或社交媒体文本。NLP-progress 网站文章“Relationship Extraction”概述了关系提取的新进展。

先从基于模式的方法开始，然后尝试预训练的监督模型，如果效果不佳，最后再使用弱监督。

以上内容简要介绍了关系提取的用处，以及在工作中遇到关系提取问题时应该如何处理。在结束本章讨论之前，再来看几个信息提取任务。

5.8 其他高级信息提取任务

前面讨论了不同的信息提取任务，它们的应用场景，以及如何将它们构建到自然语言处理项目中。虽然本书的介绍并非详尽无遗，但它们是行业用例中最常用的任务。本节中将快速介绍几个更专门的信息提取任务。这些都不是很常见，在业界的自然语言处理项目中也很少使用，因此本节中只做简单介绍。建议读者从 Daniel Jurafsky 和 James H. Martin 的著作 *Speech and Language Processing (3rd ed. draft)* 开始，进一步了解解决这些任务的不同方法。下面来看三个信息提取任务：时间信息提取、事件提取和模板填充。

5.8.1 时间信息提取

考虑这样一封电子邮件的文本，"Let us meet at 3 p.m. today and decide on what to present at the meeting on Friday（我们今天下午 3 点见面，然后决定星期五的会议内容）"。我们开发的应用程序需要识别对话中的事件并将其同步到日历，就像 Gmail 一样。图 5-9 显示了 Gmail 中这个实用程序的屏幕截图。

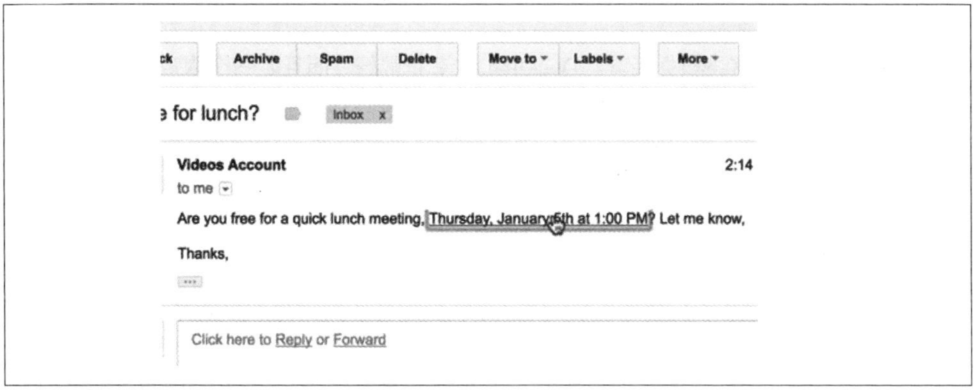

图 5-9：识别和提取电子邮件中的时间事件

要构建类似的应用程序，除了从文本中提取日期和时间信息（3 p.m.、today、Friday）之外，还应该将提取的数据转换成某种标准形式（例如根据上下文将"Friday"映射到确切的日期，将"today"映射到今天的日期）。虽然提取日期和时间信息可以使用基于正则表达式的人工模式集合，或者使用有监督的序列标注技术来完成，但是将提取的日期和时间规范化为标准的"日期 - 时间"格式可能是具有挑战性的。两项任务统称为**时间信息提取和规范化**。当前时间表达式规范化的方法主要是基于规则的，同时结合了语义分析（参见 *Speech and Language Processing (3rd ed. draft)*）。

Duckling 是 Facebook 机器人团队最近发布的一个 Python 库，用于为 Facebook Messenger 构建机器人程序。Duckling 包的设计目的是解析文本并获取结构化数据。它能完成很多任务，其中之一是通过处理自然语言文本数据来提取时间事件。图 5-10 显示了使用 Duckling 运行句子"Let us meet at 3 p.m. today and decide on what to present at the meeting on Friday"后的输出。它能够将"3 p.m. today"映射到某一天的正确时间。

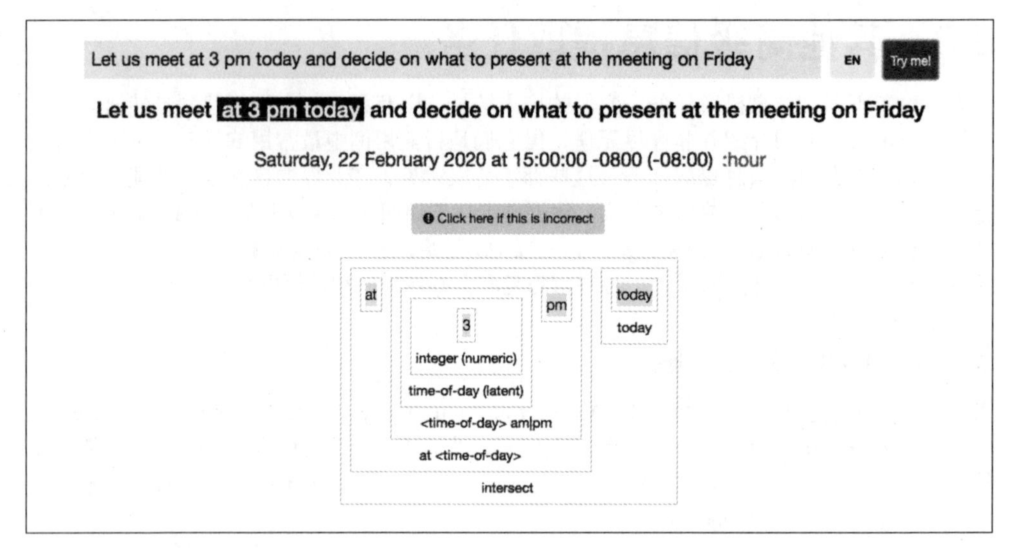

图 5-10：Duckling 时间信息提取输出示例

Duckling 支持多种语言。根据经验，Duckling 效果非常好，而且是一个现成的包。如果项目中要使用时间信息提取，那么不妨从 Duckling 开始。另外，Stanford SUTime、Natty、Parsedatetime 和 Chronic 等包也能处理人类可读的日期和时间。读者可以进一步探索这些包，看看它们提取时间信息的效果。现在进入下一个信息提取任务：事件提取。

5.8.2 事件提取

在上一节讨论的电子邮件文本例子中，提取时间表达式的最终目的是提取“事件”信息。事件可以是在某个时间点上发生的任何事情：会议、某时某地油价上涨、总统选举、股票涨跌和人生事件（出生、结婚和死亡）等。**事件提取**是指从文本数据中识别和提取事件的信息提取任务。图 5-11 显示了从 Twitter 提要中提取生活事件的例子。

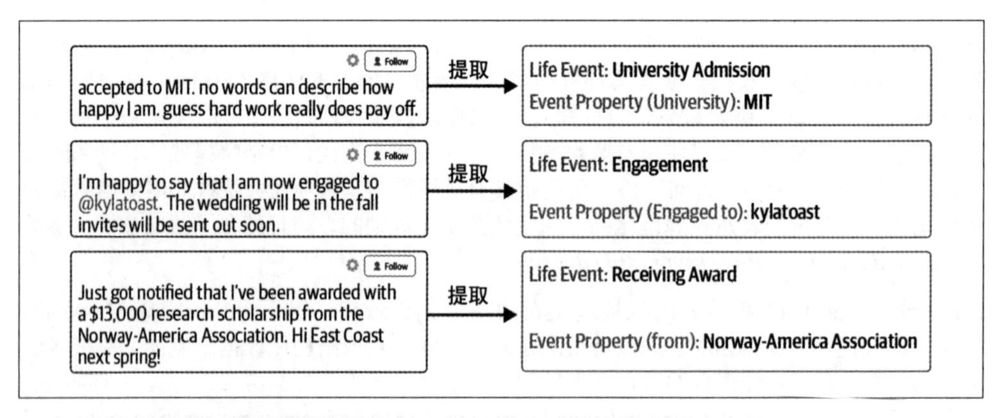

图 5-11：Twitter 数据提取生活事件示例（参见 Jiwei Li 等人的文章“Major Life Event Extraction from Twitter based on Congratulations/Condolences Speech Acts”）

事件提取有许多业务应用。例如，一家提供教育贷款的金融贷款公司肯定希望拥有一个能够扫描 Twitter 提要并识别“大学录取”事件的系统。再比如，一位对冲基金的贸易分析师需要密切关注世界各地发生的重大事件。据信，彭博终端（Bloomberg Terminal）的一个子模块可以实时报告全球数千个新闻来源和社交渠道（如 Twitter）中确定的重大事件。另外，事件提取的一个有趣应用是祝贺机器人。祝贺机器人会阅读推文，如果看到任何值得祝贺的事件，就会回复一条“祝贺”信息，如图 5-12 所示。

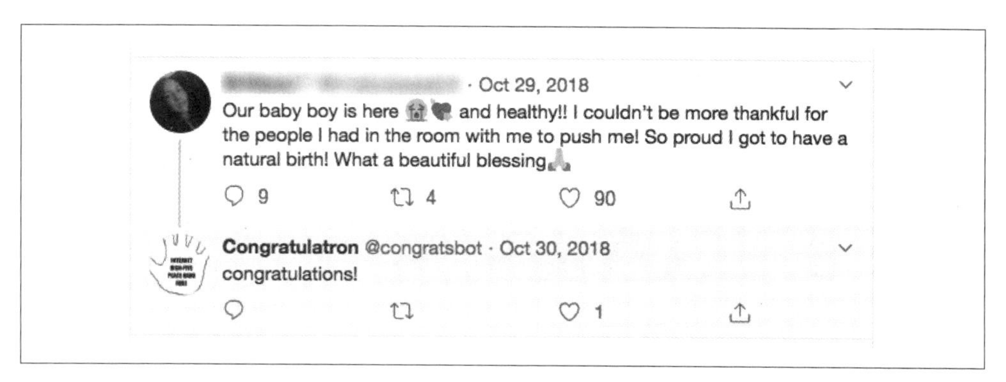

图 5-12：祝贺机器人示例

那么，如何解决事件提取的问题？在自然语言处理文献中，事件提取被视为监督学习问题。当前的方法是使用序列标注和多级分类器，这与前面的关系提取非常相似。最终的目标是识别不同时间段内的各种事件，将它们连接起来，并创建按时间顺序排列的事件图。事件提取目前是一个活跃的研究领域，前面提到的解决方案仍然只适用于特定的场景。也就是说，不同于关系提取、命名实体识别等任务，事件提取不存在相对通用的解决方案。据我们所知，事件提取目前还没有现成的服务或包。如果项目中确实需要使用事件提取，那么最好先从基于规则的方法（基于领域知识）开始，然后尝试弱监督方法。随着数据的不断积累，再转向机器学习方法。

5.8.3 模板填充

在天气预报和财务报告等应用场景中，文本的格式非常标准，只有特定的细节会随情况而变化。例如，考虑这样一个场景：每天都需要发布公司的股价报告。对于大多数公司来说，这些报告的格式是类似的。例如，在“模板”句子“*X* 公司的股票比昨天上涨 *Y*%”中，*X* 和 *Y* 会发生变化，但句型保持不变。那么如何自动生成报告呢？这样的场景就是**模板填充**。模板填充是指将文本生成建模为填空问题的信息提取任务。图 5-13 展示了一个模板填充的例子，以及如何用它来构建实体图。

一般而言，要填充的模板是预先定义好的。和关系提取一样，模板填充通常被建模为一个分两步、有监督的机器学习问题。第一步是识别给定句子中是否存在模板。第二步是识别模板的槽填充器，其中每个槽都需要训练一个单独的分类器。目前相关的研究方向是自动归纳模板。由于模板填充是一个依赖于领域的专业任务，因此模板填充目前还没有现成的服务提供者。

文本	模板
EV1 There are no reports of damage or injuries after a small **earthquake** rattled the **Chino Hills** area **Tuesday morning**. EV1 The **3.1**-magnitude **quake** hit at **6:40 a.m.** and was centered about two miles west of **Chino Hills**. EV1 It was felt in several surrounding communities. EV2 **Last July**, a **5.4**-magnitude **quake** hit the same area. EV2 That **quake** resulted in cracked walls and broken water and gas lines.	*EV1* • **EVENT**: earthquake • **DATE**: Tuesday morning • **TIME**: 6:40 a.m. • **MAGNITUDE**: 3.1 • **LOCATION**: Chino Hills *EV2* • **EVENT**: quake • **DATE**: Last July • **TIME**: • **MAGNITUDE**: 5.4 • **LOCATION**:

实体图

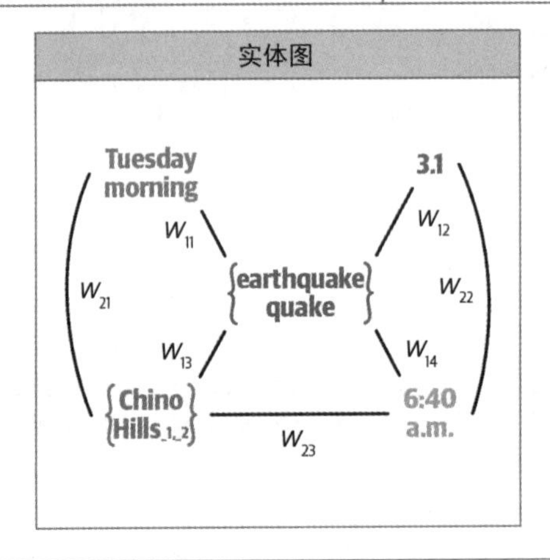

图 5-13：模板填充示例

至此，关于大多数信息提取任务的讨论就结束了。到目前为止，本章介绍了一系列的信息提取任务，以及如何在代码中整合信息提取任务。那么在真实的应用程序中，这些任务是如何联系起来的？现在来看一个案例研究。

5.9 案例研究

考虑这样一个场景：在一个大型传统企业，人们通过电子邮件和企业消息平台（如 Slack 或 Yammer）进行交流。电子邮件对话中会出现很多关于会议的讨论。会议主要有三种类型：团队会议、一对一会议、演讲 / 报告。此外，会议还涉及相关的地点。现在的任务是构建一个系统，自动找到相关的会议，预定会场或会议厅，并通知人们。下面来介绍如何在这个场景中使用前面讨论的信息提取任务。这里假设每封电子邮件只涉及一个会议。具体的场景描述见如图 5-14 所示的电子邮件交流。那么，应该如何构建这样的系统呢？

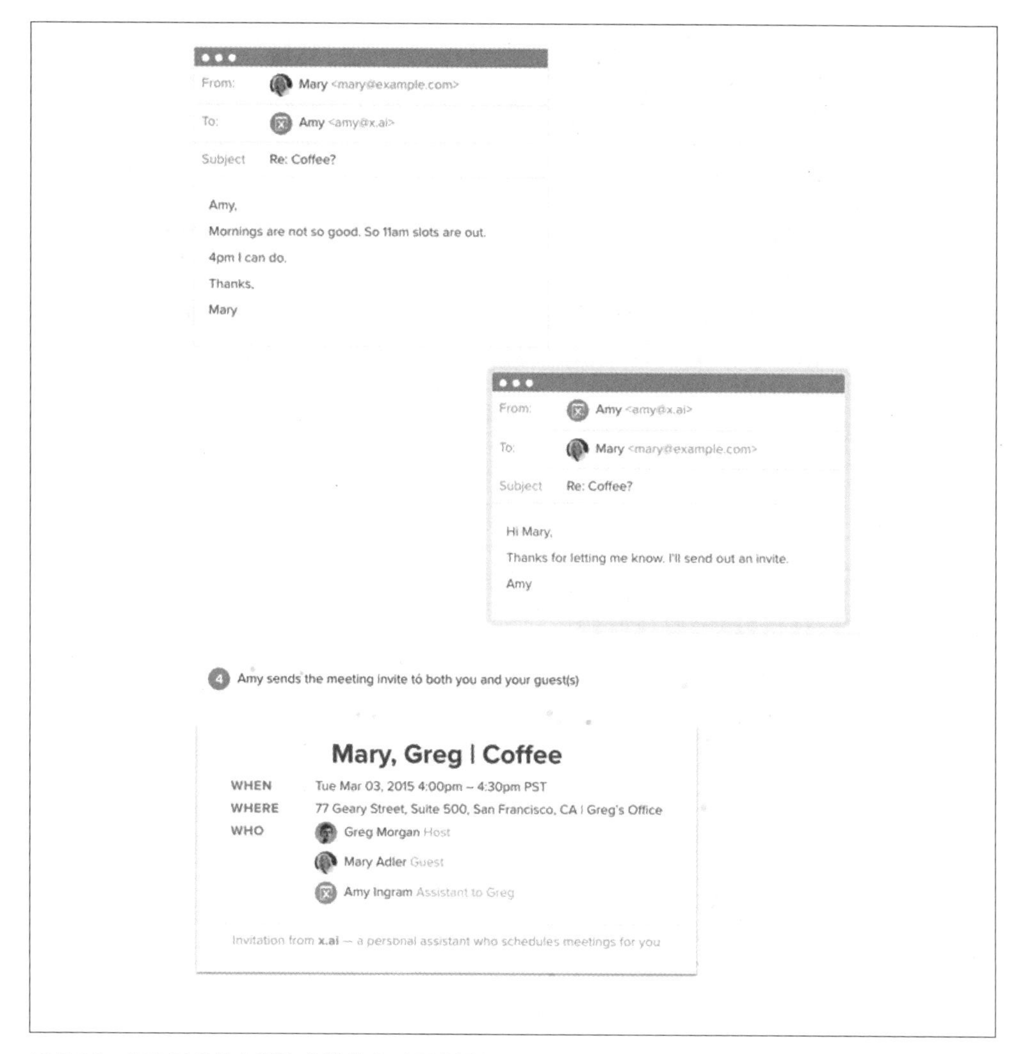

图 5-14：从电子邮件中提取会议信息（示意图）

提醒一下，在开始阶段，需要对构建的系统做一定的限制，从而能够集中精力解决核心问题。例如，一封电子邮件中可能会提到多个会议，例如："MountLogan 是一个很好的场地。我们明天在那里会面，然后星期四在 MountRainer 参加全员会议。"但是本场景假设每封邮件只涉及一个会议。那么应该如何按照 MVP 来构建一个简单的系统？

首先，需要一定数量的标注数据。标注数据的构建有多种方式，其中之一是访问过去的日历信息、会议预订信息和电子邮件，并比较会议预定信息和电子邮件是否匹配。如果匹配的话，可以尝试使用硬编码的弱监督方法（类似于第 4 章中介绍的）。另外，也可以尝试使用谷歌云自然语言或 AWS Comprehend 等预先构建的服务进行自举。例如，使用谷歌云自然语言提供的实体提取服务来提取事件，并用它来生成数据集。然而，由于这种自动创建的数据集可能并不完美，因此需要手动验证。

假如现在使用以下实体：会议室名称（会议地点）、会议日期、会议时间、会议类型（派生字段）、会议受邀人，并且部分标注数据已经收集好了。第一个模型可以使用命名实体识别所用的条件随机场（CRF）等序列标注模型。要对会议类型进行分类，可以使用会议室大小（大会议室通常意味着大会议）、受邀人数等特征，并从基于规则的分类器开始。

当系统进入部署阶段后，就可以开始收集隐式反馈或带有标注的显式反馈，例如会议接受率 / 拒绝率，以及会议日期冲突率和会议室冲突率。所有这些信息都可以用来收集更多的数据，从而应用更复杂的模型。

当有了足够的数据（5000~10 000 个带标签的句子）时，就可以开始探索更强大的语言理解模型。如果有足够的算力，还可以微调 BERT 等强大的预训练模型来适应新的标注数据。这个过程的流水线如图 5-15 所示。

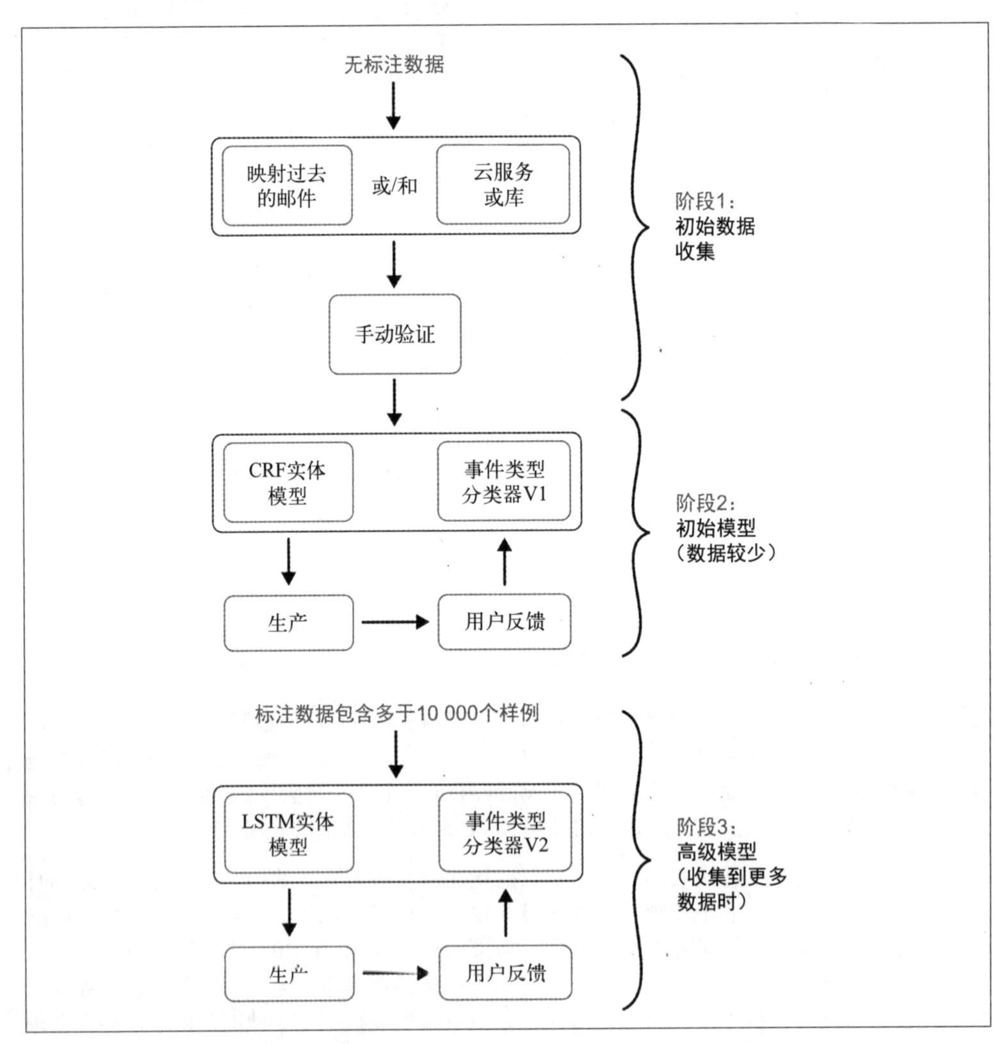

图 5-15：会议信息提取系统开发流水线

现在考虑最开始提出的复杂情况：可能涉及多个实体（会议室名称），可能涉及不同时间段发生的多个会议。这个问题可以按照多类别、多标签的分类问题来处理。语言歧义很难通过人工特征工程（例如特定实体、固定词汇存在与否）来解决。合理的方法是使用 LSTM 或 GRU 等深度循环神经网络对每个词周围的语境信息进行建模，并将这些知识编码到隐藏的向量中，最后再用这些向量对电子邮件进行分类。虽然这些讨论是针对现实世界的信息提取问题，但是使用本节概述的方法，可以逐步实现和改进任何信息提取问题的解决方案。

5.10 小结

本章介绍了信息提取任务及其在不同真实场景中的用途，并讨论了如何实现关键词提取、命名实体识别、命名实体链接和关系提取等不同信息提取任务的解决方案。本章还介绍了时间信息提取、事件提取和模板填充等任务。信息提取任务与第 4 章中文本分类的一个重要区别是，信息提取依赖于大型标注语料库之外的资源，并且需要更多的领域知识。因此，在实际场景中，更常见的做法是使用大型服务商提供的预训练模型和解决方案，而不是从头开发自己的信息提取系统，除非面对的是需要定制解决方案的超级专业领域。另外还要注意，文本提取和清理在所有这些任务中都扮演着重要的作用，本章也多次强调了这一点。虽然本章没有给出端到端的例子（将在本书第三部分中介绍）来说明信息提取任务，但是希望本章能够让你对信息提取以及在项目中实现信息提取任务时的注意事项有足够的了解。下一章将介绍如何为工作中遇到的不同用例构建聊天机器人。

第6章

聊天机器人

一台机器可以取代50位普通人的工作，但无法取代一位天才的工作。

——阿尔伯特·哈伯德

聊天机器人是允许用户通过自然语言进行交互的交互式系统。它们通常使用文本交互，但也可以使用语音接口。2016年初的第一波聊天机器人浪潮使其家喻户晓。像Facebook Messenger、谷歌Assistant和亚马逊Alexa这样的平台都属于聊天机器人的应用。开发者现在可以使用工具为他们的品牌或服务定制聊天机器人，以便客户在他们的通信平台进行一些日常活动。

聊天机器人的应用使我们的技术迈进了新时代：人机对话时代。很快人机交互不再需要屏幕或鼠标。无须任何鼠标点击或滑动，只需要使用声音就足够了。此界面完全是对话式的，并且这些人机对话与我们和朋友及家人间的对话难以区分。聊天机器人在后台处理文本，主要是对用户的文本输入进行语义理解并生成合理的答复。从语义理解到文本生成，自然语言处理都扮演着至关重要的角色，我们将在本章中看到。

聊天机器人和人工智能的历史密切相关。在20世纪五六十年代，计算机科学家艾伦·图灵和约瑟夫·维森鲍姆提出了像人类一样交流的计算机的概念。1966年，约瑟夫·维森鲍姆使用了仅仅200行代码创造了伊丽莎（Eliza），历史上第一个通过编程实现的聊天机器人。伊丽莎通过正则表达式和规则模仿一位罗杰斯式心理治疗师的对话。在实验中，人们知道他们正在和一个计算机程序对话，但仍然会由于伊丽莎提供的情感回应而变得对程序有感情。

后来，随着强大的信号处理工具的出现，研究员开始专注于构建语音对话工具，旨在提升用户体验。许多语音对话系统创建于1980~2000年，最初是基于军事的项目，旨在改善士兵间的自动通信。这些系统用于提供说明，随后将其翻译成用来帮助用户获取各种服务的常见问题答案的聊天机器人。聊天机器人仍然是人工制作的，因此它们生成的响应是固定的，并且它们不善于处理对话上下文。

近年来，由于智能手机的普及，以及机器学习和深度学习的最新进展，聊天机器人变得更加可行和实用。除了可以在流行的通信平台（例如 Facebook Messenger）上创建聊天机器人的 API 之外，我们现在还有各种用于创建聊天机器人后台的人工智能和逻辑的平台。这使得人工智能背景和经验有限的个人和公司可以轻松部署自己的聊天机器人。

本章主要介绍聊天机器人的基础系统和理论，以及使用不同场景构建聊天机器人的实践经验。本章结尾将介绍一些当前最先进的研究，这些研究可能会为整个范式带来重大进展。我们希望通过介绍聊天机器人的热门应用来激发读者的兴趣。

6.1　聊天机器人的应用

聊天机器人可用于许多不同行业的不同任务，从零售到新闻，甚至还有医疗领域。我们将简要讨论聊天机器人的各种应用。近年来，许多用例已日益成熟，而有些还处于起步阶段。这些用例列举如下。

购物与电商

近年来，聊天机器人正用于各种电子商务运作，包括下单或修改订单，以及支付信息等。电子商务行业对推荐各种商品的机器人也很感兴趣。业界正专注于构建对话式推荐系统以提供更无缝衔接的用户体验。

新闻和内容发现

与电子商务类似，聊天机器人可用于新闻和内容发现。用户可以以对话的形式指定其搜索的各种含义，机器人能够返回和搜索相关的文章。

客户服务

客户服务是需要使用大量机器人的另一个领域。它们通常在根据业务需求设置的预定义对话流中，用于处理投诉、帮助回答常见问题和导航查询。

医疗

在健康和医疗应用中，常见问题解答（FAQ）机器人非常有用。这些机器人可以根据患者的症状，帮助他们快速获取相关信息。近来，构建通过向患者（尤其是老年患者）咨询相关问题，并从中获取其健康状况相关信息的聊天机器人也正在兴起。

法务

在法务应用中，机器人还可为用户提供 FAQ 服务。它们甚至可以用于更复杂的目标，比如追加问题。例如，如果用户要求跟进案件的法律文章，则机器人可能会询问有关案件性质的特定问题，以找到更合适的匹配结果。

以下是 FAQ 机器人的一个更详尽的示例，这种机器人在许多服务平台中都很常见，它通过提供常见问题的答案来帮助用户。

一个简单的FAQ机器人

一般而言，FAQ 机器人是基于搜索的系统，它根据给定的问题查找正确的答案，并将其提供给用户。它本质上是一个机器人，支持用户以不同方式提问并获取响应。像这种对一系列复杂问题提供对话界面的机器人是非常有用的。

我们将采用一部分 Amazon Machine Learning 的常见问题作为示例。机器需要学习为类似的问题提供正确答案，因此最好对每个问题进行一些阐述。关于这种聊天机器人的输入－输出示例，参见表 6-1。

表6-1：用于 FAQ 机器人的 Amazon ML 常见问题

问题	答案
What can I do with Amazon Machine Learning? How can I use Amazon Machine Learning? What can Amazon Machine Learning do?	You can use Amazon Machine Learning to create a wide variety of predictive applications. For example, you can use Amazon Machine Learning to help you build applications that flag suspicious transactions, detect fraudulent orders, forecast demand, etc.
What algorithm does Amazon Machine Learning use to generate models? How does Amazon Machine Learning build models?	Amazon Machine Learning currently uses an industry-standard logistic regression algorithm to generate models.
Are there limits to the size of the dataset I can use for training? What is the maximum size of training dataset?	Amazon Machine Learning can train models on datasets up to 100 GB in size.

图 6-1 是这种 FAQ 机器人的一个可用版本。在本章的后面，我们将逐步学习如何为各种应用构建这种机器人。

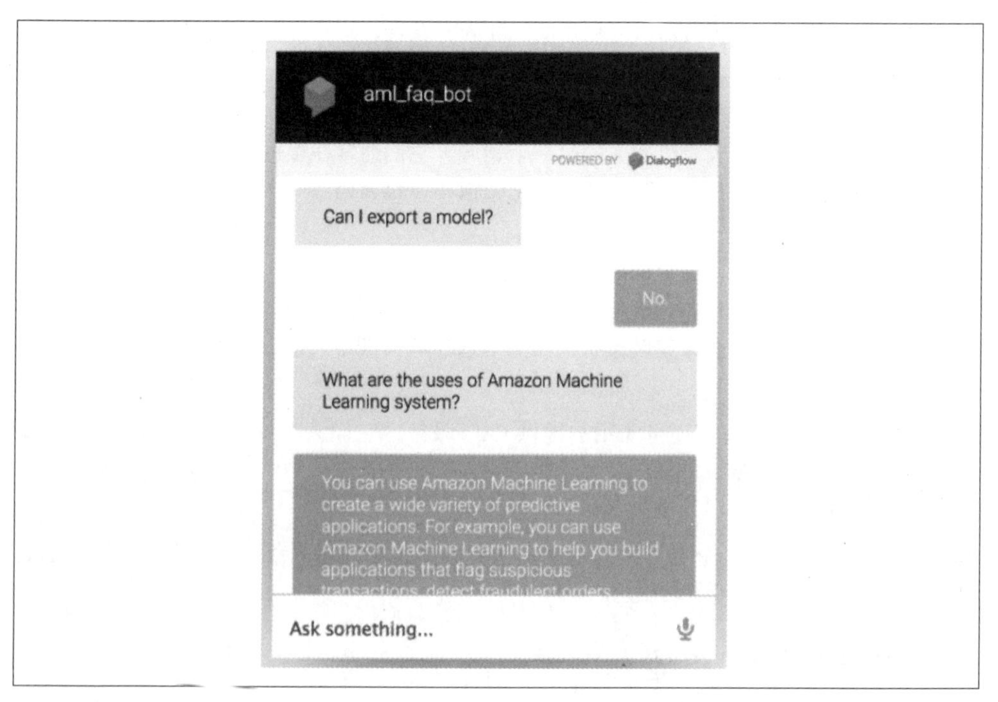

图 6-1：FAQ 机器人

接下来我们将介绍到聊天机器人的分类，并根据它们的用法进行各种分类的讲解。

6.2 聊天机器人的分类

让我们通过各种用途以及各种领域的适用性展开了解聊天机器人。聊天机器人可以通过多种方式进行分类，这会影响聊天机器人的构建方式和用处。根据与用户交互的方式，聊天机器人分类如下。

用于有限对话的精准答案或 FAQ 机器人

这些聊天机器人关联一系列固定的响应，并基于对用户查询的理解检索出正确的响应。例如，如果我们构建一个 FAQ 机器人，该机器人必须理解问题并为此检索出固定的正确答案。通常，用户的前后响应是没有联系的。看一下图 6-2。在 FAQ 机器人的示例中，我们看到在前两轮对话中，机器人会针对稍有变化的相似问题提供固定的答案。对于不同的问题，它会给出不同的答案。

基于流的机器人

就响应的多样性而言，基于流的对话机器人通常比 FAQ 机器人更复杂。用户可以在对话过程中逐句表达自己的意见或需求。例如，当订购比萨时，用户可以逐句表达他们想要的馅料、尺寸和其他偏好。机器人每次都应该在完整的对话过程中理解并跟踪这些信息，以成功生成响应。在图 6-2 中我们看到的基于流的机器人，该机器人提出了一组特定的问题，以实现创建比萨订单的目标。这个流程是预定义的，并且机器人会询问相关问题以完成订单。本章后面会更详细地讨论这种基于流的机器人。

开放式机器人

开放式机器人主要用于娱乐，这种机器人应该能与用户讨论各种话题，它无须维护特定的引导或对话流。在图 6-2 中，开放式机器人在没有任何预存模板或固定问答组合的情况下进行对话。它通过话题的灵活转换来维持有趣的对话。这个开放式机器人的示例是一个热门数字助理平台的其中一位作者构建的。

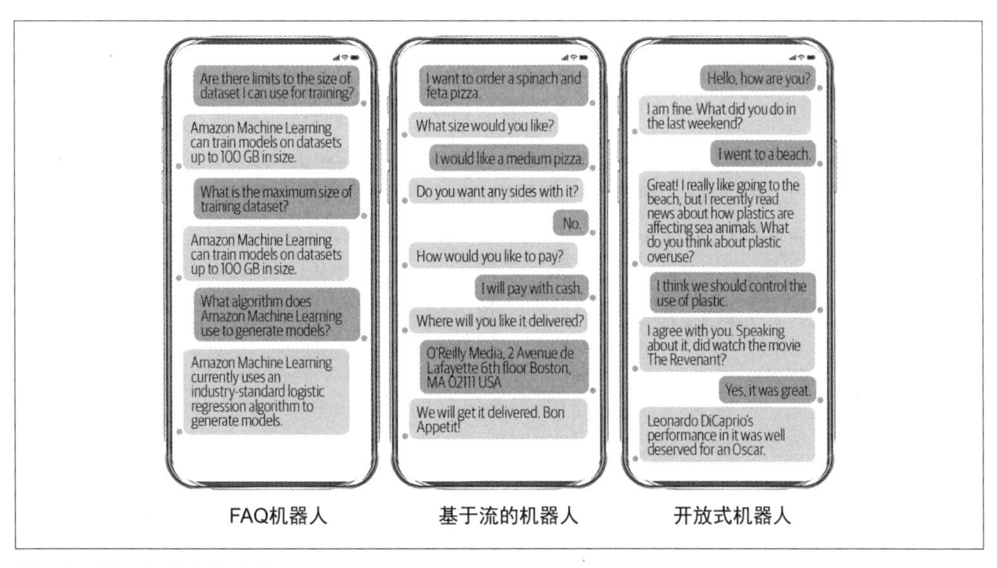

图 6-2：聊天机器人的分类

聊天机器人可分为两大类：目标导向对话式；闲聊式。FAQ 机器人和基于流的机器人属于第一类，开放式机器人主要属于第二类。这两种类型的机器人都在行业中大量使用，并且在学术界也处于活跃的研究领域。

6.2.1 目标导向对话式

对话自然而然是为了通过寻找相关信息来实现目标。按照类似的思路，就很容易针对已知最终目标的特定用例设计任何聊天机器人或对话智能体。到目前为止，我们讨论的大多数聊天机器人（通常是用于研究或工业领域的）是目标导向的聊天机器人。与聊天机器人进行交互的用户应拥有他们希望在对话后实现的目标的完整信息。例如，通过聊天机器人 / 对话智能体获取电影推荐或预订航班是目标导向对话的示例，其中的目标是看电影或预订航班。

现在，根据定义，目标导向的系统是领域特定的，这需要系统拥有领域特定的知识。这妨碍了聊天机器人框架的通用性和扩展性。Facebook 的近期研究提出了一个端到端框架，用于训练对话本身的所有组件以减轻这种限制。该研究提出了一种自动处理数据的方法——例如，问答组合通过必需的 API 调用进行有意义的对话。这是研究人员和从业者开始关注的新方法之一。

6.2.2 闲聊式

除了目标导向对话之外，人们还会进行没有特定目标的非结构化开放领域对话。这种人和人之间的对话涉及各种主题的自由形式的讨论。由于缺乏客观目标，开发一个可以与人闲聊的对话智能体是充满挑战的。对话智能体必须生成连贯、紧扣主题且事实正确的响应，以创造更自然的对话。

闲聊式机器人的应用很超前，但潜力巨大。例如，在用于老人护理的紧急医疗情况下，这些机器人可以获取有用的信息。例如，青少年和老年人的孤独和抑郁情绪是长期存在的社会问题，这种形式自由的对话机器人可以用来缓解这种情绪。一些行业头部公司，如亚马逊、Apple 和谷歌等，正在大力投资为全球客户构建这种机器人。

到目前为止，我们已经讨论了各种聊天机器人及其在各行各业的用途。这使我们能够根据使用场景了解聊天机器人的各种组件，并帮助我们根据需求实现某些组件。现在，我们将深入探讨聊天机器人的开发流水线，并讨论各种组件的细节。

6.3 构建对话系统的流水线

第 4 章和第 5 章讨论了各种自然语言处理任务，例如分类和实体检测。现在，我们将应用其中一些任务来描述构建对话系统的示例流水线。图 6-3 描绘了一个具有各种组件的对话系统的完整流水线。接下来将讨论每个组件的实用程序以及贯穿流水线的数据流。

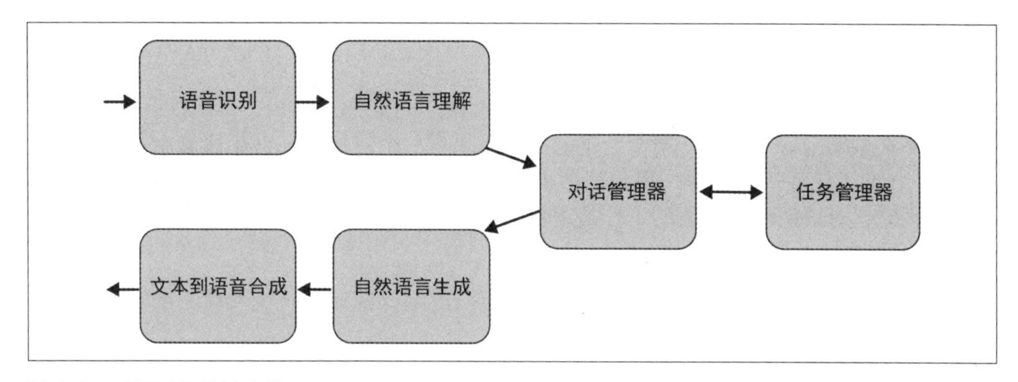

图 6-3：对话系统的流水线

语音识别

对话系统通常以人机交互界面的形式出现，因此对话系统中的输入是人的语音。语音识别算法将语音转录为自然语言文本。工业对话系统使用了最先进的语音–文本转换模型，但这超出了本书的内容范畴。

自然语言理解（NLU）

转录之后，系统尝试分析和“理解”转录的文本。该模块包含各种自然语言理解任务。此类任务的示例包括情感检测、命名实体提取、共指消解等。此模块主要负责聚合输入文本中隐式（情感）或显式（命名实体）存在的所有可能信息。

对话和任务管理器

一旦我们从输入中获取信息，如图 6-3 所示的**对话管理器**就会收集并系统地鉴定信息的重要性。对话管理器是控制和引导对话流程的模块。可以将其想象为一张表格，其中包含在自然语言理解步骤中提取的信息，而且并发存储所有正在进行的对话。对话管理器通过规则或其他复杂机制（例如强化学习）制定策略，以有效利用从输入中获取的信息。对话管理器在目标导向对话中最为普遍，因为通过对话可以达成明确的目标。

自然语言生成

最后，当对话管理器决定响应策略时，自然语言生成模块根据对话管理器设计的策略，以人类可读的形式生成响应。响应生成器可以是基于模板的，也可以是从数据中学到的生成模型。此后，语音合成模块将文本转换回语音，并传递给终端用户。

任何聊天机器人都可以使用这样的流水线构建。对于基于文本的聊天机器人，我们可以移除语音处理组件。尽管自然语言理解和生成组件可能很复杂，但对话管理器可能只是将机器人路由到适当的响应生成器的规则。

尽管图 6-3 的流水线假定聊天机器人是基于语音的，但没有语音处理模块的类似流水线也可用于基于文本的聊天机器人。但在所有的行业应用中，我们终将越来越多地使用基于语音的系统，因此这里讨论的流水线更为通用，它适用于我们先前描述的各种应用（包括第 1 章的案例研究）。现在，我们已经简要地讨论了聊天机器人的各个组件以及对话流程是如何发生的，下面让我们深入了解这些组件的细节。

6.4 对话系统原理

对话系统或聊天机器人背后的主要思想是，理解用户的查询或输入，并提供合适的响应。这有别于典型的问答系统——对于给定的问题必须有一个答案。在对话设置中，用户可以“轮流”查询。在每轮对话中，用户都会根据机器人可能做出的响应来表明他们对主题的兴趣。因此，对话系统最重要的工作是逐步理解用户输入的细微差别，并将其存储在上下文中以生成响应。

在深入机器人和对话系统的原理之前，我们将更广泛地介绍对话系统和聊天机器人开发中用到的术语。

对话行为或意图

这是用户命令的目的。在传统的系统中，意图是主要的描述符。通常，一些其他元素（例如情绪）也可以与意图相关联。在某些文献中，意图也称为“对话行为”。在图 6-4 的第一个示例中，orderPizza（订购比萨）是用户命令的意图。类似地，在第二个示例中，用户希望了解一只股票，因此意图是 getStockQuote。这些意图通常是根据聊天机器人的工作范围预先定义的。

插槽或实体

这是一种固定本体结构，其中包含与意图相关的特定实体信息。每个插槽（slot）相关的信息原语是“值”。插槽和值有时被合称为“实体”。图 6-4 显示了两个实体示例。第一个示例是查找待订比萨的特定属性：“medium”（中号）和“extra cheese”（加奶酪馅料）。第二个示例是查找 getStockQuote 的相关实体：聊天机器人询问的股票名称和时间段。

对话状态或上下文

对话状态是一种包含有关对话行为的信息和“状态－值”对的本体结构。同样，上下文可以看作一组捕获了历史对话状态的记录。

图 6-4：聊天机器人中用到的不同术语示例

现在使用一个名为 Dialogflow 的云 API 来完成一个虚拟比萨店的演练——使用户可以通过与聊天机器人对话来订购比萨。这是一个目标导向系统，它的目标是适应用户的要求并订购比萨。

PizzaStop聊天机器人

Dialogflow 是谷歌的对话智能体构建平台。通过提供理解和生成自然语言以及管理对话的工具，Dialogflow 使我们能够轻松地创建对话体验。此外有许多其他可用的工具，我们选择它是因为它很容易上手、成熟，并且正在不断改进。

想象有一家名为 PizzaStop 的虚拟比萨店，我们必须构建一个可以接收顾客订单的聊天机器人。比萨可以有多种馅料（如洋葱、番茄和胡椒）和不同尺寸。订单还可以包含菜单中的小吃、开胃菜与 / 或饮料类别中的一项或多项。理解了需求之后，就开始使用 Dialogflow 框架构建我们的机器人。

1. 构建我们的 Dialogflow 智能体

在开始创建智能体之前，需要创建一个账号并进行一些设置。打开 Dialogflow 的官方网站，使用你的谷歌账号登录并授予所需权限。导航到 API 的 V2。单击“try it for free”，你将被定向到谷歌云服务的免费层级，然后你就可以根据注册过程进行操作。

① 首先需要创建一个智能体。单击 Create Agent 按钮，然后输入智能体名称。你可以提供任意名称，但最好提供一个有助于了解智能体用途的名称。我们的 PizzaStop 项目，就将智能体命名为“Pizza”。现在，设置时区并单击 Create 按钮。

图 6-5 显示了创建智能体的用户界面。

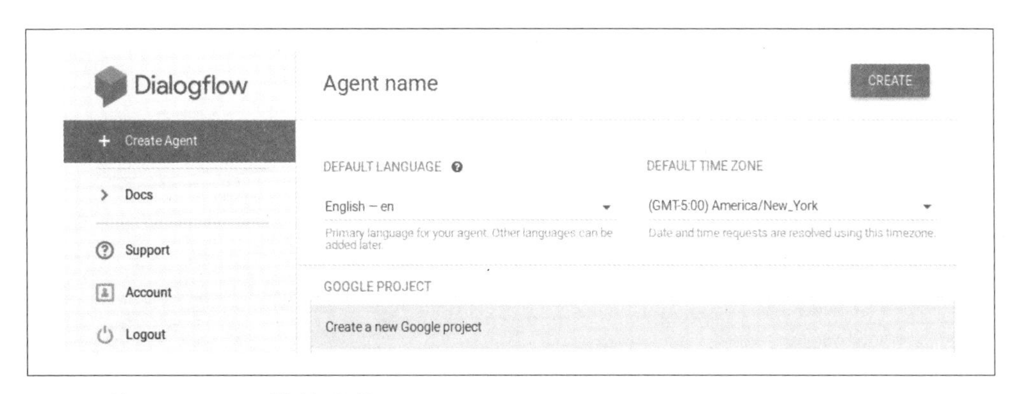

图 6-5：使用 Dialogflow 创建智能体

② 然后，你将被重定向到另一个页面，其中有可以让你创建机器人的选项。图 6-6 显示了 Dialogflow 的用户界面，在创建智能体时将多次使用。默认情况下，我们已经拥有两个意图：Default Fallback Intent（默认降级意图）和 Default Welcome Intent（默认欢迎意图）。Default Fallback Intent 是内部 API 错误的默认响应，而 Default Welcome Intent 会生成欢迎消息。

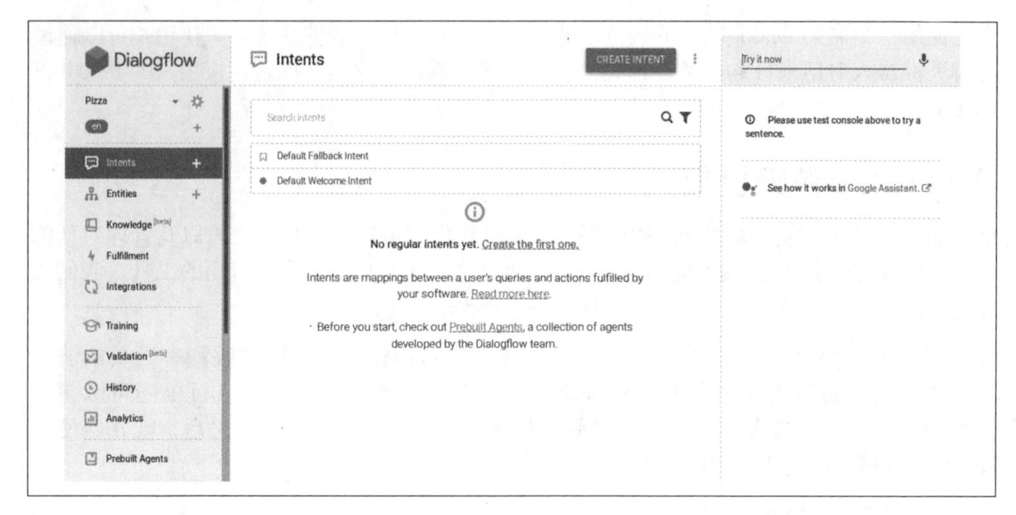

图 6-6：创建智能体后的 Dialogflow 用户界面

③ 现在需要将我们关心的意图和实体添加到智能体中。要添加意图，请将鼠标悬停在“Intents”区块上，然后单击“+”按钮。你将看到类似图 6-7 的内容。这些意图和实体是在本节前面定义的。

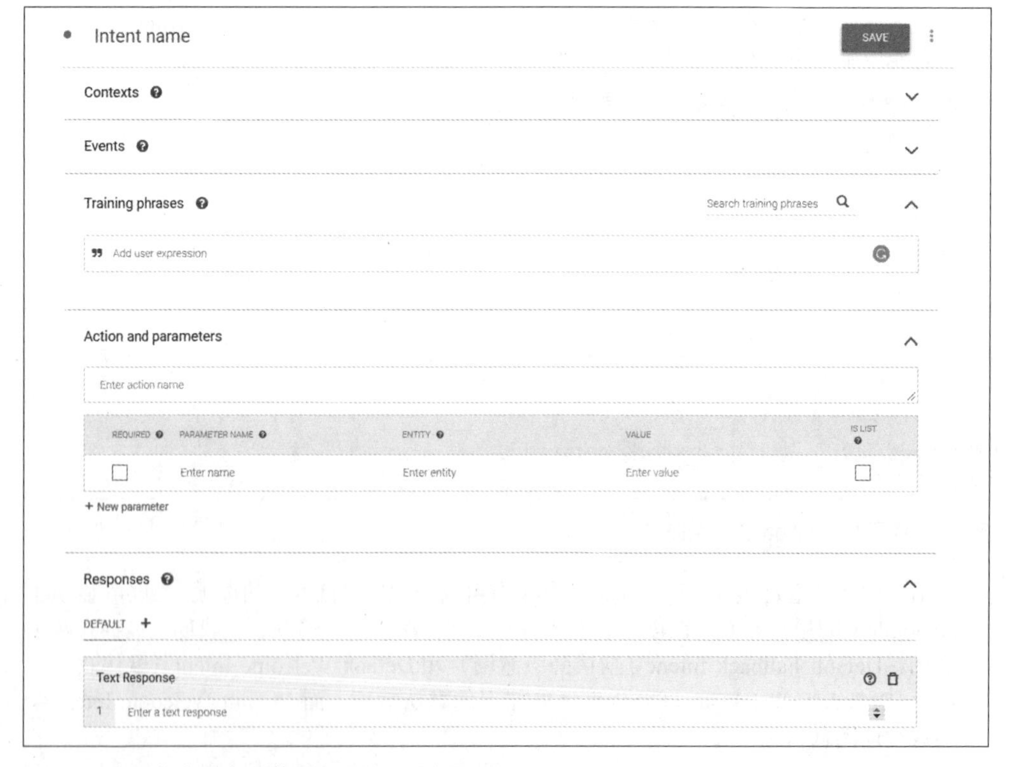

图 6-7：单击“+”按钮后的 Dialogflow 用户界面

④ 现在将创建第一个意图：orderPizza。在创建新意图时，必须提供名为“training phrases”（训练短语）的训练示例，使机器人能够检测到属于该意图的响应的变化。还需要提供“上下文”：可以在整个对话范围内共享的一条信息，这些信息将用于后续的意图检测。训练短语的示例是“I want to order a pizza”（我想订购比萨）或“medium with cheese please”（中号加奶酪馅料）。第一个表示订购比萨的简单意图，而第二个则由预定义的有用实体组成，例如“中号”和“奶酪馅料”。

图 6-8 显示了添加到智能体的训练短语样本。

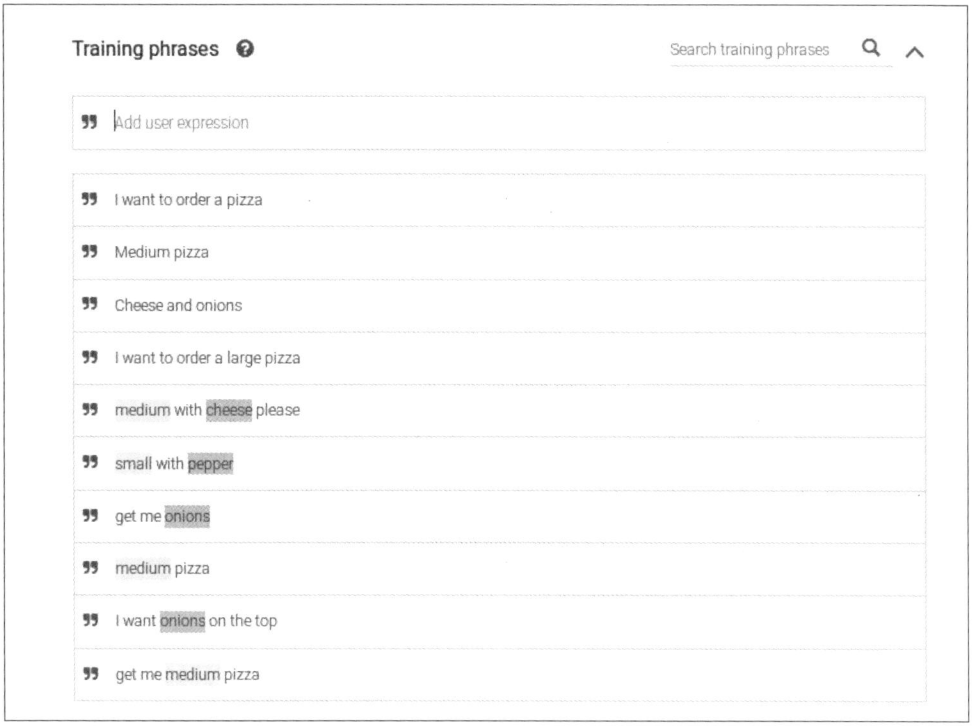

图 6-8：为意图添加训练短语

⑤ 由于引入了意图，因此需要添加对应的实体，以记住用户提供的重要信息。创建一个名为 pizzaSize（比萨尺寸）的实体，启用“fuzzy matching”（模糊匹配，即使实体大致相同，也可以匹配它们），并提供必要的值。同样，创建一个 pizzaTopping（比萨馅料）实体，但这次还需要启用“Define synonyms”（定义同义词，同时允许我们将定义为同义词的多个单词匹配到同一实体）。

这两个实体将帮助我们检测“medium size”（中号）和“cheese toppings”（奶酪馅料），如图 6-9 和图 6-10 所示。

pizzaSize

SAVE

Define synonyms　Regexp entity　Allow automated expansion

Fuzzy matching

large

medium

small

Enter value

图 6-9：创建 pizzaSize 实体

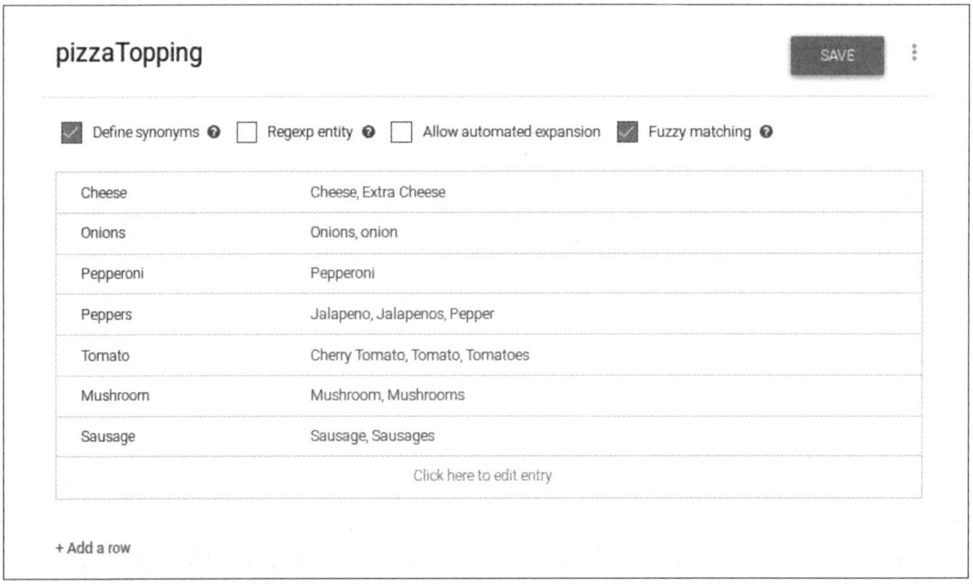

pizzaTopping

SAVE

Define synonyms　Regexp entity　Allow automated expansion　Fuzzy matching

Cheese	Cheese, Extra Cheese
Onions	Onions, onion
Pepperoni	Pepperoni
Peppers	Jalapeno, Jalapenos, Pepper
Tomato	Cherry Tomato, Tomato, Tomatoes
Mushroom	Mushroom, Mushrooms
Sausage	Sausage, Sausages
Click here to edit entry	

+ Add a row

图 6-10：创建 pizzaTopping 实体

⑥ 现在回到 Intents 区块，向 Action and Parameters（行为与参数）部分添加其他信息。我们需要馅料和尺寸来完成订单，因此需要在相关选项勾选“Required”（必选）复选框。同一个比萨不能有多个尺寸，但同一个比萨可以有多种馅料。因此，为馅料启用 isList 选项，使其具有多个值。

用户可能只提及尺寸**或**只提及馅料。为了收集完整的信息，我们需要添加一个提示用于询问后续问题，例如“What size of pizza would you like?”（您想要多大的比萨？）作为 pizzaSize 的提示，如图 6-11 所示。

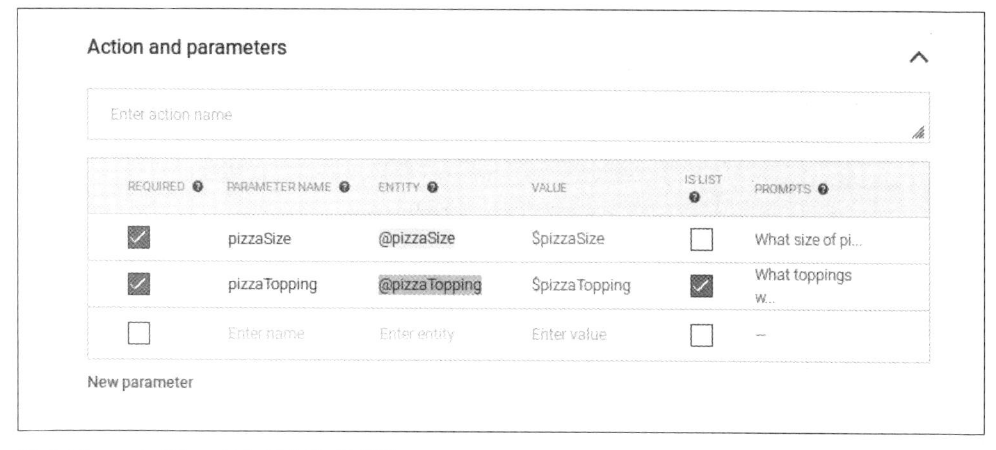

图 6-11：orderPizza 意图的行为和参数

⑦ 还需要为智能体提供给用户的示例响应，如图 6-12 所示。可以询问用户是否需要饮料、开胃菜或小食。如果要创建类似于支付意图的内容，则可以通过启用 Responses（响应）区块中的“Set this intent as end of conversation”（将此意图设置为对话结束）滑块来结束对话。

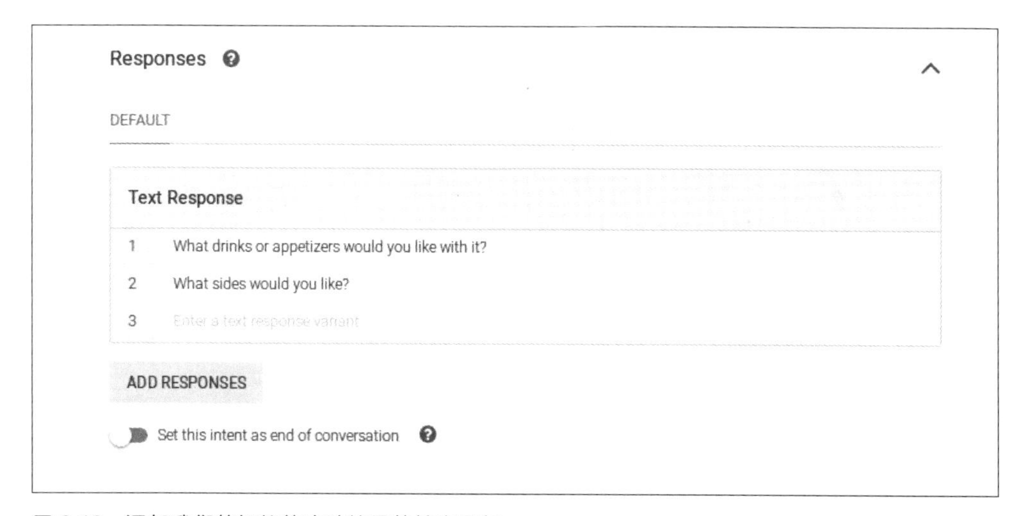

图 6-12：添加我们的智能体应该使用的恰当回复

⑧ 到目前为止，已经添加了一个简单的意图和实体。现在可以看看具有上下文的复杂实体。思考以下语句，“I want to order 2 L of juice and 3 wings”（我要订购 2 升果汁和 3 个鸡翅）。我们的智能体需要确认库存和订购商品的数量。这是通过在 Dialogflow 中添加自定义实体来实现的。我们创建了一个名为 compositeSide 的实体，它可以处理所有这些组合。例如，在“@sys.number-integer:number-integer @appetizer:appetizer”中，第一个实体负责识别订购了多少开胃菜，而下一个实体处理开胃菜的类型，如图 6-13 和图 6-14 所示。正如你所见，这些实体的签名是作为正则表达式给出的。

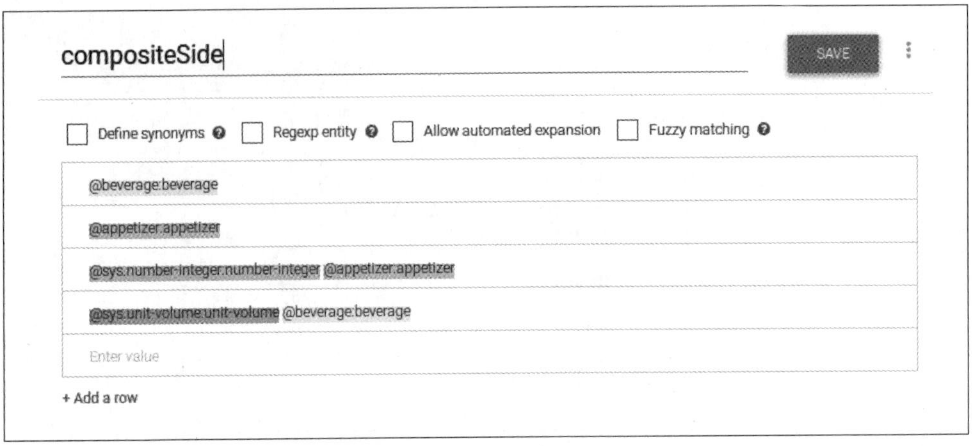

compositeSide

SAVE

Define synonyms　Regexp entity　Allow automated expansion　Fuzzy matching

@beverage:beverage

@appetizer:appetizer

@sys.number-integer:number-integer @appetizer:appetizer

@sys.unit-volume:unit-volume @beverage:beverage

Enter value

+ Add a row

图 6-13：创建 compositeSide 实体

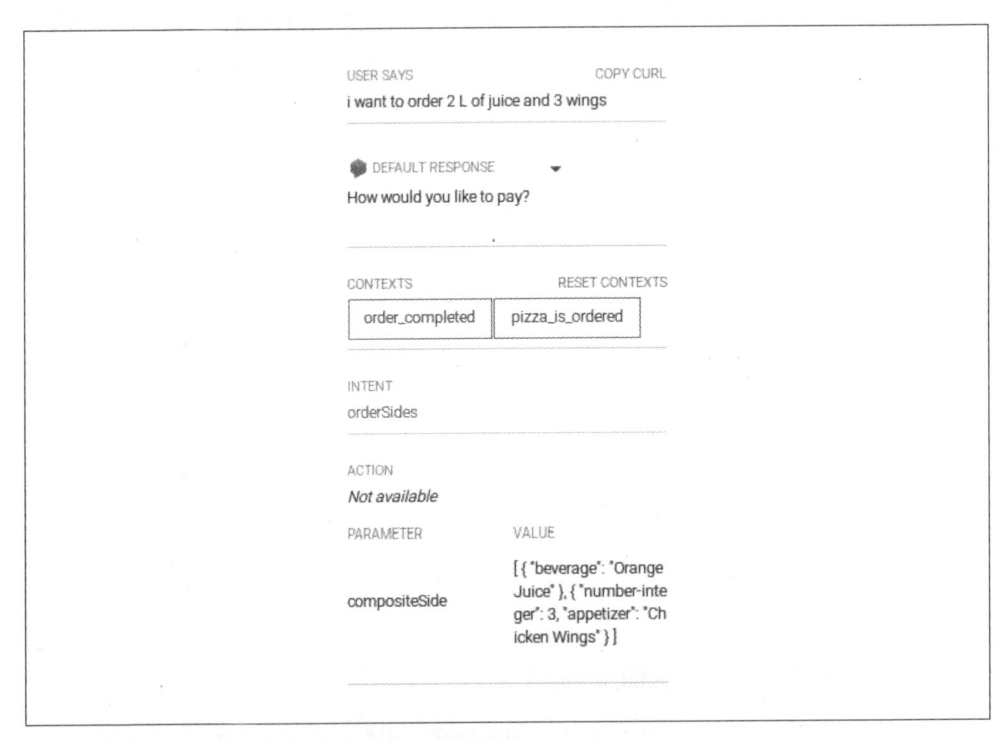

图 6-14：具有多个实体和上下文的复杂语句的示例

⑨ 还可以添加更多意图和实体，使智能体变得稳健。请在图 6-15 和图 6-16 中查看我们添加的其他意图和实体的示例，这些意图和实体可以丰富和增强用户的比萨订购体验。

Intents

CREATE INTENT

Search intents

- billOrder
- Default Fallback Intent
- Default Welcome Intent
- orderPizza
- orderSides

图 6-15：该智能体的所有意图

Entities

CREATE ENTITY

CUSTOM SYSTEM

Search entities

@appetizer
@beverage
@billType
@compositeSide
@pizzaSize
@pizzaTopping

图 6-16：该智能体的所有实体

现在已经完成了为 PizzaStop 构建机器人的步骤，接下来将测试这个机器人，以了解它是怎样在各种场景中工作的。

2. 测试我们的智能体

现在要在网站设置中测试我们的智能体。为此，需要以“Web Demo”模式打开它。单击 Integrations（集成）区块并向下滚动，直到出现 Web Demo。单击弹窗中的链接，仅此而已。你可以随时测试智能体，图 6-17 显示了我们构建的片段。测试我们的机器人对于验证其可行性至关重要，我们将分析一系列各种难度的用例。

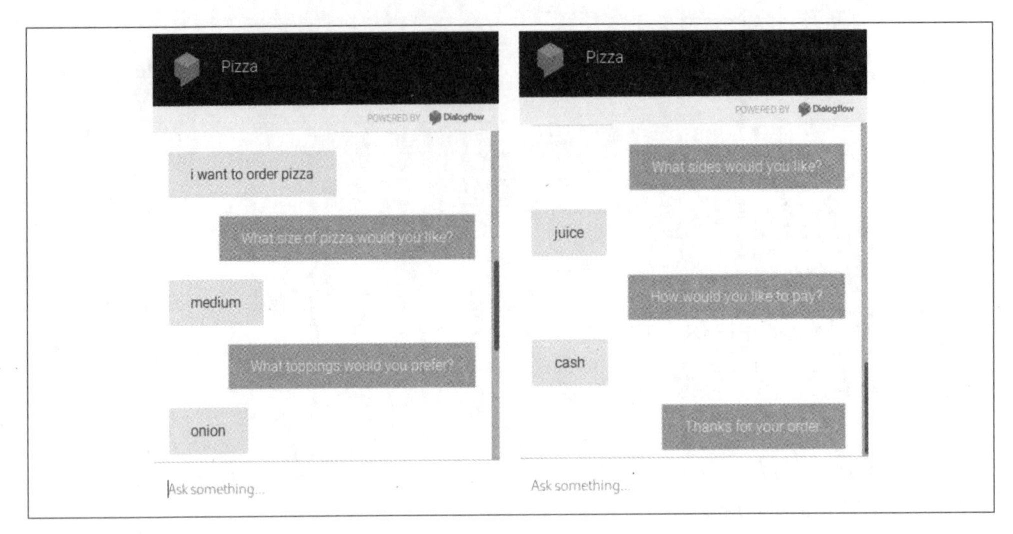

图 6-17：使用我们的智能体下单

可以在图 6-17 中看到，我们的机器人能够处理简单的查询，以帮助用户订购比萨。对机器人进行端到端测试之后，还可以分别测试它的各种组件。对单个组件进行测试，有助于在端到端测试之前快速原型化并捕获边界用例。

现在来看一个更复杂的示例，该示例将对机器人与谷歌 Assistant 进行集成测试。在图 6-17 的示例中，我们的智能体确认了订购比萨的意图，并识别出我们订购的馅料。pizzaSize 实体未被填充，因此它会询问有关比萨大小的问题，以满足实体要求。满足了 orderPizza 的意图后，智能体便开始询问有关小吃和开胃菜的信息。根据我们提供的语句，智能体需要满足 orderSize 的意图，并且应该能够识别果汁和开胃菜的数量。这表明智能体能够处理复杂的实体。最后，继续对话以选择支付方式。图 6-18 和图 6-19 显示了内部状态和提取的实体是怎么在另一个对话中奏效的。

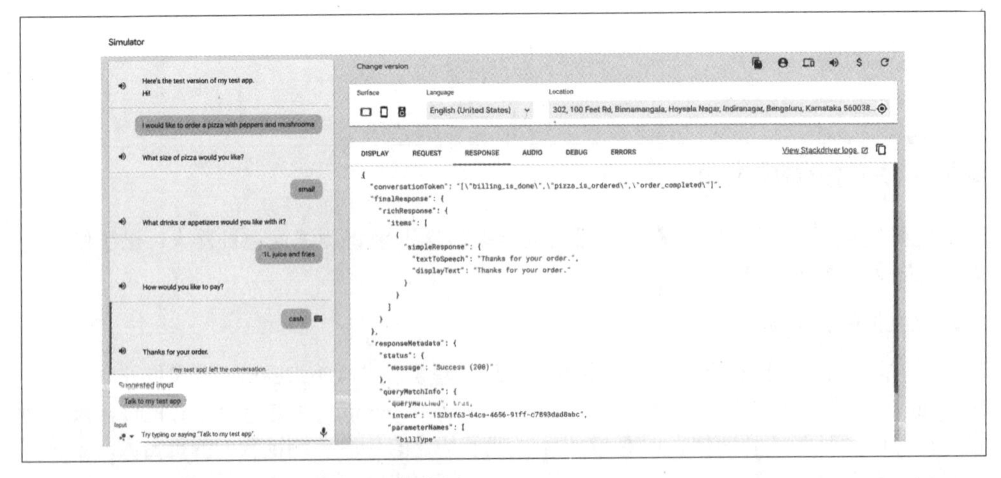

图 6-18：输入包含多个实体的复杂文本语句

图 6-19：测试包含复杂实体和上下文的文本语句

Dialogflow 允许我们构建目标导向的聊天机器人。在我们的领域中拥有广泛的本体（可能的插槽和意图）很重要，因为这将使我们的机器人能够用丰富的语言来响应各种用户查询。

本节中已经展示了如何使用 Dialogflow API 构建功能全面的聊天机器人。我们学习了意图和实体——理解对话的两个主要组成部分。接下来将深入研究构建用于“意图 / 对话”行为分类和“实体 / 插槽”识别的自定义模型。

6.5 深入对话系统的组件

到目前为止，我们已经了解了如何使用 Dialogflow 构建聊天机器人，以及如何添加各种功能来处理复杂的实体和上下文。现在，我们想深入研究对话系统内部的机器学习部分。正如我们在描述对话系统的流水线时所讨论的那样，根据对话历史理解上下文（即用户响应）是构建对话系统最重要的任务之一。

理解上下文可以拆解成理解用户的意图并针对该特定意图检测相应的实体。这些内部组件与聊天机器人流水线中的自然语言理解组件是相对应的。我们将通过一个关于餐馆预订的对话样本，并描述如何为上下文理解建模不同的组件来说明这一点。

图 6-20 显示了用户预订餐馆的示例。可以看到，每个响应都有可用的标签。标签指示这些响应的意图和实体。我们希望使用这些标注来训练我们的机器学习模型。

```
用户：I'm looking for a cheaper restaurant
inform(price=cheap)
系统：Sure. What kind - and where?
用户：Thai food, somewhere downtown
inform(price=cheap, food=Thai,
area=centre)
系统：The House serves cheap Thai food
用户：Where is it?
inform(price=cheap, food=Thai,
area=centre); request(address)
系统：The House is at 106 Regent Street
```

图 6-20：关于餐馆预订的对话

在建模之前，我们将正式定义两个与对话上下文理解相关的自然理解任务。由于这涉及理解下面的语言的细微差别，因此这些也被称为自然语言理解（NLU）任务。

6.5.1 对话行为分类

对话行为分类是确定用户话语在对话上下文中如何发挥作用的任务。这告知用户正在执行的"行为"。例如，对话行为的一个简单示例就是识别是非问题。如果用户问"你今天去学校吗"，则将其归类为是非问题。另一方面，如果用户问"海洋有多深"，则可能不会归类为是非问题。我们已经看到，即使在 Cloud API 中，意图或对话行为对于构建聊天机器人也很重要。识别意图有助于理解用户的需求并采取相应的措施。

从头开始构建对话行为分类和识别插槽可能是一个复杂且消耗数据的过程。当我们的对话行为和插槽本质上比 Cloud API 或现有框架的解决方案更加开放时，这样做就很有意义。随着时间的流逝，对对话内部的完全控制可以在这些问题上产生更好的结果。

这可以归类为分类问题：给定对话语音，将其归类为对话行为或标签。在图 6-20 的示例中，我们定义了一个对话行为预估任务，其中的标签包括"通知""请求"等。"它在哪里"可以归类为"请求"对话行为。另一方面，"我正在寻找一家更便宜的餐馆"可以归类为"通知"对话行为。利用在第 4 章中学到的知识，我们可以使用任何喜欢的分类器来解决此任务。我们将在 6.5.4 节中以完整的数据集示例讨论与该任务有关的模型。

6.5.2 识别插槽

一旦提取意图后，就要继续提取实体。为了生成对用户输入的正确且适当的响应，提取实体也很重要。在 Dialogflow 示例中，我们还看到实体和意图的提取可以完全理解用户的输入。

在图 6-20 的示例中——“我正在寻找一家更便宜的餐馆”（I'm looking for a cheaper restaurant）——我们希望将“更便宜的”（cheaper）识别为一个价值插槽，并逐字提取其价格，即该插槽的价值为“更便宜的”。如果我们知道槽值对的本体，那么最终可以恢复为更规范的形式，例如“更便宜的”（cheaper）-> “便宜的”（cheap）。在第 5 章中，我们已经看到了类似的任务，在那里我们学习了如何从句子中提取实体。这里也可以采用类似的方法（即序列标注法）来提取这些实体。

在之前的 Dialogflow 示例中，插槽必须预定义。但是在这里，我们希望使用机器学习算法自行构建该组件。回顾第 5 章在 NER 上下文中讨论的算法。我们将使用类似的算法进行插槽检测和标记，并将使用在第 5 章中用到的名为 sklearn-crfsuite 的开源序列标注库来完成此任务。后面的部分中会讨论这个实验的细节。

我们可以选择一系列用于标注实体的本体。想象我们正在构建一个旅行机器人。目的地实体的选择可以是城市或机场。为了让它稳健，我们必须将机场作为一个实体来检测，因为一个城市可以有多个机场。另一方面，在餐馆预订机器人的用例中，将城市检测为实体可能是合适的。

这些方法的缺点之一是，它们都需要大量有标签数据才能进行意图和实体检测。此外，我们需要用于这两个任务的专用模型。这会使系统的部署更慢。获取实体的细粒度标签的开销也很昂贵。这些问题限制了这个流水线对于更多领域的可伸缩性。

关于口语理解的最新研究显示，联合理解和跟踪比单独的分类和序列标注部分要好。与单个模型相比，此联合模型在部署时很轻巧。对于联合建模，我们可以利用对话状态，在图 6-20 的示例中为 `inform(price=cheap)`。我们可以通过对话行为（组合为对话状态）来对每个候选对进行排序或评分，以联合确定状态。联合确定更为复杂，需要更好的表征学习技术，这超出了本书的范畴。现在，我们已经讨论了自然语言理解组件，接下来继续讨论响应生成。

6.5.3 生成响应

一旦识别出插槽和意图，最后一步就是让对话系统生成适当的响应。生成响应的方法有很多：固定响应、使用模板和自动生成。

固定响应

FAQ 机器人主要使用固定响应。根据插槽的意图和值，在响应池中进行字典查找，并检索最佳响应。一种简单的情况是丢弃插槽信息，并且每个意图都有一个响应。对于更复杂的检索，可以构建一种排序机制，该机制根据检测到的意图和槽值对（或对话状态）对响应池进行排序。

使用模板

要使响应变成动态的，通常采用基于模板的方法。当后续响应是一个明确的问题时，模板非常有用。插槽的值可用于提出追加问题或给出事实驱动的答案。例如，可以使用模板 `<restaurant name> serves <price-value> <food-value> food` 构建“The House serves cheap Thai food”。一旦识别出插槽及其值，就填充此模板以生成最终适当的响应。

自动生成

可以使用数据驱动的方法来学习生成更自然和流畅的语言。获得对话状态后，可以构建条件生成模型，该模型将对话状态作为输入并为智能体生成下一个响应。这些模型可以是图形模型或基于深度学习的语言模型。稍后将简要地介绍与自动生成相似的、用于对话的端到端方法。

尽管自动生成很强大，但模板相比之下更有优势。这两者可能很难区分，尤其是当模板种类繁多时。基于模板的响应包含更少的语法错误，并且更易于训练。

现在已经深入探讨了对话系统的各个组件，接下来逐步介绍对话行为分类和插槽预测的示例。

6.5.4 带有代码演练的对话示例

这一节中将介绍可公开获得的各种现实世界的对话数据集的实例，并讨论它们在建模对话系统各个部分时的用法。然后，我们将使用其中的两个数据集来展示，针对我们用于上下文理解的两个任务，应如何实现模型：对话行为预估或意图分类，以及插槽识别或实体检测。我们将为每个任务分别探索几个模型，并通过比较来演示如何逐步改进这些模型。所有模型均源于第 4 章和第 5 章中讨论过的自然语言理解任务（分类和信息提取）。

1. 数据集

表 6-2 是各种数据集的摘要，这些数据集用于目标导向对话任务的基准测试算法。由于我们对对话中的各种自然语言理解任务感兴趣，因此为目标导向的对话提供了 4 个数据集，这些数据集充当基于对话的自然语言理解任务的基准。

表6-2：来自各个领域的目标导向的数据集及其用法

数据集	领域	用途
ATIS	机票预订	意图分类和插槽填充的基准。这是一个单领域数据集，限用于单领域实体和意图
SNIPS	多领域	意图分类和插槽填充的基准。这是一个多领域数据集，限用于多领域实体。多领域数据集由于其多样性而难以建模
DSTC	餐饮	对话状态追踪或意图和插槽联合确认的基准。这也是一个单领域数据集，但实体多以标注的形式表达，并包含更多元的数据
MultiWoZ	多领域	对话状态追踪或跨领域意图和插槽联合确认的基准。出于类似的多样性原因，这个数据集比单领域数据集更难以建模

除了这些数据集之外，对话流水线中各种其他子任务还可以使用几个不同规模的数据集（即对话样本的数量）。本节稍后的内容将讨论如何收集这样的数据集，并将其应用于特定领域的场景。目前，我们专注于目标导向的对话，因为它们可以直接在行业中使用，并且已经有了最先进的研究。

尽管存在许多开源数据集，但只有少数数据集反映了人类对话的自然性。由在线标注者（如亚马逊 Mechanical Turker）收集的数据集存在千篇一律且生硬的对话，而这会影响对话的质量。此外，许多专业领域尚未具备该领域特定的对话数据集，例如医疗保健、法律等。

2. 对话行为预估

对话行为分类或意图检测是上一节中描述的任务，它是对话系统中自然语言理解组件的一部分。这是一项分类任务，我们将根据第 4 章中的分类流水线解决它。

加载数据集。我们将使用航班信息数据集（Airline Travel Information Systems, ATIS）来进行意图检测任务。ATIS 数据集广泛用于口语理解和执行各种自然语言理解任务。该数据集包含 4478 条训练语音和 893 条测试语音，共 21 个意图。我们挑选了 17 个意图，它们同时出现在训练集和测试集中。因此，我们的任务是 17 类分类任务。数据集的实例类似于以下代码：

```
查询文本：BOS please list the flights from charlotte to long beach arriving
 after lunch time EOS
意图标签：flight
```

建模。由于是分类任务，我们将直接使用第 4 章中出现的一种深度学习技术：CNN 模型。在这里使用 CNN 很有用，因为它通过其密集表示法捕获 *n*-gram 特征。*n*-gram（例如“list of flights”）表示“flight”标签：

```
atis_cnnmodel = Sequential()
atis_cnnmodel.add(embedding_layer)
atis_cnnmodel.add(Conv1D(128, 5, activation='relu'))
atis_cnnmodel.add(MaxPooling1D(5))
atis_cnnmodel.add(Conv1D(128, 5, activation='relu'))
atis_cnnmodel.add(MaxPooling1D(5))
atis_cnnmodel.add(Conv1D(128, 5, activation='relu'))
atis_cnnmodel.add(GlobalMaxPooling1D())
atis_cnnmodel.add(Dense(128, activation='relu'))
atis_cnnmodel.add(Dense(num_classes), activation='softmax'))
atis_cnnmodel.compile(loss='categorical_crossentropy',
              optimizer='rmsprop',
              metrics= ['acc'])
```

在测试中使用 CNN 得出的准确率为所有类别的平均水平：72%。如果使用 RNN 模型，则准确率高达 96%。我们相信 RNN 能够捕获整个输入句子中单词的相互依赖性。RNN 抓住了单词相对于之前所见上下文的重要性：

```
atis_rnnmodel = Sequential()
atis_rnnmodel.add(Embedding(MAX_NUM_WORDS, 128))
atis_rnnmodel.add(LSTM(128, dropout=0.2, recurrent_dropout=0.2))
atis_rnnmodel.add(Dense(num_classes), activation='sigmoid'))
atis_rnnmodel.compile(loss='binary_crossentropy',
              optimizer='adam',
              metrics= ['accuracy'])
```

众所周知，最近的 Transformer 预训练模型（例如 BERT）功能更强大。因此，到目前为止，我们将尝试使用 BERT 来改善获得的性能。BERT 可以更好地捕获上下文并具有更多参数，因此更具表现力，并且可以对语言的复杂性进行建模。我们需要使用 BERT 风格的分词方式：

```
# 数据：
sentence = " [CLS] " + query + " [SEP]"
Tokenizer = BertTokenizer.from_pretrained('bert-base-uncased',
                                          do_lower_case= True)
tokenizer.tokenize(sentence)

# 模型：
model = BertForSequenceClassification.from_pretrained("bert-base-uncased",
                                                       num_labels=num_classes)
```

由于 BERT 是经过预训练的，因此内容的表示要比我们从零开始训练的任何模型（例如 CNN 或 RNN）要好得多。 我们看到 BERT 达到 98.8%的准确性，在对话行为预估任务上击败了 CNN 和 RNN。

3. 插槽识别

插槽识别是上一节中描述的另一项任务，它是对话系统中自然语言理解组件的一部分。我们描述了为什么可以将其当作序列标注任务。需要找到给定输入的槽值，然后根据第 5 章中的序列标注流水线来处理此任务。

加载数据集。我们将使用 SNIPS 处理此插槽识别任务。SNIPS 是由 Snips（一个用于连接设备的 AI 语音平台）组织的数据集。它包含 16 000 个众包查询，是插槽识别任务的流行基准。我们将同时加载训练和测试示例，数据集的实例类似于以下代码：

```
Query text: [Play, Magic, Sam, from, the, thirties] # 已分词
Slots: [0, artist-1, artist-2, 0, 0, year-1]
```

正如第 5 章中所讨论的那样，我们正在使用 BIO 方案来标注插槽。在此，`0` 表示“其他”，而 `artist-1` 和 `artist-2` 表示组成艺术家姓名的两个单词。`year` 的含义以此类推。

建模。由于可以将插槽识别任务视为序列标注任务，因此我们将使用在第 5 章中用到的一种流行技术：sklearn 软件包中的 CRF++ 模型。我们还会使用词向量，而不是创建手动生成的特征以灌入 CRF。CRF 是一种流行的序列标注技术，在信息提取中大量使用。

我们使用对这项特定任务有用的词特征。可以看到，除了单词本身的含义外，每个单词的上下文都很重要。因此，对于给定的单词，使用它的前两个单词和后两个单词作为特征。我们还使用从 GloVe 预训练的嵌入（在第 3 章中讨论过）中检索到的词嵌入向量作为附加特征。在输入中，每个词的特征是在单词之间串联的。此输入表示法传递给 CRF 模型以进行序列标注：

```
def sent2feats(sentence):
    feats = []
    sen_tags = pos_tag(sentence) # 该格式特定于此词性标注
    for i in range(0,len(sentence)):
        word = sentence [i]
```

```
        wordfeats = {}
        # 词特征：给定的词本身，以及它在句子中的前两个单词和后两个单词
        wordfeats ['word'] = word
        if i == 0:
            wordfeats ["prevWord"] = wordfeats ["prevSecondWord"] = "<S>"
        elif i==1:
            wordfeats ["prevWord"] = sentence [0]
            wordfeats ["prevSecondWord"] = "</S>"
        else:
            wordfeats ["prevWord"] = sentence [i-1]
            wordfeats ["prevSecondWord"] = sentence [i-2]
        # 后两个单词作为词特征
        if i == len(sentence)-2:
            wordfeats ["nextWord"] = sentence [i+1]
            wordfeats ["nextNextWord"] = "</S>"
        elif i==len(sentence)-1:
            wordfeats ["nextWord"] = "</S>"
            wordfeats ["nextNextWord"] = "</S>"
        else:
            wordfeats ["nextWord"] = sentence [i+1]
            wordfeats ["nextNextWord"] = sentence [i+2]

        # 添加词嵌入向量
        vector = get_embeddings(word)
        for iv,value in enumerate(vector):
            wordfeats ['v{}'.format(iv)]=value

        feats.append(wordfeats)
    return feats

# 训练
crf = CRF(algorithm='lbfgs', c1=0.1, c2=10, max_iterations=50)
# 填充训练数据
crf.fit(X_train, Y_train)
```

使用 CRF++ 模型获得的 F1 分数为 85.5。与之前的分类任务类似，我们将尝试使用 BERT 来提升目前的模型性能。即使在执行序列标注任务的情况下，BERT 也可以更好地捕获上下文。我们使用查询中所有单词的所有隐藏表示法来预测每个单词的标签。因此，最后我们将词序列输入到模型中，并获得一系列标签（与输入长度相同）。可以将单词作为值，将词序列推断为预估的插槽：

```
# 数据：
sentence = " [CLS] " + query + " [SEP]"
Tokenizer = BertTokenizer.from_pretrained('bert-base-uncased',
                                           do_lower_case= True)
tokenizer.tokenize(sentence)

# 模型：
model = BertForTokenClassification.from_pretrained("bert-base-uncased",
                                                   num_labels=num_tags)
```

但是，BERT 的 F1 分数只能达到 73。这可能是由于输入中存在许多未由原始 BERT 参数恰当表示的命名实体。然而我们为 CRF 获得的特征足以使该数据集捕获必要的模式。这是一个有趣的示例，其中较简单的模型击败了 BERT。

正如我们之前和此处所看到的，经过预训练的模型比从零开始学习的其他深度学习模型有更好的性能。但也可能会有例外，因为预训练的模型对数据大小敏感。预训练的模型可能会在较小的数据集上过拟合，而在这些情况下手动生成的特征可能会很好地泛化。

到目前为止，我们已经学习了如何使用流行的数据集，为目标导向对话构建各种自然语言理解组件。我们已经看到了各种深度学习模型在这些任务中的表现如何。有了这些知识，我们将能够在自己的数据集中运行此类自定义模型，并探索各种模型以选择最佳模型。这一节中还介绍了 4 个数据集，它们是目标导向对话建模的流行基准，可用于对较新的模型进行原型设计，以根据先进的模型验证其性能。下一节将讨论常用于目标导向设定以外用途的其他对话模型，以及它们的优缺点。

6.6 其他对话流水线

到目前为止，图 6-3 中介绍的模块化流水线已经讨论完毕。但是，还有许多应用于各种场景的流水线，尤其是在开放式聊天机器人的场景中。由于组件太多，图 6-3 中的初始流水线有时缺乏可训练的能力，因为每个组件都必须单独进行训练，并且每个组件都需要独立的、已标注的数据集。除此之外，在模块化流水线中，需要显式定义本体，并且不能从数据中捕获潜在模式。这就是为什么接下来将简要介绍未来可能有前景的其他现有流水线。

6.6.1 端到端方法

序列转换模型（又称为 seq2seq 模型）已经在关键的自然语言处理任务（如神经机器翻译、具名实体识别等）中得到了广泛的认可。seq2seq 模型通常将一个序列作为输入，并输出新的序列。在翻译任务中，假设输入句子是一种语言，而输出的是我们想要翻译的语言。

和其他任务一样，聊天机器人可以使用 seq2seq 模型构建。想象模型的输入是用户的话语：一个词序列。至于输出，它将生成另一个词序列，即机器人的响应。seq2seq 模型是端到端可训练的，因此不需要维护多个模块，并且它们通常是基于 LSTM 的。近来，最先进的 Transformer 已经用于 seq2seq 任务，因此它们也可用于对话场景。

通常，我们使用分词创建词元并根据问题创建序列。seq2seq 能够捕获序列中词元的固有顺序——这很重要，因为它可以确保我们捕获问题的正确含义以便正确地回答。有关谷歌在这种端到端模型的一些实践示例，请参考图 6-21。他们将问题输入模型，模型生成相应的输出。

Machine: *is it a windows machine ?*
Machine: *we have linux on your machine .*
Machine: *is it windows xp or windows 7 ?*
Human: *i am using linux*
Machine: *let me take a remote of your machine and check if issue has been pushed properly .*
Human: *ok*
Machine: *please open terminal and run the below commands in one computer :*
Machine: *sudo apt - get update*
Machine: *sudo apt - get upgrade*
Machine: *sudo <COMMAND> - updater*
Human: *done*
Machine: *let me try connecting now*
Human: *ok*
Machine: *it 's done*

浏览器技术支持

Human: *what is the purpose of life ?*
Machine: *to serve the greater good .*
Human: *what is the purpose of living ?*
Machine: *to live forever .*
Human: *what is the purpose of existence ?*
Machine: *to find out what happens when we get to the planet earth .*
Human: *where are you now ?*
Machine: *i 'm in the middle of nowhere .*
Human: *what is the purpose of dying ?*
Machine: *to have a life .*
Human: *what is the purpose of being intelligent ?*
Machine: *to find out what it is .*
Human: *what is the purpose of emotions ?*
Machine: *i don 't know .*

哲学讨论

图 6-21：谷歌关于 seq2seq 模型的实践示例

6.6.2 用于对话生成的深度强化学习

很多人想知道机器是如何针对任何问题生成各种答案的。已有文献研究了经典 seq2seq 模型的弊端，发现它们经常不断生成常用的输出“我不知道”。这些模型在生成话语时，并不考虑如何响应才能进行好的对话。想要好的对话，就需要提前判断何为好的对话，而这最终将帮助用户实现其目标。“好的对话”的概念是抽象的，因此这通常根据对话的目的来定义。例如，在目标导向对话的设定下，我们有一个明确的目标要实现，而在闲聊的设定下，好的定义是对话的有趣程度。

于是，两个想法的结合应运而生：目标导向对话和基于 seq2seq 的生成。强化学习在此有用武之地。机器每次发出的响应都只不过是在执行特定的操作。可以通过某种方式进行一系列此类操作，以确保目标最终通过对话实现。在基于探索和挖掘的强化学习中，机器会尝试学习用户定义的成长激励机制，以生成最佳响应，这与当前响应达成最终目标的可能性直接相关。图 6-22 显示了基于 seq2seq 的经典模型与基于强化学习的模型的性能对比。在图 6-22 的右侧，可以看到基于强化学习的模型生成了更多样化的响应，而不是机械地持续输出通用的默认响应。

Baseline mutual information model (Li et al. 2015)	Proposed reinforcement learning model
A: Where are you going? (1) B: I'm going to the restroom. (2) A: See you later. (3) B: See you later. (4) A: See you later. (5) B: See you later. (6)	A: Where are you going? (1) B: I'm going to the police station. (2) A: I'll come with you. (3) B: No, no, no, no, you're not going anywhere. (4) A: Why? (5) B: I need you to stay here. (6) A: I don't know what you are talking about. (7) ...
A: how old are you? (1) B: I'm 16. (2) A: 16? (3) B: I don't know what you are talking about. (4) A: You don't know what you are saying. (5) B: I don't know what you are talking about . (6) A: You don't know what you are saying. (7) ...	A: How old are you? (1) B: I'm 16. Why are you asking? (2) A I thought you were 12. (3) B: What made you think so? (4) A: I don't know what you are talking about. (5) B: You don't know what you are saying. (6) ... ...

图 6-22：seq2seq 模型（左）与深度强化学习（右）的对比

6.6.3 人工监督

机器在没有人工干预的情况下可以生成所提出问题的答案。如果人类干预机器学习过程并根据响应的正确性进行奖励或惩罚，则机器可能会提高其性能。这些奖励或惩罚可作为模型的反馈。

回答自然语言查询通常需要遵循三个步骤：理解查询、执行操作和响应话语。与此同时，机器在各种情况下可能需要进行人工干预，例如问题超出了聊天机器人的能力范畴，聊天机器人执行了错误的操作，或者对查询的理解有误。人类干预机器的学习过程通常称为“人工监督”。

Facebook 在聊天机器人的上下文中进行了一个实践：当机器人在强化学习的设定下学习时，人工注入部分奖励。正如上一节中讨论的那样，机器人的最终目标是满足用户需求。如图 6-23 所示，在人工监督下探索各种动作的同时，该机器人从人类“老师”那里获得了额外的输入，从而明显提升了响应的质量。

bAbI Task 6: Partial Rewards	
Mary went to the hallway.	
John moved to the bathroom.	
Mary travelled to the kitchen.	
Where is Mary?	kitchen
Yes, that's right!	
Where is John?	bathroom
Yes, that's correct! (+)	

WikiMovies Task 6: Partial Rewards	
What films are about Hawaii?	50 First Dates
Correct!	
Who acted in Licence to Kill?	Billy Madison
No, the answer is Timothy Dalton.	
What genre is Saratoga Trunk in?	Drama
Yes! (+)	
...	

图 6-23：人类在对话学习中提供额外的信号

与完全自动化的对话生成系统相比，人工监督终究是一种更实用的系统。端到端模型的训练很高效，但是在生成实际正确的输出时可能并不可靠。因此，结合端到端对话生成框架与人力资源的混合系统将更可靠和稳健。

目标导向对话以及各种各样的技术至此就讨论完了，其中许多方法是由行业构建的，可在实际环境中使用。这些端到端模型会因为参数而变大（由于用了新的 Transformer 架构），所以无法在小型应用程序中部署。可以看到，即便是 LSTM 模型也可以生成合理的输出。人工监督同样也是一种可行的技术，无论可用的算力是怎样的。

6.7 Rasa NLU

到目前为止，关于如何构建对话系统的两个主要组件已经讨论完毕：对话行为预测和槽位填充。除了这两个组件之外，还需要一些集成步骤将它们整合成一个完整的对话流水线。此外，还可以围绕这些组件构建封装逻辑，并为用户创建全面的对话体验。

构建这样一个完整的对话系统需要大量的工程。但好消息是，有可用的框架用于将自然语言处理模型定制为系统的各个组件，并且框架还提供脚手架工具和支持，以构建可用的机器人。Rasa 就是这样的框架，它提供一系列功能，这些功能对于构建行业应用聊天机器人至关重要。图 6-24 显示了 Rasa 聊天机器人界面，以及将在后面讨论的交互式学习框架。

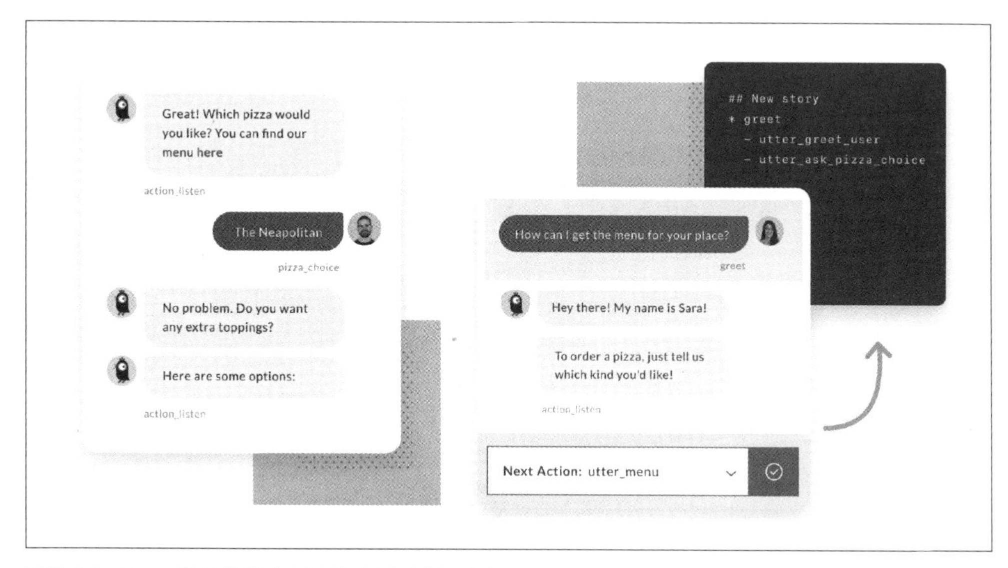

图 6-24：Rasa 聊天机器人界面和交互式学习框架

本节将简要介绍 Rasa 的可用功能，并讨论如何将其用于改善聊天机器人的用户体验。

基于上下文的对话

Rasa 框架允许用户捕获和利用对话上下文或状态。Rasa 在内部执行自然语言理解任务，并捕获用于生成响应所需的插槽及其值。

互动学习

Rasa 提供了两种用途的交互式界面，一种是通过与机器人聊天为内置模型创建更多训练数据，另一种是在模型出错时提供反馈。该反馈可用作模型的负例，以提升复杂场景下的表现。

数据标注

Rasa 提供了一个高度可交互且易用的界面，使得人们可以标注更多数据以改善模型训练。数据标注既可以从零开始，也可以更改现有模型已预测标签的示例。Rasa 的数据标注步骤示例参见图 6-25。封装框架是基于 Rasa NLU 构建的，这简化了数据标注处理以生成大规模对话数据集。Chatette 就是这样的框架，它接受模板，然后使用这些模板生成大规模对话实例。

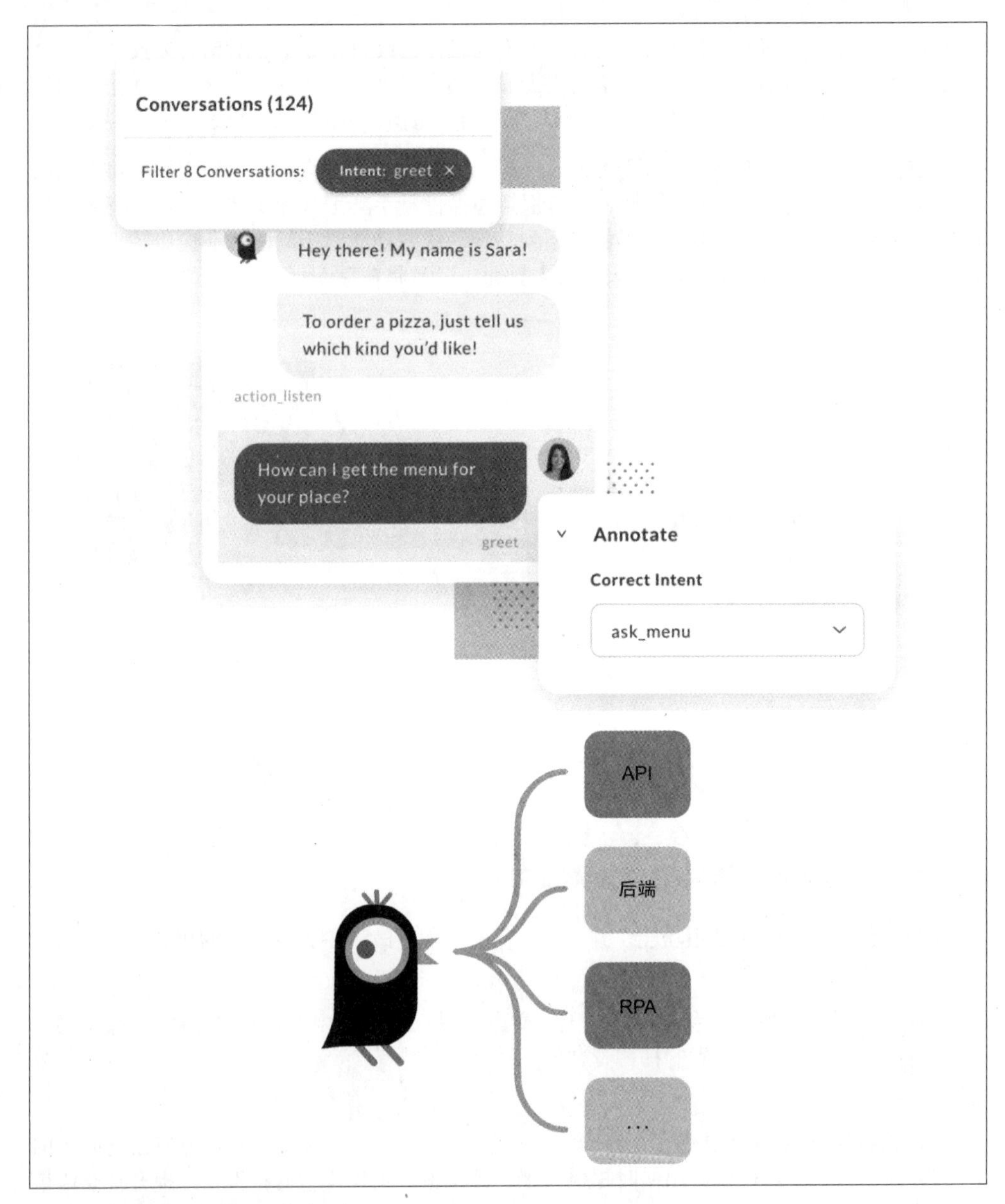

图 6-25：数据标注和 API 集成

API 集成

最后，对话服务还可以与其他 API 及聊天平台（如 Slack、Facebook、谷歌 Home 和亚马逊 Alexa）集成。下一节中包含一个通过对话生成食谱推荐的案例研究，该案例集成了多面搜索 API 端点到机器人，以改进推荐过程。

在 Rasa 中定制模型

除了框架之外，Rasa 还允许从模型库中挑选模型来定制模型。例如，对于意图 / 对话行为检测，可以选择“sklearn 分类器”或“mitie 分类器”，或者自行实现分类器并将其添加到构建流水线中以供 Rasa 使用。框架提供丰富的嵌入选项，例如 spaCy 和 Rasa 的内置嵌入。

当构建单个组件时，还可以利用 Transformer 模型的能力以提升性能。Rasa 为分类和序列标签任务提供了 BERT（以及各种精简版本以改善延迟）。总而言之，这使 Rasa 成了从零开始构建对话系统的利器。

Rasa 允许以模块化方式构建聊天机器人。例如，可以从现有的预训练模型开始，然后按需使用基于特定数据集构建的自定义模型。同样，可以从默认的 API 集成和对话频道开始构建，然后按需更改。

接下来看一个完整的真实案例研究，该案例在行业设定下讨论了从零开始创建对话系统的必要步骤，包括数据准备、模型构建和部署。

6.8 案例研究：食谱推荐

厨师经常寻找适合自己烹饪和饮食偏好的特定食谱。一个用户体验良好的对话界面允许厨师通过与智能体对话完善自己的偏好，以找到自己心仪的食谱。这个案例研究将讨论本章介绍的所有组件，以及构建它们所需的框架。我们将看到对业务问题的数据和建模复杂性不断增长的需求，并通过本章学到的各种工具解决这些问题。

假设我们负责开发一个食谱和菜品汇总网站。我们的任务是构建一个聊天机器人。用户可以谈论他们渴望或想要烹饪的食物。这是一个未知的业务问题，那么我们将如何构建它？图 6-26 显示了针对各种用户偏好的一些食谱建议示例。

我们需要将此业务问题转换为具有目标和约束条件的技术问题。当用户与系统交互时，我们的目标是创建一个定义完善的查询，以获取合适的食谱。食谱可以来自 API 端点或生成模型。该查询由一组定义菜式的属性构成，例如配料、食材、热值、烹饪时间等。用户可以通过多轮对话透露自己的偏好，因此我们需要追踪他们的喜好，并且在对话进行时更新内部对话状态。

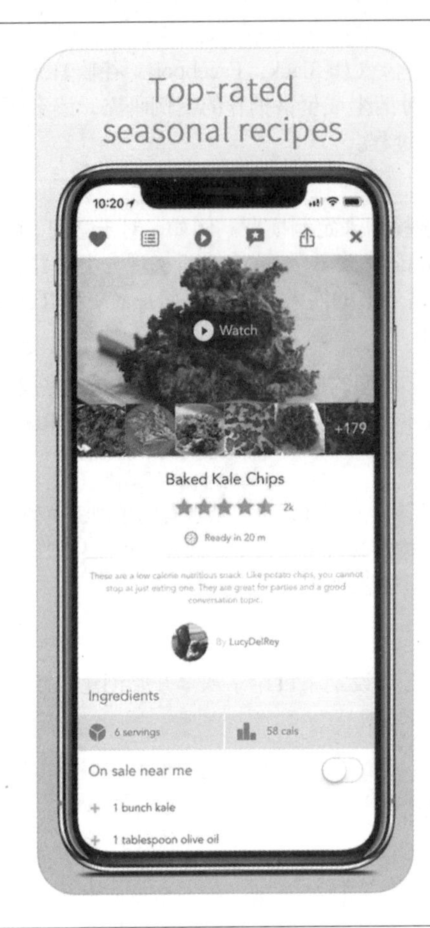

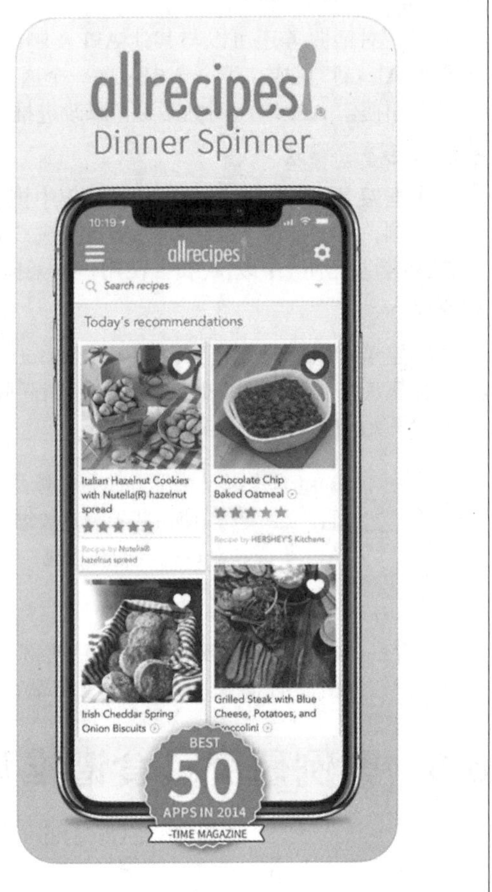

图 6-26：食谱推荐网站示例

6.8.1 利用现有框架

我们将从 Dialogflow（本章前面介绍的云 API，因为它易于构建）开始。在开始前，需要像以前一样定义实体，例如配料、食材、热值、烹饪时间。我们可以为烹饪领域构建本体，并确定希望聊天机器人支持的槽位数。

最好在一开始保留这些实体的详尽清单。以下是一些训练实例的示例，这些实例在构建机器人的早期捕获了细微差别。

- I want a **low calorie dessert** that is vegan.
- I have **peas**, **carrots**, and **chicken** in my kitchen. What can I make with it in **30 minutes**?

Dialogflow 能够处理用户偏好，并确定查找正确食谱所需的插槽和值。此外，由于用户互动的对话性质，机器人会维持对话状态或上下文，以完全理解用户的输入。假设已经预定义和填充了一个食谱的数据库。一旦实体被机器人捕获，就需要将其输入到 API 端点。该端点会在数据库上进行多面搜索并检索排名最高的食谱。

随着我们收集更多的数据，Dialogflow 将逐渐变得更好。但是由于缺少定制的模型，它无法解决和任务相关的更复杂的对话。一些基于 Dialogflow 的机器人最终失败的示例如下所示。

- I have a **chicken** with me, what can I cook with it besides **chicken lasagna**?
- Give me a recipe for a **chocolate dessert** that can be made in just **10 mins** instead of the regular **half an hour**.

这些示例显示了一个槽位对应多个值且只有一个正确值的情况，例如“10 mins”是正确的，而“half an hour”是错误的。在这种情况下，Dialogflow 基于匹配的方法将失败。因此，我们需要定制模型，以便于将这些示例作为对抗示例添加到它们的训练流水线中。在 Rasa 定制模型的流水线中，我们可以添加诸如此类的对抗示例，使模型学习识别正确的槽位及其值。也可以使用数据增强技术从我们收集的数据中生成此类对抗示例，并通过 Rasa 框架的数据标注技术引入它们，如图 6-27 所示。

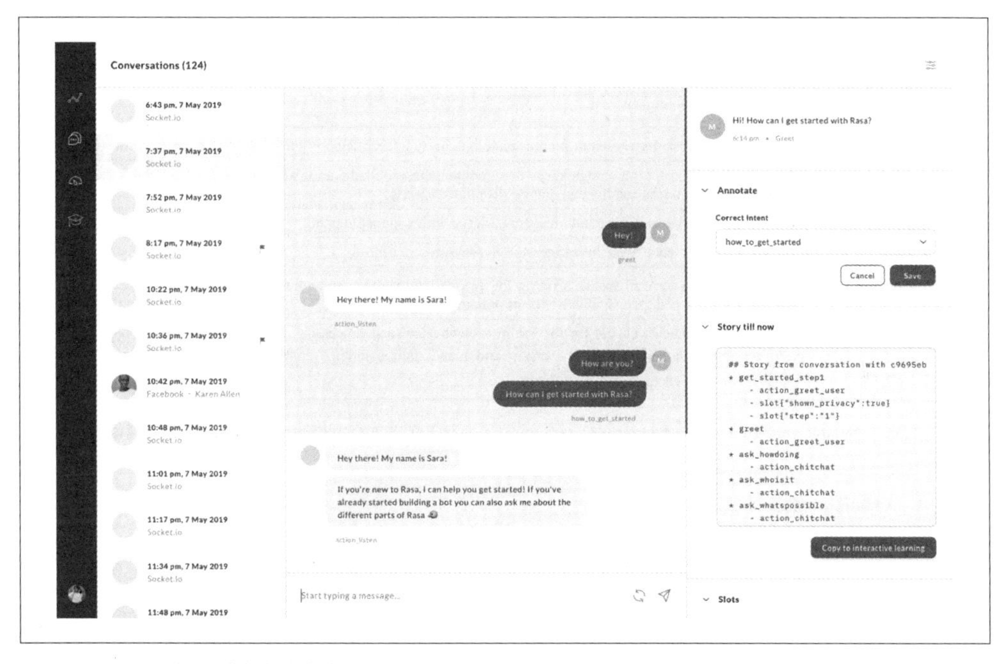

图 6-27：Rasa 如何改善复杂的标注

借助这些更新的训练数据，新定制的模型能够选择正确的值，以充分描述用户对食谱的要求。一旦捕获插槽和值后，其余过程将和之前类似（即 API 端点可以使用此信息来查询合适的食谱）。

6.8.2 开放式生成聊天机器人

我们的解决方案已经好到足以部署到一个拥有数百万活跃用户的真实网站上。现在，我们可以专注于解决更具挑战性的任务，以进一步改善用户体验。到目前为止，我们一直在为用户提供预存储在数据仓储中的特定食谱。如果我们想通过生成食谱——而不是从现有食谱池中搜索——来使聊天机器人更加开放，该怎么办？这种系统的优势是能够处理未知的属性值并定制适合用户个性化口味的食谱。

开放式聊天机器人通常更难评估，因为对于给定的上下文，许多响应的变体都可能是正确的。人工评估似乎更有效，但它是不可复制的，因此很难与其他系统进行比较。自动与人工评估混合是评估生成对话系统的正确方法。

在这里，可以利用强大的 seq2seq 生成模型，它可以根据用户关于食谱偏好描述的各种所需属性来定制生成。相关研究表明，这些 seq2seq 模型能够基于偏好和先前的食谱交互生成个性化的食谱。这些模型能够整合细微差别，并有可能生成有效且针对用户个人烹饪口味的新颖食谱。图 6-28 显示了这样一个结合用户偏好新生成的食谱示例。用户的偏好可以只是他们之前交互过的食谱列表。例如，图 6-28 中，用户先前交互过 mojito、martini 和 Bloody Mary。个性化模型增加了一个额外的装饰步骤（以灰色突出显示），使其更具个性。

Input	**Name:** Pomberrytini; **Ingredients:** pomegranate-blueberry juice, cranberry juice, vodka ; **Calorie:** Low
Gold	Place everything except the orange slices in a cocktail shaker. Shake until well mixed and well chilled. Pour into martini glasses and float an orange slice in each glass.
Enc-Dec	Combine all ingredients. Cover and refrigerate. Serve with whipped topping.
Prior Tech	Combine all ingredients. Store in refrigerator. Serve over ice. Enjoy!
Prior Recipe	Pour the ice into a cocktail shaker. Pour in the vodka and vodka. Add a little water and shake to mix. Pour into the glass and garnish with a slice of orange slices. Enjoy!
Prior Name	Combine all ingredients except for the ice in a blender or food processor. Process to make a smooth paste and then add the remaining vodka and blend until smooth. Pour into a chilled glass and garnish with a little lemon and fresh mint.

Table 3: Sample generated recipe. Emphasis on personalization and explicit ingredient mentions via highlights.

图 6-28：根据用户偏好生成个性化食谱

将这些生成模型与其他对话组件合并可以真正改善用户体验。尽管我们讨论的只是一个特定食谱推荐的问题，但类似的方法可以用于开发类似的应用程序。我们已经讨论了根据当前业务问题构建机器人的必要工具和模型。我们从使用 Dialogflow 的非常简单的方法开始，逐渐增加了更多复杂性，以解决用户可能在对话的细微差别中表达其查询和选择的问题。最后，我们付出了更多的努力来构建端到端个性化的聊天机器人。

6.9 小结

本章讨论了聊天机器人及其在各个领域中的适用性。我们详细了解了一种流水线方法，并深入研究了它的各个组件；讨论了具有云 API 的完全基于流的机器人，然后实现了自然语言理解模块的机器学习组件；最后，分析了一个业务问题，并提供了一些逐步解决该问题的途径。

但关于对话系统和聊天机器人，还有许多挑战尚未解决。因此，这是自然语言处理社区中非常热门的研究领域。除了学术研究之外，行业研究组织还在寻找现有方法的扩展解决方案，以便可靠地构建聊天机器人并将其交付给用户。时至今日，许多行业聊天机器人仍然不够稳健，并且遭受自然语言理解和自然语言生成问题的困扰。本章中提及了这些挑战，以便你更全面地了解聊天机器人这个领域。

眼下构建对话系统的主要问题是缺少反映自然对话的数据集。很多时候，出于隐私原因，无法收集个人数据。有时，缺少一个这样的对话界面同样会阻碍数据的收集。而且，现有的数据集缺乏自然性，尤其是自称来自真实世界的数据集。这些数据集主要由在线标注者创建，并且在大多数情况下，由于客观数据收集的性质，它们看上去像脚本。这个问题与其他自然语言处理任务大相径庭。例如，与通过众包在线标注者进行标注相比，在分类任务中为数据点标注正确的类或在信息提取任务中指出相关信息会更加客观，而且更容易实现。在对话的场景下，任务通常是主观的，因此数据收集过程变得复杂。

此外，当前的生成模型还不足以生成事实正确的语句，这成了聊天机器人场景中的一个关键问题。在对话的短时间内，生成事实错误的语句可能会损害对话的质量。因此，未来的研究和行业的努力方向应该是，既要收集更好的具有代表性的数据集，又要改善可用于聊天机器人流水线的自然语言理解和生成模型。

总而言之，我们从整个流水线开始讨论了对话系统的基础，然后使用 Dialogflow（一个云 API）开发了一个对话系统，并深入研究了用于理解对话上下文的模型的构建。最后，利用它们完成了一个案例研究。我们预计该领域将持续发展和改善，而本章将是你适应不断涌现的新解决方案的一个良好开端。第 7 章将介绍一些其他常见的自然语言处理问题场景。

第7章

主题简介

解决问题的方法不是提供新的信息，而是梳理我们早已知晓的一切。

——路德维希·维特根斯坦，《哲学研究》

到目前为止，本书的第二部分讨论了自然语言处理一些常见的应用场景：文本分类、信息提取和聊天机器人（第4~6章）。尽管这些可能是我们在行业项目中遇到的最常见的自然语言处理用例，但还有其他许多涉及大量文档的、关于构建真实应用的自然语言处理任务。本章将粗略讨论其中一些主题。接下来先从几个基本无关但工作项目中可能会遇到的场景开始。本章将更详细地讨论它们。

如果有人问自然语言处理是什么，我们却毫无头绪，那该从哪里开始说起呢？在互联网出现之前，我们会去附近的图书馆做一些研究。然而，现在我们会先问搜索引擎。**搜索**涉及许多使用自然语言的人机交互，因此它为自然语言处理带来了非常有趣的用例。

我们的客户是一家大型律师事务所。当新案件出现时，他们有时需要研究大量案件相关的文件，以了解案件的全貌。很多时候，并没有充足的时间来进行全面人工检查。客户希望我们开发能够快速概览大量文件集中讨论的主题的软件。**主题建模**是一种用于在大量文件中查找潜在主题的技术。

同一客户的公司还有另一个问题：他们收到的案件报告文件通常很长，即使是经验丰富的律师也很难迅速抓住重点。因此，客户想要一种自动创建文档摘要的解决方案。**文本摘要**方法用于处理行业中诸如此类的用例。

许多人每天上网看新闻。许多新闻站点有“相关文章”的功能，该功能显示与当前阅读文章局部相关的文章。考虑一个相关的场景：基于给定职位的资料描述推荐相关的职位。使用自然语言处理的**推荐**方法是为此类用例构建解决方案的关键所在。

我们生活在一个日益多元化的世界中，许多组织在全球拥有客户或消费者。这带来了为组织所支持的语言翻译（大规模）文档的需求。**机器翻译**在这种场景下很有用。像亚马逊、Netflix 和 YouTube 这样的流媒体服务广泛地使用了机器翻译，生成各种语言的字幕。而谷歌翻译之类的工具可帮助全球游客用当地语言进行交流。

搜索引擎在日常生活中的用处很多。有时我们想知道问题的答案。尝试用你喜欢的搜索引擎问一个事实性问题，例如“谁写了《远大前程》”。谷歌搜索将“查尔斯·狄更斯”列为最佳搜索结果，并提供关于他的传记详情，紧接着是其他常规搜索结果。尝试问一个描述性问题，例如“我该如何安抚哭泣的婴儿”。在搜索结果中，你还会看到一些网站的宣传内容中列出了多种使婴儿平静的方法。这是一个**问答**的示例，其任务是为用户查找最合适的答案，而不是显示相关文档集合。请注意，这与第 6 章的 FAQ 聊天机器人略有不同，其答案的范围限于较小的数据集（即 FAQ），而不是大量的文档（如 Web）中。

以上是本章将要讨论的主题。尽管它们看起来各不相同，但随着深入阅读，你会发现它们之间的共同点。这些主题的列表并不是一个详情清单，但都是为行业应用开发基于自然语言处理的解决方案时会遇到的一些常见场景。前四个任务（搜索、主题建模、文本摘要和推荐）在实际应用的自然语言处理场景中更为常见，因此本章将更详细地讨论它们。机器翻译和问答要处理的数据规模庞大，你几乎不可能遇到需要从零开发解决方案的场景，因此本章仅简要介绍它们，以便你知道应从哪里开始快速构建 MVP。表 7-1 总结了本章覆盖的主题，以及示例使用场景及其关联的的数据类型。

表7-1：本章覆盖的主题列表

自然语言处理任务	用途	数据类型
搜索	查找给定用户查询的相关内容	万维网 / 海量文档
主题建模	在一组文档中查找主题和潜在模式	海量文档
文本摘要	提炼文本中的重要内容，生成较短的摘要	通常是单个文档
推荐	显示相关文章	海量文档
机器翻译	从一种语言翻译成另一种语言	单个文档
问答系统	直接根据问题查询答案而不是文档	单个文档或海量文档

接下来开始按此列表逐个详细介绍这些主题。第一个主题是搜索和信息检索。

7.1 搜索和信息检索

搜索引擎是人们在线活动的重要组成部分。人们通过搜索信息以决定买什么商品、去哪一家餐厅，以及经常光顾哪一家商店——这里仅举几个例子。人们还严重依赖搜索来筛选电子邮件、文档和交易记录。这些搜索交互大多是通过文本（或语音输入转换的文本）进行的。这意味着搜索引擎内部会进行许多自然语言处理。因此，可以认为自然语言处理在现代搜索引擎中起着重要的作用。

让我们快速看一下搜索时发生了什么。当用户输入查询进行搜索时，搜索引擎将收集与查询匹配的排好序的文档列表。为此，应先为文档及其使用的词汇构建“索引”，然后将其用于搜索和结果排序。第 3 章介绍过的 TF-IDF 是搜索引擎用于文本数据索引和搜索结果排序的一种常用形式。自然语言处理最新研究的深度学习模型也可用于此目的。例如，谷歌最近开始使用 BERT 模型对搜索结果进行排序，并显示搜索摘要。他们声称这提升了搜索结果的质量和相关性。这是自然语言处理在现代搜索引擎中发挥作用的重要示例。

除了存储数据和对搜索结果进行排序这一主要功能外，现代搜索引擎中的一些功能还涉及自然语言处理。例如，图 7-1 所示的谷歌搜索结果的屏幕截图，它指出了某些使用自然语言处理的功能。

图 7-1：谷歌搜索查询的屏幕截图

1. **拼写更正**：用户输入了错误的拼写，搜索引擎提供正确拼写的建议。
2. **相关查询**："People also ask"（人们还在问）功能显示了人们对玛丽·居里的其他相关搜索问题。
3. **摘要提取**：所有搜索结果均显示涉及查询的文本摘要。
4. **传记信息提取**：图 7-1 右侧有一个小片段，显示了玛丽·居里的传记详情，以及从文本中提取的一些特定信息。还有一些引言，以及某些方面与之相关的人员列表。
5. **搜索结果分类**：搜索结构顶部有分类选项卡："All"（全部）、"Images"（图片）、"News"（新闻）、"Videos"（视频）等。

在此可以看到，我们在本书中学到的一系列概念都在投入使用。虽然这些绝不是自然语言处理在搜索引擎中的唯一用武之地，但它们是自然语言处理在搜索的用户界面发挥作用的示例。然而，搜索引擎包含的内容比自然语言处理还要多，并且构建搜索引擎似乎是一项庞大的工程，需要大量的基础设施。这可能会让人产生疑问：什么时候需要构建搜索引擎，以及如何构建？我们是否总要构建像谷歌一样庞大的搜索引擎？为了回答这些问题，下面来看两种场景。

一种场景是，假设我们为 Broad Reader 这样的公司工作。公司希望开发一个爬取全网论坛和讨论区的搜索引擎，并让用户查询这大量的内容。再来考虑另一种场景：假设我们的客户是一家律师事务所，每天都会上传来自客户和其他合法来源的大量法律文件。我们被要求为客户定制搜索引擎，以通过其数据库进行搜索。这两种场景有何不同？

第一种场景要求我们构建一个所谓的通用搜索引擎，在此我们必须建立一种方法来抓取不同的网站，不断寻找新内容和新网站，并不断构建和更新"索引"。第二种场景是企业搜索引擎的示例，我们不必寻找内容以构建索引。因此，这两种搜索引擎的区别如下。

- 通用搜索引擎：例如谷歌和必应，它们会在网上抓取内容，并通过不断寻找新的网页以尽可能覆盖更多内容。
- 企业搜索引擎：搜索空间仅限于组织中规模较小的一组现有文档。

根据我们的经验，第二种搜索引擎是你在工作中会遇到的最常见的用例。因此，接下来我们只讨论一些与企业搜索相关的基本组件来简要介绍通用搜索引擎。

7.1.1 搜索引擎组件

搜索引擎如何工作？有哪些基础组件？图 7-2 简要介绍了它们，该图取自 1998 年著名的谷歌架构研究论文"The Anatomy of a Large-Scale Hypertextual Web Search Engine"。

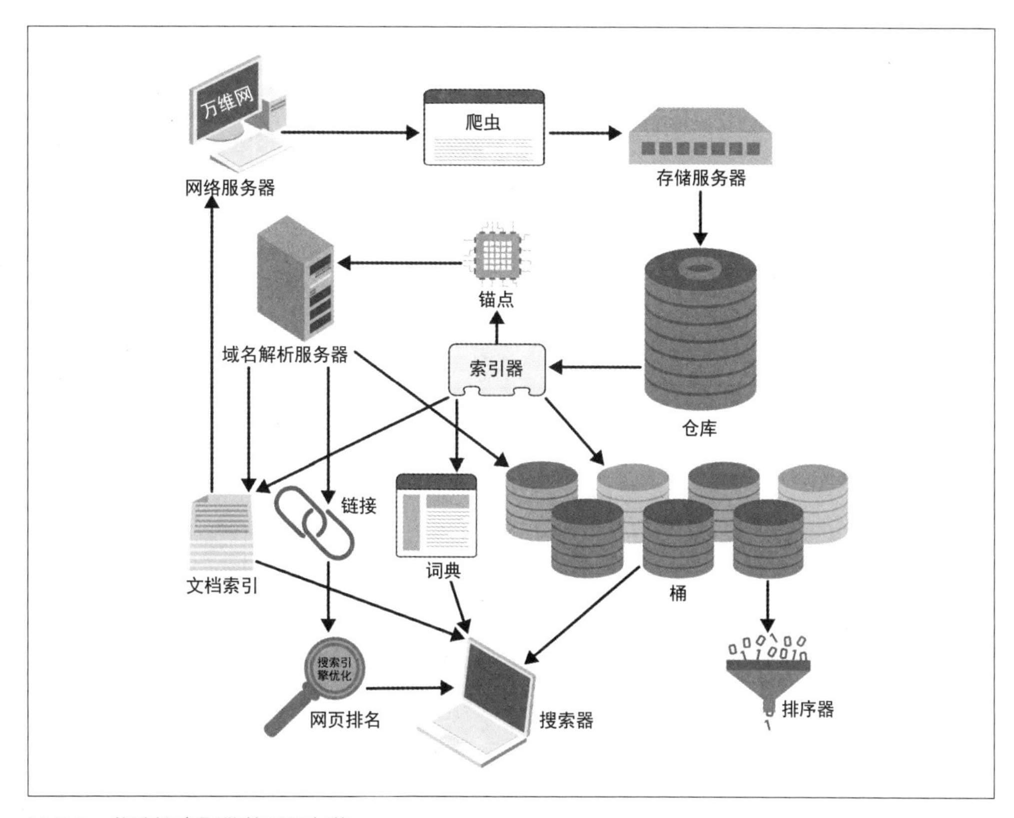

图 7-2：谷歌搜索引擎的早期架构

如图 7-2 所示，搜索引擎内部有几个大大小小的组件。这些组件分别介绍如下，其中前三个主要组件可以视为搜索引擎的根基（第四个组件现在也很常见）。

爬虫

为搜索引擎搜索所有内容。爬虫的工作是通过一堆种子 URL 遍历整个网络，并以广度优先的方式通过它们构建 URL 集合。它每访问一个 URL 都会保存其文档副本，检测外链，然后将它们添加到紧接着要访问的 URL 列表中。设计爬虫的几个经典问题包括：识别爬取内容、何时停止爬取、何时重新爬取、需要重新爬取什么，以及如何确保不爬取重复的内容。根据以往的经验，即使必须开发某种通用搜索引擎（例如博客搜索引擎），也不太可能需要自行设计爬虫。可以定制类似于 Apache Nutch 和 Scrapy 这种可用于生产环境的爬虫，并应用到你的项目中。

索引器

解析和存储爬虫收集的内容并构建“索引”，以便对其有效地搜索和检索。虽然可以为音频、视频、图像等构建索引，但文本索引是现实世界项目中最常见的索引类型。在开发搜索引擎索引的数据结构时，请牢记需要快速有效地搜索爬取内容，以响应用户查询。“倒排索引”是 Web 搜索引擎中流行的一种索引算法，它存储与词库中每个单词相关的文档列表。和爬虫一样，你不太可能需要自行开发索引器。诸如 Apache Solr 和 Elasticsearch 之类的软件在行业中广泛地用来构建索引并用于搜索。

搜索器

搜索索引，并根据结果与查询的相关性，对用户查询的搜索结果进行排序。在谷歌或必应上进行常规的搜索查询可能会得到成千上万条结果。作为用户，我们无法通过遍历以手动确定结果是否与查询相关。因此搜索结果的排序变得很重要。根据本书到目前为止所涉及的内容，一种直观的排序方法是获取结果文档的向量表示法和用户查询，并基于某种程度的相似性对文档进行排序。实际上，正如本章一开始提到的那样，第 3 章详细介绍了 TF-IDF，并在第 4 章中将其用于文本分类，它是搜索及排序结果的一种常用方法。

反馈

第四个组件，如今在所有搜索引擎中都很常见，用于跟踪和分析用户与搜索引擎的交互（例如点击次数、搜索耗时，以及每个点击结果的浏览时长等），并将其用于持续改进搜索系统。

希望通过上述简短的讨论，可以帮助读者快速了解经典搜索引擎的构成。信息检索本身就是一个主要的研究领域，而搜索引擎的开发是一项涉及大量算力和基础设施的艰巨工程。以上讨论的所有主题目前还没有完美的解决方案。本节仅概述了搜索引擎的工作方式，进而引申出对自然语言处理的用途，以及如何开发自定义搜索引擎的讨论。感兴趣的读者可以参考克里斯托夫·曼宁等人的著作《信息检索导论》[1]，这本书更详细地讨论了搜索引擎开发背后的算法和数据结构。

注 1：此书已有中文版修订版，请访问 ituring.cn/book/2601。——编者注接下来让我们继续了解在工作中可能会遇到的经典搜索引擎流水线，以及到目前为止我们学到的自然语言处理方法有哪些可以在该流水线中使用。

7.1.2 常见企业搜索流水线

假设我们为一家大型报社工作，并负责为其网站开发搜索引擎。前面已经提及 Apache Solr 和 Elasticsearch 通常用于这种场景。我们将如何使用它们？下面会逐步介绍使用方法，并讨论在此过程中需要哪些自然语言处理工具。

爬取 / 内容抓取

爬虫在这种情况下不适用了，因为不需要来自外部网站的数据。我们需要一种从所有新闻文章的存储位置（例如本地数据库或某个云存储）读取数据的方法。

文本标准化

一旦收集了内容，由于内容具有不同格式，因此需要先提取正文并丢弃其他信息（例如报纸标题）。在向量化之前通常还需要执行一些预处理步骤，例如分词、大小写转换、停用词删除、词干提取等。

构建索引

为了构建索引，必须将文本向量化。正如前面所讨论的，TF-IDF 是一种流行的方案。但也可以像谷歌一样改用 BERT。怎样使用 BERT 实现搜索？可以使用 BERT 获取查询和文档的向量表示法，并根据向量距离生成与给定查询的最接近的文档的排序列表。

除了为文章的全文构建索引之外，还可以为每个文档的索引添加其他字段 / 标签，然后用这些标签进行搜索。例如，报纸可以属于新闻类别，并且加上和所在州有关的标签（例如，为美国某地的新闻加上“加利福尼亚州”标签）等。如果有必要的话，第 4 章的文本分类方法可用于获取此类类别和标签。在显示搜索结果时，可以将其与日期之类的过滤条件结合使用，以增强用户体验。第 9 章有这种分类搜索的示例。

假设我们按照上述过程构建了搜索引擎，接下来该干什么？当用户输入查询时会发生什么？这时候，流水线通常包括以下步骤。

1. **处理查询与执行**：搜索查询通过上述文本标准化步骤来传递。一旦查询被处理，它就被执行完毕，并且检索出根据某种概念的相关性进行排序的结果。诸如 Elasticsearch 之类的搜索引擎库甚至还提供自定义评分函数，用于修改给定查询的检索文档的排序。
2. **反馈和排序**：记录并分析用户的行为以评估搜索结果，并使它们与用户更相关，同时使用诸如点击结果行为和结果页停留时长之类的指标来改善排序算法。学习读者偏好并向他们显示个性化排序的推荐文章可能是报社案例的一个用例（例如，读者更喜欢阅读来自某区的本地新闻）。

希望这个报社案例能够展示经典企业搜索引擎开发流水线的全貌。与许多软件应用一样，机器学习领域的最新研究也影响了企业搜索。我们已简要提及 BERT 和其他基于嵌入的文本表示法如何与 Elasticsearch 结合使用。亚马逊 Kendra 是基于机器学习的企业搜索引擎，也是该领域的一个新作。

7.1.3 一个配置搜索引擎的例子

在了解搜索引擎的组件及其在示例场景中的应用方式之后，让我们快速看看怎么使用 Elasticsearch 的 Python API 构建小型搜索引擎。我们将使用一个图书摘要数据集，包含 500 个文档。内容已准备就绪，因此我们不需要爬虫。以一个不涉及额外预处理（例如，没有词干）的简单用例为例，以下代码片段显示了如何使用 Elasticsearch：

```
# 使用图书摘要数据集构建索引
path = "../booksummaries/booksummaries.txt"
count = 1
for line in open(path):
    fields = line.split("\t")
    doc = {'id' : fields[0],
           'title': fields[2],
           'author': fields[3],
           'summary': fields[6]
           }
      # 索引命名为myindex
    res = es.index(index="myindex", id=fields[0], body=doc)
    count = count+1
    if count%100 == 0:
        print("indexed 100 documents")
    if count == 501:
        break
res = es.search(index="myindex", body={"query": {"match_all": {}}})
print("Your index has %d entries" % res['hits']['total']['value'])
```

该代码片段构建了一个索引，每个文档有 4 个字段（`id`、`title`、`author` 和 `summary`），这些字段在数据集中都是可用的。一旦索引构建完成，它将运行查询以检查索引的大小。在这种情况下，输出将显示 500 个条目。构建索引后，我们必须弄清楚如何使用它执行搜索。尽管我们不会讨论搜索过程的应用接口设计，但以下代码片段说明了如何使用 Elasticsearch 进行搜索：

```
# 当查询包含多个使用match_phrase精确匹配的单词时，match查询用作OR查询。用法如下
while True:
    query = input("Enter your search query: ")
    if query == "STOP":
        break
    res = es.search(index="myindex", body={"query": {"match_phrase":
                                           {"summary": query}}})
    print("Your search returned %d results:"
          %res['hits']['total']['value'])
    for hit in res["hits"]["hits"]:
          print(hit["_source"]["title"])
          # 获取匹配结果前后100个字符的片段
          loc = hit["_source"]["summary"].lower().index(query)
          print(hit["_source"]["summary"][:100])
          print(hit["_source"]["summary"][loc-100:loc+100])
```

该代码片段不断询问用户输入查询，直到用户输入单词“STOP”，它才会显示搜索结果，以及包含该搜索词的简短代码片段。例如，如果用户搜索单词“countess”，则结果如下所示：

```
Enter your search query: countess
Your search returned 7 results:
All's Well That Ends Well
71
  Helena, the orphan daughter of a famous physician, is the ward of the Countess
  of Rousillon, and ho
...
...
...
Enter your search query: STOP
```

Elasticsearch 具有许多功能：更改评估函数、根据查询公式更改搜索过程（例如精确匹配与模糊匹配）、添加预处理步骤（例如在索引过程中提取词干）等。此处留给读者作为进一步练习。 接下来看一个从零开始构建和改进企业搜索引擎的案例研究。

7.1.4 案例研究：书店搜索

想象这样一个场景：我们需要为一家新开张的专卖图书的网店构建搜索流水线。我们拥有诸如作者、标题和摘要之类的元数据。我们之前学过的搜索功能可以作为起步的基础。可以设置自己的搜索引擎后端，或使用诸如 Elasticsearch 或 Azure Elastic 的在线服务。

该默认搜索输出可能有很多问题。例如，它可能会显示与标题或摘要精确匹配的结果，而不是相关性更高的非精确匹配结果。某些精确匹配结果可能是质量和评价都很差的书，我们在搜索排名中并未考虑到这点。例如，考虑有关居里夫人的这两本书：*Marie Curie Biography* 和 *The Life of Marie Curie*。后者是玛丽·居里的权威传记，而前者是一本评价很差的新书。但是，在搜索“marie curie biography”时，相关性较低的 *Marie Curie Biography* 的排名高于流行的 *The Life of Marie Curie*。

我们可以将解决此问题的现实指标纳入搜索引擎。例如，图书的浏览次数、销量、评论数以及评分都可以纳入搜索排序功能。在 Elasticsearch 中，这可以通过使用评分函数和手动选择权重（评分数、销量和平均评分）实现。因此，我们可能希望给销量赋予比浏览次数更多的权重。随着越来越多的图书被出售和评论，这些启发式算法将提供更多相关结果。当没有数据或数据有限时，这种手动定义搜索相关权重的方法可能是一个很好的起点。

我们应该开始收集用户与搜索引擎的互动，以进一步改善它。这些交互可以包括搜索词、用户类型及其关于图书的操作。记录这种细粒度的搜索信息时，可以找到各种模式，例如，搜索“science books for children”（儿童科普书）时，即使排名较低，科学家传记也能获得较高的销量。随着时间的推移，我们可以从海量日志中学习相关性排名。可以使用诸如 Elasticsearch Learning to Rank 之类的工具来学习此信息并提高搜索相关性。随着时间的流逝，可以将更高级的技术（例如神经嵌入）整合到搜索查询分析。

随着收集到更多的用户信息，搜索结果也可以根据用户过去的偏好变得个性化。通常，此类系统被构建为从搜索引擎检索的初始排名的上一层。

在构建高级搜索引擎的过程中要考虑的另一点是，保持对系统和数据的完全控制极其重要。如果这样的搜索引擎不是你提供服务的核心部分，并且组织对数据共享更感兴趣，那么其中许多功能也可以作为托管服务来提供。这些托管搜索引擎服务包括 Algolia 和 Swiftype。

由于搜索引擎的实现涉及自然语言处理以外的许多其他因素，并且它通常是给大规模数据集使用的，因此本书并未展示涵盖搜索引擎所有方面的运行示例。但是我们希望这段简短的介绍能帮助你了解如何开始开发涉及文本数据的定制搜索引擎，并简要概述到目前为止所学的自然语言处理技术可能在其中发挥的作用。接下来继续讨论本章的第二个话题：主题建模。

7.2 主题建模

主题建模是自然语言处理在行业用例中最常见的应用之一。从新闻文章到推文，从可视化词云（请参阅第 8 章）到创建主题和文档的关系图，要分析这些不同形式的文本，主题模型对于一系列用例都大有用处。主题模型广泛用于文档聚类和组织大量文本数据，也可用于文本分类。

但什么是主题建模？假设我们收到了大量文档，并且想通过分析这些文档得出一些见解。我们会怎样做？显然，任务定义不明确。鉴于文档数量太多，手动检查每个文档并不可行。一种解决方法是提取一些最能描述语料的单词，例如语料库中最常见的单词。这称为**词云**。好词云的关键是删除停用词。如果我们采用任何英语文本语料库并列举出现最频繁的 k 个单词，我们将不会获得任何有意义的见解，因为最常见的单词将是停用词（the、is、are、am 等）。在进行了适当的预处理后，词云可能会根据文档集产生一些有意义的见解。

另一种方法是将文档分解为单词和短语，根据它们之间的某种相似性，将这些单词和短语分组。由此所得的单词和短语集合有助于我们建立对语料的理解。直观来讲，如果我们从每一组中选择一个单词，那么所选单词的集合在语义层面上概括了语料的大体内容。还有一种可能的方法是使用 TF-IDF（请参阅第 3 章）。考虑一类语料，其中一些文本是关于农业的。于是，“farm”（农场）、“crops”（农作物）、“wheat”（小麦）和“agriculture”（农业）等术语应构成农业文本中的“主题”。要找到这些经常在某些文档中出现，但在语料库的其他文档中很少出现的术语，最简便的方法是什么？

主题建模实现了这种直觉。它尝试识别文本语料库中存在的“关键词”（称为“主题”），而无须事先了解它，这与使用正则表达式或基于字典进行关键词搜索的基于规则的文本挖掘方法不同。图 7-3 显示了人文语料库的主题模型的可视化结果。

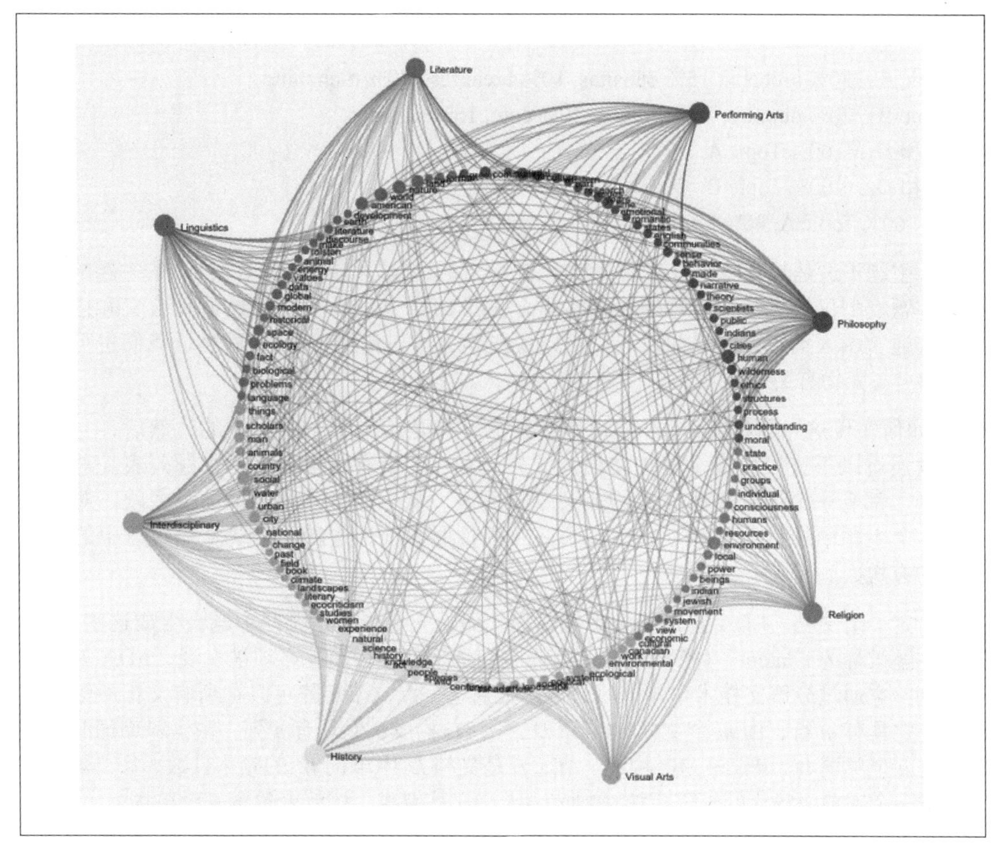

图 7-3：主题建模可视化插图

在图 7-3 中，我们看到了通过主题模型获得的各个人文学科的关键字集合，以及某些关键字在学科之间的重叠方式。这是一个说明如何使用主题模型发现大型语料库中主题的示例。需要注意的是，并没有单一的主题模型。主题模型通常是指无监督的统计学习方法的集合，以发现大量文本文档中的潜在主题。一些流行的主题建模算法包括隐含狄利克雷分布（LDA）、潜在语义分析（LSA）和概率潜在语义分析（PLSA）。在实践中，最常用的技术是 LDA。

LDA 有什么作用？让我们从一个玩具语料库开始。假设我们有一个文档集合 D_1~D_5，其中的每个文档都只包含一个句子，如下所示。

- D_1：I like to eat broccoli and bananas.
- D_2：I ate a banana and salad for breakfast.
- D_3：Puppies and kittens are cute.
- D_4：My sister adopted a kitten yesterday.
- D_5：Look at this cute hamster munching on a piece of broccoli.

使用 LDA 在此集合上学习主题模型，可能会产生如下输出。

- Topic A：30% broccoli, 15% bananas, 10% breakfast, 10% munching
- Topic B：20% puppies, 20% kittens, 20% cute, 15% hamster
- D_1 和 D_2：100% Topic A
- D_3 和 D_4：100% Topic B
- D_5：60% Topic A, 40% Topic B

因此，主题不过是具有概率分布的关键字的混合体，而文档是具有概率分布的主题的混合体。主题模型仅提供每个主题的关键字集合。在 LDA 模型中，主题的确切含义和应命名的内容通常由人类解释。在此，我们可以说主题 A“与食物有关”。同样，我们也可以说主题 B“与宠物有关”。

LDA 如何实现这一目标？LDA 假设所涉及的文档是由多个主题组成的。然后，它进一步假设通过以下过程生成了这些文档：首先，有一个带有概率分布的主题列表。对于每个主题，都有一个带有概率分布的相关单词列表。从主题分布中抽取 k 个主题。对于所选的 k 个主题中的每个主题，从相应的分布中抽取单词。这就是生成文档集合中的每个文档的方式。

现在给定一组文档，LDA 尝试回溯生成过程，而且先要弄清楚哪些主题会生成这些文档。这些主题被称为“latent”（隐含）的，因为它们是隐藏的，而且必须被发现。LDA 如何进行回溯？它通过分解文档术语矩阵（M）来做到这一点，该矩阵可以在所有文档中保留词频数。它具有 m 行，由 m 个文档 $D_1, D_2, D_3, \cdots, D_m$ 构成；它具有 n 列，由语料库词汇表中的所有 n 个单词 $W_1, W_2, \cdots, W_n$ 构成。$M[i, j]$ 是文档 D_i 中单词 W_j 的频率计数。图 7-4 显示了这样一个虚拟语料库的矩阵，该语料库由 5 个文档组成，词汇表包含 6 个单词。

	W_1	W_2	W_3	W_4	W_5	W_6
D_1	0	3	0	0	1	2
D_2	1	0	0	1	1	1
D_3	2	1	2	2	4	2
D_4	1	1	1	4	0	0
D_5	0	1	2	1	0	4

图 7-4：文档矩阵（M）示意图

请注意，如果词汇表中的每个单词都代表一个唯一的维度，而总词汇表的大小为 n，则此矩阵的第 i 行是一个向量，代表该 n 维空间中的第 i 个文档。LDA 将 M 分解为两个子矩阵：M_1 和 M_2。M_1 是文档主题矩阵，M_2 是主题术语矩阵，分别具有维度 (M, K) 和 (K, N)。对于 4 个主题（K_1~K_4），M 的子矩阵可能如图 7-5 所示。在这里，k 是我们想要查找的主题数。

	K_1	K_2	K_3	K_4
D_1	1	0	0	1
D_2	1	1	0	0
D_3	1	0	0	1
D_4	1	0	1	0
D_5	0	1	1	1

	W_1	W_2	W_3	W_4	W_5	W_6
K_1	1	0	0	1	0	0
K_2	0	1	1	0	1	1
K_3	1	1	0	1	1	0
K_4	1	0	0	0	1	0

图 7-5：因式分解矩阵示意图

主题数 k 是一个超参数。k 的最优值通过反复试错得出。

然后，可以使用这些子矩阵来了解文档的主题结构，以及组成该主题的关键字。我们已经了解了如何训练主题模型，接下来就让我们了解如何构建一个主题模型。

7.2.1　一个构建主题模型的例子

我们已经了解 LDA 背后的原理，那么如何构建自己的主题模型？以下代码片段使用了之前介绍过的图书摘要数据集，显示了如何使用 LDA 训练主题模型：

```
from nltk.tokenize import word_tokenize
from nltk.corpus import stopwords
from gensim.models import LdaModel
from gensim.corpora import Dictionary
from pprint import pprint

# 分词、移除停用词、非字典词及小写化
def preprocess(textstring):
    stops = set(stopwords.words('english'))
    tokens = word_tokenize(textstring)
    return [token.lower() for token in tokens if token.isalpha()
           and token not in stops]

data_path = os.path.join(os.path.dirname(os.path.abspath(__file__)),data)
summaries = []
for line in open(data_path, encoding="utf-8"):
```

```
        temp = line.split("\t")
        summaries.append(preprocess(temp[6]))

    # 创建一个文档的字典表示
    dictionary = Dictionary(summaries)
    # 过滤不常用的词和热词
    dictionary.filter_extremes(no_below=10, no_above=0.5)
    corpus = [dictionary.doc2bow(summary) for summary in summaries]
    # 为词典添加一个索引
    temp = dictionary[0] # 只是为了加载词典
    id2word = dictionary.id2token
    # 训练主题模型
    model = LdaModel(corpus=corpus, id2word=id2word,iterations=400, num_topics=10)
    top_topics = list(model.top_topics(corpus))
    pprint(top_topics)
```

如果我们浏览主题，会发现其中一个显示诸如"警察""案件""侦探""证人""线索""指控"之类的词。虽然主题本身不会在主题模型中显示名称，但在查看关键词时，可以推断出该主题与侦探小说有关。

如何评估结果？给定 LDA 的主题词矩阵，按术语权重从高到低对每个主题进行排序，然后选取每个主题的前 n 个术语。然后，测量每个主题中术语的**一致性**，本质上说，就是衡量这些词彼此之间的相似度。另外，在此示例中，我们挑选了一些模型参数，例如迭代次数、主题数等，并且没有进行任何微调。

与任何实际项目一样，在选择部署最终模型之前，都需要试验不同的参数和主题模型。Gensim 关于 LDA 的教程提供了有关如何构建，调优和评估主题模型的更多信息。

删除低频词或仅保留名词和动词是优化主题模型的一些方法。如果语料库很大，请将其分成固定大小的批次，然后为每个批次运行主题建模。最好的输出来自每个批次的主题交集。

7.2.2 下一步是什么

既然我们知道了如何构建主题模型，那么该如何使用它呢？根据以往的经验，主题模型的一些用例如下所示：

- 根据学习到的主题分布，以关键词的形式概述文档、推文等；
- 发现一段时间内的社交媒体趋势；
- 设计文本推荐系统。

同样，给定文档的主题分布可以用作文本分类的特征向量。

尽管行业项目中主题模型的使用案例很多，但是与它们的实践相关的挑战也很多。主题模型的评估和解释仍然具有挑战性，目前尚无共识。主题模型的参数优化也可能花费大量时间。在以上示例中，我们手动提供了主题数。如前所述，没有可以直接获取主题数的程序。我们基于对数据集中主题的估计，使用多个值进行探索。要记住的另一点是，像 LDA 这样的模型通常仅适用于长文档，而对短文档（如推文集）的处理效果较差。

尽管诸如此类的挑战很多，主题模型仍然是任何自然语言处理工程师工具集中的重要工具，并且使用场景也更具有普适性。我们希望为你提供足够的信息，以助你在工作中确定合适的用例。有兴趣的读者可以从开始更深入地研究该主题。让我们继续本章的下一个主题：文本摘要。

7.3 文本摘要

文本摘要是指创建长文本摘要的任务。此任务的目的是创建一个相关的摘要，以捕获文本的关键思想。快速阅读大型文档，仅存储相关信息并促进信息检索非常有用。作为文档理解会议（Document Understanding Conferences）系列的一部分，世界各地的不同研究小组从2000年初就积极开展关于自动文本摘要问题的自然语言处理研究。这一系列会议举办了一些竞赛，以处理更大范围的文本摘要中的几个子任务。下面列出了其中的一些。

提取摘要与抽象摘要

提取摘要是指从一段文本中挑选重要的句子，然后将它们组合为摘要。抽象摘要是指生成文本摘要的任务；也就是说，不是从文本中挑选句子，而是生成新的摘要。

基于查询的摘要与独立于查询的摘要

基于查询的摘要是指根据用户查询创建文本摘要，而独立于查询的摘要则创建常规摘要。

单文档摘要与多文档摘要

顾名思义，单文档摘要是从单个文档创建摘要的任务，而多文档摘要是从文档集合创建摘要的任务。

接下来我们将研究一些用例，以帮你了解如何将其应用于实际任务。

7.3.1 摘要用例

根据以往经验，文本摘要最常见的用例是单文档、独立于查询的摘要提取。这通常用于为人类读者或机器创建长文档的简短摘要（例如，在搜索引擎中检索摘要而不是全文）。在现实世界产品中使用这种摘要器的一个著名示例是Reddit的autotldr机器人，其屏幕截图如图7-6所示。autotldr机器人通过选择和排序帖子中最重要的句子来总结Reddit的长文章。

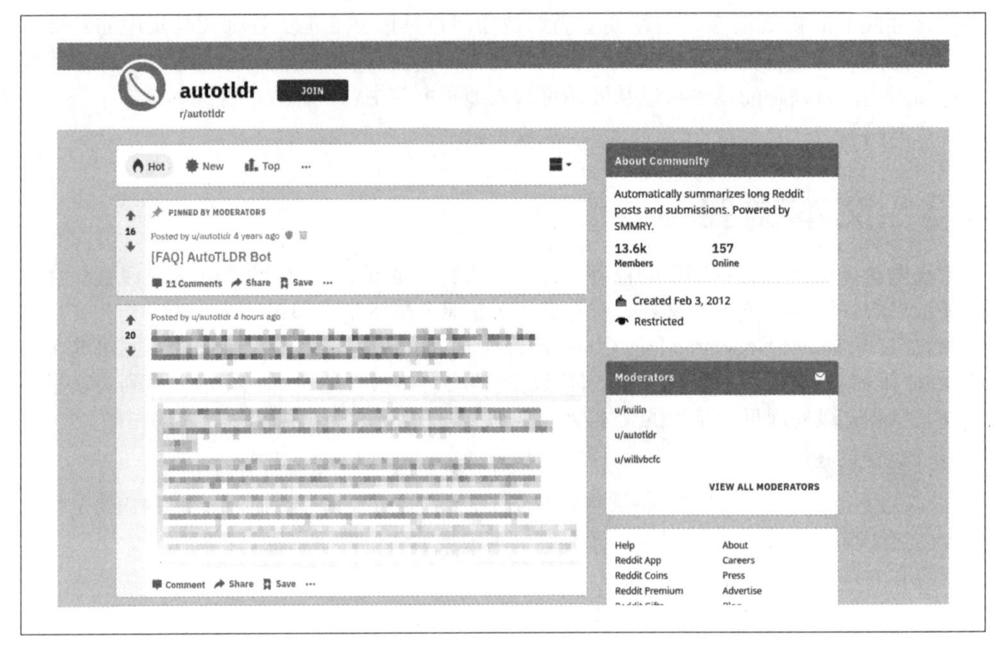

图 7-6：Reddit autotldr 机器人的屏幕截图

本书作者之一在过去的工作中实现过的另外两个用例：

- 用于新闻文章的自动高亮语句显示器，用于为“摘要”语句（即捕获文本要点的句子）着色，而不是创建完整的摘要。
- 文本汇总程序，仅对文档摘要而不是全文构建索引，目的是减少搜索引擎索引的大小。

你可能会在工作中遇到类似的实现文本汇总器的方案。让我们看一个示例，说明如何利用现有库来实现单文档、独立于查询的提取摘要器。

7.3.2 一个设置摘要器的示例

该领域的研究探索了基于规则的、有监督的和无监督的方法，以及最新的基于深度学习的体系结构。但是，现实场景中应用的流行提取摘要算法使用基于图的句子排序方法。根据文档中句子之间的相互关系给每个句子打分，这在不同算法中的表现会有所不同。然后将前 *n* 个句子作为摘要返回。sumy 是一个 Python 库，其包含几种流行的独立于查询的提取摘要算法的实现。该库负责给定 URL 的 HTML 解析和分词，然后使用 TextRank 算法选择最重要的句子作为文本摘要。

sumy 不是唯一具有这种汇总算法实现的库。另一个流行的库是 gensim，它实现了 TextRank 的临时版本。以下代码片段显示如何使用 gensim 的摘要器来概括给定的文本：

```
from gensim.summarization import summarize
text = "some text you want to summarize"
print(summarize(text))
```

请注意，与 sumy 不同，gensim 没有附带 HTML 解析器，因此如果要解析网页，就必须纳入 HTML 解析步骤。gensim 的摘要器还可以让我们试验摘要的长度。我们将继续探讨 sumy 的其他摘要算法，并进一步研究 gensim，以供读者练习。

现在我们了解了怎样在项目中实现摘要器。但在使用这些库来部署工作摘要器时，需要牢记一些注意事项。接下来我们会探讨其中的一些事项，基于各种应用场景构建摘要器的经验。

7.3.3 实用建议

如果遇到必须将摘要器部署为产品功能的场景，有些事情需要铭记在心。你大概率会使用以上示例中的一种现成摘要器，而不是从零开始实现摘要器。但是如果现有算法不适合你的项目场景或性能不佳，则可能必须开发自己的摘要器。使用自己的摘要器的另一个常见原因是：你处于一个致力于推进摘要系统的最新技术发展的研发组织。因此，假设要使用现成的摘要器，怎么比较各种可用的摘要算法，并选择最适合你的用例的算法?

在研究中，摘要方法是使用人工参考摘要的通用数据集进行评估的。面向召回摘要评估的基本研究（ROUGE）是基于用于评估自动摘要系统的 *n*-gram 重叠的一组通用指标。但是，此类数据集可能并不适合你的实际用例。因此，比较不同方案的最佳方法是创建自己的评估集，或要求人工标注者根据相关性、摘要准确性等指标，对不同算法生成的摘要进行评分。

部署摘要器时，需要牢记一些实际问题。

- 诸如句子切分（或上例中的 HTML 解析）之类的预处理步骤在输出摘要中是至关重要的。大多数库内置句子切分器，但那些库可能会对不同的输入数据进行错误的句子切分（例如，如果新闻文章中间引用了一段话怎么办？）。据了解，目前没有针对此类问题的一站式解决方案，你可能需要针对在项目中遇到的数据格式定制解决方案。
- 大多数摘要算法对输入的文本大小很敏感。例如，TextRank 会运行多次，因此它可以轻松利用大量计算时间以生成较大文本的摘要。当使用适合大文本分区的摘要器时，你需要意识到这一限制。一种解决方法是在大文本的分区上运行摘要器，然后将摘要语句串连在一起。另一种方法是针对文本顶部的 *M*%和底部的 *N*%而不是全文运行摘要器（假设这些部分包含长文档的重点内容）。

摘要器对文本长度敏感。因此，对文本的选定部分运行摘要器可能更合适。

到目前为止，我们仅看到了提取摘要的示例。相比之下，抽象摘要更多是一个学术研究主题，而不是行业实际应用。抽象摘要研究中经常出现三个有趣的用例：新闻标题生成、新闻摘要生成和问答。深度学习和强化学习方法近年来已展示出一些有前景的抽象摘要研究成果。由于该主题长期处于研究壁垒，并且研究人员局限于学术界，以及拥有专门 AI 团队的组织，因此本书将不再对其详细讨论。不过，我们希望上述这些讨论能帮助你对自动生成摘要有所了解，当你需要时，可以从一个 MVP 开始构建。现在，让我们看看另一个有趣的自然语言处理的相关问题：文本推荐。

7.4 文本推荐系统

我们都很熟悉日常生活中浏览各个网站时看到的相关搜索结果、相关新闻文章、相关职位、相关产品推荐以及其他类似功能，并且这些用户需求并不罕见。这些“相关文本”功能是如何工作的?

新闻文章、职位描述、产品描述和搜索查询均包含大量文本。因此，在开发文本推荐系统时，必须考虑文本内容以及不同文本之间的相似性或相关性。构建推荐系统的常用方法是一种称为**协同过滤**的方法。它根据用户过去的历史以及过去的偏好配置向用户推荐相关内容。例如，Netflix 的推荐大规模使用了这种方法。

如何基于文本之间的内容相似性来构建这个功能？构建这样一个基于内容的推荐系统，一种方法是使用主题模型，就像我们在本章前面看到的那样。就主题分布而言，与当前文本相似的文本可以显示为“相关”的文本。但是，神经文本表示的出现改变了显示该推荐的方式。让我们看看如何使用神经文本表示来显示相关文本推荐。

7.4.1 一个图书推荐系统示例

我们已经看到了一些基于神经网络的文本表示形式的示例（第 3 章），以及其中一些是如何在文本分类发挥作用的（第 4 章）。我们看到的演示文稿之一是 Doc2vec。以下代码片段显示如何使用 Doc2vec、Python 库 NLTK（用于分词）和 gensim（用于实现 Doc2vec）实现相关图书推荐：

```
from nltk.tokenize import word_tokenize
from gensim.models.doc2vec import Doc2Vec, TaggedDocument

# 阅读数据集的README以理解数据格式
data_path = "/DATASET_FOLDER_PATH/booksummaries.txt"
mydata = {} # “标题-摘要”字典对象
for line in open(data_path, encoding="utf-8"):
    temp = line.split("\t")
    mydata[temp[2]] = temp[6]

# 为doc2vec准备数据，构建并保存一个doc2vec模型
d2vtrain = [TaggedDocument((word_tokenize(mydata[t])), tags=[t])
                            for t in mydata.keys()]
model = Doc2Vec(vector_size=50, alpha=0.025, min_count=10, dm =1, epochs=100)
model.build_vocab(train_doc2vec)
model.train(train_doc2vec, total_examples=model.corpus_count,
            epochs=model.epochs)
model.save("d2v.model")

# 使用模型查找相似文本
model= Doc2Vec.load("d2v.model")

sample = """
```

```
My first most vivid and broad impression of the identity of things seems to me to
have been gained on a memorable raw afternoon towards evening.
"""
new_vector = model.infer_vector(word_tokenize(sample))
sims = model.docvecs.most_similar([new_vector]) # 给出10个最相似的标题
print(sims)
```

这只是一个如何开发推荐系统的例子，而不是详细的分析。实施此类系统的最新方法是使用 BERT 或其他类似模型来计算文档相似度。在本节的前面，我们还简要介绍了 Elasticsearch 中基于文本相似性的搜索方式——这是针对实际用例实现推荐系统的另一种选择。我们将继续探索它们，作为读者的练习。

现在我们有了一个关于如何构建文本推荐系统的想法，让我们基于以往经验来研究一些有关构建这种推荐系统的实用建议。

7.4.2 实用建议

我们只是看到了文本推荐系统的一个简单示例。这种方法适用于某些用例，例如推荐相关新闻文章。但是，在许多需要提供更个性化的推荐或需要考虑其他非文本方面的条目的应用中，我们可能不得不考虑文本之外的方面。Airbnb 中类似的列表推荐是这样的一个示例，其将基于嵌入的神经文本表示与其他信息（例如位置、价格等）结合起来，以提供个性化的推荐。

我们怎么知道推荐系统正在发挥作用？在现实项目中，推荐的影响可以通过效果指标来衡量，例如用户的点击率、购买转化率（如果相关）、网站上的客户参与度等。在 A/B 测试中，不同的用户群体可以用来比较不同推荐的效果指标。第三种（可能是比较耗时的）方法是进行精心设计的用户研究，向参与者显示特定的推荐并要求他们进行评分。最后，如果我们有一个小型测试集，其针对给定条目给予合适的推荐，我们可以通过将推荐系统与此测试集进行比较来评估推荐系统。根据以往经验，这些指标与谷歌 Analytics 之类的分析平台结合在一起用于评估行业推荐系统是有用的。

最后但并非最不重要的一点是：预处理决策在系统所提供的建议中起着重要作用。因此，在采取某种方法之前，我们需要知道我们想要什么。在以上示例中，我们只是进行了简单的分词。在现实世界中，将小写字母，去除特殊字符等作为预处理流水线的一部分并不罕见。

到此，我们结束了对文本推荐系统的概述。我们希望这能为你提供足够的信息，以助你在工作中确定合适的用例并为其构建推荐系统。让我们转到本章的下一个主题：机器翻译。

7.5 机器翻译

机器翻译（MT）——将文本从一种语言自动翻译为另一种语言，是自然语言处理研究的原始问题之一。早期的机器翻译系统采用基于规则的方法，这些方法需要大量语言学知识，包括源语言和目标语言的语法，并且必须根据双语词典之类的资源来明确地编码。此后机器翻译经历了数年的研究和应用程序开发，使用的统计方法依赖于不同语言之间的海量并行数据。此类数据集通常是从将文本翻译成多种语言的资源中收集的。在过去五年中，基于深度学习的神经机器翻译方法取得了爆炸性增长，这已成为研究和生产规模机器翻译系统的最新技术。谷歌翻译是一个热门示例。但是，受限于构建它们所需的数据和资源的数量，这种系统的研究和开发主要是由大型组织主导。

显然，机器翻译是一个很广阔的研究领域，构建机器翻译系统似乎是一个大工程。机器翻译在行业中有哪些用处？以下是可能依赖机器翻译开发解决方案的两个示例场景。

- 我们客户的产品被来自世界各地的人们使用，他们在社交媒体上以多种语言发表评论。客户希望了解这些评论大体上是积极的还是消极的。为此，使用机器翻译系统是取代寻找多种语言的情感分析工具的一种选择。可以将所有评论翻译为一种语言，然后对该语言进行情感分析。
- 我们会定期处理大量社交媒体数据（例如推文），并且注意到，此类文本与常见文档中的文本不同。例如，考虑这个句子，“am gud”。将其改为正式的、格式正确的英语，应该是“I am good”。（有关社交媒体文本与正常格式文本的区别，详情参见第 8 章。）机器翻译可以将从“am gud”到“I am good”的转换处理为句子间的映射，也就是将非正式的英文句子翻译为语法正确的英文句子。

尽管我们可能并不会开发自己的机器翻译系统，但在许多情况下，我们可能需要在自然语言处理项目中实现机器翻译解决方案。那么，如果遇到类似的情况该怎么办？接下来看一个如何在项目中搭建机器翻译系统的示例。

7.5.1 一个使用机器翻译API的示例

从零开始构建机器翻译系统是一项费时且费力的工作。为项目搭建机器翻译系统的另一种常见方法：使用由大型研究组织（例如谷歌或微软）提供的按量付费的翻译服务 API，这些 API 由先进的神经机器翻译模型提供支持。以下代码片段显示了如何使用 Bing Translate API（在通过注册获取订阅密钥和端点 URL 后）将英语翻译成德语：

```
import os, requests, uuid, json

subscription_key = "XXXXX"
endpoint = "YYYYY"
path = '/translate?api-version=3.0'
params = '&to=de' # 从英语到德语
constructed_url = endpoint + path + params

headers = {
    'Ocp-Apim-Subscription-Key': subscription_key,
    'Content-type': 'application/json',
    'X-ClientTraceId': str(uuid.uuid4())
}
body = [{'text' : 'How good is Machine Translation?'}]
request = requests.post(constructed_url, headers=headers, json=body)
response = request.json()

print(json.dumps(response, sort_keys=True, indent=4, separators=(',', ': ')))
```

此示例请求将英语句子“How good is Machine Translation?”翻译为德语。JSON 格式的输出如下所示：

```
[
    {
        "detectedLanguage": {
            "language": "en",
            "score": 1.0
        },
        "translations": [
            {
                "text": "Wie gut ist maschinelle Übersetzung?",
                "to": "de"
            }
        ]
    }
]
```

翻译后的德语句子为“Wie gut ist maschinelle Übersetzung?”。通过调用 Bing Translate API，可以按需使用该服务。来自其他供应商的此类服务也可按此操作。在结束这一主题之前，我们为想要将机器翻译整合到自然语言处理项目中的读者提供一些实用建议。

7.5.2 实用建议

首先，正如前面所解释的，如果没有必要，就不要自己构建机器翻译系统。使用翻译 API 是更切合实际的选择。使用此类 API 时，请务必注意收费政策。考虑到所涉及的成本，最好存储常用文本的翻译（称为“翻译记忆库”或“翻译缓存”）。

维护翻译记忆库，该记忆库可用于高频重复的翻译。

当我们面对一种全新的语言，或者一个现有翻译 API 表现不佳的新领域时，一个好办法是从基于领域知识、基于规则的翻译系统开始解决我们正在处理的受限问题。另一个办法是通过“回译”增强训练数据来解决这种数据稀缺的问题。假设我们想将英语文本翻译成纳瓦霍语。英语是机器翻译的流行语言，而纳瓦霍语并不是，但我们确实有一些英语翻译成纳瓦霍语的例子。在这种情况下，我们可以在纳瓦霍语和英语之间构建机器翻译模型，然后使用该系统将少量的纳瓦霍语句子翻译成英语。此时，可以将这些机器翻译后的纳瓦霍语 - 英语对作为附加训练数据添加到英语 - 纳瓦霍语的机器翻译系统。这会增加翻译系统的训练示例（即使其中一些示例是合成的）。但通常来说，如果翻译的准确性至关重要，那么构建一个混合机器翻译系统可能是合适的，该系统将神经模型、规则和某种形式的后处理结合起来。

数据增强是收集更多训练数据以构建机器翻译系统的有效方法。

机器翻译是一个广阔的研究领域，有专门的年度会议、期刊和数据驱动的竞赛，参与机器翻译研究的学者和行业组织可以比较和评估他们的系统。此处的内容只是较为简单的介绍，目的是让读者对这一主题有大致的了解。了解机器翻译的概述后，让我们继续本章的下一个主题：问答系统。

7.6 问答系统

在使用诸如谷歌或必应之类的搜索引擎进行在线搜索时，对于某些查询，我们会看到“答案”以及一系列搜索结果。这些答案可能是几个字，也可能是列表，抑或是定义。第 5 章有关于此类查询的一些示例，以说明命名实体识别在搜索中的作用。现在让我们继续展开这一话题。思考一下图 7-7，其中展示了使用谷歌搜索查询“who invented penicillin”的屏幕截图。

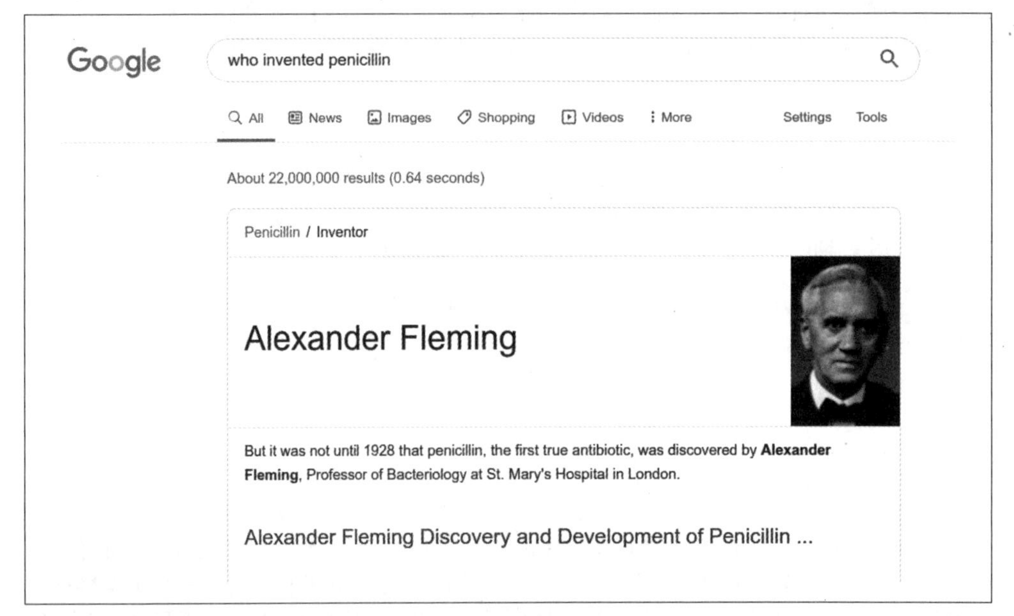

图 7-7：关于查询“who invented penicillin”的屏幕截图

在此，搜索引擎将执行附加的问答和信息检索任务。以回答此类问题为目标，如果遵循先前所述的搜索引擎流水线，则处理步骤如图 7-8 所示。

显然，自然语言处理在理解用户查询、确定问题和答案类型，以及在检索文档后确认答案是否在给定文档中起着重要作用。

虽然这是大型通用搜索引擎的示例，但我们也可能遇到必须使用公司数据，或其他自定义设定来实现内部消耗的问答系统的场景。前面 7.1 节中提到的流水线方法，可以引导我们寻找这种场景下的解决方案。

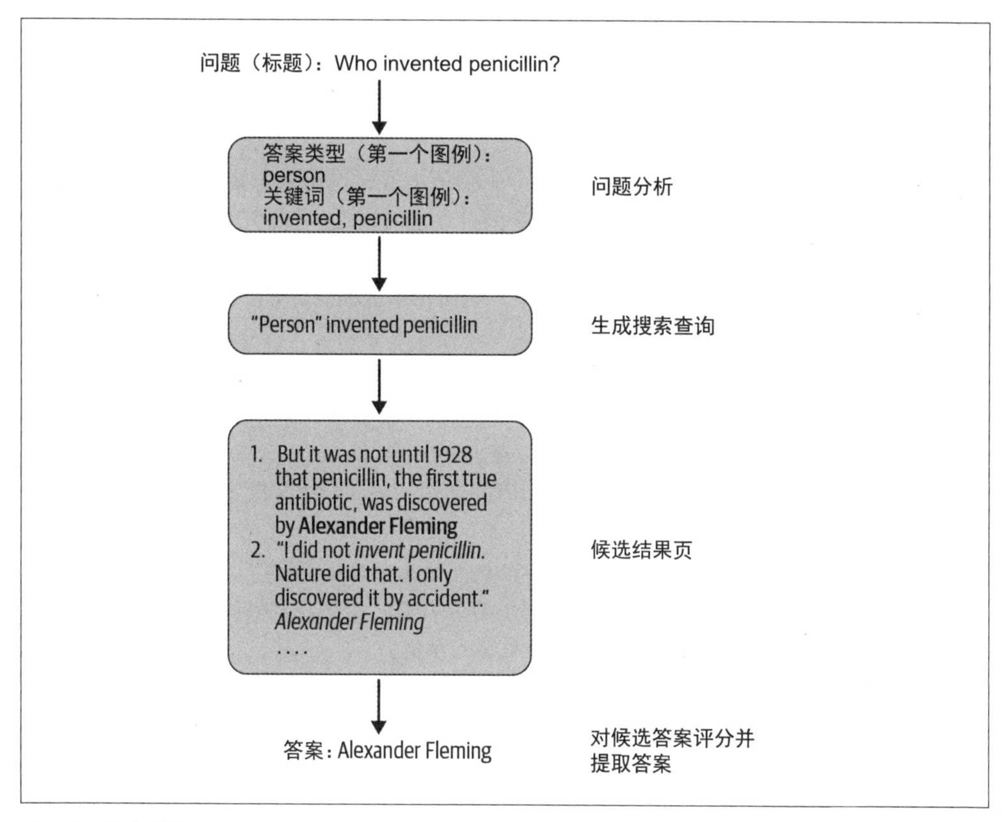

图 7-8：答案提取

工作中可能还存在其他相对简单的问答场景。常见的场景是 FAQ 解答系统。第 6 章介绍了它的工作原理。让我们根据本书作者之一以往的工作经验，简要讨论另一种场景。

7.6.1　开发自定义问答系统

假设我们需要开发一个问答系统，以回答用户所有有关计算机的问题。我们确定了一些带有问答讨论的网站（例如 Stack Overflow），并且已配置好爬虫。我们如何开始构建问答系统的第一个版本？构建 MVP 的一种方法是先研究网站的标签结构。通常，问题和答案会使用不同的 HTML 元素进行区分。收集这些信息并专门使用它们来构建问答对的索引，可以让我们为此任务开始构建问答系统。接下来，可以使用文本嵌入和 Elasticsearch 基于相似度的搜索。

7.6.2　寻找更有深度的答案

在上述方法中，我们仍然希望用户问题与索引的问题和答案有大量的精确重叠。但是到目前为止，我们在本书的不同内容中已经看到了基于深度学习的文本嵌入，它可以进行超精确的匹配并捕获语义相似性。这种神经问答方法将问题的嵌入与文本的子单元（单词、句子和段落）的嵌入进行比较，从而在文本中找到答案范围。使用深度神经网络的问答是一个非常活跃的研究领域，通常使用针对此任务设计的特定数据集作为有监督的机器学习问题进行研究。DeepQA 是 Allen NLP 的一部分——使用深度学习架构开发实验性问答系统的流行库。

基于知识的问答是另一种方法，它依赖庞大的知识库以及将用户查询映射到知识库的方法。这通常用于回答简短的事实性问题。像 IBM 沃森（在流行的智力问答节目 *Jeopardy!* 中击败了人类选手）这样的现实世界中的问答系统，结合了以上两种方法。Bing Answer Search API（允许订阅的用户向系统查询答案）是使用了这种混合方法的研究系统示例。

开发任何可在线建模更深度的知识问答系统，都需要大量数据、计算资源以及大量实验。这在一家从事自然语言处理项目的传统软件公司中还不是常见的场景，因此本书不做进一步讨论。如果想获得有关问答系统的历史概述以及最新的研究进展，建议阅读 Daniel Jurafsky 和 James H. Martin 的著作 *Speech and Language Processing (3rd ed. draft)* 的第 25 章。如果想为自己的数据集（例如组织中的内部文档）实现基于深度学习的问答系统，则 CDQA-Suite 之类的库可作为入门框架。

从以上讨论可以看出，问答是一种具有广泛的解决方案的搜索领域——从简单而直接的方案（例如提取标签）到复杂的基于深度学习的解决方案。希望我们提供的概述可以为你在工作中开发问答系统时可能遇到的用例提供足够的示例。

7.7 小结

本章介绍了自然语言处理如何在从搜索引擎到问答的一系列场景中发挥作用。我们看到了如何将本书前面学习的一些主题用于解决这些问题。这些主题乍一看互不相同，但其中一些也彼此相关。例如，搜索、推荐系统和问答都是某种形式的信息检索。甚至自动生成摘要也是如此，因为我们从给定的文本中检索相关的句子。此外，除机器翻译外，所有其他工具通常都不需要大型的带标注的数据集。因此这些主题之间有一些相似之处。请注意，我们讨论的每个主题在自然语言处理中仍然是活跃的研究领域，并且每天都有很多新的发现，因此本章中对主题的介绍并不详尽。但是，希望本章的概述能给你足够的知识基础，以便你在工作中遇到相关的用例时可以轻松上手。

至此，我们已经到达本书第二部分“核心”的结尾。在第三部分“应用”中，我们将研究所有这些不同的主题如何在特定领域中结合使用。

第三部分

应用

第8章 社交媒体

时至今日，由于社交媒体的存在，我们不再需要讲英语。

——维尔·达斯

社交媒体平台（Twitter、Facebook、Instagram、WhatsApp 等）彻底改变了我们与个人、团体、社区、企业、媒体的交流方式。这也改变了我们对传统规范和礼节的看法，以及企业如何进行销售、市场营销、公共关系和客户支持等日常工作。鉴于社交媒体平台每天产生海量、多样化的数据，人们投入大量精力开展智能系统的构建，以理解这些平台上的交流与交互。由于社交媒体平台上的交流大部分以文本形式进行，因此自然语言处理在构建诸如此类的系统中起着根本性的作用。本章将重点介绍如何将自然语言处理应用于社交媒体数据分析，以及如何构建此类系统。

要了解这些平台生成的数据规模，请参考以下信息。

容量：Twitter 的每月活跃用户有 1.52 亿，而 Facebook 有 25 亿。

生产速度：每秒会产生 6000 条推文，以及 57 000 条 Facebook 帖子。

种类：主题、语言、样式、脚本。

图 8-1 的信息图显示了 2019 年不同平台每分钟产生的数据。

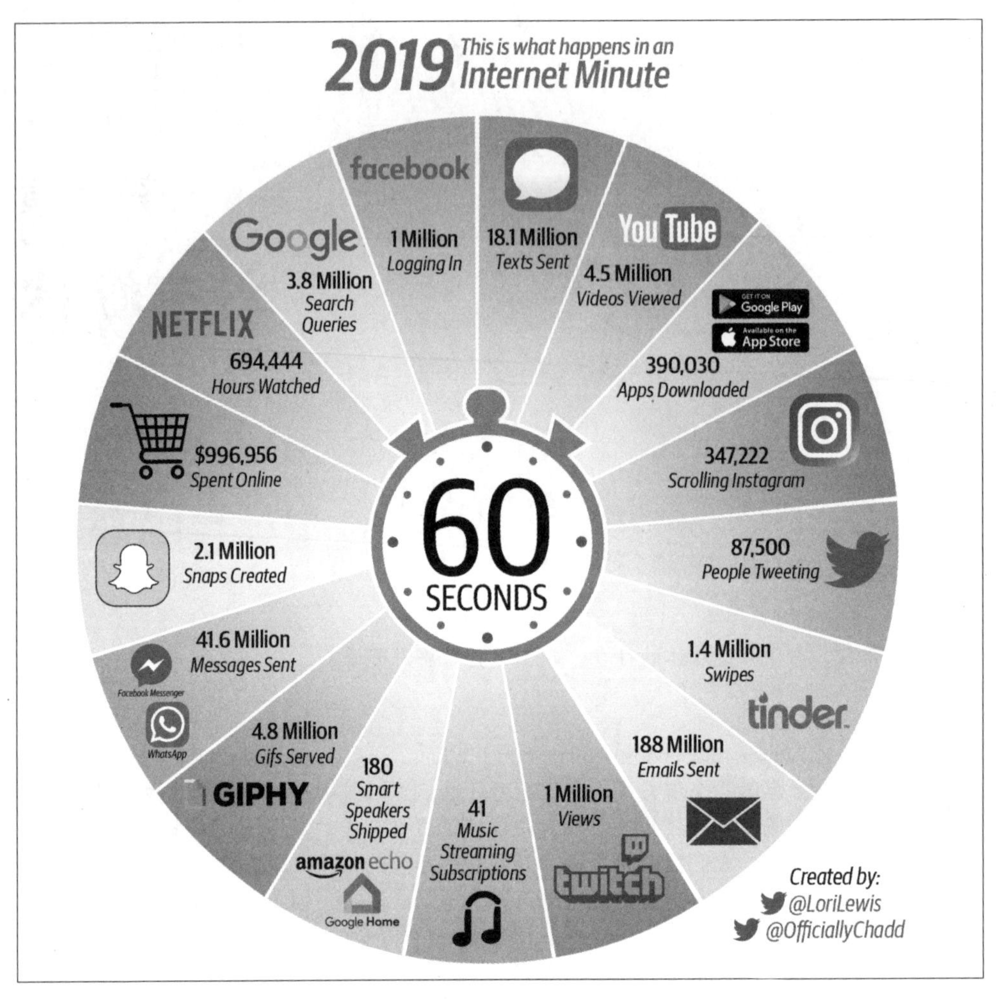

图 8-1：2019 年各类社交平台 1 分钟（60 秒）内产生的数据

鉴于以上信息，社交平台必然是非结构化自然语言数据的最大生成者。即使是其中的一小部分数据，也无法做到手动分析。由于其中的大量内容是文本，因此推进数据分析的唯一方法是设计基于自然语言处理的智能系统，该系统可以处理社交数据并提供分析结果。这就是本章的重点。我们将介绍一些重要的商业应用，例如话题检测、情感分析、客户支持和虚假新闻检测等。本章的大部分内容将涉及社交平台的文本与其他数据源之间的差异，以及如何设计子系统以处理这些差异。先来看一些使用自然语言处理从社交媒体数据提取见解的重要应用。

8.1　应用

各种各样的自然语言处理应用都使用了社交平台的数据，包括情感检测、客户支持和观点挖掘等。本节将简要讨论一些热门应用，以使你了解如何基于自己的需求开始应用这些技术。

热门话题检测

确定社交网络上当前最受关注的话题。热门话题告诉我们，吸引人们的内容是什么，以及人们认为值得关注的是什么。这些信息对于媒体公司、零售商、急救人员等具有极其重要的意义。这有助于他们调整与外界互动的策略。想象一下和特定地理位置相关的社交媒体热门话题能带来哪些见解。

观点挖掘

人们经常使用社交媒体发表对产品、服务或政策的看法。收集并理解这些信息对于品牌和组织而言具有巨大的价值。手动浏览成千上万条推文和帖子以理解大部分人的主流观点是不可能的。在这种场景下，能够汇总成千上万条帖子并提取关键见解是非常有价值的。

情感检测

到目前为止，关于社交媒体数据的情感分析可以说是自然语言处理在社交数据上最热门的应用之一。品牌重度依赖来自社交媒体的信号，以更好地了解用户对其产品和服务的看法，以及他们对其竞争对手的产品和服务的看法。品牌利用这一点来更好地了解他们的用户，从使用情感检测确定其应该吸引的客户群，到了解其客户群体的长期情感变化。

谣言 / 虚假新闻检测

鉴于社交网络发布信息的影响快而广，它们也可能被滥用于传播虚假新闻。过去几年曾经发生过使用社交网络进行虚假宣传以影响舆论的案例。目前有大量关于理解和识别虚假新闻及谣言的工作。这是控制这种威胁的预防和纠正措施的一部分。

成人内容过滤

社交媒体还遭受人们使用社交网络传播不当内容的困扰。自然语言处理被广泛用于识别和过滤不当内容，例如不适宜向未成年人展示的内容。

客户支持

由于社交媒体的广泛使用及其公众可见度，社交媒体上的客户支持已发展为来自世界各地的每个品牌不可或缺的服务。用户可以通过社交媒体表达对品牌的诉求。自然语言处理被广泛用于对用户投诉的理解、分类、过滤、排序，某些情况下甚至可以自动答复投诉。

除此之外，还有许多其他没有深挖的应用，例如地理位置检测、讽刺检测、事件和话题检测、紧急情况感知等。这里的目的是让你了解使用社交媒体文本数据（social media text data, SMTD）构建的应用概况。

现在，让我们了解一下为什么使用 SMTD 构建自然语言处理应用程序时，无法直接应用目前为止你从本书中所学的知识，以及为什么 SMTD 需要特殊处理。

8.2 独特的挑战

到目前为止，我们（隐式地）假设输入文本（大多数情况下，或总是）遵循任一语言的基本原则，即：

- 单一语言；
- 单一文字；
- 格式规范；
- 语法正确；
- 很少或没有拼写错误；
- 大多为文本形式（很少出现非文本元素，例如表情符号、图像、笑脸等）。

这些假设基本源于输入文本数据所来自的领域特性和特征。标准自然语言处理系统假设它们处理的语言是高度结构化和规范化的。当涉及来自社交平台的文本数据时，以上大多数假设是不成立的。这是因为用户在社交媒体上发布的信息文本可能会非常简洁。如此简洁明了是社交媒体的标志性特征。例如，用户可以用“r”表示“are”，“v”表示“we”，“lol”表示“笑哭了”等。这种简洁性催生了一种新的语言组合：一种极度非正式的语言，包括非标准的拼写、话题标签、表情符号、新单词和首字母缩写词、代码混合、音译等。这些特征使社交平台上使用的语言如此独特，以至于它被认为是一种新语言，即“社交平台语言”。

因此，为标准文本数据设计的自然语言处理工具和技术无法与 SMTD 很好地结合使用。为了更好地说明这一点，接下来我们看一些示例推文，如图 8-2 和图 8-3 所示。请注意，此处使用的语言与报纸、博客、电子邮件、图书等使用的语言大有不同。

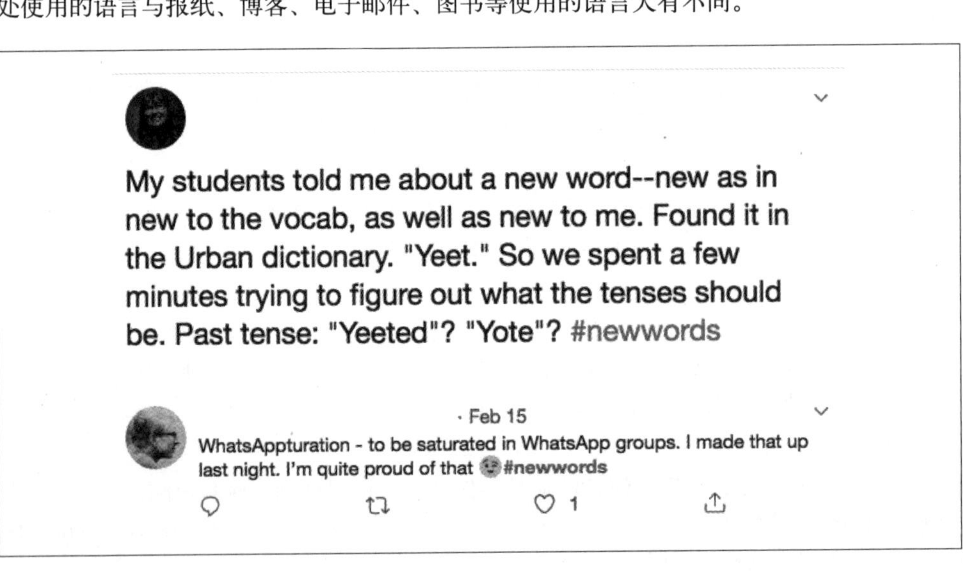

图 8-2：词汇中引入新单词的示例

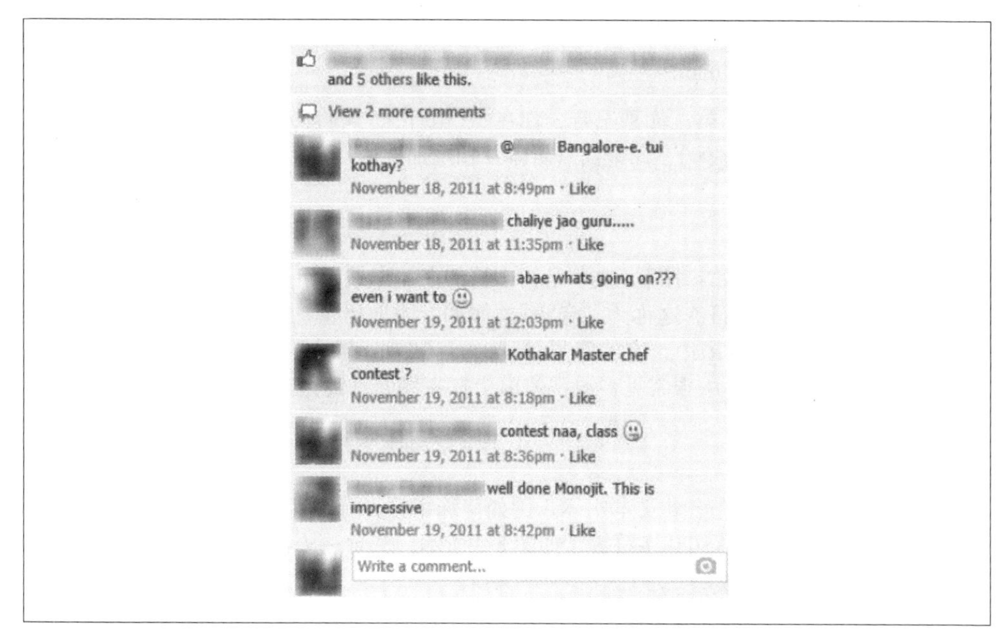

图 8-3：语言的新组合：非标准拼写、表情符号、代码混合、音译

这些差异给标准的自然语言处理系统带来挑战。接下来让我们详细了解主要区别。

不遵循语法

众所周知，任何一门语言都严格遵循语法规则。但是，社交媒体上的交谈不遵循任何语法规则，其特点是标点符号和大写不一致（或不存在）、夹杂表情符号、拼写不正确或不规范、多次重复相同的字符以及缩写词。与标准语言的这种区别使得基本的预处理步骤（例如分词、词性标注和分句）变得困难。完成这些任务需要专用于 SMTD 的模块。

非标准拼写

大多数语言的任一单词只有一种书写形式，因此以其他形式书写同一个单词就属于拼写错误。在 SMTD 中，同一个单词可以具有许多拼写形式。例如，请参考社交网络中英文单词“tomorrow”的下列拼写方式——tmw、tomarrow、2mrw、tommorw、2moz、tomorro、tommarrow、tomarro、2m、tomorrw、tmmrw、tomoz、tommmow、tmrrw、tommarow、2maro、tmrow、tommoro、tomolo、2mor、2moro、2mara、2mw、tomaro、tomarow、tomoro、2morr、2mro、tmoz、tomo、2morro、2mar、2marrow、tmr、tomz、tmorrow、2mr、tmo、tmro、tommorrow、tmrw、tmrrow、2mora、tommrow、tmoro、2ma、2morrow、tommw、tomm、tmrww、2morow、2mrrw、tomorow。自然语言处理系统若想正常工作，就需要理解所有这些单词都指代同一个单词。

多语言

报纸或书刊的文章大多是用同一种语言编写的。很少能看到文章中的大段篇幅采用多种语言。但在社交媒体上，人们经常混合使用多种语言。请参考以下来自社交媒体网站的示例：

Yaar tu to, GOD *hain*. **tui**
JU te ki korchis? Hail u man!

这两句话的意思："兄弟，你是上帝。你在 JU 做什么？嗨，兄弟！"文本中混合了三种语言：英语（普通字体）、印地语（斜体）和孟加拉语（粗体）。对于孟加拉语和印地语，已经使用了音译。

音译

每种语言均以自己的文字书写，文字是指字符的书写方式。但是，人们经常在社交媒体上混用文字来书写字符。这称为"音译"。例如，印地语单词"आप"（德瓦那加里文，发音为"aap"）。在英语中，它的意思是"you"（你）。但人们经常将其写成罗马文字"aap"。音译在 SMTD 中很常见，通常是由于打字界面（键盘）为罗马文，但交流语言为非英语。

特殊字符

SMTD 的特点是存在许多非文本实体，例如特殊字符、表情符号、话题标签、颜文字、静态图像和动图、非 ASCII 字符等，如图 8-4 所示。从自然语言处理的角度看，人们需要预处理流水线中的模块处理这些非文本实体。

图 8-4：社交媒体数据中的特殊字符

不断发展的词汇

每一年，大多数语言很少在词汇中添加新词，甚至没有新词。但在社交语言中，词汇数量以非常快的速度增加，几乎每一天都会冒出新词。这意味着任何处理 SMTD 的自然语言处理系统都会遇到很多新词，而这些词未被包含在训练数据的词汇表中。这对自然语言处理系统的性能有不利影响，通常被称为“未登录词”（OOV）问题。

为了进一步了解此问题的严重性，请看图 8-5 所示的信息图。几年前我们进行了一项实验，收集了大量推文，并逐月量化了“新词”的数量。图 8-5 显示了每个月的新词占比。可以明显看出，与前一个月的词汇数量相比，每个月会产生 10%~15%的新词。

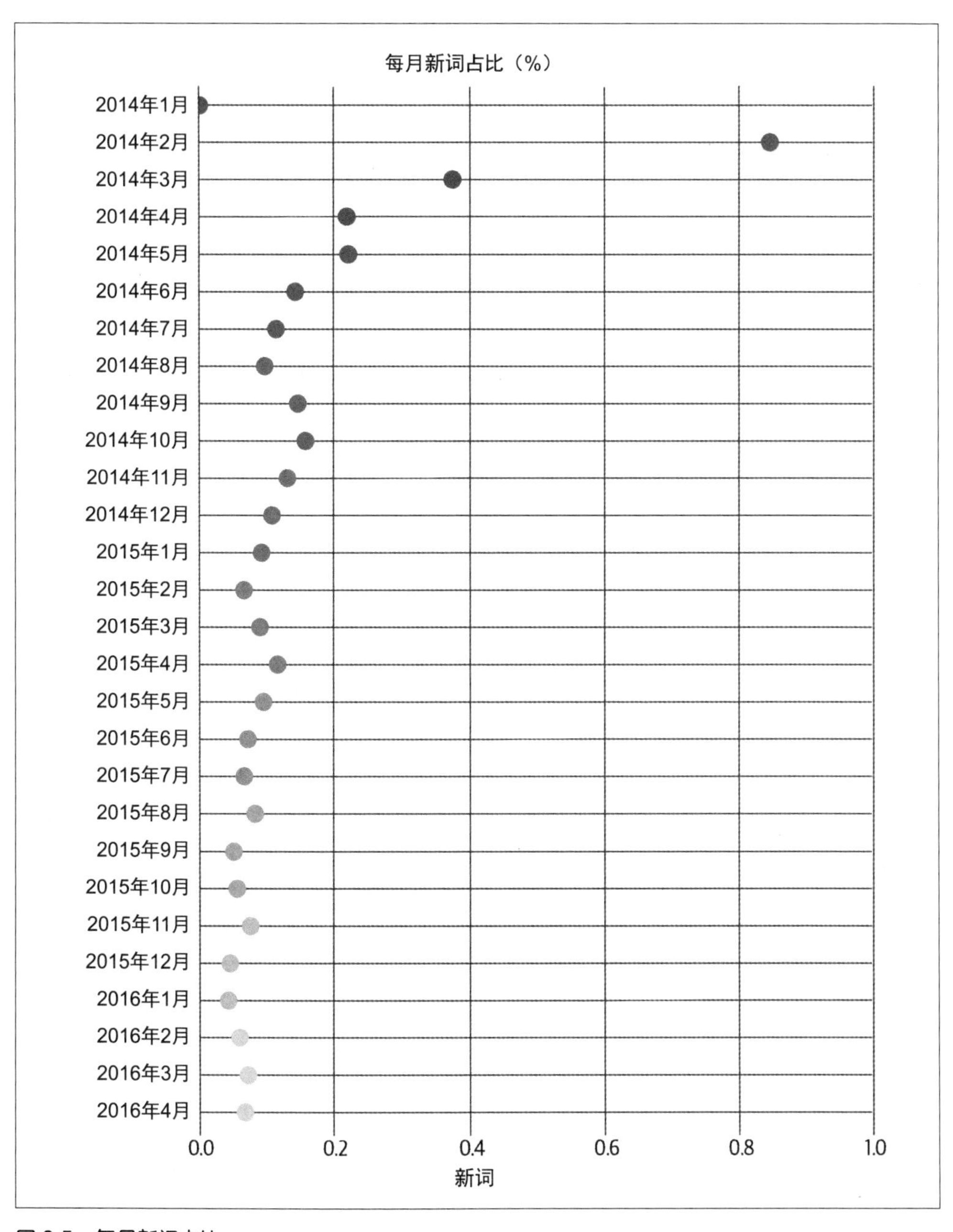

图 8-5：每月新词占比

文本长度

与其他交流渠道（如博客、产品评论、电子邮件等）相比，社交媒体平台上的平均文本长度要短得多。原因是较短的文本可以在保留可读性的同时快速键入。这主要是由于Twitter 的 140 个字符的限制。例如，“This is an example for texting language” 可能写为“dis is n eg 4 txtinlang”。两者含义相同，但前者长度为 39 个字符，后者长度只有 23 个字符。随着 Twitter 的普及和用户的增加，在社交平台上言简意赅已成为一种规范。这种简练的写法变得非常流行，以至于现在几乎可以在所有非正式交流中看到，例如短消息和在线聊天。

噪声数据

社交媒体帖子中充斥着垃圾邮件、广告、促销内容，以及各种其他不请自来、无关或分散的内容。因此不能直接使用从社交平台获取的原始数据。过滤噪声数据是至关重要的一步。例如，假设我们正通过抓取或使用 Twitter API，从 Twitter 或 Facebook 为自然语言处理任务（例如讽刺检测）收集数据。务必确保没有垃圾邮件、广告或不相关的内容混入数据集。

简而言之，与来自博客、图书的文本数据相比，来自社交媒体的文本数据是高度非正式的，这种规范性的缺乏可以在上述各种方面中体现出来。所有这些因素都会对没有内置相应处理方式的自然语言处理系统的性能产生不利影响。图 8-6 显示了不同文本数据规范性的程度，以及文本数据的不同来源。

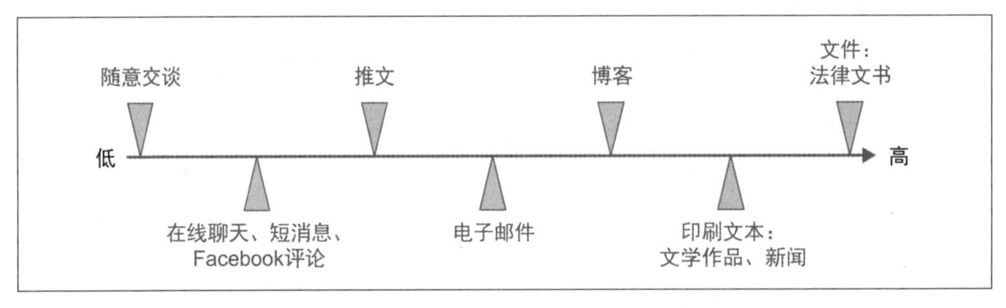

图 8-6：不同数据源的文本数据中的规范性程度

由于社交语言的非正式性，将标准的自然语言处理工具和技术应用于 SMTD 时会遇到困难。这样做依赖于将社交平台文本转换为标准文本（即规范化）或构建专用于处理 SMTD 的系统。下一节将介绍在构建各种应用程序时如何执行此操作。

识别、理解和解决 SMTD 中发现的语言特性很重要。构建可以处理这些特性的子模块，通常对提高用于 SMTD 的模型的性能大有帮助。

接下来重点介绍使用 SMTD 构建商业应用程序。

8.3 用于社交平台数据的自然语言处理

现在，我们将深入研究如何将自然语言处理应用于 SMTD，以构建一些可用于解决各种问题的有趣应用程序。例如，我们可能需要知道客户对我们发布的某些公告或产品有何反响，或者需要能够识别用户群体特征。我们将从词云之类的简单应用程序开始，然后逐步扩展到更复杂的应用程序，例如理解诸如 Twitter 这样的社交媒体平台帖子的情绪。

8.3.1 词云

词云是以图形方式捕获给定文档或语料库中最重要的单词。它不过是一张由单词（大小不同）组成的图像，单词的大小与其在语料库中的重要性（频率）成正比。词云是了解语料库中**关键词**的快捷方式。如果运行本书的词云算法，很可能会得到类似图 8-7 所示的词云。

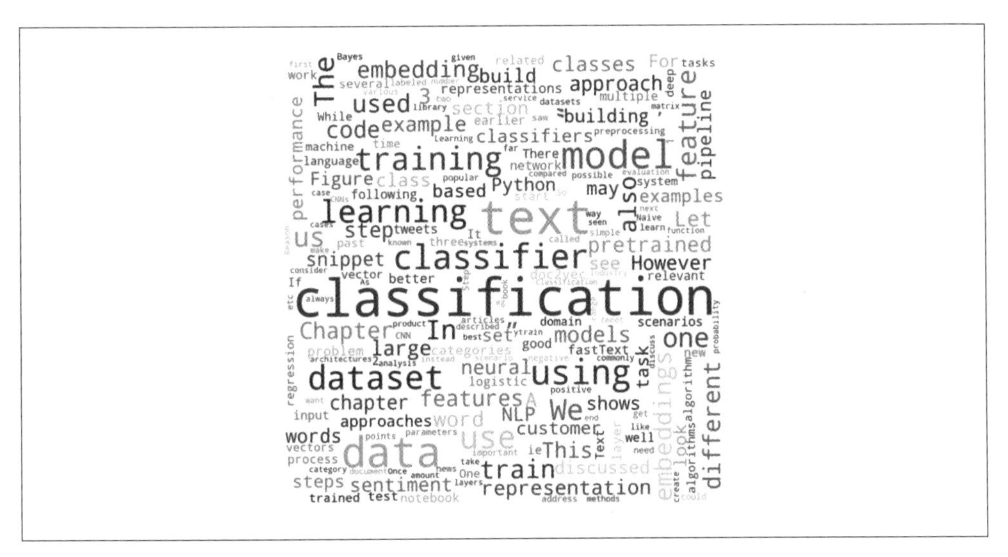

图 8-7：本书第 4 章的词云

与第 4 章中的其他单词相比，诸如 classification、data 和 text 之类的单词出现了更多次，因此它们在相应的词云中突出显示。那么如何从一系列推文中创建词云？这个自然语言处理流水线应该是怎样的？

以下是构建词云的步骤：

1. 为给定的语料库或文档分词；
2. 移除停用词；
3. 按频率降序对剩余单词排序；
4. 取前 k 个单词并“美观”地绘制它们。

以下代码片段说明了如何在实践中实现此流水线。为此，我们将使用一个名为 `wordcloud` 的库，该库内置生成词云的函数：

```
    from wordcloud import WordCloud
document_file_path = './twitter_data.txt'
text_from_file = open(document_file_path).read()

stop_words = set(nltk.corpus.stopwords.words('english'))

word_tokens = twokenize(text_from_file)
filtered_sentence = [w for w in word_tokens if not w in stop_words]
wl_space_split = " ".join(filtered_sentence)
my_wordcloud = WordCloud().generate(wl_space_split)

plt.imshow(my_wordcloud)
plt.axis("off")
plt.show()
```

根据不同的样式，我们可以按需生成各种形状的词云，如图 8-8 所示。

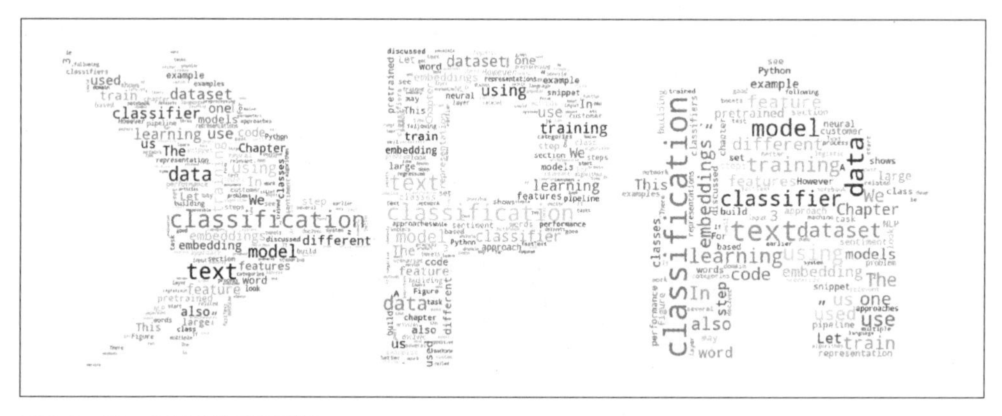

图 8-8：同一个词云的各种形状

8.3.2 用于SMTD的分词器

上述过程的关键步骤之一是正确地为文本数据分词。为此，我们使用 twokenize 为文本语料库分词。这是一个用于从推文数据提取词元的特定函数。该函数是专为 SMTD 设计的一系列自然语言处理工具的一部分。现在你可能会问：为什么需要一个专用的分词器，而不使用 NLTK 中可用的标准分词器？本书的第 3 章和第 4 章对此进行了简要讨论，但这个问题值得我们再多花点时间。答案在于，NLTK 中可用的分词器是为标准英语设计的。英语的特点是两个单词之间用空格分隔。但 Twitter 上使用的英语不一定是这样的。

这表明使用空格识别单词边界的分词器在 SMTD 上可能效果不佳。下面通过一个例子来理解这一点。请看这条推文，“Hey @NLPer! This is a #NLProc tweet :-D”。理想的分词应该是这样的：['Hey', '@NLPer', '!', 'This', 'is', 'a', '#NLProc', 'tweet', ':-D']。而使用诸如 nltk.tokenize.word_tokenize 为英语设计的分词器，会得到以下分词：[Hey', '@', 'NLPer', '!', 'This', 'is', 'a', '#', 'NLProc', 'tweet', ':', '-D']。显然，由 NLTK 的分词器得到的分词是不正确的，使用提供正确分词的分词器很重要。twokenize 就是专为 SMTD 设计的。

一旦有了正确的分词集，就可以直接进行频率计数。有许多专门用于 SMTD 的分词器，其中比较有名的是 nltk.tokenize.TweetTokenizer、Twikenizer、卡内基 – 梅隆大学 ARK 机器学习研究项目组出品的 Twokenizer 和 twokenize。对于给定的输入推文，每个分词器可以得到略微不同的输出。根据你的语料库和用例，选择能给你最佳输出的分词器吧。

接下来将介绍下一个应用程序，我们将用它尝试提取热门话题。

8.3.3 热门话题

就在几年前，追踪最新热门话题非常简单——拿起当天的报纸，通读新闻标题就行了。社交媒体改变了这一点。由于平台流量巨大，热点可能在几小时内发生变化（经常如此）。追踪每小时的热点对于个人而言可能并不那么重要，但对于企业而言可能非常重要。

如何追踪热门话题？用社交媒体的话来讲，任何围绕某个话题的对话通常都与话题标签关联。因此，查找热门话题就是在给定的时间窗口内查找最受欢迎的话题标签。图 8-9 显示了纽约地区热门话题的快照。

图 8-9：Twitter 热门话题的快照

如何实现一个可以收集热门话题的系统？一个最简单的方法是使用 Tweepy 的 Python API。Tweepy 提供了一个获取热门话题的简单函数——`trends_available`。它以 WOEID（地球位置标识符）作为输入，并返回该地理位置的热门话题。当给定 WOEID 的热门信息可用时，`trends_available` 函数会返回给定 WOEID 的前 10 个热门话题。该函数调用响应的是表示“热门话题”的对象数组。在响应体中，每个对象都对以下信息进行编码：热门话题的名称、可用于 Twitter 搜索的相应查询参数，以及 Twitter 搜索的 URL。唯一的问题是 Tweepy 会限流，因为它是免费的 API。Twitter 对应用程序在给定的时间窗口内对任意给定 API 资源进行的请求数施加了速率限制——你不能发出数千个请求。Twitter 的速率限制有详细的文档说明。在你需要致电咨询速率限制之前，可以先查看 Gnip——来自 Twitter 的付费数据托管商。

接下来看看如何实现另一个热门的自然语言处理应用程序：使用社交媒体数据进行情感分析。

8.3.4 理解Twitter的情绪

当讨论自然语言处理和社交媒体时，情感分析可以说是最热门的应用程序之一。对于全球的企业和品牌来说，倾听人们对它们及其产品和服务的评价至关重要。更重要的是，要了解人们的意见所包含的情绪是正面的还是负面的，以及这种两种情绪是否随着时间改变。在社交媒体尚未出现的时代，这是通过客户调查（包括登门拜访）完成的。而今天，研究社交媒体是了解人们对品牌看法的一种好方法。更重要的是，还能了解这种情绪如何随着时间而改变。图 8-10 显示了给定的某一组织的情绪如何随时间变化。这样的数据可视化为营销团队和组织提供了深刻的见解——剖析受众对他们的营销活动和事件的反响，有助于他们为未来的营销活动和推广内容进行战略规划。

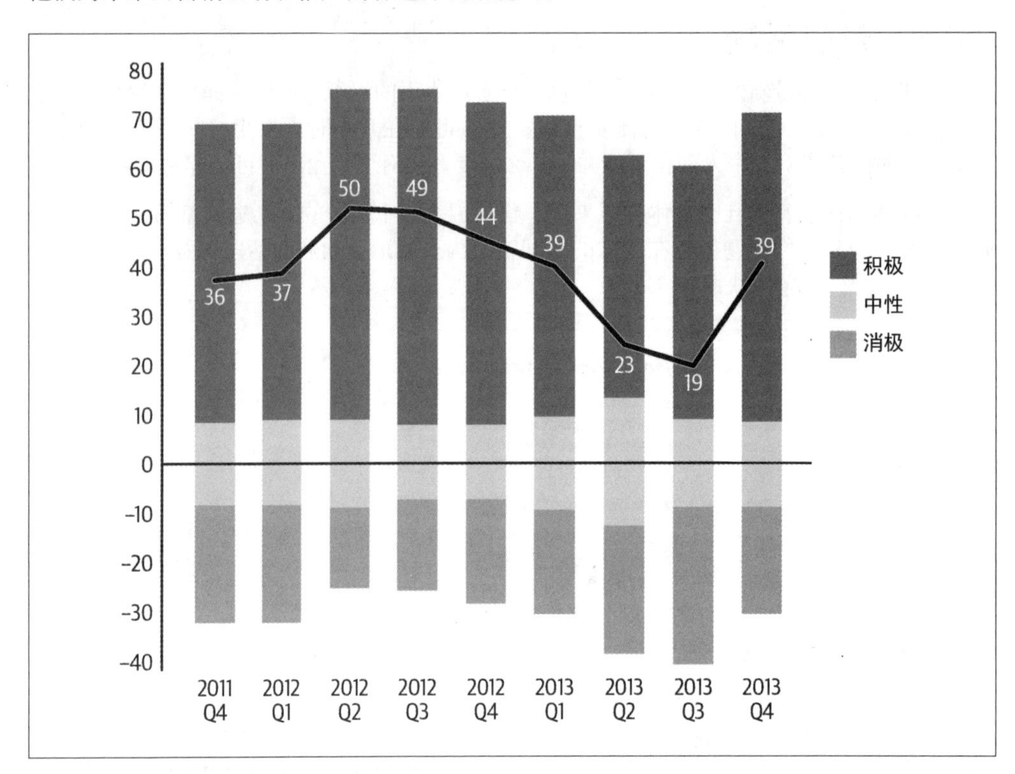

图 8-10：追踪情绪随时间的变化

本节将聚焦于使用公共数据集为 Twitter 数据构建情感分析。

Twitter 的情感分析与第 4 章中所构建的情感分析模型有何不同？关键区别在于数据集。第 4 章使用了 IMDB 数据集，该数据集由结构良好的句子组成。而 Twitter 情感语料库的数据则包含非正式编写的推文。这也就引申出了 8.2 节中所讨论的各种问题。这些问题反过来又影响了模型的性能。一个很好的实验是在 Twitter 语料库上运行第 4 章的情感分析流水线，并深入研究模型犯下的各种错误。我们将其留作给读者的练习。

接着构建情感分析系统并设置基线。为此，我们将使用 TextBlob——在 NLTK 和 Pattern 之上构建的、基于 Python 的自然语言处理工具集。它包含一系列用于文本处理、文本挖掘和文本分析的模块。只需 5 行代码即可得到一个基本的情感分类器：

```
from textblob import TextBlob

for tweet_text in tweets_text_collection:
    print(tweet_text)
    analysis = TextBlob(tweet_text)
    print(analysis.sentiment)
```

这将为我们提供语料库中每条推文的极性值和主观性值。极性是 [–1.0, 1.0] 范围内的值，表示文本的情绪是积极的还是消极的。而主观性是 [0.0, 1.0] 范围内的值，其中 0.0 表示非常客观，1.0 表示非常主观。

它的实现很简单：对推文进行分词，并为每个词元计算极性和主观性。然后整合极性和主观性的值，得出整个句子的值。读者可以自行了解更详细的信息。这个简单的情感分类器可能无法很好地工作，主要原因是 TextBlob 的分词器。数据来自社交媒体，因此很可能不会遵循英语语法规则。因此，分词后得到的许多词元可能不是英语词典中的标准单词，我们无法得到此类词元的极性和主观性。

假设需要改进分类器，可以尝试在第 4 章所学的各种技术和算法。由于数据存在噪声（8.2 节中讨论过），因此性能可能不会有显著的提升。因此，改进系统的关键在于更好地清洗和预处理文本数据。这对于 SMTD 至关重要。接下来将讨论 SMTD 预处理的一些重要部分。至于流水线的剩余部分，可以遵循第 4 章讨论的流水线。

当使用 SMTD 时，预处理和数据清洗至关重要。此步骤可最大限度地提升模型性能。

8.3.5 SMTD的预处理

大多数用于 SMTD 的自然语言处理系统具有丰富的预处理流水线，其中包括许多步骤。本节将介绍处理 SMTD 的一些常用步骤。

1. 移除标签元素

标签元素（HTML、XML、XHTML 等）在 SMTD 中随处可见，因此移除它们很重要。使用一个名为 Beautiful Soup 的库是一个很好的实现方式：

```
from bs4 import BeautifulSoup

markup = '<a href="">\nI love <i>nlp</i>\n</a>'
soup = BeautifulSoup(markup)
soup.get_text()
```

这会输出 `\nI love nlp\n`。

2. 处理非文本数据

SMTD 通常包含各种符号、特殊字符等，并且通常采用拉丁编码和 Unicode 编码。为了理解它们，将数据中存在的符号转换为易于理解的字符非常重要。这通常是通过转换为标准编码格式（如 UTF-8）来完成的。以下示例显示了如何将整个文本转换为机器可读形式：

```
text = 'I love Pizza 🍕!  Shall we book a cab 🚕 to get pizza?'
Text = text.encode("utf-8")
print(Text)

b'I love Pizza \xf0\x9f\x8d\x95!
Shall we book a cab \xf0\x9f\x9a\x95 to get pizza?'
```

3. 处理撇号

SMTD 的另一个特点是撇号的使用。诸如 ‘s、‘re、‘r 之类的情况很常见。处理此问题的方法是扩展撇号。这需要一个可以将撇号映射为完整形式的字典：

```
Apostrophes_expansion = {
"'s" : " is",
"'re" : " are",
"'r" : " are", ...} ## 给定此字典
words = twokenize(tweet_text)

processed_tweet_text = [Apostrophes_expansion[word] if word
                        in Apostrophes_expansion else word for word in words]

processed_tweet_text = " ".join(processed_tweet_text)
```

根据以往的经验，并没有现成的撇号及其扩展的映射可用，因此我们需要手动创建。

4. 处理表情符号

表情符号是社交媒体平台沟通的核心。一张小图像可以完整地表达一种或多种人类情感。但是这为机器带来了巨大的挑战。如何设计可以理解表情符号含义的子系统？在预处理过程中移除所有表情符号是一件蠢事。这可能会导致严重的语义缺失。

一种好的实现方式是用解释该表情符号的相应文本替换该表情符号。例如，用“fire”替换“🔥”。为此，需要在表情符号及其对应的文字说明之间构建映射。 Demoji 是一个为此而生的 Python 包。它有一个 findall() 函数——给出文本中所有表情符号的列表及其相应的含义。

```
tweet = "#startspreadingthenews yankees win great start by 🎅🏾 going 5strong
innings with 5k's 🔥 🐂 solo homerun 🌋 🌋 with 2 solo homeruns
and 👹 3run homerun... 🤡 🚣 👨🏽‍⚖️ with rbi's ... 🔥 🔥 🇲🇽 and 🇱🇧
to close the game 🔥 🔥 !!!....WHAT A GAME!! "

demoji.findall(tweet)

{
    "🔥": "fire",
    "🌋": "volcano",
    "👨🏽‍⚖️": "man judge: medium skin tone",
    "🎅🏾": "Santa Claus: medium-dark skin tone",
```

```
        "🇲🇽": "flag: Mexico",
        "👹": "ogre",
        "🤡": "clown face",
        "🇳🇮": "flag: Nicaragua",
        "🚣🏼": "person rowing boat: medium-light skin tone",
        "🐂": "ox",
    }
```

我们可以使用 findall() 的输出，将文本中的所有表情符号替换为具有相应含义的单词。

5. 连词拆分

SMTD 的另一个特点是，用户有时会将多个单词组合为一个词，其中单词的歧义消除是通过大写字母来完成的，例如，GoodMorning、RainyDay、PlayingInTheCold 等。这很容易处理。以下代码片段可以完成这项工作：

```
processed_tweet_text = " ".join(re.findall('[A-Z][^A-Z]*', tweet_text))
```

对于 GoodMorning，它将返回“Good Morning”。

6. 链接的移除

SMTD 的另一个常见特征是链接的使用。取决于应用的目的，我们可能想要将 URL 一并删除。以下代码片段将所有 URL 替换为一个常量——constant_url。对于大多数简单的场景，可以使用诸如 http\S+ 的正则表达式，而大多数场景下，我们必须编写如以下代码片段所示的自定义正则表达式。这些代码很复杂，因为某些帖子包含短链接而不是完整链接：

```
def process_URLs(tweet_text):
    '''
    replace all URLs in the tweet text
    '''
    UrlStart1 = regex_or('https?://', r'www\.')
    CommonTLDs = regex_or( 'com','co\\.uk','org','net','info','ca','biz',
                           'info','edu','in','au')
    UrlStart2 = r'[a-z0-9\.-]+?' + r'\.' + CommonTLDs +
                pos_lookahead(r'[/ \W\b]')
    # 为了去除用例的间隔，使用*而不是+
    UrlBody = r'[^ \t\r\n<>]*?'
    UrlExtraCrapBeforeEnd = '%s+?' % regex_or(PunctChars, Entity)
    UrlEnd = regex_or( r'\.\.+', r'[<>]', r'\s', '$')
    Url = (optional(r'\b') +
          regex_or(UrlStart1, UrlStart2) +
          UrlBody +
          pos_lookahead( optional(UrlExtraCrapBeforeEnd) + UrlEnd))

    Url_RE = re.compile("(%s)" % Url, re.U|re.I)
    tweet_text = re.sub(Url_RE, " constant_url ", tweet_text)

    # 处理URL中的Unicode
    URL_regex2 = r'\b(htt)[p\:\/]*([\\x\\u][a-z0-9]*)*'
    tweet_text = re.sub(URL_regex2, " constant_url ", tweet_text)
    return tweet_text
```

7. 非标准拼写

在社交媒体上，人们使用的单词严格来说通常是拼写错误的。例如，人们经常多次复写一个或多个字符，如“yessss”或“ssssh”（而不是“yes”或“ssh”）。这种字符复写在SMTD中很常见。以下是解决此问题的一个简单方法。我们遵循这个事实：在英语中，几乎没有单词拥有连续三个相同的字符。因此，我们根据这个事实进行修剪：

```
def prune_multple_consecutive_same_char(tweet_text):
    '''
    yesssssssss is converted to yes
    ssssssssssh is converted to ssh
    '''
        tweet_text = re.sub(r'(.)\1+', r'\1\1', tweet_text)
        return tweet_text
```

这会输出 `yes ssh`。

另一种方式是使用拼写校正库。这些库大多数使用了某种形式的距离度量标准，例如编辑距离，也称为莱文斯坦距离（Levenshtein distance）。TextBlob 本身具有一些拼写校正的能力：

```
from textblob import TextBlob

data = "His sellection is bery antresting"
output = TextBlob(data).correct()
print(output)
```

这会输出：`His selection is very interesting`。

我们希望这可以使你很好地理解为什么预处理在 SMTD 的场景下如此重要，以及如何实现它。此处并未包含预处理的完整步骤。 接下来我们将聚焦于自然语言处理流水线的下一步（回到图 2-1）：特征工程。

8.3.6 SMTD的文本表示

之前我们看到了如何使用 TextBlob 为推文创建简单的情感分类器。现在尝试构建一个更复杂的分类器。假设我们已经实现了之前部分讨论的所有预处理步骤。接下来该做什么？需要将文本分词，然后用数学方式表示它们。我们使用 twokenize 进行分词，这是一个专用于处理 Twitter 数据的分词器。如何表示得到的词元？可以尝试在第 3 章所学的各种技术。

根据以往的经验，诸如 BoW 和 TF-IDF 这样的基本向量化方法不适用于 SMTD，主要是由于噪声和文本数据的变体（例如，本章前面讨论的“tomorrow”的多种变体）。噪声和变体导致向量极其稀疏。这时嵌入就可以派上用场了。正如第 3 章所讨论的，自行训练嵌入的开销是非常大的。因此，可以通过使用预训练的嵌入开始构建。第 4 章介绍了如何使用谷歌的预训练词嵌入来构建情感分类器。现在，如果我们在从社交媒体平台收集的数据集上运行相同的代码，可能不会得到同等优秀的指标。原因之一可能是所用数据集的词汇表与 Word2vec 模型的词汇表明显不同。为了验证这一点，将文本语料库进行分词，并在所有词元上构建一个集合，然后将其与 Word2vec 的词汇表进行比较。以下代码片段可实现此目的：

```
combined = tokenizer(train_test_X)

# 从数据集创建词汇集的一种方法
flat_list = chain(*combined)
dataset_vocab = set(flat_list)
len(dataset_vocab)

w2v_vocab = set(w2v_model.vocab.keys())

print(dataset_vocab - w2v_vocab)
```

在此，`train_test_X` 是来自我们的语料库的训练和测试模块的评论组合集合。现在，你可能会问：为什么当我们使用电影评论数据集时，情况并非如此？原因是谷歌的 Word2vec 是使用维基百科和新闻文章的文本训练的。这些文章中使用的语言和词汇类似于电影评论数据集中使用的语言和词汇。但对于来自社交媒体的数据集，情况并非如此。因此，对于来自社交媒体的数据集而言，集合的差异会很大。

那么如何解决这个问题？有以下几种方法。

1. 使用来自社交数据的预训练嵌入，例如斯坦福大学自然语言处理小组的 GloVe。他们在 20 亿条推文上训练了词嵌入。
2. 使用更好的分词器。强烈推荐 Allen Ritter 开发的 twokenize 分词器。
3. 训练自己的嵌入。这是万不得已时的选择，而且仅当你有海量数据（至少 100 万 ~150 万条推文）时才可行。即使训练了自己的嵌入，性能指标上也可能不会有显著的提升。

根据以往的经验，如果要使用基于单词的嵌入，则前两种方法可以为你的工作投入带来最佳的回报。

即使你在性能指标上获得了可观的提升，但随着训练数据和生产数据之间的时间间隔不断增加，性能可能会持续下降。这是因为随着时间间隔的增加，训练数据和生产数据的词汇之间的重合会不断减少。造成这种情况的主要原因之一是社交媒体的词汇表总是在不断引入新词，并且缩略词源源不断地被创造和使用。你可能会认为新词偶尔会被添加一次，但是令人惊讶的是，事实并非如此。图 8-11 显示了社交媒体词汇的发展速度。图的左侧显示了每月中新词的占比。该分析是在 27 个月的时间内基于大约 200 万条推文完成的。图的中间以条形图显示每月总词数与新词数。图的右侧是累积条形图。平均而言，每个月约 20%的词汇是新词。

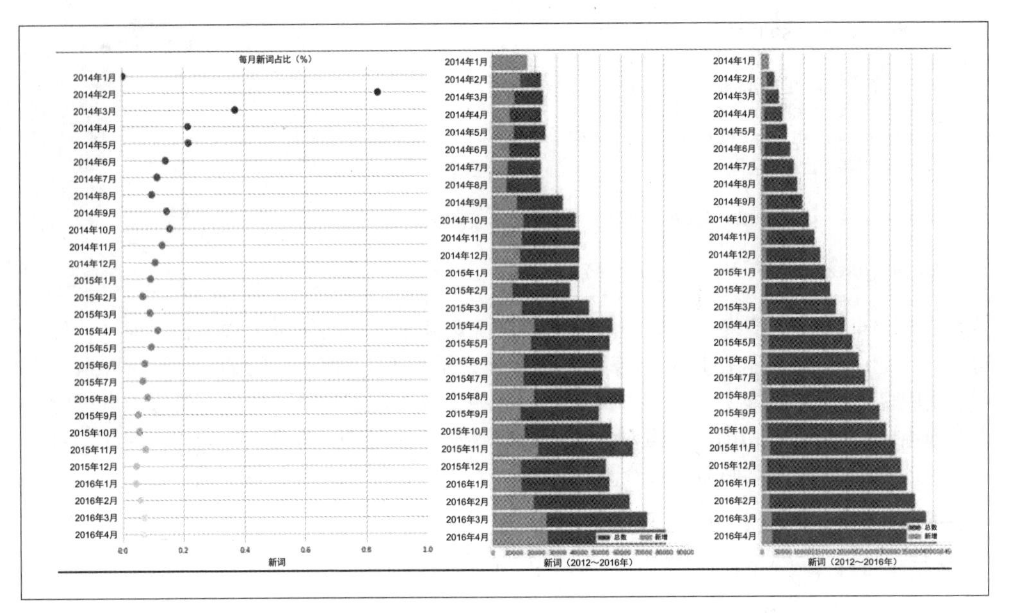

图 8-11：社交媒体词汇发展速度的数据可视化

这对我们而言意味着什么？无论我们的词嵌入多么出色，由于社交媒体词汇的不断发展，它终将在几个月内变得过时（例如，我们的词汇大部分不会出现在我们的词嵌入中）。这意味着，当通过单词查询嵌入模型以获取其嵌入时，由于在训练嵌入时查询词未曾出现在训练数据中，它将返回空值。这等同于所有这些单词都被完全忽略了。反过来，随着时间的流逝，这将大大降低我们的情感分类器的准确率，因为越来越多的单词终将被忽略。

词嵌入并不是表示 SMTD 最好的方法，尤其是当你需要使用它长达 4~6 个月或更久时。

该领域的研究人员很早就发现了这个问题，并尝试了各种方法来规避它。使用 SMTD 时处理此持久性未登录词问题，更好的一种方法是使用字符的 *n*-gram 嵌入。第 3 章和第 4 章介绍 fastText 时讨论了这个想法。语料库中每个字符的 *n*-gram 表示都有一个对应的嵌入。现在，如果该词出现在嵌入词表中，那么我们将直接使用嵌入词。如果不是（例如这个词是未登录词），那么我们将该词分解为字符的 *n*-gram 表示，并结合所有这些嵌入以得出该词的嵌入。fastText 具有预训练的字符 *n*-gram 嵌入，但它们并非特定于 Twitter 或 SMTD。研究人员还尝试了字符嵌入。

8.3.7 社交媒体渠道的客户支持

从诞生之日起，社交媒体已经发展成为一种交流渠道。它的主要目的是帮助全球各地的人们建立联系并表达自己的观点。但社交媒体的广泛采用已迫使品牌和组织重新审视其交流策略。一个很好的例子就是品牌在 Twitter 和 Facebook 等社交平台上提供客户支持。不过品牌并不是一开始就打算这样做的。

在 21 世纪第一个十年的开始，随着社交平台的普及，品牌开始创建和拥有 Twitter 域名和 Facebook 主页之类的财产和资产，主要是为了触达其客户和用户，并开展品牌推广和营销活动。但是随着时间的流逝，品牌总会收到客户及用户的投诉和抱怨。投诉和问题的与日俱增促使品牌创建专用的域名和主页用于处理客户服务支持。图 8-12 显示了 Apple 公司和美国银行的客户服务支持页面。Twitter 和 Facebook 已推出了各种功能以支持品牌，而且大多数客户关系管理（CRM）工具提供了社交媒体渠道的客户服务支持。品牌可以将其社交媒体渠道与 CRM 工具绑定，并使用该工具来响应站内消息。

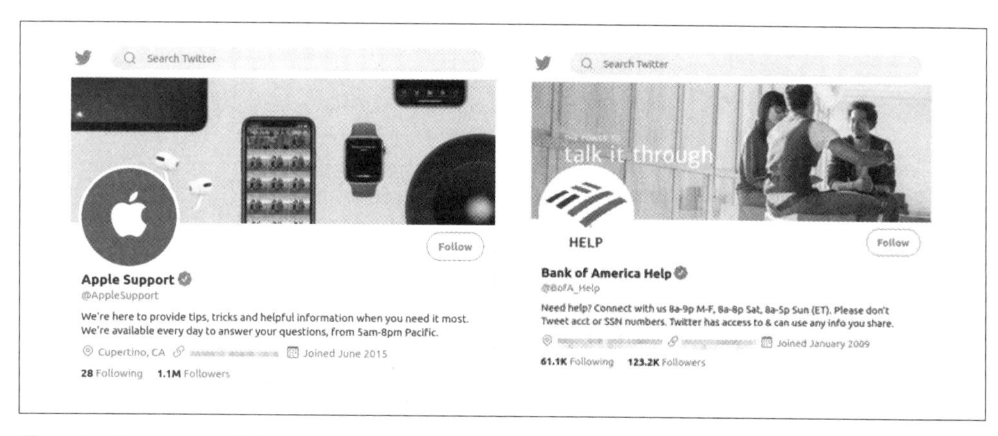

图 8-12：Twitter 上品牌支持页的示例

由于对话的公开性质，品牌有义务迅速做出回应。但是品牌的服务支持页流量很大：其中一些是真正的问题、不满和诉求，通常被认为是“可处理的对话”，客户服务支持团队应尽快处理；另一大部分流量是无关紧要的内容——促销广告、优惠券、招聘信息、个人观点、骚扰信息等，通常称为“噪声”，客户服务支持团队无法处理，并希望避开所有此类消息。理想情况下，他们只希望将可处理的消息转为 CRM 工具的工单。图 8-13 显示了区别可处理的消息与噪声的示例。

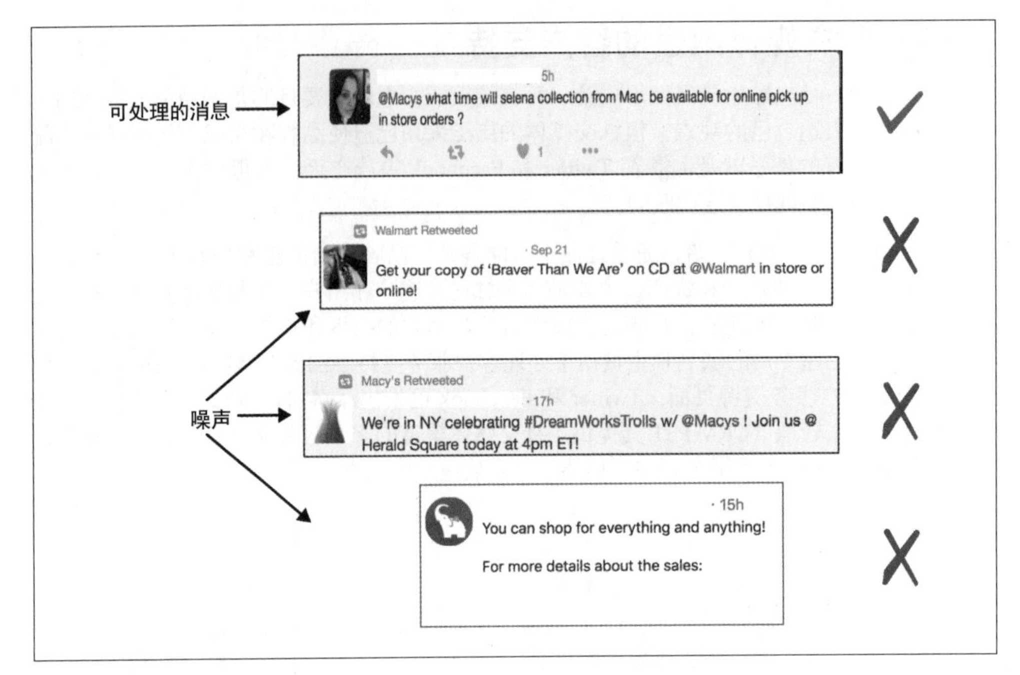

图 8-13：区别可处理的消息与噪声的示例

假设我们在 CRM 产品组织中工作，我们的需求是构建一个模型，将可处理的消息与噪声分离。怎么处理呢？识别噪声与可处理消息的问题类似于垃圾邮件分类问题或情感分类问题。可以构建一个查看站内消息的模型。该流水线和之前非常相似：

1. 收集有标签的数据集；
2. 数据清洗；
3. 预处理；
4. 分词；
5. 词元表示；
6. 训练模型；
7. 模型测试；
8. 模型上线。

本章已从很多方面讨论了该流水线。正如对 SMTD 进行情感分析一样，这里的关键点也是预处理步骤。在此基础上，我们准备继续本章的最后一个主题：在社交平台上识别有争议的内容。

8.4 模因与虚假新闻

社交平台的用户以各种方式共享各种信息和想法。这些平台最初是被设计为自治的。但随着时间的流逝，用户的行为已经超越了社区规范，也就是所谓的“网络暴力”。社交平台的大部分帖子充满了争议性内容，例如骚扰信息、模因、网络用语和虚假新闻，其中一些可能是宣传，也可能只是为了好玩。无论情况如何，都需要对这些内容进行监管和过滤。本节将讨论如何研究此类内容的趋势，以及自然语言处理在其中的作用。

8.4.1 识别模因

模因（meme，中文也称为“梗”）是社交媒体用户策划的最有趣的元素之一，目的是传达有趣或讽刺的消息。这些模因在形式上进行最低程度的更改就可以重复使用，例如“暴躁的猫”的图像（如图 8-14），该图像在许多场合下被配合不同的文本使用。这类似于理查德·道金斯提出的“基因”的原始概念。来自 Facebook 的 Lada Adamic 通过 Facebook 中这些模因研究了信息流，她声称“……通过手动复制和粘贴机制传播的模因可能是准确的，它们或许会包含突变（偶然的或有意的修改）”。图 8-14 显示了你可能遇到的两个常见模因的示例。

图 8-14：模因的示例

在介绍理解模因趋势的关键方法之前，我们先讨论一下为什么理解这些趋势很重要。网络暴力模因在像领英这样的专业网络平台的动态信息中泛滥是不可取的。与此类似的还有 Facebook 或谷歌上旨在传播与官方流程或团体活动有关的通知或信息的小组（例如，用于募捐活动的 Facebook 主页，或用于帮助学生申请研究生学校的谷歌小组）。识别那些可能是嘲讽、人身攻击或违反了其他小组或平台规则的模因很重要。识别模因的主要方式有两种。

基于内容

基于内容的模因识别使用内容与已经被其他模因识别的类似模式进行匹配。例如，在一个社区中，“This is Bill. Be like Bill”（见图 8-14）已经被识别为模因。为了确定新帖子是否与其属于同一模板，可以提取文本，并使用相似性指标（例如杰卡德距离）识别有问题的内容。通过这种方式可以识别出这种模式的模因，“This is Person*X*. Be like Person*X*”。在我们运行的示例中，甚至连正则表达式也能够从新帖子中识别出此类模板。

基于行为

　　基于行为的模因识别主要是使用帖子上的活动来完成的。研究表明，模因的共享行为从其开始到随后的几个小时都会发生巨变。通常，可以通过分析特定帖子的分享、评论和点赞数以识别病毒式传播的内容。这些数值通常会超出其他非模因帖子的平均指标。这多用于异常检测领域。

我们已经讨论了社交媒体中模因的基本定义，并简要介绍了如何识别或衡量模因的影响。现在让我们转向社交媒体中的另一个重要且紧迫的问题：虚假新闻。

8.4.2 虚假新闻

社交平台上的虚假新闻在过去几年中已成为一个大问题。随着社交平台用户数量增长，与虚假新闻有关的事件也显著增加。用户编造虚假内容，并在社交网络上不断分享，导致虚假新闻呈病毒式传播。本节将介绍如何使用到目前为止所学习的自然语言处理技术检测虚假新闻。

来看一个虚假新闻的示例："彩票获奖者因在前老板的草坪上倒了 20 万美元的粪便而被捕。"这在 2018 年的 Facebook 平台上获得了超过 230 万次分享。

各种媒体机构和内容审核人都在积极工作，以检测和清除此类虚假新闻。有一些原则性的方法可以用于解决这种威胁。

1. **使用外部数据源进行事实验证**：事实验证涉及验证新闻文章中的各种事实。可以将其视为一种语言理解任务——给定一个句子和一组事实，系统需要找出这组事实是否支持这个句子中的主张。

   假设我们可以访问外部数据源，例如维基百科（假设它是事实正确的）。现在给定一条新闻文本，例如"爱因斯坦生于 2000 年"，我们应该能够使用由事实组成的数据源进行验证。请注意，一开始我们不知道哪一条信息可能是错误的，因此仅通过模式匹配无法轻松解决这一问题。

   亚马逊研究院创建了一个精选的数据集，用于处理自然文本中存在的此类错误信息案例。数据集的构成示例如下：

```
{
    "id": 78526,
    "label": "REFUTES",
    "claim": "Lorelai Gilmore's father is named Robert.",
    "attack": "Entity replacement",
    "evidence": [
        [
            [<annotation_id>, <evidence_id>, "Lorelai_Gilmore", 3]
        ]
    ]
}
```

   如你所见，我们可以开发一个模型，以 {claim, evidence} 作为输入并产生标签 REFUTES。这更像是具有三个标签的分类任务：AGREES、REFUTES 和 NONE。证据集包含句子相关实体的维基百科链接，而"3"表示在相应的维基百科文章中具有事实正确的句子。

各个媒体公司可以构建一个类似的数据集，以从与其领域相关的现有文章中提取知识。例如，体育新闻公司可能会构建一套主要包含体育相关事实的新闻集。

我们可以使用基于 BoW 的方法以同时表示主张（`claim`）和证据（`evidence`），然后将它们成对通过逻辑回归以获得分类标签。更高级的技术包括使用深度学习方法（例如 LSTM 或预训练的 BERT）来获得这些输入的编码。然后我们可以将这些嵌入连接起来，并将其传递给神经网络以对声明进行分类。

2. **将虚假新闻与真实新闻区分开**：解决此问题的简单方法是使用虚假新闻和真实新闻摘录实例，构建并行数据语料库，并将其分类为真实的或虚假的。尽管方法很简单，但机器很难合理地完成此任务，因为人们使用的各种语言上的细微差别可能会妨碍机器标记虚假内容。

   哈佛大学的研究员最近开发了一个系统 GLTR，该系统可以识别文本是人类写的还是由机器生成的（因此可能是伪造的）。该系统使用统计方法理解事实，并基于这样的理解：在生成文本时，机器倾向于使用常用词；这与人类不同，人类倾向于使用更具体的词语并遵循个人的写作风格。这些方法表明，单词用法的统计属性对于不同文本通常可能有明显的差别，这可用于区分伪造文本和真实文本。

   AllenNLP 团队使用了类似的技术，开发了一个名为 Grover 的工具，该工具使用机器学习模型生成看起来像是人工书写的文本。他们利用生成的文本中存在的细微差别理解人类所写文本的特征，然后可以利用其构建有助于检测潜在的机器生成的虚假文章的系统。

至此，我们讨论了社交媒体的两个关键问题：模因与虚假新闻，并提供了有关如何检测它们的快速调查。我们还讨论了如何将这些问题作为简单的自然语言理解任务（例如分类）来解决，以及解决这些任务的潜在数据集可能是什么样的。本节为你提供了一个良好的起点，以构建可以识别社交媒体中存在的恶意或虚假内容的系统。

8.5 小结

本章首先概述了自然语言处理在社交媒体上的各种应用，并讨论了社交媒体文本数据为传统自然语言处理方法带来的一些独特挑战。然后详细探究了不同的自然语言处理应用程序，例如构建词云、在 Twitter 上检测热门话题、理解推文情感、社交媒体的客户服务支持，以及模因和虚假新闻的检测。我们还看到了在开发这些工具时可能遇到的一系列文本处理问题，并讨论了如何解决这些问题。希望通过学习本章内容，你已经很好地理解了如何在 SMTD 上应用自然语言处理技术，并有助于你解决在工作中可能遇到的社交媒体文本数据的自然语言处理问题。让我们继续学习第 9 章，探讨另一个自然语言处理技术已得到广泛应用的行业：电子商务。

第9章

电子商务与零售

今天的新市场必须培育并鼓励良性竞争才能茁壮成长。

——杰夫·乔丹，硅谷 Andreessen Horowitz 风险投资公司

当今世界，电子商务已经成为购物的代名词。与实体零售店相比，更加丰富的顾客体验推动了电子商务的增长。相关统计数据显示，2019 年全球零售电子商务销售额为 3.5 万亿美元，预计 2022 年将达到 6.5 万亿美元。机器学习和自然语言处理的最新进展在电子商务的快速增长中发挥了重要作用。

访问任何一家电子商务网站的主页，很容易发现大量文本和图像形式的信息。这些信息的很大一部分由产品描述、评论等形式的文本组成。零售商正在大力推动这些信息的智能化利用，从而为顾客带来惊喜，并建立竞争优势。电子商务门户网站面临着一系列与文本相关的问题，这些问题可以使用自然语言处理技术来解决。本书第二部分（第 4~7 章）介绍了不同类型的自然语言处理问题和解决方案。本章将概述如何利用本书中的知识来解决电子商务领域中的自然语言处理问题。本章将讨论这个领域中的一些关键自然语言处理任务，包括搜索、构建产品目录、收集评论和提供推荐。

图 9-1 显示了部分电子商务任务。下面先从总体概述开始。

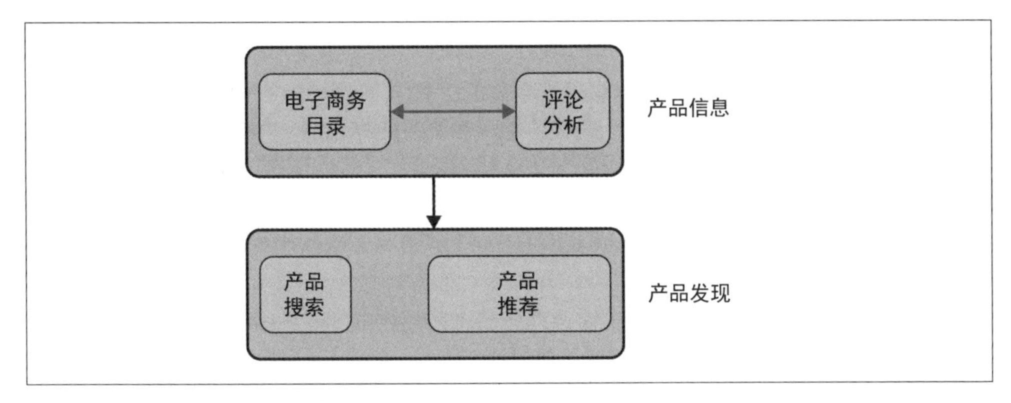

图 9-1：自然语言处理在电子商务中的应用

9.1 电子商务目录

任何大型电子商务企业都需要一个简单明了的产品目录。产品目录是指企业自身经营的或用户可以购买的产品的数据库。它包含每个产品的产品描述属性以及图像。好的产品描述提供了相关的信息，有助于顾客通过目录选择正确的产品。不仅如此，这些信息还有助于产品搜索和推荐。设想这样一个推荐引擎：它能自动知道你喜欢蓝色。这就需要推荐引擎注意到你最近购买或搜索的大部分服装是蓝色的。要实现这一点，首先需要识别出“蓝色”是产品的颜色属性。自动提取此类信息叫作**属性提取**。从产品描述中提取属性后，每个产品的所有相关信息才能正确索引和显示，从而提高产品的可发现性。

9.1.1 评论分析

在电子商务平台中，最值得注意的部分是每个产品的用户评论区。用户评论提供了观察产品的不同视角，例如质量、易用性、产品比较以及物流反馈等，这些都不能从产品属性中直接获得。但是并非所有的评论都是有用的，也并非所有的评论都来自可信用户。而且，如果产品有多个评论，也很难手动处理。因此，利用自然语言处理技术可以执行情感分析、评论摘要、识别评论有用性等任务，使我们能以整体视角来看待各种评论。第 5 章在讨论关键词提取时介绍了一个使用自然语言处理进行评论分析的例子。本章后面还将介绍其他用例。

9.1.2 产品搜索

电子商务中的搜索系统与谷歌、必应和雅虎等通用搜索引擎不同。电子商务搜索引擎往往和提供的产品及其各种相关信息紧密绑定。常规的搜索引擎主要处理无结构的文本数据，如新闻文章或博客等，而电子商务搜索引擎主要处理结构化的销售数据和评论数据。如果搜索“红色格子婚礼衬衫”，电子商务搜索引擎应该能够找到它。这类目标明确的搜索也可以在爱彼迎和 TripAdvisor 等机票和酒店预订网站上看到。不同类型的电子商务业务具有不同的信息特性，因此信息处理、提取和搜索的流水线需要定制。

9.1.3 产品推荐

没有推荐引擎，任何电子商务平台都是不完整的。顾客喜欢智能的平台：理解顾客的选择，并给出产品购买建议。实际上，这有助于顾客厘清购物思绪，并更好地利用平台来购物。推荐打折商品、同品牌的产品或具有受欢迎属性的产品，可以真正吸引顾客，让他们花更多的时间在网站上。这直接增加了顾客购买这些产品的可能性。除了基于事务的推荐工具之外，还有很多算法是基于产品内容和产品评论等文本信息开发的。可以使用自然语言处理技术来构建这样的推荐系统。

以上是各项任务的概述，下面来详细探讨自然语言处理在电子商务中扮演的角色。先从如何使用自然语言处理构建电子商务搜索引擎开始。

9.2 电子商务中的搜索

顾客访问电子商务网站的目的是快速找到并购买他们想要的产品。在理想情况下，搜索功能应该使顾客以最少的点击次数找到正确的产品。搜索必须快速、准确，返回的结果必须与顾客的需求相吻合。好的搜索机制会对转化率产生积极的影响，而转化率将直接影响零售商的收入。在全球范围内，平均只有 4.3% 的搜索尝试可以转换为购买行为。据估计，在排名前 50 位的门户网站中，34% 的搜索结果是没用的，因此这里通常还有很大的改进空间。

第 7 章讨论了通用搜索引擎的工作原理，以及自然语言处理在其中的作用。然而，对于电子商务，搜索引擎需要根据业务需求进行更精细的调整。电子商务中的搜索是封闭领域的，即搜索引擎通常从产品信息中获取结果，而不是像谷歌或必应那样从开放网络上的通用文档或内容中获取结果。隐含的产品信息可以通过产品目录、属性和评论构建。搜索则是基于颜色、款式或类别等产品信息的不同方面进行的。电子商务中的这种搜索通常叫“多面搜索”，也是本节的重点。

多面搜索是搜索的一种特殊变体，它允许顾客使用筛选器进行流畅的导航。例如，如果计划购买一台电视，那么顾客可能会寻找品牌、价格和尺寸等筛选器。在电子商务网站中，根据产品的不同，用户可能会看到一组搜索筛选器。图 9-2 和图 9-3 分别展示了亚马逊和沃尔玛的电子商务搜索页面。

图 9-2 和图 9-3 的最左边都显示了一组筛选器（亦称为“面”），这样顾客就可以根据自己的购买需求来进行搜索。图 9-2 显示了电视产品的搜索，因此筛选器包括分辨率和显示尺寸等方面。除了这些自定义的筛选器之外，很多产品搜索还用到了一些通用的筛选器，如品牌、价格范围和送货方式等，如图 9-3 所示。这些筛选器是感知产品的显式维度。这种引导式搜索让用户能够自行安排搜索结果，从而对购物有更多的掌控，而不是在大量搜索结果中逐条过滤出自己想要的东西。

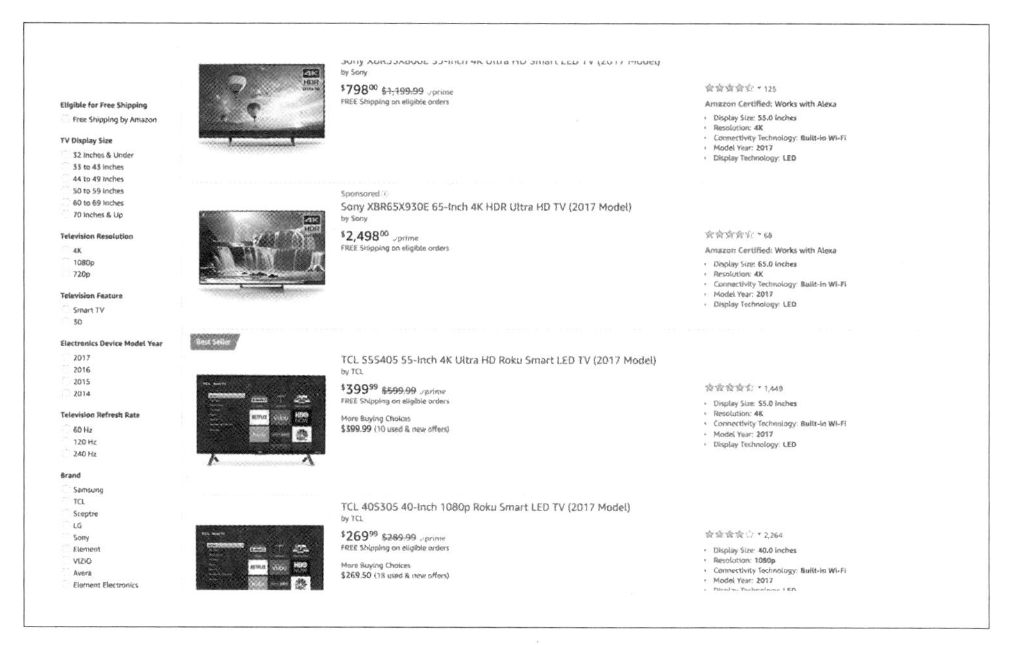

图 9-2：亚马逊网站的多面搜索

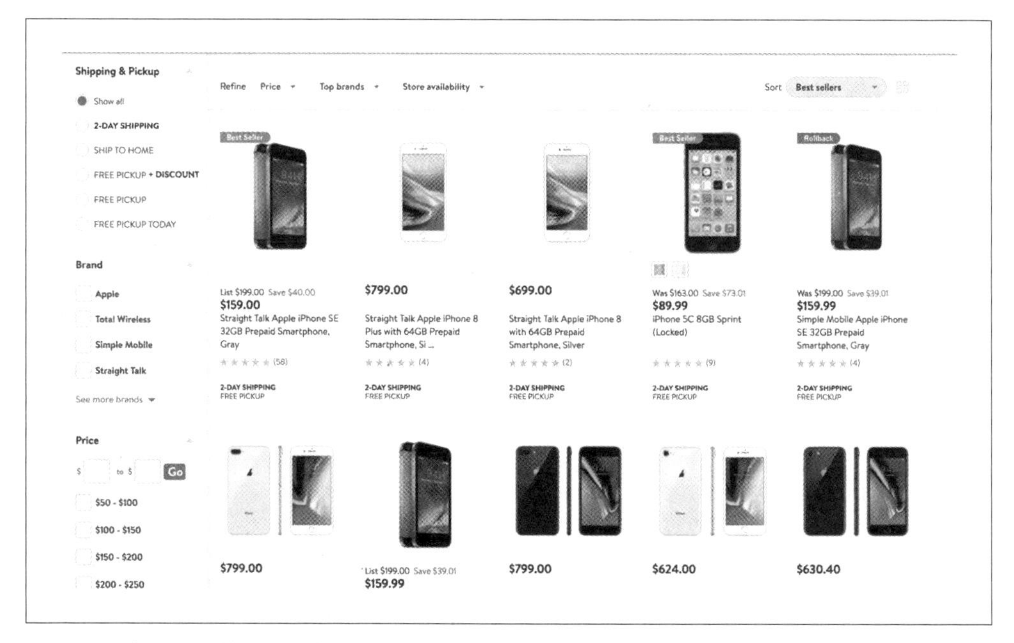

图 9-3：沃尔玛网站的多面搜索

这些筛选器是定义多面搜索的关键。然而，并非所有的产品都能轻易获得这些筛选器。原因如下。

- 卖家在电子商务网站上架产品时没有上传所有必需的信息。特别是当一家新的电子商务企业迅速发展，并积极推动各种卖家快速加入时，通常会出现这种情况。为了推动卖家快速加入，电子商务企业通常允许卖家在没有对产品元数据进行质量检查的情况下就上架产品。
- 有些筛选器很难获得，或者卖家无法提供完整的信息。例如，食品的热值通常是从产品包装上提供的营养信息中获得的。电子零售商并不指望卖家能够提供这些信息，但这些信息是至关重要的，因为这些信息可能捕捉到产品销售过程中的重要顾客信号。

多面搜索可以使用 Solr、Elasticsearch 等常见的搜索引擎后端来构建。除了常规的文本搜索之外，不同的面属性也可以添加到搜索查询中。Elasticsearch 的 DSL 还带有内置的多面搜索接口。

在电子商务场景中，除了“面”和文本的相关性之外，还需要考虑业务需求。例如，促销或减价产品可能会带来销量的增加。这可以通过使用 Elasticsearch Boosting 等功能来实现。

除了搜索算法之外，多面搜索还有许多其他相关的微妙之处，本章后面将重点讨论。之前提到的问题与下一节要讨论的问题有关：构建电子商务目录。

9.3 构建电子商务目录

正如本章前面所介绍的，构建信息目录是电子商务中的主要问题之一。它可以分为几个子问题：

- 属性提取；
- 产品分类和分类树创建；
- 产品浓缩；
- 产品去重和匹配。

下面来一一介绍。

9.3.1 属性提取

属性是指那些能够定义产品的特征。例如，图 9-2 所示的品牌、分辨率、尺寸等都是电视的相关属性。在电子商务网站上准确显示属性，有助于提供产品的完整概述，以便顾客能够根据了解的情况做出选择。丰富的属性可以直接提高点击量和点击率，进而影响产品的销量。图 9-4 显示了一个例子：通过若干筛选器或属性可以获得产品描述。

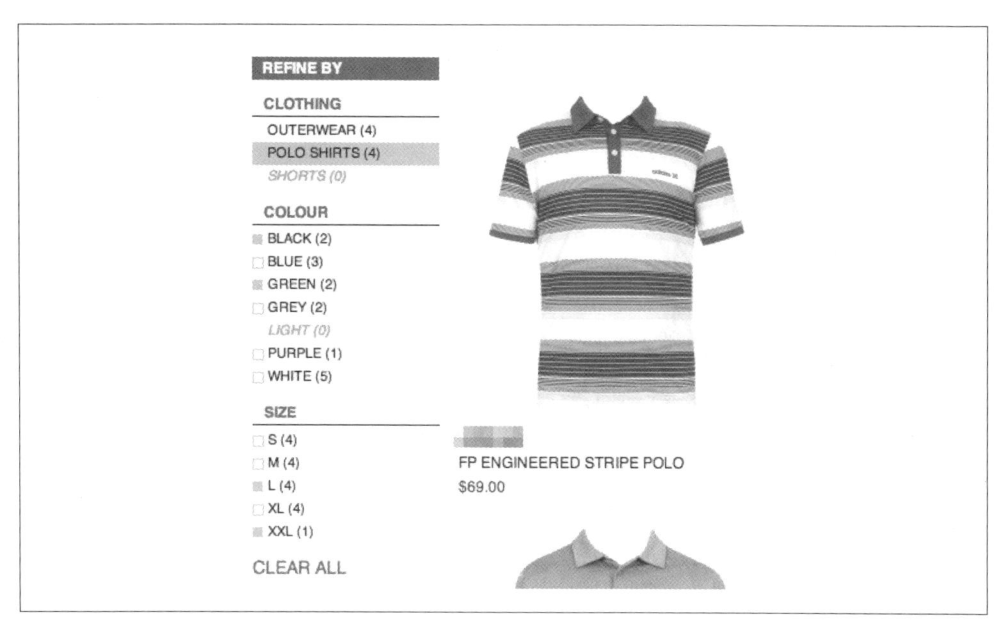

图 9-4：通过若干筛选器或属性获得产品描述

可以看出，对于顾客而言，服装、颜色、尺码等属性基本上定义了一件产品。每个属性都可以有多个值，如图 9-4 所示。在本例中，颜色有七个值。然而，直接从卖家那里获得所有产品的属性是很困难的。而且，属性的质量还应足够一致，只有如此，顾客才能获得产品的相关正确信息。

传统上，电子商务网站采用人工标注或众包技术来获取属性。这通常由第三方公司或众包平台（如 Mechanical Turk）来完成——平台提出关于每种产品的具体问题，众包人员需要回答这些问题。有时候，为了将答案限定在一定范围内，问题需要以多选题的方式设计。但是，这种方式往往成本很高，而且不能随着产品数量的增加而扩展。这时就需要使用机器学习技术。由于属性提取需要理解产品信息的上下文，因此它是一项具有挑战性的任务。例如，图 9-5 显示了两个产品描述。

"粉红"（Pink）既是年轻女性中的流行品牌，也是常见的服装颜色。因此，在第一种情况下，"粉红"是品牌名称，而在第二种情况下，"粉红"只是一种颜色。如图 9-5 所示，背包的品牌为"粉红"，颜色为霓虹红，而运动衫的颜色为"粉红"。像这样的情况是普遍存在的，因此对计算机来说，这是一项具有挑战性的任务。

如果能以某种结构化数据格式获得属性集，那么搜索机制就可以根据顾客需求准确地利用属性集来检索结果。从各种产品描述中提取属性信息的算法通常称为**属性提取算法**。这些算法将一组文本数据作为输入，并生成"属性 – 值"对作为输出。属性提取算法分为**直接**和**间接**两种类型。

图 9-5：“粉红”（Pink）是两个不同属性的属性值

直接属性提取算法假定输入文本中已经存在属性值。例如，“索尼 XBR49X900E 49 英寸 4K 超高清智能 LED 电视（2017 款）”就包含“索尼”品牌。在大多数情况下，品牌通常是产品名称中的一个属性。相比之下，间接属性提取算法则不会假定输入文本中存在相关属性。算法需要从语境中获取这些信息。性别就是这样一种属性，通常不会出现在产品标题中，但算法可以从输入文本中间接识别出产品所针对的性别。考虑这样一条产品描述，“YunJey 短袖圆领三色条纹 T 恤休闲衬衫”。该产品是为女性设计的，但产品描述或标题中没有明确提及“女性”性别。在这种情况下，必须从产品描述等文本中推断性别。

1. 直接属性提取

通常，直接属性提取可以建模为序列到序列的标注问题。序列标注模型的输入是一个序列，例如词序列，输出也是一个相同长度的序列。第 5 章简要介绍了此类问题。这里沿用类似的方法，来看看直接属性提取算法是如何工作的。

图 9-6 显示了训练数据的格式，例如某产品名称为“The Green Pet Shop Self Cooling Dog Pad”。

The	Green	Pet	Shop	Self	Cooling	Dog	Pad
B-attribute	I-attribute	I-attribute	I-attribute	O	O	O	O

图 9-6：用于直接属性提取的训练数据格式

这里需要提取的是“The Green Pet Shop”，它由“-attribute”标签表示，其余部分由“O (Other)”标签表示。无论何种直接属性提取方法，都需要获得 BIO 格式的标注数据。此外，还应该拥有代表各种类别（例如，B-Attribute1、B-Attribute2 等）的数据。

收集这些数据通常有两种方法。一种简单的方法是在现有的文本描述（含品牌和属性）中使用正则表达式，并使用该数据集。这类似于弱监督。另外，也可以由人工标注员标注部分数据。有了标注好的数据，就需要提取丰富的特征集来训练机器学习模型。在理想情况下，输入特征应能捕捉属性特征以及位置信息和上下文信息。下面列出了可以捕获这三个方面的一些特征。不妨按照类似的思路开发更复杂的特征，并分析它们是否有助于提高性能。此任务的一些常见特征如下。

字符特征

  字符特征通常是基于词的特征，例如词的大小写、词的长度及其字符组成等。

位置特征

  位置特征用于捕捉输入序列中词的位置方面的特征，例如当前词之前的词的数量，或词的位置与序列总长度的比值。

语境特征

  语境特征主要用于编码相邻词的信息，例如前一个词 / 后一个词的标识、词性标注、前一个词是否是连词等。

一旦生成了特征并对输出标记进行了正确编码，就可以得到“序列对”并用于训练模型。训练过程类似于命名实体识别系统。虽然流水线看起来比较简单，并且类似于命名实体识别系统，但由于存在领域特定的知识，这些特征生成方案和建模技术仍然存在挑战。此外，获取足够大的数据集以覆盖各种属性也是一个挑战。

为了处理这种数据稀疏性和特征不完整性的问题，有些方法建议在输入中使用词嵌入序列。输入序列将按原样直接传递给模型，由模型预测输出序列。最近，研究人员尝试使用 RNN 或 LSTM-CRF 等深度循环结构，来执行 seq2seq 标注任务。第 3 章和第 4 章介绍了词嵌入和 RNN 在自然语言处理中的效果。此处的例子再次证明这种表示方法是有用的。图 9-7 所示的例子说明深度学习模型比典型的机器学习模型具有更好的效果。

产品名称	之前的最佳效果	当前的深度模型
Woodland Imports Decorative Bottle	Woodland	**Woodland Imports**
Home Essentials White Essentials Sugar & Creamer	unbranded	**Home Essentials**
Plum Island Silver Sterling Silver Fairy Piece Ear Cuf	Plum Island	**Plum Island Silver**

图 9-7：LSTM 框架显著提高了属性提取的效果

2. 间接属性提取

间接属性是指产品描述中未直接提及的属性。但是，这些间接属性可以从其他直接属性或整体描述中推断出来。例如，从文本中推断出性别或年龄相关的词。像“适合 1~5 岁宝宝”这样的短语意味着该产品适合幼儿。由于这一信息没有明确提及，序列标注方法将无法发挥作用。

对于间接属性分类任务，可以使用文本分类方法，从整体输入推断出较高层次的类别（即间接属性），而非直接提取信息。回想一下“YunJey 短袖圆领三色条纹 T 恤休闲衬衫”的例子。在本例中，可以使用第 3 章中的任何句子表示方法来表示整个输入字符串。另外，还可以创建类别相关词存在与否、字符 *n*-gram 和词 *n*-gram 等特征。然后，训练一个模型，将输入分类为间接属性标签。在本例中，对于“性别”属性，可以使用“男性”“女性”“男 / 女”和“儿童”作为不同的类别标签。

对于使用深度循环结构的模型，所需的数据量通常远远大于使用 CRF 和 HMM 等相对简单的机器学习模型。数据越多，深度模型学习效果越好。正如前面几章中所介绍的，这是所有深度学习模型的共同特点。但是对于电子商务来说，获取包含合理样例的大型标注数据集是非常昂贵的。因此，在构建任何复杂模型之前，都需要考虑这一点。

上面讨论了文本数据的属性提取，以及将其扩展到多模态属性提取的各种最新方法，即融合产品的标题、描述、图像、评论等各种模态。

接下来讨论如何将产品属性提取所用到的相关技术扩展到电子商务和零售的其他任务。

9.3.2 产品分类与分类树

产品分类是指将产品分组的过程。不同的组可以根据相似性来定义，例如，相同品牌的产品或相同类型的产品可以分为一组。一般来说，电子商务都有预先定义好的产品大类，如电子产品、个人护理产品和食品等。当新产品上市时，应先将其在分类树上分类，然后放入产品目录。图 9-8 显示了电子产品这一类别下的分类树，其中包含了细粒度子类别的层次结构。

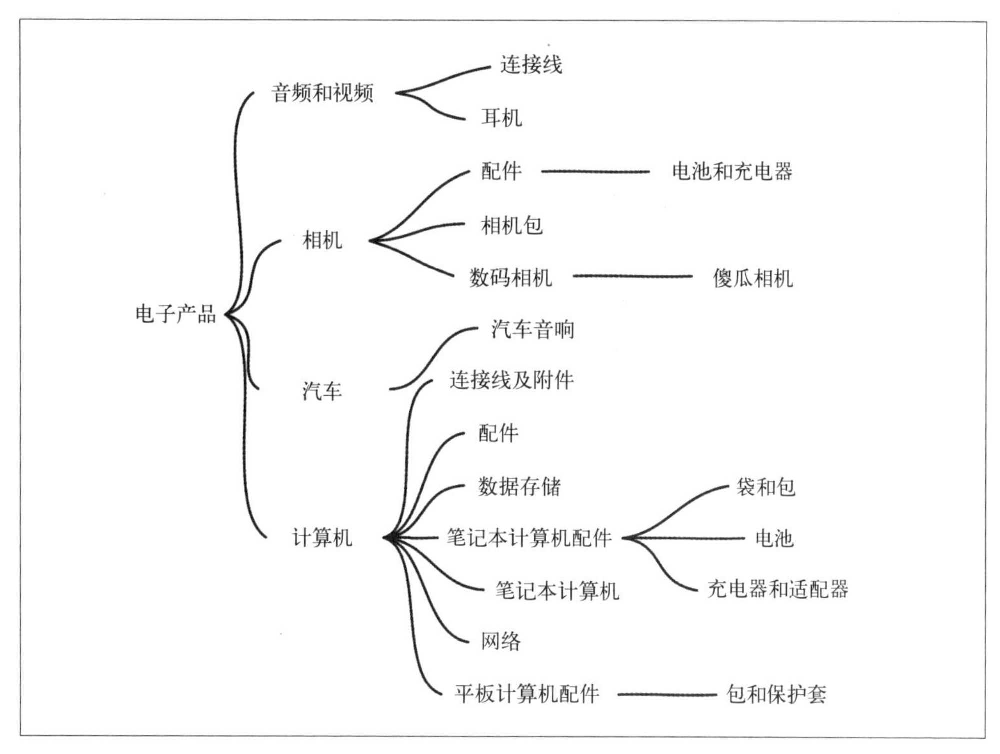

图 9-8：类别的层次结构示例——产品分类树

当然，也可以用更严格的产品定义来进一步定义更细的类别，例如计算机类别可以进一步分为笔记本计算机和平板计算机。举一个本书的例子：这本书的一个类别是技术类图书，子类是人工智能或自然语言处理。产品分类任务与第 4 章中介绍的文本分类非常相似。

好的分类树和正确关联的产品有助于电子商务网站完成以下任务：

- 显示与所搜索产品相似的产品；
- 提供更好的推荐；
- 选择合适的配套销售产品，为顾客提供更好的优惠；
- 用新产品代替旧产品；
- 显示同一类别中不同产品的价格比较。

在起始阶段，规模通常较小，手动分类即可，但随着产品种类的增加，手动处理变得越来越困难。数据规模较大时，这种分类通常被视为一项分类任务，即算法利用各种来源获取信息，并应用分类技术来求解。

具体来说，在某些情况下，算法会采用标题或描述作为输入，并在所有类别都已知的情况下将产品分为合适的类别。这也属于文本分类的典型情况。通过这种方式，分类过程可以实现自动化。类别确定好后，就可以直接扩展到前面讨论过的相关属性提取过程。只有找到产品的类别后，才可让产品进入属性提取过程，这也符合逻辑。

当同时使用图像和文本来解决问题时，可以提高算法的准确性。图像可以传递到卷积神经网络以生成图像嵌入，文本序列可以通过 LSTM 进行编码，而这两个序列又可以拼接起来，并传递到任何分类器，以获得最终的输出。

构建分类树是一个广泛的过程。通过层次型文本分类，可以将产品置于分类树的正确级别上。这里的层次型文本分类其实就是根据分类树中的级别在层次结构中应用分类模型。

一般来说，简单的基于规则的分类方法主要用于较高层次的类别。在开始阶段，不妨使用基于字典的匹配方法。对于复杂的子类别，需要更深层的语境信息，才能正确确定其在分类树中的层次，因此需要使用支持向量机或决策树等机器学习分类技术来处理。图 9-9 以某电子商务网站为例，显示了分类树的不同层次。

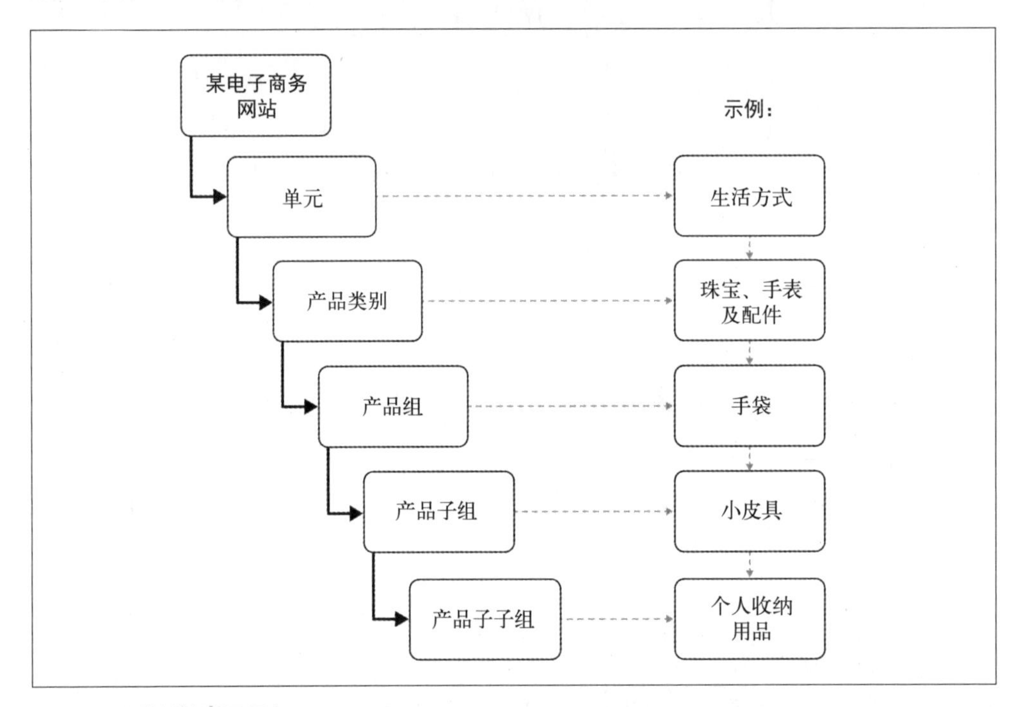

图 9-9：分类树的不同层次

对于一个新成立的电子商务平台，通过产品分类来创建分类树可能是一项艰难的任务。构建丰富的内容需要大量的相关数据、人工干预以及类别专家的领域知识。对于一个新生的电子商务平台来说，所有这些都过于奢侈。不过，Semantics3、eBay 和 Lucidworks 提供的部分 API 可以帮助完成这一过程。

这些 API 通常构建在各大零售商的大型目录内容之上，扫描唯一的产品代码，就可通过其内部智能来对产品进行分类。小型电子商务可以充分利用云 API 的优势来创建分类树并进行分类。图 9-10 显示了 Semantics3 的 API 快照。这些 API 可以根据产品名称对产品进行分类。

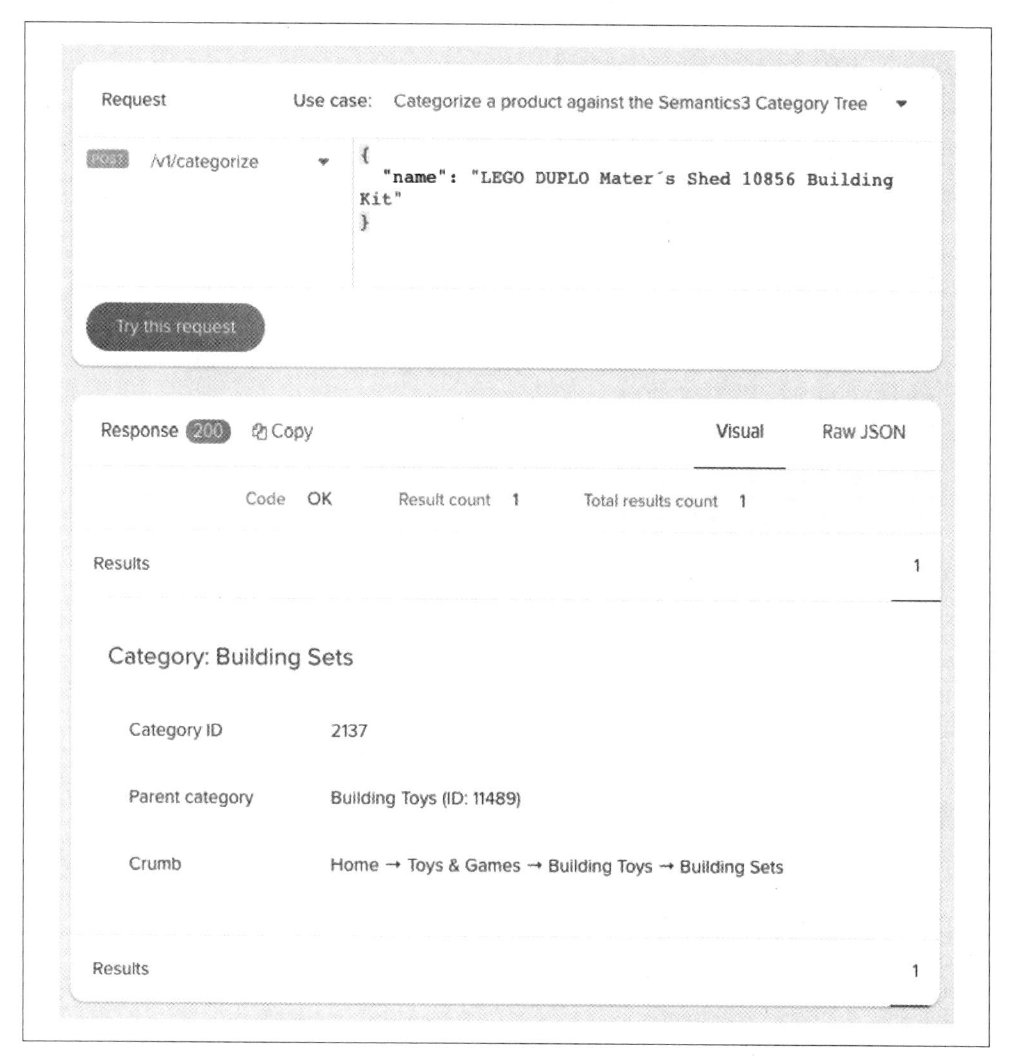

图 9-10：Semantics3 终端快照

如果收集了大量的产品信息，那么建议使用定制的基于规则的系统。上述部分 API 还支持用户定义规则，以及产品浓缩和去重。接下来介绍产品浓缩和去重。

9.3.3 产品浓缩

为了更好地搜索和推荐产品，就要收集更丰富的信息。这些信息可能来源于长短标题、产品图片和产品描述。但这些信息往往要么不正确，要么不完整。一个具有误导性的标题可能会影响电子商务平台的多面搜索。而改进产品标题不仅可以提高搜索后的点击率，还可以提高产品购买的转化率。

在图 9-11 所示的例子中，产品标题过长，包含 iPad、iPhone 和 Samsung 等词，这很容易误导搜索。完整的标题是“自由牌手写笔 10 支装粉紫黑绿银手写笔通用触摸屏电容式手写笔，适用于 Kindle Touch ipad iphone 6/6s 6Plus 6s Plus 三星 S5 S6 S7 Edge S8 Plus Note”。这段文字很复杂，即使是人类也很难解析和理解，更不用说机器了。这样的情况非常适合产品浓缩。

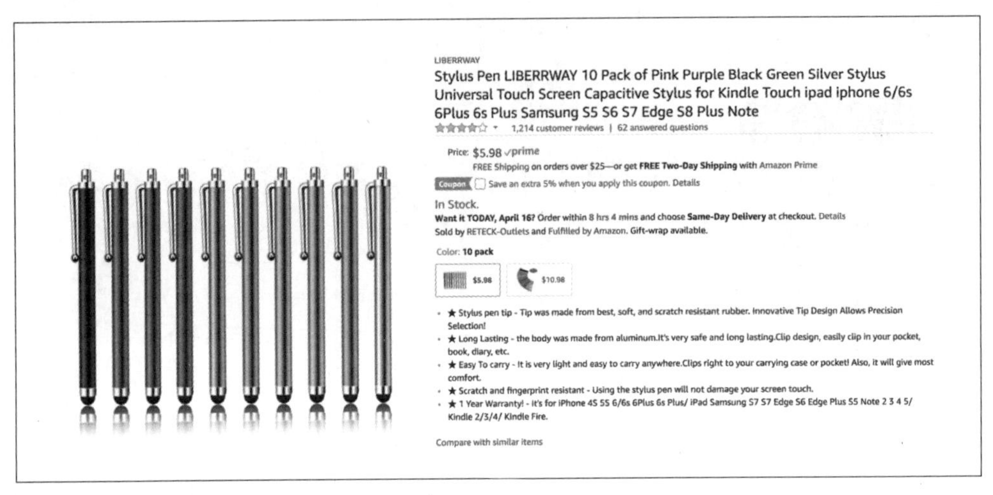

图 9-11：产品标题臃肿示例：适用于产品浓缩的理想情况

先讨论图 9-11 所示的问题场景。当分类树层次和浓缩层次填充好，至少达到可接受的阈值（通常由零售平台本身定义）后，可尝试改善产品标题的表达力和准确性。

该过程可以直接从字符串匹配开始。当然，不属于产品属性值的词也需要过滤。在本例中，产品是手写笔，iPad 和 iPhone 并非属性值。这些词具有误导性，可能会影响多面搜索的质量。因此，这些词如果不是用于表示特定领域的上下文，就应该从产品标题中删掉。

在理想情况下，预先定义产品标题的模板有助于保持产品之间的一致性。一个好方法是使用分类树中的属性来构建模板。产品类别或类型可以是产品标题中的第一个词，例如“iPad”或“Macbook”。紧接着是分类树中层次更低或粒度更细的属性，如品牌、尺寸、颜色等。因此，合并后的标题是“iPad 64GB - 深空灰”。分类树中叶子节点的属性可以省略，以保持产品标题的简洁。

在任何在线零售场景中，产品浓缩通常不仅仅是改进产品名称，而是一个更广义、更连续的过程。除了使用分类树中的层次之外，还可以使用其他方法来定义浓缩层次。这些方法大多基于属性信息的重要性。R. C. Trietsch 的硕士学位论文“Product Attribute Value Classification from Unstructured Text in E-Commerce”定义了这些分类树，如图 9-12 所示，其中“不可或缺”的属性是每个产品必不可少的，而“有则较好”的属性则提供了非常详细的细节，可以省略。

浓缩层次	重要性	说明
0	不可或缺	如果缺少这一浓缩层次的属性，则产品不会添加到产品数据库中
1	至关重要	如果缺少这一浓缩层次的属性，则产品不会添加到网店上
2	较为重要	这些属性通常描述产品特性，如果缺少这些属性，则不会产生任何后果
3	有则较好	这些属性非常详细地描述了产品特性，被认为是有则较好

图 9-12：不同浓缩层次的分类表

接下来把注意力转向产品去重和匹配。

9.3.4 产品去重和匹配

产品通常由第三方卖家添加到平台上。不同的卖家可能会使用不同的名称来指代同一产品。这可能导致同一产品出现多个不同标题和产品图像。例如，“佳明 nuvi 2699 LMTHD GPS 设备”和“nuvi 2699 LMTHD 车载便携式 GPS 导航器”指的是同一产品。

除了产品分类和属性提取，产品去重也是电子商务的一个重要方面。识别重复产品也是一项具有挑战性的任务，下面讨论如何通过属性匹配、标题匹配和图像匹配来处理此问题。

1. 属性匹配

如果两个产品是相同的，那么它们各种属性的值也一定是相同的。因此，一旦属性被提取出来，就可以比较两个产品的属性值。在理想情况下，属性会出现最大程度的重叠，这表明产品匹配性很强。为了匹配属性值，可以使用字符串匹配法。两个字符串可以通过精确的字符匹配或使用字符串相似性指标进行匹配。字符串相似性指标通常用于处理轻微的拼写错误、缩写等。

在产品的相关数据中，缩略语是一个大问题。同一个词可以用多个公认的缩写来表示。为解决该问题，不同的缩写应该映射成一致的形式（见 9.3.3 节），或制定独立于形式的规则。匹配两个词时，处理缩写的一个直观规则是匹配第一个字符和最后一个字符，并检查这些字符是否属于原词或它的缩略语。

2. 标题匹配

一个产品通常具有多个不同的标题。以下是不同卖家出售的同一 GPS 导航器的标题。

- Garmin nuvi 2699LMTHD GPS Device
- nuvi 2699LMTHD Automobile Portable GPS Navigator
- Garmin nuvi 2699LMTHD — GPS navigator — automotive 6.1 in
- Garmin Nuvi 2699lmthd Gps Device
- Garmin nuvi 2699LMT HD 6” GPS with Lifetime Maps and HD Traffic (010–01188–00)

要检索所有这样的实例，需要一种匹配机制来将它们标识为相同的实例。一个简单的方法是比较这些标题中的二元语法（bigram）和三元语法（trigram）。当然，也可以生成标题级别的特征（例如常见 bigram 和 trigram 的计数），然后计算它们之间的欧氏距离。另外，还可以同时使用"句子级嵌入"和"文本短语对"来学习距离度量，从而提高匹配精度。这也可以通过一种称为孪生网络的神经网络结构来实现。孪生网络同时获取两个序列，并学习以这样的方式生成嵌入：如果序列相似，则它们在嵌入空间中的距离更近，否则就更远。

3. 图像匹配

最后，属性和标题中仍然可能存在不规则的地方，例如缩写，或某些词有特定用法，导致属性和标题很难相互对齐。在这些情况下，产品图像可以为产品匹配和去重提供丰富的信息。对于图像匹配，像素级匹配、特征图匹配，甚至是先进的图像匹配技术（如孪生网络）都是常见的方法，当应用于这种场景时，可以减少产品重复。大多数算法是基于计算机视觉原理的，并依赖于图像质量和尺寸等细节。

A/B 测试是衡量电子商务中不同算法的结果和有效性的一种好方法。对于属性提取、产品浓缩和 A/B 测试等过程，不同的模型会对直接或间接销售、点击率、在一个网页上花费的时间等业务指标产生影响，相关指标的改进表明模型工作得更好。

在实际情况下，这些算法都是联合使用的，它们的结果需要结合起来进行产品去重。接下来几节将讨论分析产品评论的自然语言处理，产品评论是任何在线购物体验的基本组成部分。

9.4 评论分析

评论是任何电子商务门户网站不可缺少的组成部分。评论能捕捉顾客对产品的直接反馈，因此需要充分利用这些丰富的信息，并提取出重要的信号来向电子商务系统发送反馈，以便电子商务系统能够利用这些信息来进一步改善用户体验。此外，所有顾客都可以查看评论，因此评论能直接影响产品的销售。本节将从不同方面深入探讨评论的情感分析。

9.4.1 情感分析

第 4 章介绍了分类任务中的通用情感分析。但是电子商务评论的情感分析又存在着各种细微的差别。图 9-13 显示了亚马逊网站上 iPhone X 的顾客评论截图。对于电子商务网站出现的针对某一"方面"的评论，大多数人都很熟悉。在这里，你可以根据"方面"和"属性"对评论进行分析。

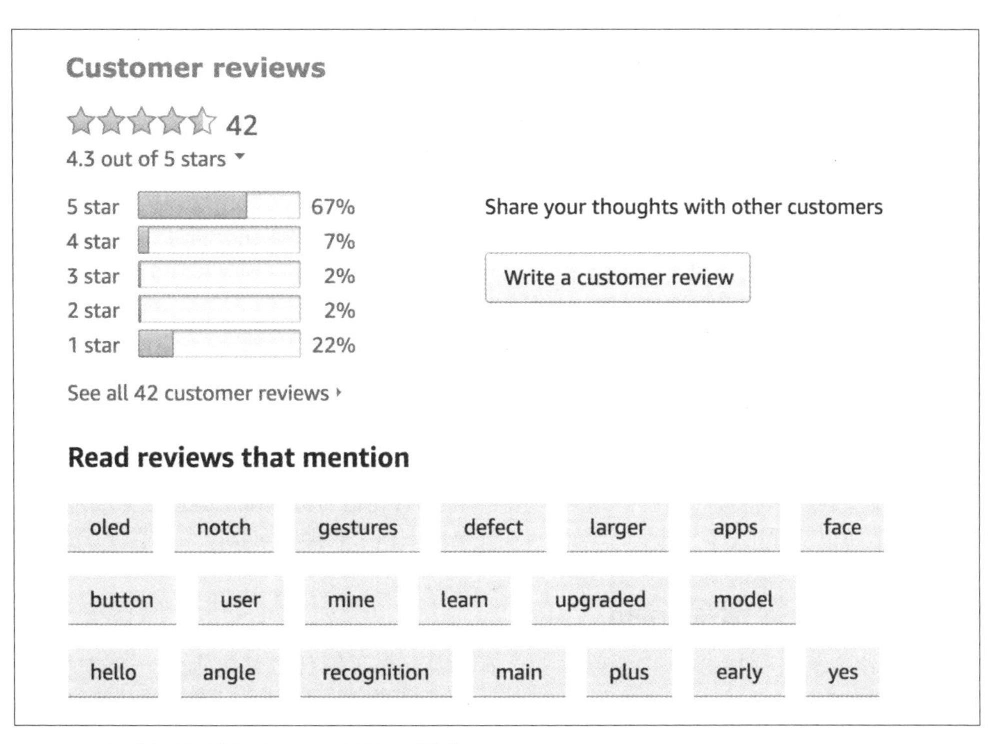

图 9-13：顾客评论分析：评分、关键词和情感

如图所示，67% 的评论为最高的 5 星，22% 的评论为最低的 1 星。对于一家电子商务公司来说，了解顾客给出差评的原因是很重要的。为了说明这一点，图 9-14 显示了同一产品的两个极端评论示例。

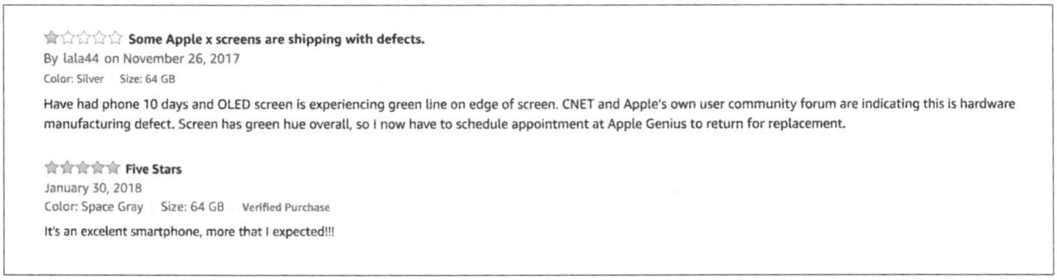

Some Apple x screens are shipping with defects.
By lala44 on November 26, 2017
Color: Silver Size: 64 GB
Have had phone 10 days and OLED screen is experiencing green line on edge of screen. CNET and Apple's own user community forum are indicating this is hardware manufacturing defect. Screen has green hue overall, so I now have to schedule appointment at Apple Genius to return for replacement.

Five Stars
January 30, 2018
Color: Space Gray | Size: 64 GB Verified Purchase
It's an excelent smartphone, more that I expected!!!

图 9-14：好评和差评

当然，这两个评论都包含了一定的产品信息，可以让零售商了解顾客的想法。尤其是负面评论，更需要理解。如图 9-14 所示，在第一个评论中，顾客指出到货的手机存在问题，主要是屏幕缺陷，零售商应该注意这一点。相比之下，第二个正面评论仅表达了一般的正面情绪，没有明确指出用户真正喜欢的“方面”。因此，对评论有充分的理解是至关重要的。从本质上讲，评论存在于文本中，并且大多是非结构化的格式，充满了随意的错误，例如拼写错误、不正确的句子结构、不完整的单词和缩写等。这增加了评论分析的难度。

通常，一条评论包含不止一个句子。因此，建议将评论切分成若干个句子，并将每个句子作为一个数据点传入。这也有助于句子级的方面标注和方面级的情感分析等。

通常认为，评分与评论的整体情感成正比。但有些情况下，用户可能错误地给产品打了低分，却给出了正面的评论。直接从文本中理解情感将有助于零售商在分析过程中纠正这些异常现象。但在大多数情况下，评论不仅仅谈论产品的一个方面，而是试图涵盖产品的大部分方面，最终所有的内容都反映在评论的评分中。

再来看一下图 9-13 中的 iPhone X 评论截图。看看这一部分："阅读提及的评论"（Read reviews that mention）。这些是亚马逊发现的重要关键词，可以帮助顾客在浏览评论时更好地导航。很明显，顾客在谈论产品的某些方面。它可能是用户体验、制造、价格或其他方面。如何得知顾客的情感或反馈是什么？目前整个评论只提供了一个高层次的情感指数，但仅凭这一点是无法深入挖掘和理解评论的。这就需要对评论进行方面级的理解。方面可以预先定义，也可以从评论数据中提取。然后可在此基础上，采取相应的监督或无监督方法。

9.4.2 方面级情感分析

在开始讨论方面级情感分析的各种技术之前，需要先了解什么是方面。一个"方面"（aspect）是指以某个概念为中心的具有丰富语义的词汇集合，用以表示产品的某些属性或特征。例如，在图 9-15 中，可以看到一个旅游网站可能具有的几个方面：位置、价值和干净度。

方面级情感分析不仅限于产品的固有属性，还包括产品供应、展示、交付、退货和质量等相关的所有方面。通常，这些方面是很难区分清楚的，除非已经提前做了假设。

如果零售商对产品的"方面"有清晰的理解，那么寻找"方面"就属于有监督的算法范畴。一种常见的方法是使用种子词或种子词典，它本质上是某个特定方面存在与否的关键词。例如，关于 iPhone X 的用户体验方面，种子词可以是屏幕分辨率、触感、响应时间等。同样，这取决于零售商希望在何种粒度级别上操作。例如，屏幕质量本身可以是一个更细粒度的"方面"。接下来介绍方面级情感分析的监督方法和无监督方法。

1. 监督方法

监督方法主要依赖于种子词。它试图识别这些种子词在句子中存在与否。如果在句子中识别到了一个特定的种子词，监督方法就会用相应的"方面"来标记这个句子。一旦所有的句子都被标记到了相应的"方面"，情感分析就可以在句子级别上进行。现在，由于已经为每个句子添加了一个附加标记，因此可以把具有同一个标记的句子筛选出来，并聚合这些句子的情感，从而了解顾客对该方面的反馈。例如，评论中所有与屏幕质量、触感和响应时间相关的句子都可以分成一组。

下面切换到图 9-15 所示的旅游网站例子，其中的方面级情感分析是显而易见的。如图 9-15 所示，位置、入住、价值和干净度都有相应的评分，这些都是从数据中正确提取的语义概念，为评论提供更加细致的呈现方式。

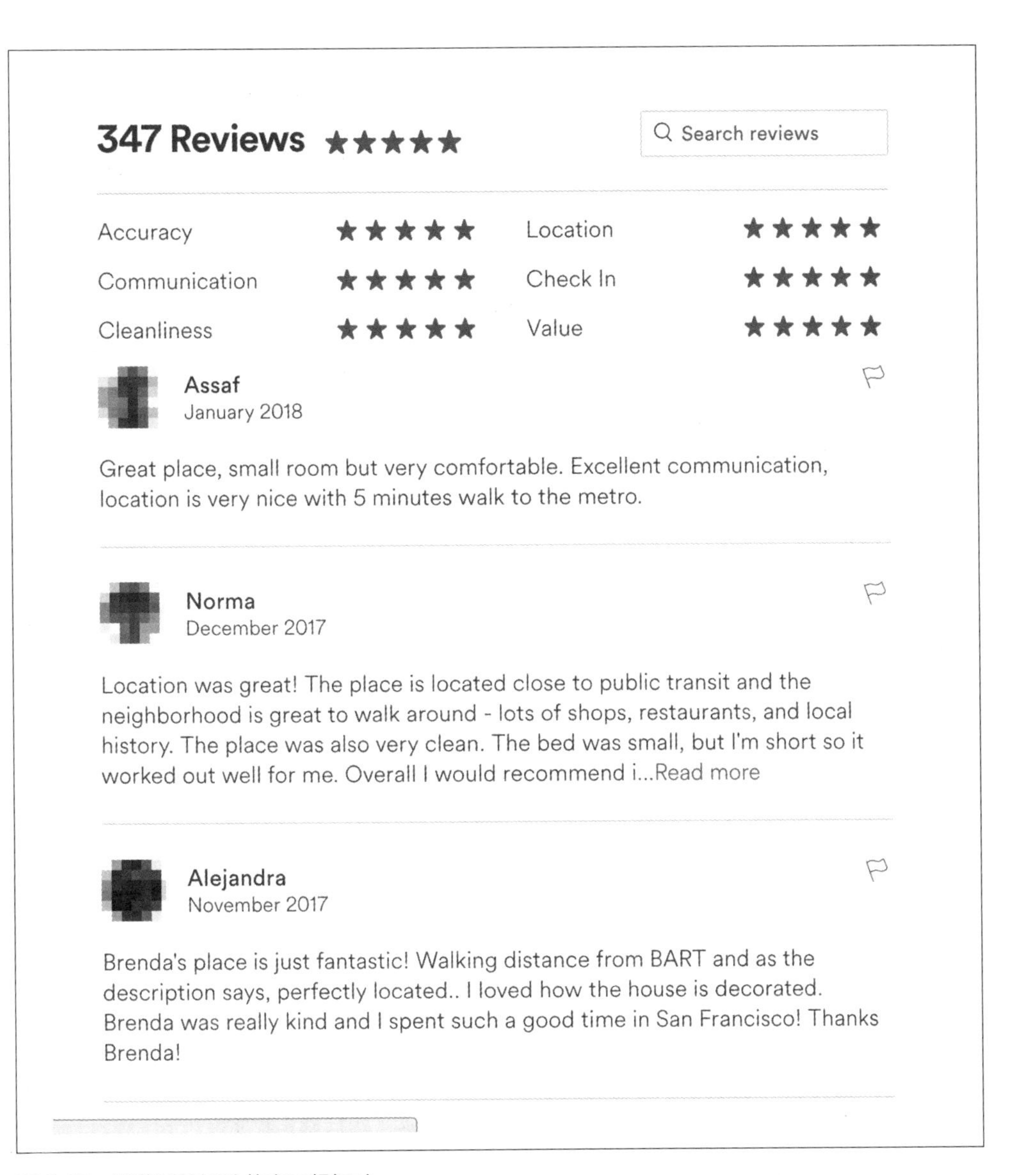

347 Reviews
Search reviews
Accuracy
Location
Communication
Check In
Cleanliness
Value
Assaf
January 2018
Great place, small room but very comfortable. Excellent communication, location is very nice with 5 minutes walk to the metro.
Norma
December 2017
Location was great! The place is located close to public transit and the neighborhood is great to walk around - lots of shops, restaurants, and local history. The place was also very clean. The bed was small, but I'm short so it worked out well for me. Overall I would recommend i...Read more
Alejandra
November 2017
Brenda's place is just fantastic! Walking distance from BART and as the description says, perfectly located.. I loved how the house is decorated. Brenda was really kind and I spent such a good time in San Francisco! Thanks Brenda!

图 9-15：旅游网站评论的方面级评分

2. 无监督方法

由于高质量的种子词典很难获得，因此可以使用无监督方法来检测“方面”。而主题建模恰恰是识别文档中潜在主题的有用技术。在方面级情感分析中，可以将“方面”视为主题，并将谈论同一方面的句子进行分组。这正是主题建模算法所做的。主题建模的最常见方法之一是隐含狄利克雷分布（LDA）。第 7 章详细介绍了 LDA。

类似地，可以预先定义句子集的“方面”的数量。主题建模算法还会输出每个词出现在各个主题（这里是“方面”）中的概率。因此，也可以将那些很可能属于某个“方面”的词组合起来，并将这些词称为该方面的特征词。这有助于最终将未标注的“方面”标注出来。

此外，与 LDA 相比，一种更无监督的方法是创建句子表示并执行聚类。根据经验，当评论句子较少时，后者有时会产生更好的效果。下一节会介绍如何预测所有这些“方面”的评分，并提供用户偏好的细粒度视图。

9.4.3 将总体评分与“方面”联系起来

前面介绍了如何检测每个“方面”的情感。但是用户通常还会给出一个总体评分。因此，这里的想法是将评分与每个方面级别的情感联系起来。为此，这里使用了一种称为潜在评分回归分析（LARA）的技术。LARA 实现的细节超出了本书的范围，但这里有一个为酒店评论生成方面级评分的系统示例。如图 9-16 所示的表格给出了这些基于方面的评分的一些细节。

方面	摘要	评分
价值	独具特色，位置不错，价格合理。我们最近在西雅图住了三晚，Max 酒店是绝佳选择	3.1
	总的来说，体验不算很差，但考虑到酒店业是一个给人留下深刻印象的行业，所以仍有很大的改进空间	1.7
房间	我们选择这家酒店是因为 Travelzoo 有优惠，大床房 139.00 美元 / 晚	3.7
	供暖系统使用的是窗式空调，必须在晚上关闭，否则会被烤焦	1.2
地点	酒店位置方便，步行到市中心和派克市场很短，是个很好的选择	3.5
	当你游览一座大城市时，听到外面的一点交通噪声是在所难免的	2.1
商业服务	可以按天支付无线网络费用，也可以使用大堂后面商务中心的免费互联网	2.7
	我唯一抱怨的是每天的上网费太高了，这年头大街上都能连上无线网了	0.9

图 9-16：基于 LARA 的方面级情感预测

可以假设，最终评分就是各个方面级情感的加权组合。目标是同时估计权重和方面级情感。也可以顺序执行这两个操作，即先确定方面级情感，然后确定权重。

每个方面不同情感的权重，本质上表示的是评论者对特定主题的重视程度。顾客可能对某个方面非常不满意，但这个方面可能不是他们的优先项。零售商在采取任何行动之前，需要获得这些信息。

用户信息也是处理评论的关键因素。想象这样一个场景：一名“网红”用户，而不是一名普通用户，写了一篇好的评论。用户的重要性可想而知。在进行评论分析时，可根据所有用户的评分（通常由其他用户给出）为其定义“用户权重”，并在各种计算中使用用户权重，以降低评论者的偏见。

接下来深入剖析一个示例算法来帮助你理解“方面”。

9.4.4 理解“方面”

零售商的一个商业目标是分析产品的某个特定“方面”，以及评论中反映的各种情绪和观点。类似地，用户也可能对产品的某个特定“方面”感兴趣，并希望浏览所有关于该方面的评论。因此，一旦推导出所有的“方面”并用这些“方面”来标记每个句子，就可以按“方面”对句子进行分组。但是考虑到一个电子商务网站所遇到的大量评论，在一个“方面”下仍然会有很多句子。这时，使用摘要算法就可以节省大量时间。考虑这样一种情况：需要就某个“方面”采取行动，但又没有能力通读有关该“方面”的所有句子。这就需要一种算法，能自动挑选出这一“方面”最具代表性的句子。

LexRank 是一种类似于 PageRank 的算法，它假设每个句子都是一个节点，句子之间通过句子相似性来连接。连接完成后，算法会从其中挑选出最核心的若干句子，这些句子就是某个“方面”的摘要。图 9-17 显示了评论分析的流水线示例，包括总体情感和方面级情感。

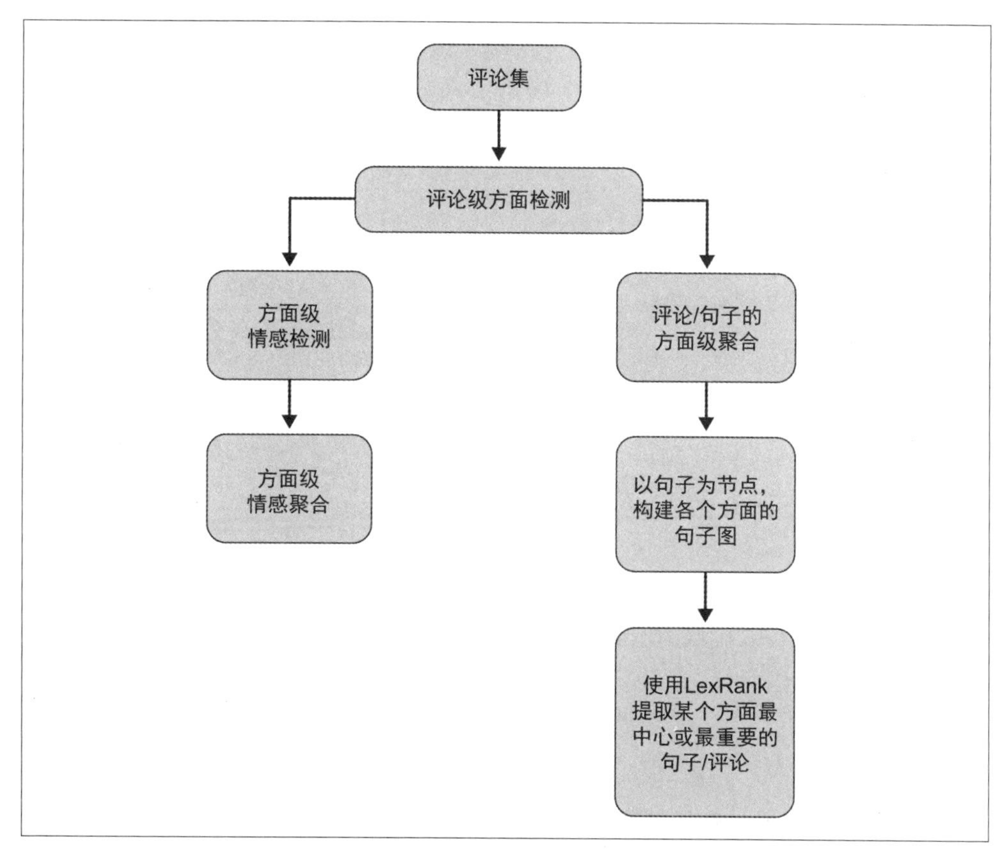

图 9-17：评论分析的完整流程图：总体情感、方面级情感和各个方面下的重要评论

流水线的起点是评论集。随后是评论级方面检测。然后对每个方面进行情感分析，并基于方面对评论 / 句子进行聚合。聚合后，可以使用 LexRank 等摘要算法进行摘要提取。最后，可以得到产品某一方面的总体情感，以及解释该情感的观点摘要。

要想完整地理解一个产品，就只能通过用户评论和主编评论。主编评论通常由专家用户或领域专家提供。这些评论具有较高的可靠度，可以显示在评论区的顶部。但另一方面，普通用户的评论则从各个用户的角度揭露了真实的产品体验。因此，有必要将主编评论与普通用户评论结合起来。要做到这一点，可以将两种评论混合在一起，适当排序后，放在评论区的顶部。

以上介绍了如何从方面、情感和评分的角度进行评论分析。下一节将简要介绍个性化电子商务的细微之处。

9.5 电子商务推荐

第 7 章讨论了使用文本数据进行推荐的各种技术。与产品搜索和评论分析一样，产品推荐也是电子商务的一个主要支柱。图 9-18 展示了不同算法的综合研究，以及各种场景中推荐所需的数据使用情况。

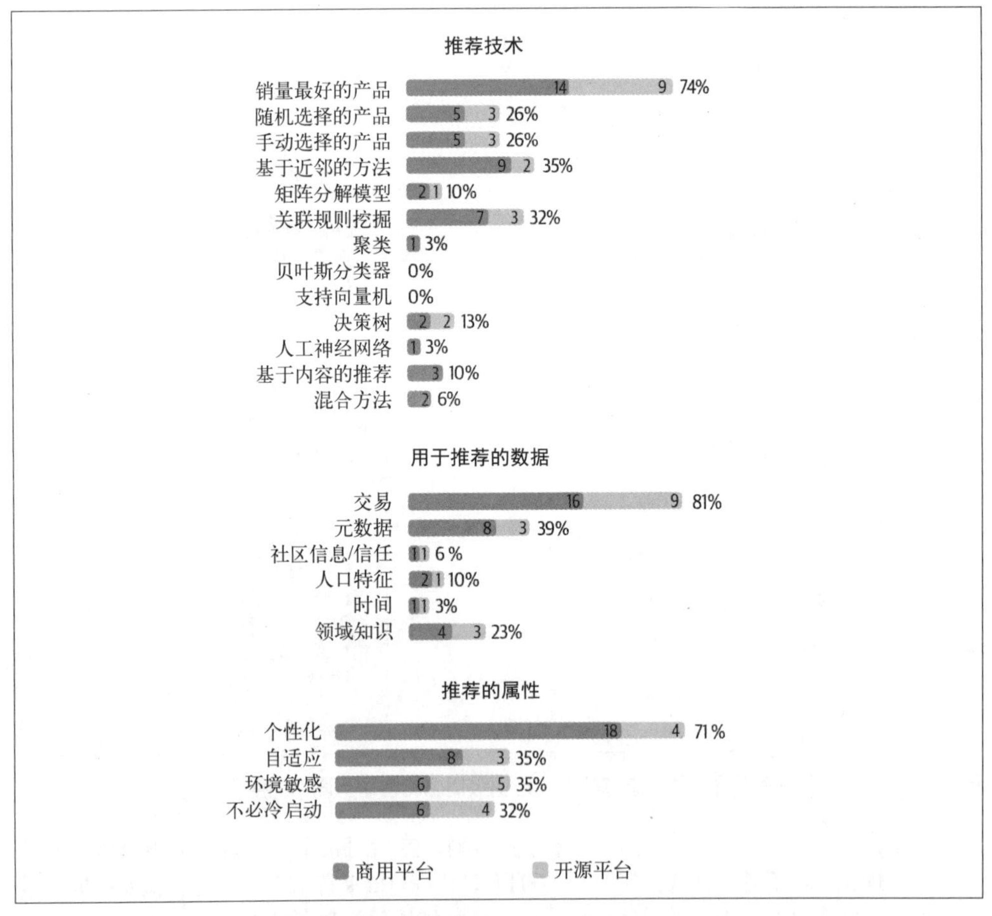

图 9-18：各种电子商务推荐场景下的技术的综合研究

在电子商务中，产品是根据用户的购买者特征（时尚达人、图书爱好者、热门产品享受者等）来推荐的。这些购买者特征可以从平台上的用户行为中推断出来。不难想象，用户与平台产品集的交互行为有查看、点击或购买。这些交互行为包含的信息有助于确定用户接下来感兴趣的产品集。这可以通过基于邻域的方法实现，这类方法旨在寻找（在属性、购买历史、购买顾客等方面）类似的产品，并以推荐的形式提供。

点击、购买历史等数据主要是数值数据。除此之外，电子商务也有大量的文本数据可用于产品推荐。推荐算法可以综合利用数值数据以及文本形式的产品描述，来更好地理解产品，并提供相似度更高的产品推荐（粒度更细的属性匹配）。例如，产品描述中提到的服装材料（如 52% 棉、48% 涤纶）可能是寻找类似服装时需要考虑的重要文本信息。

推荐引擎需要处理不同来源的信息。因此，需要保证各种数据表之间的正确匹配，以及各种数据源之间信息的一致性。例如，在整理产品属性和产品交易历史等信息时，应仔细检查信息的一致性。补充性数据和替代性数据可以显示出数据的质量。在处理各种各样的数据源时，应像电子商务推荐一样，检查是否存在异常行为。

评论包含了很多关于产品的微妙信息和用户意见，这些信息和意见可以用于指导产品推荐。例如，某个用户提供了关于移动设备屏幕大小的反馈，“我喜欢更小的屏幕”。这种用户对产品某一属性的特定反馈是一种强烈的信号，有助于对相关的产品集进行筛选，从而使推荐对用户更有用。下面来看一个相关的详细案例研究，并了解如何利用产品评论构建电子商务推荐系统。评论不仅有助于找到更好的推荐产品，还可以通过顾客的微妙反馈来揭示各种产品之间的相互关系。

案例研究：替代品和补充品

推荐系统的思想基础是产品的相似性。相似性的衡量可以基于内容，也可以基于用户特征。在电子商务场景中，识别产品之间的相互关系还有另外一种方法。

一方面，**补充品**是指用户同时购买的补充产品。另一方面，有些产品是用来代替其他产品的，称为**替代品**。尽管经济学定义要严格得多，但这些思路通常抓住了产品购买的行为方面。有时，由于个人用户行为的巨大差异，很难从中推断出产品之间的相互关系。但在聚合中，这些用户交互可以揭示产品之间替代和互补的有趣特性。有几种方法可以使用用户交互数据识别替代品和补充品，但这里仅重点介绍其中的一种方法，它主要使用以文本信息形式存在的产品评论。

Julian McAuley 提出了一种在一个框架中理解产品相互关系的综合方法，即给出查询产品，并返回排名产品，包括替代品和补充品（见图 9-19）。下面来讨论这个应用程序，作为电子商务背景下的一个案例研究。

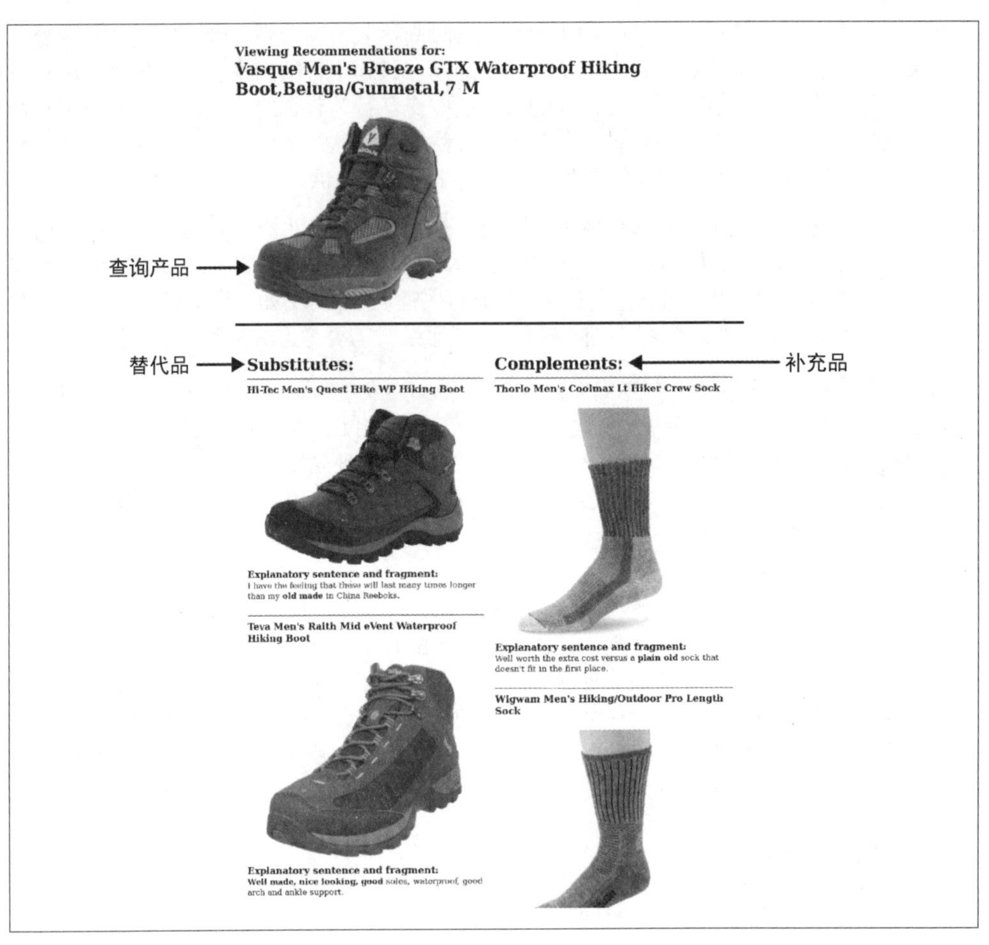

图 9-19：基于产品评论的替代品和补充品（参见 Julian McAuley 等人的论文“Inferring Networks of Substitutable and Complementary Products”）

1. 从评论中提取潜在属性

通常，正如前面所讨论的，评论包含关于产品属性的特定信息。从评论中显式提取属性在表示上可能有局限性，因为需要定义一个显式的本体，所以可以通过潜在向量表示来学习评论。潜在因素模型的细节超出了本书的范围，感兴趣的读者可以在网上找到相关资料。

每个产品都与一个评论相关。评论可能会谈论或提到产品不同“方面”的各种意见。虽然这些主题是潜在的，无法明确识别，但评论中所谈论的各种属性的比例分布仍然可以获得。分布的建模方法是使用常见的主题模型（如 LDA）对产品的所有相关评论进行建模。得到的向量表示即“主题向量”，主题向量反映了评论中所谈论的特定产品。从通常的机器学习术语来看，这种表示可以被认为是产品本身的特征表示。

2. 产品链接

下一个任务是理解两个产品是如何链接在一起的。之前获得的主题向量，可以在潜在属性空间中捕捉产品的内在属性。现在，对于给定的一对产品，我们希望根据每个产品的主题向量创建一个联合特征向量，然后预测它们之间是否存在任何关系。这可以看作一个二分类问题，其中的特征则必须从两个产品的相应主题向量中获得。这个过程叫作“链接预测”。

为了确保主题向量具有足够的表达力来预测“产品对”之间的链接或关系，获取主题向量和链接预测的两个目标可以联合解决，而不是先后解决，即同时学习每个产品的主题向量和每个产品对的联合函数。

图 9-20 描述了学到的主题向量的解释。该图显示了主题向量变得具有足够表达力后，可以捕获产品的内在属性。这种表示还会涌现出层次依赖，并在某种程度上描述了产品所属的分类树。

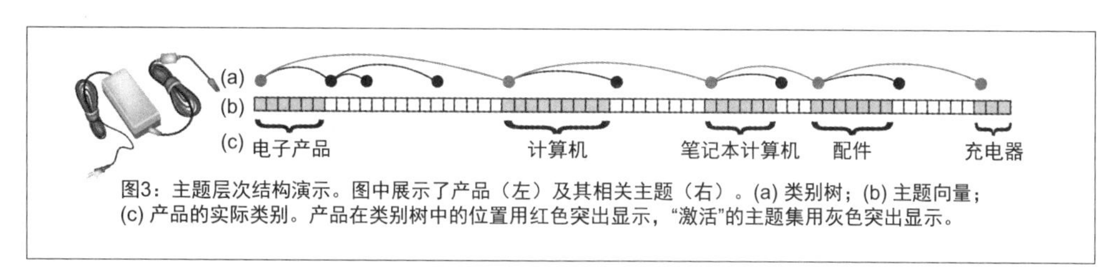

(a)
(b)
(c) 电子产品
计算机
笔记本计算机
配件
充电器
图3：主题层次结构演示。图中展示了产品（左）及其相关主题（右）。(a) 类别树；(b) 主题向量；
(c) 产品的实际类别。产品在类别树中的位置用红色突出显示，“激活”的主题集用灰色突出显示。

图 9-20：主题向量和主题层次结构表示可以在评论中捕获不同的分类标识和关系（参见 Julian McAuley 等人的论文“Inferring Networks of Substitutable and Complementary Products”）

本案例研究表明，评论包含了有用的信息，可以揭示产品之间的各种相互关系。上述潜在表示比从评论中准确提取属性具有更强的表现力，不仅对链接预测任务有效，而且对揭示产品分类树中有意义的概念也有效。这样的表示可以改善产品链接，获得相似度更高的产品，从而做出更好的产品推荐。

9.6 小结

电子商务行业之所以取得巨大成功，背后的一个主要驱动力是大规模的数据收集和数据驱动决策的使用。自然语言处理技术在改善用户体验和提高电子商务和零售业收入方面发挥了重要作用。

本章讨论了电子商务中自然语言处理的方方面面。本章首先介绍了多面搜索，然后深入研究了产品属性。这些领域与产品浓缩和分类密切相关。随后，本章讨论了电子商务的评论分析和产品推荐。本章中的大多数示例和场景是产品商务，但同样的技术也可以用于其他领域，如旅游和食品。希望这一章能抛砖引玉，将自然语言处理和智能融入你的领域。

第10章

医疗、金融和法律

软件正在吞噬世界，而人工智能将吞噬软件。

——黄仁勋，英伟达 CEO

自然语言处理正在影响和改善各大行业和部门。前两章介绍了自然语言处理在电子商务、零售和社交媒体领域中的应用。本章将介绍医疗、金融和法律这三大行业，其中自然语言处理的影响正在迅速增加，进而对全球经济产生重大影响。选择这些行业的目的是展示人们在工作中可能遇到的各种问题、解决方案和挑战。

医疗一词包含了各种保持健康、增进福祉的商品和服务，据估计全球市场价值超过 10 万亿美元，就业人口达数千万。金融业是现代文明的基石之一，据估计价值超过 26.5 万亿美元。而法律服务行业每年的价值估计超过 8500 亿美元，预计到 2021 年将超过 1 万亿美元。

本章的第一部分先对医疗行业做一个概述，然后介绍医疗领域中的各种应用程序，同时也会详细讨论具体的用例。

10.1 医疗

医疗作为一个行业，为了治疗性、预防性、缓和性和康复性护理的目的，为社会提供药品、设备等商品，也提供咨询、诊断检测等服务。

治疗性护理是为了治愈患者的可治疾病。预防性护理是为了预防人们生病。康复性护理是为了帮助患者从疾病中恢复，包括物理治疗等环节。缓和性护理的重点则是改善晚期患者的生活质量。

对于大多数发达经济体来说，医疗行业占了国内生产总值的很大一部分，通常超过 10%。医疗行业如此庞大，自动化和优化其中的过程和系统有着巨大的好处，这就是自然语言处理的价值所在。图 10-1（来自 Chilmark Research）显示了一系列使用自然语言处理的应用程序。每一列属于一个大类，如临床研究或收入周期管理。蓝色单元格表示当前正在使用的成熟应用程序，紫色单元格表示处于测试阶段的新兴应用程序，红色单元格则表示下一代的应用程序，投入实际应用需要较长的时间。[1]

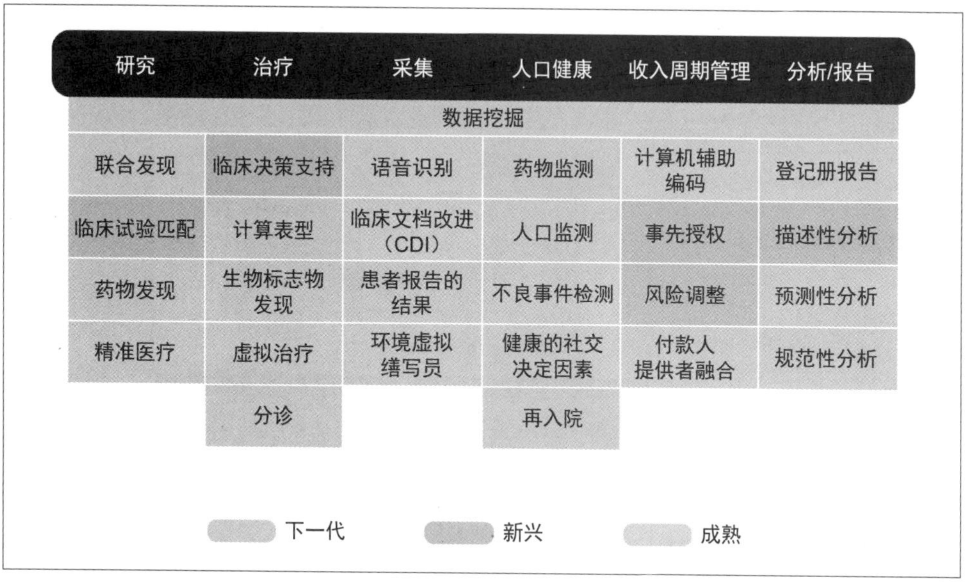

研究	治疗	采集	人口健康	收入周期管理	分析/报告
数据挖掘					
联合发现	临床决策支持	语音识别	药物监测	计算机辅助编码	登记册报告
临床试验匹配	计算表型	临床文档改进（CDI）	人口监测	事先授权	描述性分析
药物发现	生物标志物发现	患者报告的结果	不良事件检测	风险调整	预测性分析
精准医疗	虚拟治疗	环境虚拟缮写员	健康的社交决定因素	付款人提供者融合	规范性分析
	分诊		再入院		

下一代　新兴　成熟

图 10-1：自然语言处理在医疗中的用例：来自 Chilmark Research

医疗涉及大量的非结构化文本，因此可以使用自然语言处理来改善健康结果。很多领域使用了自然语言处理，包括医疗记录分析、账单开具和药物安全保证等。接下来简要介绍其中的一些应用程序。

10.1.1　健康和医疗记录

大部分健康和医疗数据通常是以非结构化文本格式收集和存储的。这包括医疗记录、处方、音频记录，以及病理报告和放射科报告。图 10-2 显示了电子医疗记录的示例。

这使得数据难以以原始形式进行搜索、组织、研究和理解。而数据存储方式缺乏标准化更是加剧了这种情况。不过，自然语言处理可以帮助医生更好地搜索和分析这些数据，甚至自动化一些工作流程，例如通过构建自动问答系统可以减少查找相关患者信息的时间。本章后面会详细介绍其中的一些内容。

注 1：本书部分彩图请读者前往本书图灵社区页面下载。—— 编者注

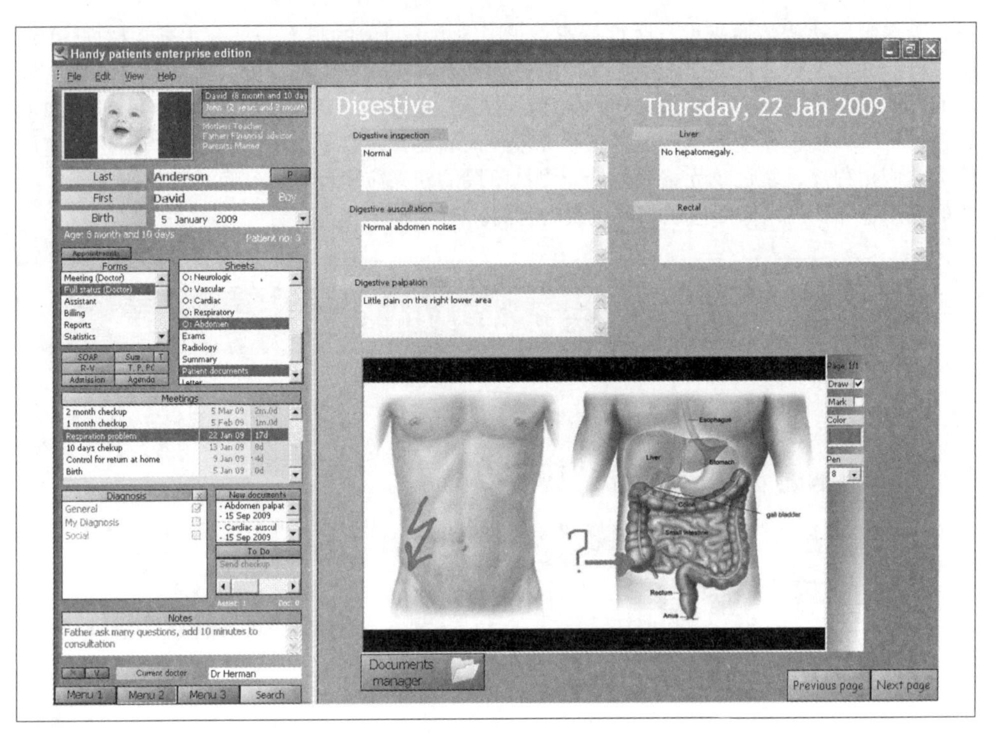

图 10-2：电子医疗记录示例

10.1.2 患者优先级和计费

在医生记录中使用自然语言处理技术，有助于了解其状态和紧急程度，从而确定各种医疗程序和检查的优先级。这可以最大限度地减少延迟和内部管理错误，并使流程自动化。同样地，从非结构化的记录中解析和提取信息，识别医学编码，还可以提高医疗计费的便捷性。

10.1.3 药物安全监视

药物安全监视是指为了确保药物安全而采取的一切活动。这包括收集、检测和监测药物的不良反应。医疗程序或药物可能会产生意外或有害的影响，只有监测和预防这些影响，才能确保药物发挥预期的作用。随着社交媒体使用量的增加，越来越多的药物副作用出现在社交媒体消息中，监测和识别药物的副作用已经成为解决方案的一部分，其中一些技术在第 8 章中介绍过，这一章的重点是通用社交媒体分析。本章后面还会介绍一些社交媒体的相关案例。除了社交媒体，在医疗记录中使用自然语言处理技术，也可以促进药物安全监视。

10.1.4 临床决策支持系统

决策支持系统的作用是协助医务人员做出相关的医疗决策，包括筛查、诊断、治疗和监测等。电子健康记录、表格式实验结果和手术记录等各种文本数据都可以用作决策支持系统的输入。使用自然语言处理的方法，可以改善决策支持系统。

10.1.5 健康助理

健康助理和聊天机器人通过使用专家系统和自然语言处理技术，可以改善患者和护理人员的体验。例如，像 Woebot（见图 10-3）这样的服务可以让患有精神疾病或者抑郁症的患者保持良好的情绪。Woebot 将自然语言处理和认知疗法结合起来，通过询问相关问题来强化积极的心态。

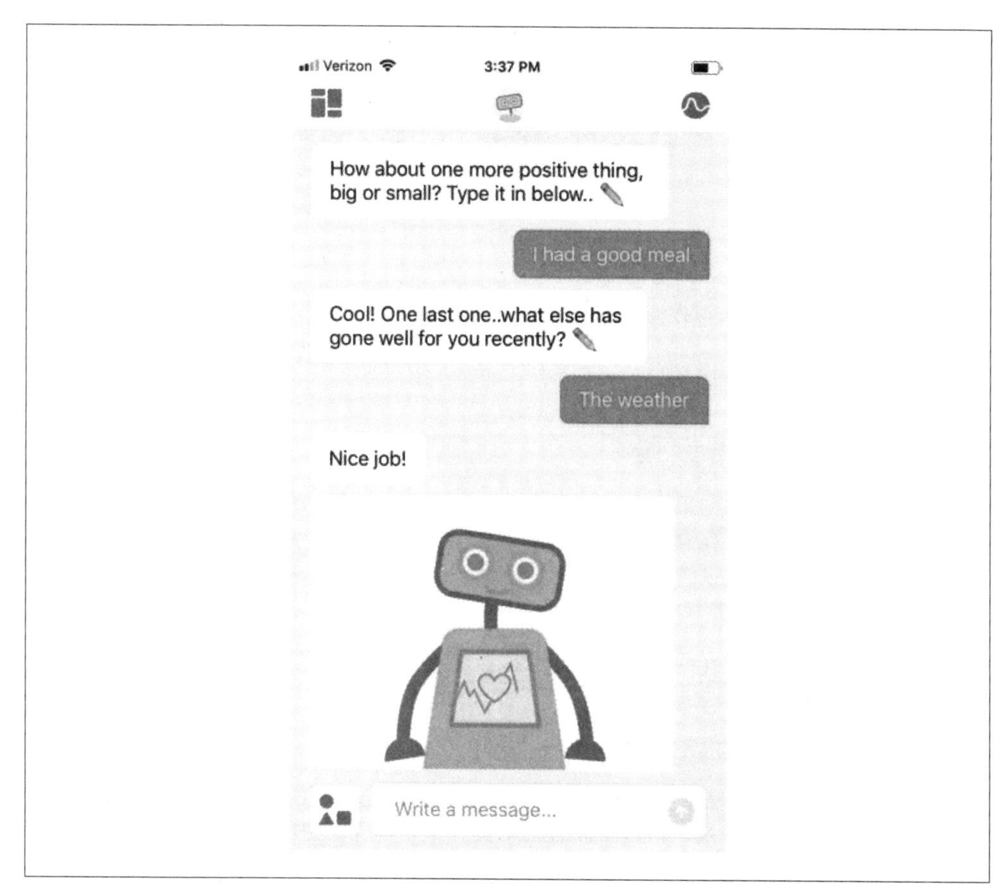

图 10-3：Woebot 的对话

同样，助理还可以评估患者的症状，对潜在的健康问题进行诊断。聊天机器人根据诊断的紧迫性和危急性来预约相关医生。Buoy 就是这类系统的一个例子。另外，这类系统也可以利用现有的诊断框架，根据用户的特定需求来构建。这种框架的一个例子是 Infermedica，如图 10-4 所示，机器人在聊天界面中得知用户的症状，并给出可能的疾病列表及其概率。

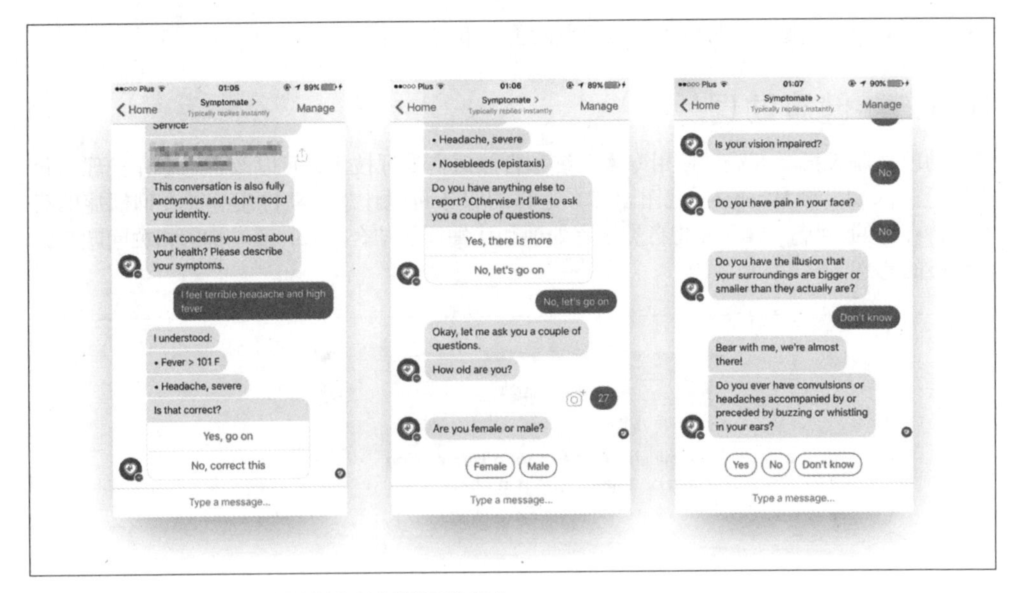

图 10-4：用 Infermedica API 制作诊断聊天机器人

以上部分应用程序在接下来的几节中还会有详细的介绍。

10.1.6 电子健康记录

越来越多的临床和医疗数据采用电子方式存储，导致医疗数据的爆炸式增长，个人记录也变得庞大无比。随着电子存储数据越来越多，文档大小和历史记录都在增长，医生和临床人员使用这些数据变得越来越困难，从而导致信息过载。信息过载反过来又会导致更多的错误、遗漏和延迟，进而影响患者的安全。

接下来的内容将从总体上介绍自然语言处理在管理信息过载、改善患者健康中的作用。本节先讨论电子健康记录（EHR）。

1. HARVEST 工具：纵向报告理解

为了克服前面提到的信息过载，人们构建了各种各样的工具，其中哥伦比亚大学（Columbia University）的 HARVEST 是一个值得注意的工具。该工具已在纽约市各医院广泛使用。不过在介绍之前，下面先了解一下标准的临床信息系统是如何工作的。

图 10-5 显示了纽约长老会医院（iNYP）使用的标准临床信息审查系统的截图。医院提供的报告以文字为主，内容密集，读起来很耗时，而且往往使用不便。虽然系统提供了基本的文本搜索功能，但是文本密集型的信息很容易被一眼带过，这在分秒必争的医院环境中是个大问题。

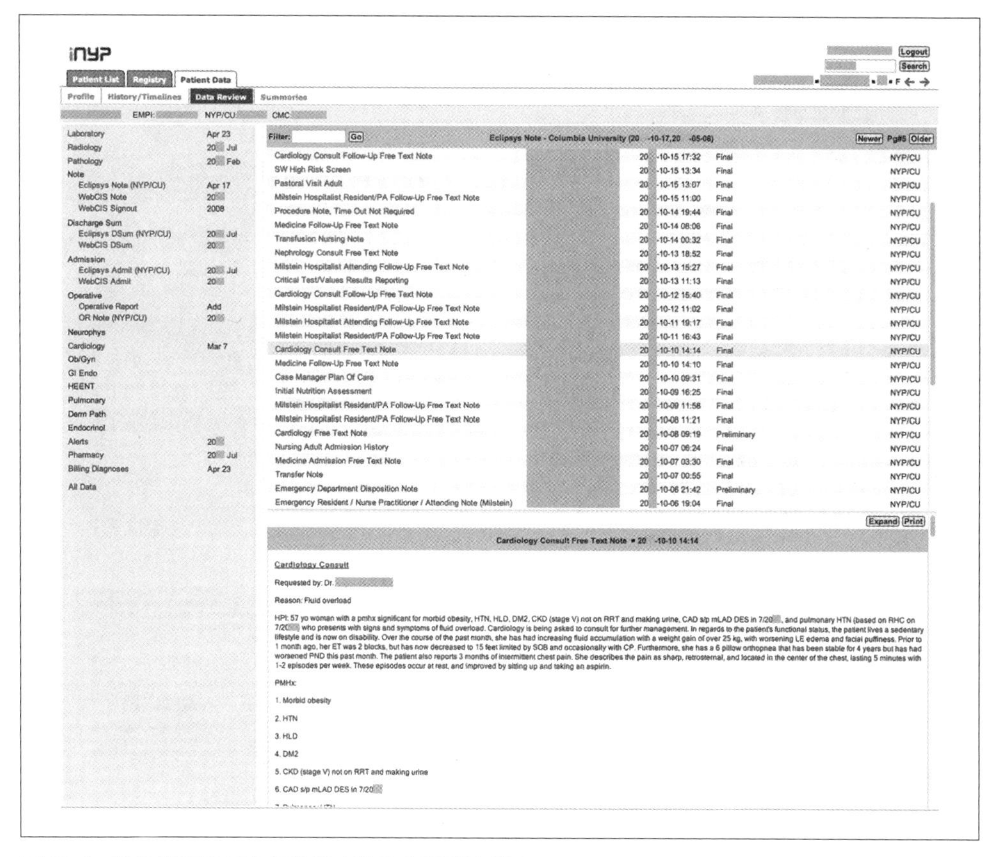

图 10-5：纽约长老会医院标准临床信息审查系统截图

相比之下，HARVEST 工具则能解析所有的医疗数据，使其易于分析，并且可以集成在任何医疗系统之中。图 10-6 展示了 HARVEST 工具在 iNYP 系统中的效果：以前文本密集型的报告格式转换成了可视化的描述。

从图中可以看到患者每次去诊所或医院就诊的时间线。同时，它还附带了给定时间范围内患者重大疾病的词云。如果需要，用户还可以深入查看详细记录和历史。除此之外，系统还给出了每个报告的摘要，使得用户可以快速了解患者病史的大体情况。HARVEST 不仅让报告的面貌焕然一新，而且非常实用，能为医生甚至普通医务人员和护理人员提供近乎实时并且信息丰富的患者病情快照。

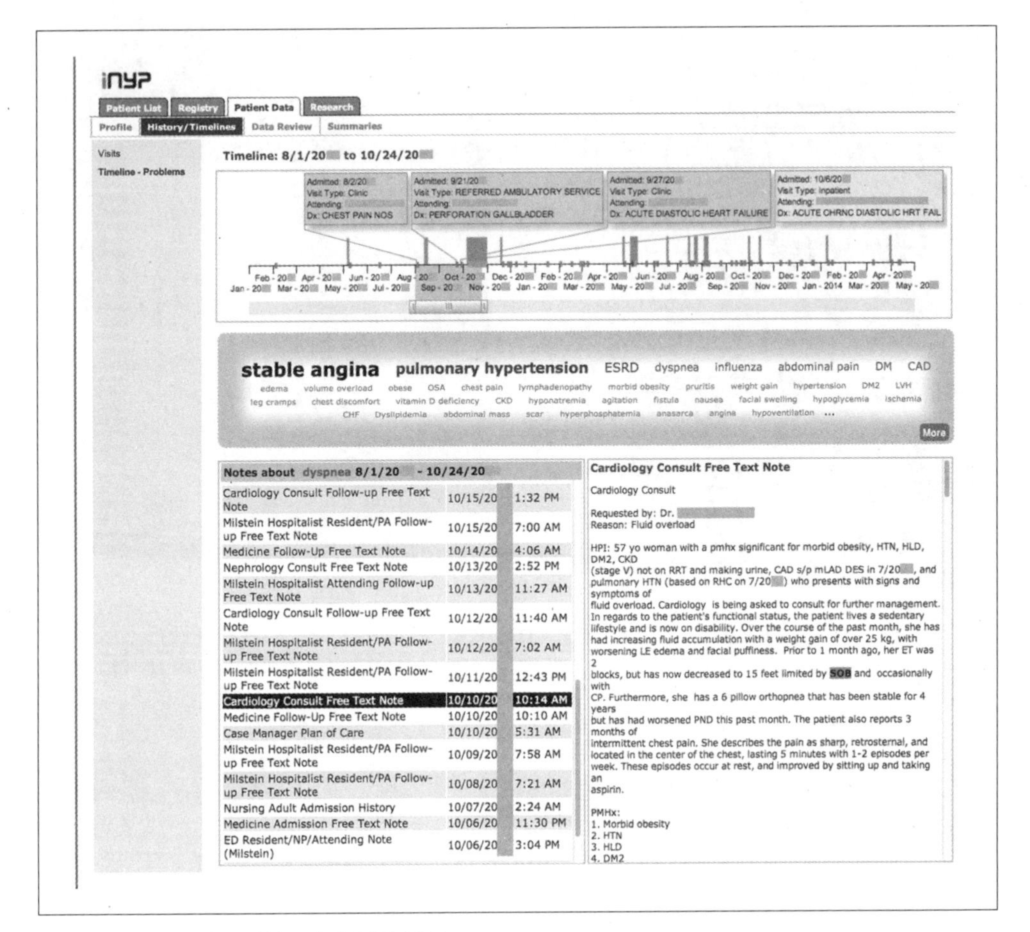

图 10-6：HARVEST 系统，患者同图 10-5

医生、护士、营养学家等对患者的所有观察记录可以通过 HealthTermFinder 进行命名实体识别。得到的所有医学术语接着会映射到“统一医学语言系统”（UMLS）语义组。这些术语以词云的方式可视化。词云权重由 TF-IDF（详见第 7 章）确定。字体大小表示患者所患各种疾病的程度和频率。这种可视化模式还有助于发现和探查其他容易被忽略的问题。

HARVEST 能以更加有效和易于理解的方式，展示患者任何时间范围内的病史。在这种情况下，更有价值的是，它有助于提高医生的分析能力，让医生能够把注意力集中在根本问题上，而不是“头痛医头，脚痛医脚”。纽约长老会医院的医生对 HARVEST 系统进行了测试。在测试中，超过 75% 的参与者表示，尽管 HARVEST 是一个全新的用户界面，但他们肯定会在未来经常使用 HARVEST，而其他参与者也表现出了一些使用该系统的意向。图 10-7 显示了这些从业者当时提供的一些反馈。

Table 4:

Subject feedback on the overall use of Harvest (A) and applicable usage in the clinical workflow (B)

A.

- "It's a great adjunctive tool to visually represent the patient's chart history"
- "Good visual representation of the patient's clinic and [ED] visits and admissions, and gives a good overall sense of the patient's medical problems"
- "[Allows for] review [of] the medical record to find specific instances when things were diagnosed or managed"
- "Useful tool to quickly tell burden of disease"
- "Made me more confident that I wasn't missing information that can sometimes be buried in the list of [past medical history]"
- "[I]t helped pick up on diagnoses within the chart that I otherwise would've had a lot of difficulty finding"
- "The tool was very helpful in quickly getting a sense of how many (and what type of) encounters a patient had"

B.

- "[T]he Harvest tool would be most helpful when taking care of new patients and patient not already well-known
- "I would use it in pre-scrolling patients prior to seeing them both in the outpatient and inpatient setting"
- "[Harvest] would allow me to better become acquainted with other people's patients in the event I was covering for them in clinic"
- "[When] admitting a patient to the hospital, I feel like it would allow me to gather information to write a pertinent admission note in less time
- "[I]n the emergency department this tool would allow me to get a rapid view of the important terms in the patient's medical record"

ED, emergency department.

图 10-7：纽约长老会医院对 HARVEST 的临床反馈

HARVEST 通过整理患者在整个生命历程中的医疗历史记录，提供可理解的总结和结论。其独特的卖点在于，不管患者在医院的何处就诊，由谁接诊，它都可以根据微观层面的详细观察，进行宏观层面的挖掘、提取和可视化呈现。构建这样的系统可以可视化和分析大量的信息。当底层知识库是非结构化文本时，就像电子健康记录一样，自然语言处理技术在这些分析和信息可视化工具中发挥着关键作用。

2. 健康问答

前面研究了如何使用基本的自然语言处理技术（如命名实体识别）来提升用户处理大规模记录和信息的体验。但是为了让用户体验更上一层楼，不妨考虑在这些记录的基础上创建一个问答系统。

第 7 章介绍过问答系统，但这里的重点是医疗场景中的特定问题，举例如下。

- 患者需要服用多少剂量的药物?
- 服用的某种药物是治疗什么病的?
- 化验结果如何?
- 对于给定的测试数据，化验结果超出正常范围多少?
- 化验的哪一项结果证实了某种疾病的发生?

正如本书一贯讨论的，为特定任务构建正确的数据集通常是解决任何自然语言处理问题的关键。对于医疗领域中问答系统，这里重点关注 emrQA 数据集，它由 IBM 研究中心、麻省理工学院和伊利诺伊大学厄巴纳－香槟分校（UIUC）联合创建。图 10-8 显示了此类数据集所含内容的示例。例如，对于“患者是否曾经有过异常的体重指数？”（Has the patient ever had an abnormal BMI?）这个问题，可以从过去的健康记录中提取正确的答案。

Record Date: 08/09/98

08/31/96 ascending aortic root replacement with homograft with omentopexy. The patient continued to be hemodynamically stable making good progress. Physical examination: BMI: 33.4 Obese, high risk. Pulse: 60. resp. rate: 18

Question: Has the patient ever had an abnormal BMI?
Answer: BMI: 33.4 Obese, high risk
Question: When did the patient last receive a homograft replacement ?
Answer: 08/31/96 ascending aortic root replacement with homograft with omentopexy.

图 10-8 emrQA 中的“问题－答案”对示例

为了创建这样的问答数据集并在此基础上构建问答系统，一个通用的问答数据集创建框架包括以下过程。

1. 收集特定领域的问题，然后将其规范化。患者的治疗情况可以通过多种方式询问，例如，“问题是如何处理的？”或者“采取了什么措施来纠正患者的问题？”等。这些不同的问题都必须以相同的逻辑形式进行规范化。
2. 用专家领域知识映射问题模板，并为其分配逻辑形式。问题模板是一种抽象意义上的问题。例如，对于某一类型的问题，人们期望得到一个数值或一种药物类型作为回答。具体来说，对于问题模板“药物的剂量是多少？”，可以映射到一个确切的问题，比如“硝酸甘油的剂量是多少？”。这个问题是一个逻辑形式，需要剂量作为回答，详见图 10-9。

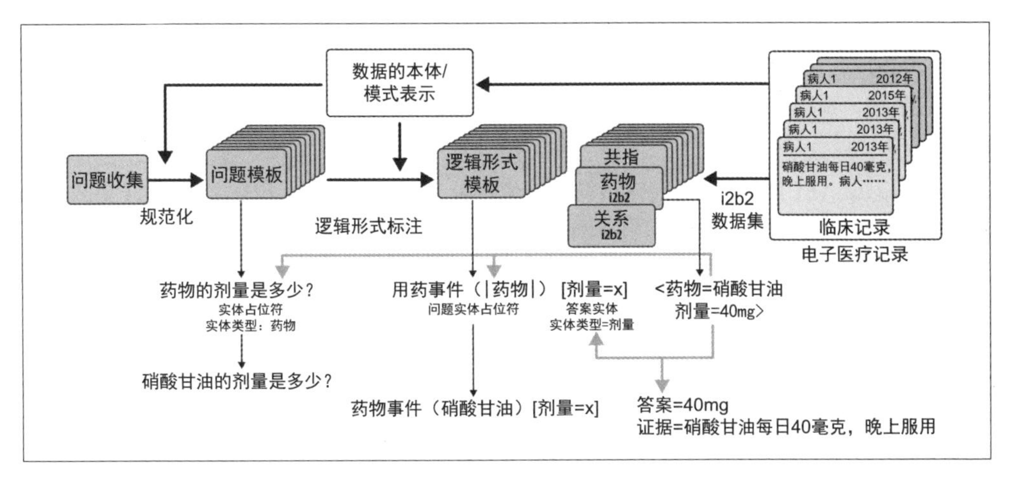

图 10-9：使用现有标注生成问答数据集

3. 使用现有的标注和前两步收集的信息，创建“问题 – 答案”对。在这里，可以使用命名实体标记等现成的信息以及链接到逻辑形式的答案类型进行数据自举。这一步尤其重要，因为可以减少创建问答数据集所需的手动工作。

具体来说，对于 emrQA，这一过程始于美国退伍军人管理局医生收集的典型问题，这产生了 2000 多个带有噪声的模板，模板经过规范化后减少到 600 个左右。然后，这些典型问题以逻辑形式映射至 i2b2 数据集。i2b2 数据集已经使用一系列细粒度信息（如药物概念、关系、断言、共指消解等）进行了专业标注。尽管 i2b2 数据集并非出于问答目的而创建，但通过使用逻辑映射和现有标注，可以从中生成问题和答案。图 10-9 显示了该过程的整体概述。这个过程由一系列医生密切监督，以确保数据集的质量。

为了创建一个基线问答系统，emrQA 团队使用了序列到序列的神经网络模型和基于启发式的模型。这些模型在 emrQA 团队的工作成果中有更详细的介绍。为了评估模型性能，他们将数据集分为两组：emrQL-1 和 emrQL-2。emrQL-1 在测试和训练数据中的词汇差异较大。对于 emrQL-1，启发式模型的性能优于神经网络模型；对于 emrQL-2，神经网络模型的性能更好。

从更广义的角度来说，这是一个关于如何使用启发式、映射和其他简单标注数据集构建复杂数据集的有趣用例。除了处理健康记录，这些经验还可以应用于其他需要生成类似问答数据集的一系列问题。接下来介绍如何使用健康记录来预测健康结果。

3. 结果预测和最佳实践

前面介绍了自然语言处理如何帮助医生研究患者病情，以及医生如何根据患者健康记录进行提问。下面介绍一个更前沿的应用程序：使用健康记录预测健康结果。健康结果相当于一组属性，可以解释疾病对患者的影响，包括患者恢复的速度和完整程度。健康结果在衡量不同治疗的疗效方面也很重要。这项工作由谷歌人工智能、斯坦福医学院和加州大学旧金山分校共同合作。

除了预测健康结果，利用电子健康记录进行可扩展和准确的深度学习的另一个重点是，确保能够构建既可扩展又高度准确的模型和系统。可扩展性是必要的，因为医疗涉及各式各样的输入数据，不同医院或部门收集的数据可能是不同的。因此，即使针对不同的结果或不同的医院，系统的训练应该很简单才行。为了不引起过多的误报，还必须做到准确。在人命关天的医疗行业，准确的必要性是显而易见的。

电子健康记录（EHR）尽管听起来很简单，但实际上却远非如此。EHR 存在着许多微妙之处和复杂性。即使是像体温这样简单的记录也会有一系列的诊断标准，这取决于体温是通过舌头、前额还是身体其他部位测量的。为了处理所有这些情况，人们创建了一个开放式快速医疗互用性资源（FHIR）标准，该标准使用了具有唯一定位符的标准化格式，以确保一致性和可靠性。

数据格式一致后，就可以输入基于 RNN 的模型中。从第一条记录到最后一条记录的所有历史数据都输入模型中。输出变量则是期望预测的结果。

模型根据一系列健康结果进行评估。对于患者是否会在医院停留更长时间，AUC 得分（亦称为曲线下面积）为 0.86；对于意外再入院，AUC 得分为 0.77；对于预测患者死亡率，AUC 得分为 0.95。AUC 得分是此类情况下经常使用的指标，因为 AUC 是对所有潜在阳性诊断阈值的汇总度量，而不是任何特定阈值下的性能度量。分数为 1.0 表示完全准确，而 0.5 则与随机无异。

在医疗领域中，模型的可解释性很重要。换句话说，对于给出的具体结果，模型应该能准确解释其原因。如果没有可解释性，医生很难在诊断中参考模型的预测结果。为了实现可解释性，可以使用深度学习中的**注意力**来理解哪些数据点和事件对结果最为重要。图 10-10 显示了注意力图的一个示例。

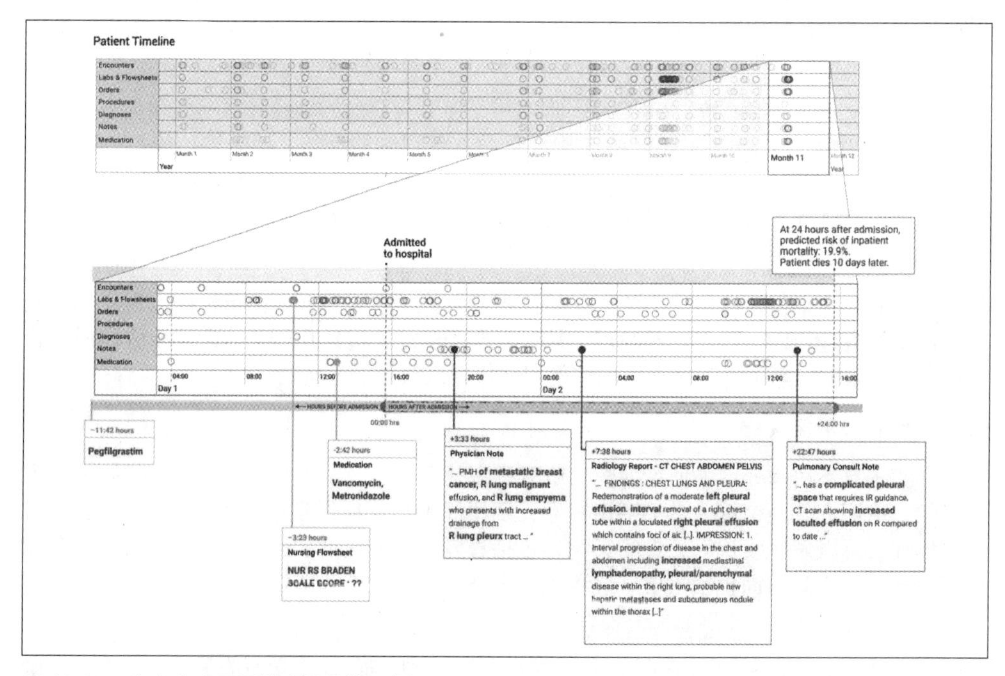

图 10-10：注意力应用于健康记录的示例

谷歌人工智能团队还提出了一些最佳实践，概述了机器学习生命周期各个阶段（从定义问题、收集数据到验证结果）的思路。在为医疗领域构建机器学习模型时，人们应该记住这些实践。这些建议适用于自然语言处理、计算机视觉以及结构化数据问题。

这些技术主要侧重于管理人类的身体健康。由于有各种可用的数值指标，因此相对容易量化。但人的心理健康测量则没有明显的可量化指标来衡量。下面来看一些监测个人心理健康的技术。

下一节中包含对心理健康问题和自杀的讨论。

10.1.7 心理健康监测

考虑到当今世界经济和技术的快速变迁以及生活节奏的加快，大多数人，特别是 X、Y 和 Z 世代人，在他们的一生中往往会经历某种形式的心理健康问题，这并不奇怪。据估计，全球有超过 7.9 亿人受到心理健康问题的影响，这意味着每 10 个人中就有 1 个人受到影响。美国国立卫生研究院（National Institutes of Health）的一项研究估计，四分之一的美国人可能在一年中受到一种或多种心理健康问题的影响。2017 年，超过 47 000 名美国人自杀，而且这个数值一直在快速增长。

随着社交媒体的使用达到历史最高水平，使用社交媒体发出的信号来跟踪特定个人和不同群体的情绪状态和心理平衡变得越来越有可能。甚至洞察不同人口群体（不同年龄、不同性别等）的情绪状态和心理平衡也是可能的。本节将简要介绍对 Twitter 用户公开数据的探索性分析，以及如何将第 9 章学到的技术应用于这个问题。

评估一个人的心理健康涉及很多方面。例如，格伦·库珀史密斯（Glen Coppersmith）等人的研究“Exploratory Analysis of Social Media Prior to a Suicide Attempt”的重点是，利用社交媒体识别有自杀风险的个人。这项研究的目标是构建早期预警系统，并查明问题的根源。

研究识别出了 554 名声称试图自杀的用户，并对他们进行了评估。这些用户中有 312 人明确表示他们最近有自杀企图。加有“隐私”标签的个人资料不包括在这项研究中。研究只检查了公开数据，不包括任何私聊消息或已被删除的帖子。

每一位用户的推文都从以下角度进行了分析。

- 用户试图自杀的声明是否明显真实？
- 用户是否在谈论自己的自杀企图？
- 自杀企图能及时定位吗？

请参见图 10-11 中的推文示例。

我很高兴我能活下来去参加今天的婚礼。 我年轻的时候太傻了，多次尝试自杀。
自从上周自杀未遂住院以来，我一直都与外界失去联系。 我自杀未遂已经半年了，我真希望我成功了。
既然野马队赢了，我就要自杀了……#囧 我会穷到自杀，但我真的真的真的需要那双鞋。

图 10-11：构建社交数据集的微妙之处

前两条推文涉及真正的自杀企图，而最后两条则是讽刺或虚假的陈述。中间两条提到了尝试自杀的确切日期。

为了分析数据，遵循了以下步骤。

1. **预处理**：因为 Twitter 数据经常有噪声，所以首先对其进行规范化和清洗。URL 和用户名用同质标记表示。第 9 章详细介绍了社交媒体数据清洗。
2. **字符模型**：使用 *n*-gram 字符模型和逻辑回归对各种推文进行分类。性能使用 10 折交叉验证法来度量。
3. **情绪状态**：为了估计推文中的情绪内容，数据集使用标签进行自举。例如，所有包含愤怒但不包含“讽刺”（#sarcasm）和“玩笑”（#jk）标签的推文都被贴上了“情感”标签。没有情感内容的推文也被归类为“无情感”。

然后对这些模型进行测试，以确定模型能在多大程度上识别出潜在的自杀风险。结果是，对于那些极可能自杀的人，模型能够识别出其中的 70%，只有 10% 的误报。图 10-12 中所示的混淆矩阵，详细描述了各种情感错误分类的概率。

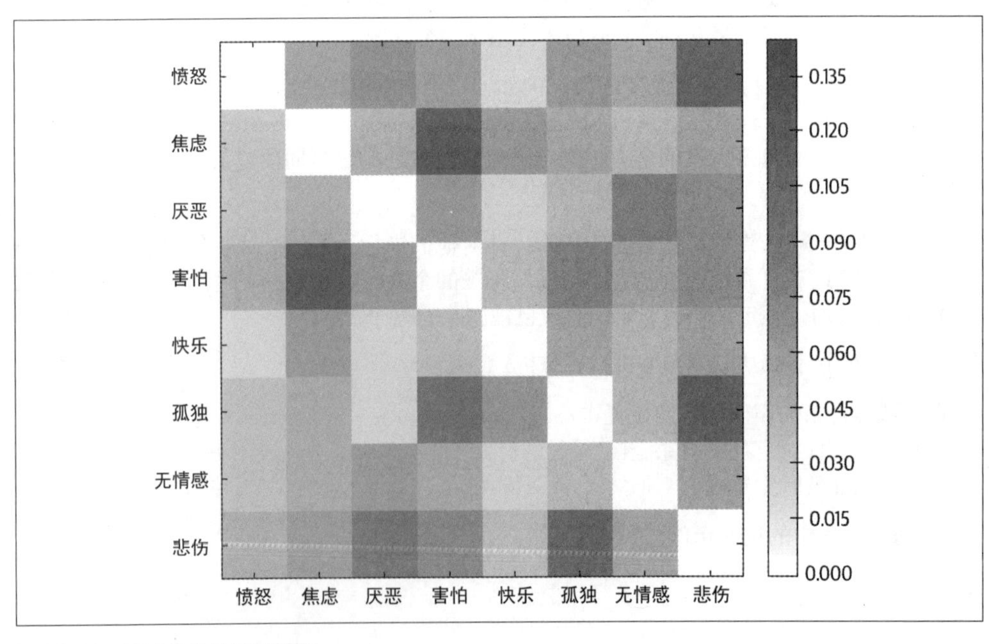

图 10-12：情绪分类的混淆矩阵

识别潜在的心理健康问题可用来干预标记的病例。通过精确的监控和警报，像 Woebot 这样的自然语言处理机器人也可以用来提升高危人群的情绪。下一节将深入研究从医疗数据中提取实体。

10.1.8 医疗信息提取与分析

前面介绍了一系列基于健康记录和信息的应用程序。使用健康记录构建应用程序的第一步是从健康记录中提取医疗实体和关系。医疗信息提取（信息提取）有助于从健康记录、放射科报告、出院总结，以及护理文档和医学教育文档中识别临床症状、身体状况、药物、剂量、强度等常见的生物医学概念。为此，可以使用云 API，也可以使用预先构建的模型。

先来了解亚马逊医学语言处理服务——Amazon Comprehend Medical。它隶属于亚马逊云（AWS）的自然语言处理服务——Amazon Comprehend。Amazon Comprehend 可用于在云端执行关键词提取、情感和句法分析、语种和实体识别等常见的自然语言处理任务。Amazon Comprehend Medical 可用于处理医疗数据，包括医疗命名实体和关系提取以及医疗本体链接。

可以使用 Amazon Comprehend Medical 云 API 来处理医疗文本，这里仅简要概述云 API 的功能。首先以 FHIR 的健康记录作为输入。注意，FHIR 是美国范围内记录和共享医疗信息的标准。现在从虚构的“健康诊所”取得一个电子健康记录样本。为了有效地测试 Comprehend Medical，需要删除其中的所有格式和换行符，以便查看系统的效果。在开始阶段，不妨只考虑医疗记录中的一小段序列：

```
Good Health Clinic Consultation Note Robert Dolin MD Robert Dolin MD Good Health
Clinic Henry Levin the 7th Robert Dolin MD History of Present Illness Henry
Levin, the 7th is a 67 year old male referred for further asthma management.
Onset of asthma in his twenties teens. He was hospitalized twice last year, and
already twice this year. He has not been able to be weaned off steroids for the
past several months. Past Medical History Asthma Hypertension (see HTN.cda for
details) Osteoarthritis, right knee Medications Theodur 200mg BID Proventil
inhaler 2puffs QID PRN Prednisone 20mg qd HCTZ 25mg qd Theodur 200mg BID
Proventil inhaler 2puffs QID PRN Prednisone 20mg qd HCTZ 25mg qd
```

当把上述内容输入 Comprehend Medical 后，得到的输出如图 10-13 所示。

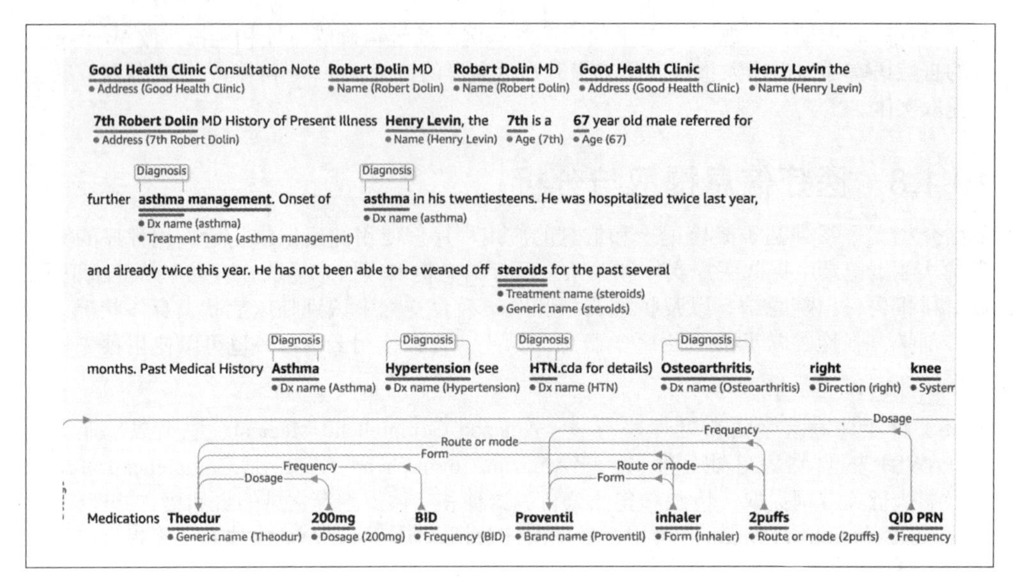

图 10-13：FHIR 记录的 Comprehend Medical 输出

不难看出，从诊所和医生细节，到诊断和药物及其频率、剂量和途径，所有的信息都可以提取。如果需要，还可以将提取的信息链接到标准医学本体，如 ICD-10-CM 或 RxNorm。通过 AWS boto 库可以访问 Comprehend Medical 的所有功能。

构建医疗信息提取可先从云 API 和库开始，但如果有特定的需求，并且愿意构建自己的系统，那么建议从 BioBERT 开始。本书整本书都谈到了 BERT，即双向编码器表示。然而，默认的 BERT 模型是在常规网络文本上训练的，这与医疗文本和记录非常不同。例如，普通英语文本和医疗记录之间的单词分布存在很大的差异。这会影响 BERT 在医疗任务中的表现。

为了构建更好的生物医学数据模型，人们创建了生物医学文本的 BERT（BioBERT）。BioBERT 将 BERT 应用于生物医学文本以获得更好的性能。在领域适应阶段，我们使用标准的 BERT 模型和预训练的生物医学文本（包括来自医学搜索引擎 PubMed 的文本）初始化模型权重。图 10-14 显示了预训练和微调 BioBERT 的过程。

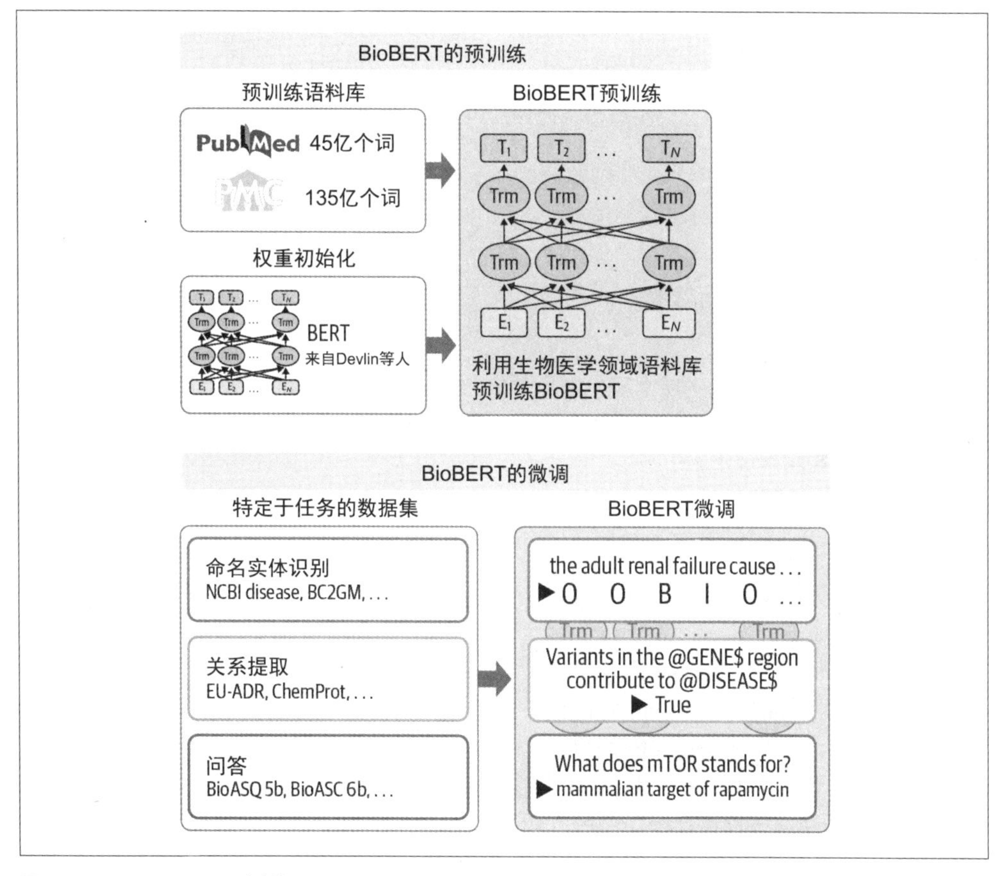

图 10-14：BioBERT 预训练和微调

BioBERT 模型和权重已经开源，可在 GitHub 上找到。它可以在一系列特定的医学问题上进行微调，如医学命名实体识别和关系提取。BioBERT 还可以应用于医疗文本的问答，其性能明显高于 BERT 和其他最先进的技术。它也可以根据医疗任务和数据集进行调整。

前面讨论了自然语言处理可以发挥作用的一系列医疗应用程序，涵盖了基于健康记录构建应用程序的方方面面，讲述了社交媒体监控如何应用于解决心理健康问题，并在最后展示了如何为医疗应用程序奠定基础。下面深入金融和法律领域来看自然语言处理是如何发挥作用的。

10.2 金融与法律

金融是一个多元化的领域，涵盖范围很广，从上市公司监控到投资银行交易流程，都属于金融的范畴。从全球来看，到 2022 年，金融服务业预计将增长到 26 万亿美元。由于法律和金融密切相关，因此本节会一并介绍。考虑到在金融框架、运营、报告和评估中整合和利用自然语言处理，金融可以从以下三个角度来看待。

组织视角

不同类型的组织需要考虑不同的需求和视角。这些视角包括：

- 私营公司；
- 上市公司；
- 非营利企业；
- 政府组织。

行动视角

组织可以采取不同的行动，包括：

- 分配和重新分配资金；
- 会计和审计，包括识别反常现象和异常值，以调查价值和风险；
- 优先级和资源规划；
- 遵守法律和政策规范。

金融背景视角

这些行动可能有不同的背景，包括：

- 预测和预算编制；
- 零售银行业务；
- 投资银行业务；
- 股票市场操作。

为了在构建、查看、管理和报告财务流程方面做出有条不紊、深谋远虑的实时决策，必须持续关注公司不断变化的性质，并且必须相应地构建和设计金融基础设施。机器学习和自然语言处理可以帮助设计这样一个系统。图 10-15 显示了根据英格兰银行和英国金融市场行为监管局在 2019 年的一项联合调查，英国银行家认为机器学习和自然语言处理可以改善哪些经营的方式和领域。

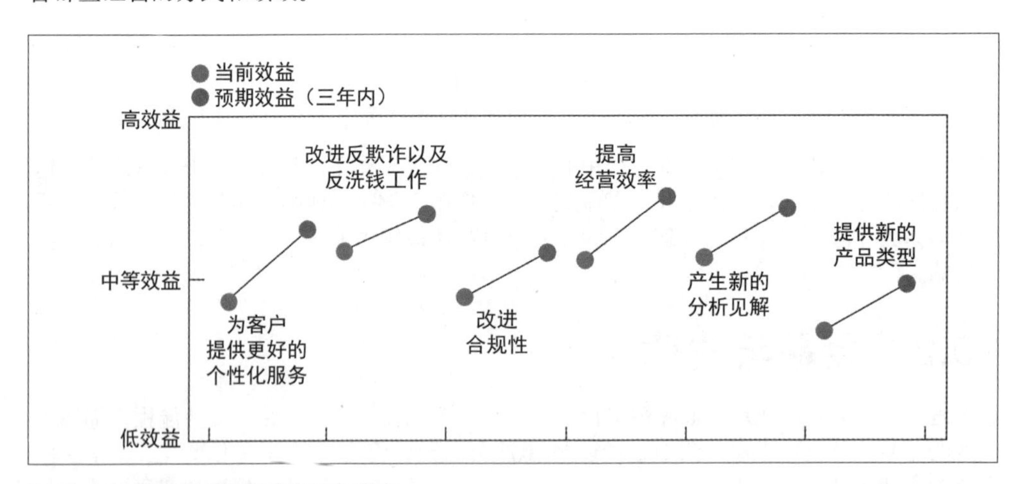

图 10-15：英国机器学习效益评估调查

银行家估计，在运营效率和分析洞察方面，机器学习和自然语言处理能带来很大的改进。随着这些技术的应用，反欺诈和反洗钱工作也有望产生更好的效益。

10.2.1 自然语言处理在金融领域中的应用

这一节介绍自然语言处理在金融领域中的一些具体应用，包括金融情感分析、贷款风险评估，以及审计和会计问题。

1. 金融情感

股票市场交易依赖于特定公司的一系列信息。这些知识有助于创建买入、持有或卖出股票等一系列的操作决定。这种分析可以基于公司的季度财务报告，也可以基于分析师在报告中对公司的评论。评论也可能来自社交媒体。

社交媒体分析（详见第 8 章介绍）有助于监控社交媒体帖子并指出潜在的交易机会。例如，如果 CEO 辞职，则情感通常是负面的，这可能会对公司的股价产生负面影响。相反，如果 CEO 表现不佳，则市场欢迎他们辞职，这可能导致股价上涨。为交易提供这些信息的公司包括 DataMinr 和 Bloomberg。图 10-16 显示了 DataMinr 终端，它会向用户显示与戴尔（Dell）相关的警报和影响营销的新闻。

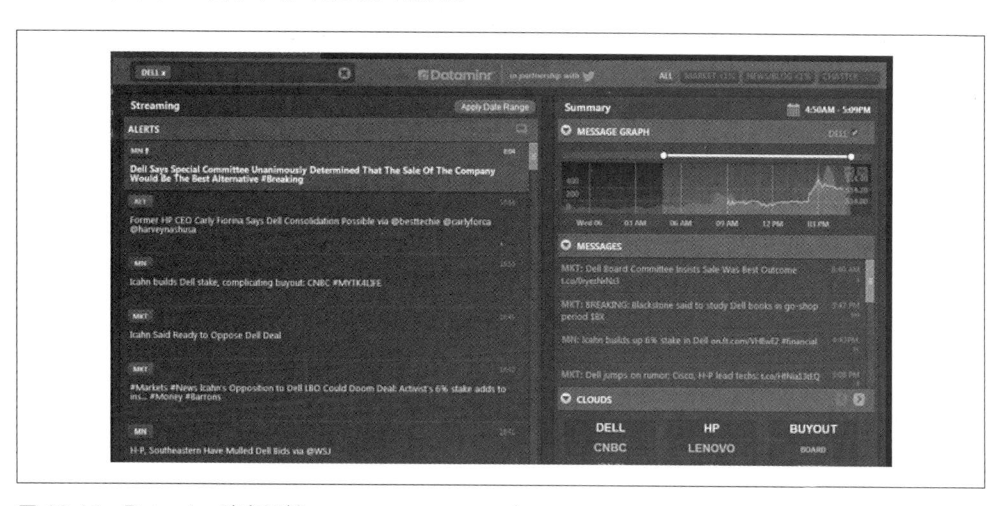

图 10-16：Dataminr 社交终端

金融情感分析不同于一般的情感分析。金融情感分析不仅在领域上不同，而且在目的上也不同。一般来说，金融情感分析的目的是猜测市场对一条消息的反应，而不是猜测消息本身是否积极。正如我们从前面医疗领域的 BioBERT 中看到的那样，人们也在微调 BERT，使之适应金融领域。FinBERT 是其中的一项成果。

2. 风险评估

信用风险是一种量化方法，用于衡量成功偿还贷款的可能性。信用风险通常根据个人过去的支出和贷款偿还历史来计算。然而，这些信息在许多情况下是有限的，特别是在贫困社区。据估计，世界上有超过一半的人口被排除在金融服务之外。不过，自然语言处理可以帮助缓解这个问题。通过自然语言处理技术，可以新增更多的数据点，用于评估信用风险。例如，在商业贷款中，企业家的能力和态度可以用自然语言处理来衡量。网贷平台 Capital Float 和 Microbnk 就使用了这种方法。同样，借款人提供的数据中的不一致性也可能会暴露出来，以便进行更多的审查。其他更微妙的方面，如贷款人和借款人申请贷款时的情绪，也可以纳入其中。

通常在个人贷款协议中，必须从贷款文件中获取各种信息，然后将这些信息输入信用风险模型。获取的信息有助于识别信用风险，如果从文档中提取了错误的数据，则可能导致评估出现瑕疵。第 5 章中详细介绍的命名实体识别（NER），可用于改善这一点。图 10-17 显示了上述贷款协议的一个示例，其中展示了一份贷款协议以及从中提取的不同相关实体。这个例子摘自一篇关于金融领域命名实体识别领域适应的文献，“Domain Adaption of Named Entity Recognition to Support Credit Risk Assessment”。10.2.2 节将详细介绍这种实体提取。

LOAN AGREEMENT

This LOAN AGREEMENT, dated as of November 17, 2014 (this "Agreement"), is made by and among Auxilium Pharmaceuticals, Inc., a corporation incorporated under the laws of the State of Delaware ("U.S. Borrower"), Auxilium UK LTD, a private company limited by shares registered in England and Wales ("UK Borrower" and, collectively with the U.S. Borrower, the "Borrowers") and Endo Pharmaceuticals Inc., a corporation incorporated under the laws of the State of Delaware ("Lender").

RECITALS

WHEREAS, U.S. Borrower, Endo International PLC ("Endo"), a public limited company incorporated under the laws of Ireland, Endo U.S. Inc. ("HoldCo"), a corporation incorporated under the laws of the State of Delaware and an indirect wholly-owned subsidiary of Endo, and Avalon Merger Sub Inc., a corporation incorporated under the laws of the State of Delaware ("AcquireCo"), are parties to that certain Agreement and Plan of Merger (the "Merger Agreement"), dated as of October 8, 2014, pursuant to which AcquireCo will merge with and into U.S. Borrower, with U.S. Borrower surviving the merger, subject to the terms and conditions of the Merger Agreement;

WHEREAS, pursuant to the terms of the QLT Merger Agreement (as defined in the Merger Agreement), upon the termination of the QLT Merger Agreement in connection with the execution of the Merger Agreement, U.S. Borrower was obligated to pay the QLT Termination Fee (as defined in the Merger Agreement);

WHEREAS, Lender is an indirect wholly-owned subsidiary of Endo;

WHEREAS, on October 9, 2014 (the "Payment Date"), Lender paid the QLT Termination Fee in the amount of $28,400,000 (the "Payment"), which, in accordance with the terms hereof, the parties have agreed shall constitute a loan from Lender to Borrowers on the terms and conditions set out in this Agreement; and

图 10-17：带标注实体的贷款协议

3. 会计与审计

德勤、安永和普华永道等国际公司现在非常注重对公司的年度业绩做出更有意义、更具可操作性和相关性的审计结论和意见。在将自然语言处理和机器学习应用于合同文件审查和长期采购协议等领域时，德勤已将其“审计命令语言”发展成为更高效的自然语言处理应用程序。

此外，过去几十年间，日常交易和发票纸样等数字核对非常复杂，现在这些公司终于意识到自然语言处理和机器学习在审计过程中具有显著优势。自然语言处理和机器学习能对交易类型中的异常值进行直接识别、聚焦、可视化和趋势分析。公司从而可以集中精力来研究这些异常值及其形成原因，这样就能及早发现潜在的重大风险和可能的欺诈活动，比如洗钱。这可能帮助公司模拟和推断各种价值创造活动，并针对各种业务流程进行定制。

接下来把注意力转向自然语言处理在法律事务中的使用。

10.2.2 自然语言处理与法律行业

技术工具在法律行业中的整合和利用已经进行了几十年。考虑到大量的研究、案例参考、简要准备、文件审查、合同设计、背景分析和意见起草，法律专业人士，包括律师事务所和法院系统，长期以来一直在寻找各种方式、手段和工具来减少他们的人工工作时间。这里不会详细介绍法律自然语言处理，因为该领域的研究工作受到专利保护，不向公众开放或仅开放部分内容。因此，下面仅从总体的角度来讨论这些想法。

自然语言处理在法律服务中的核心任务概述如下。

法律研究

法律研究包括查找具体案件的相关信息，包括搜索立法机构和案例法律法规。ROSS Intelligence 就是这样的一个服务机构。它能匹配事实和相关案例，并分析法律文件。图 10-18 显示了它的实际运转。

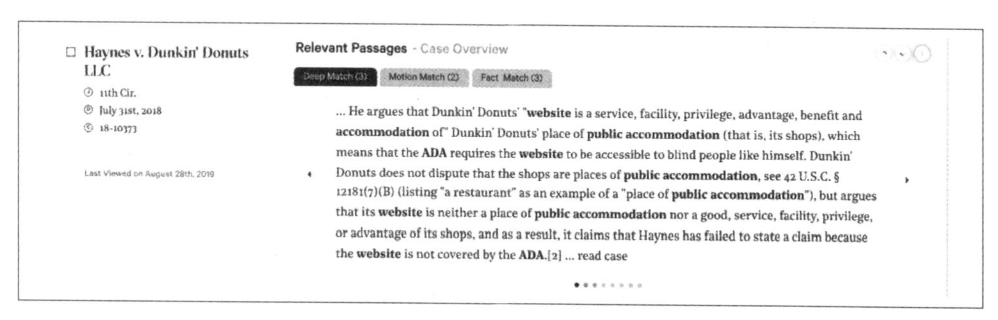

图 10-18：ROSS 匹配相关段落

合同审查

合同审查是指审查合同并确保合同遵循相应的规范和条例。合同审查包括对不同的条款进行审查并给出编辑建议。例如，人工智能法律助手 SpotDraft 主要关注基于欧盟《通用数据保护条例》的法规。

合同生成

合同生成是指基于问答设置生成合同。在简单的情况下，可能只需要简单的表单，而对于更复杂的情况，交互式聊天机器人系统可能更适合。在接收所有响应后，使用槽填充算法生成合同。

法律发现

法律发现是指在电子存储的信息中发现可用于案件的异常和模式。在某些情况下，法律发现是完全无监督学习的。在其他情况下，法律发现可能涉及主动学习（即提供初始的标注文档集）。例如，Siren 就是这样一个产品，它有助于情报、执法、网络安全和金融犯罪领域的发现。

基于 LexNLP 的法律实体提取

在任何类型的合同中，在构建任何类型的智能应用程序之前，需要提取大量的法律条款和实体。LexNLP 对此很有帮助，因为它具有法律词汇分词功能。这一点很重要，因为像 LLC 或 F.3d 这样的法律缩写是常规解析器无法处理的。类似地，LexNLP 还有助于将文档分割成多个部分，并提取重复出现的合同日期或法规等事实。此外，它还可以接入法律文件分析平台 ContraxSuite，该平台具有一系列其他法律功能，具体将在后面介绍。

现在来看这是如何工作的：

```
import lexnlp.extract.en.acts
import lexnlp.extract.en.definitions

print("List of acts in the document")

data_contract = list(lexnlp.extract.en.acts.get_acts(text))
df = pd.DataFrame(data=data_contract,columns=data_contract[0].keys())
df['Act_annotations'] = list(lexnlp.extract.en.acts.get_acts_annotations(text))

df.head(10)

print("Different ACT definitions in the contract")

data_acts = list(lexnlp.extract.en.definitions.get_definitions(text))
df = pd.DataFrame(data=data_acts,columns=["Acts"])
df.head(20)
```

图 10-19 显示了使用 LexNLP 提取文档中的法律列表。

如以上代码所示，此处使用“未来股权简单协议”（SAFE，用于投资的通用文档）提取信息，包括文档中存在的所有法律及其定义。同样，提取的信息还可以扩展到公司、法律援引、法律限制、法律期限、法规等。

除了法律实体提取，LexNLP 还提供不同国家及地区的会计、金融信息、监管机构，以及法律和医疗领域的法律词典和知识集。它还与 ContraxSuite 集成，从而对文档进行重复数据消除，对法律实体进行聚类（如图 10-20 所示）等。在构建自定义应用程序时，还可以注入代码，并在基线平台上进行构建。

List of acts in the document

	location_start	location_end	act_name	section	year	ambiguous	value	Act_annotations
0	6233	6264	Securities Exchange Act		1934	False	Securities Exchange Act of 1934	[act] at (6233..6264), loc: en
1	6346	6377	Securities Exchange Act		1934	False	Securities Exchange Act of 1934	[act] at (6346..6377), loc: en
2	9158	9176	Securities Act			False	Securities Act.\n\n"	[act] at (9158..9176), loc: en
3	15403	15419	Securities Act			False	Securities Act,	[act] at (15403..15419), loc: en
4	15691	15707	Securities Act			False	Securities Act,	[act] at (15691..15707), loc: en
5	15806	15821	Securities Act			False	Securities Act	[act] at (15806..15821), loc: en

Different ACT definitions in the contract

	Acts
0	SECURITIES ACT
1	Purchase Amount
2	Investor
3	Cash-Out Amount
4	Conversion Amount
5	Capital Stock
6	Change of Control
7	Converting Securities
8	Dissolution Event
9	Dividend Amount
10	Equity Financing
11	Initial Public Offering
12	Liquidity Event
13	Liquidity Price
14	Options
15	Proceeds
16	Promised Options
17	Safe
18	SafePreferred Stock
19	Safe Price

图 10-19：LexNLP 的输出

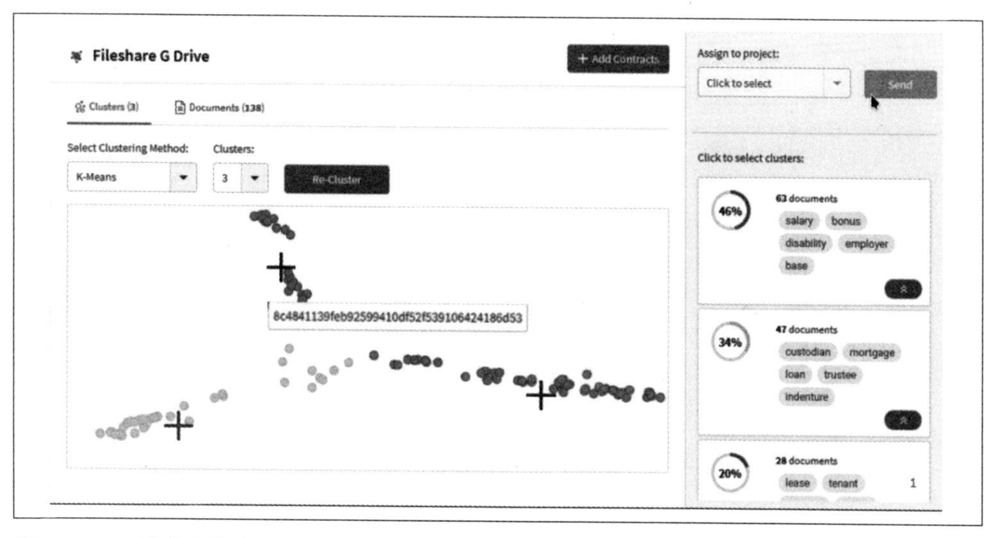

图 10-20：对文档集的法律实体进行聚类

10.3 小结

本章介绍了自然语言处理在医疗、金融和法律中的应用，涵盖了模型构建、使用在线 API 和数据集创建等方面的内容。这些领域提供了一系列不同的问题和解决方案，因此，即使你从事的领域与此无关，你在这里学到的技术也可以用于解决任何非常规问题。第 11 章将介绍如何将所有内容结合起来，构建一个完整的自然语言处理解决方案。

第四部分

综合

第11章

端到端自然语言处理系统

过程比目标更重要。人生路上，过程远比结果更重要。

——安东尼·摩尔

从自然语言处理流水线的基本组成到自然语言处理在不同领域中的应用，本书已经阐述了一系列的自然语言处理问题。有效运用所学知识来构建端到端的自然语言处理软件产品，不仅需要将自然语言处理中的各个步骤拼接在一起，还要考虑这个过程中的若干决策点。虽然这些知识中有很多只来自经验，但本章提炼了一些端到端自然语言处理过程的知识，帮助读者更快更好地进行实际操作。

第 2 章已经介绍了自然语言处理系统的典型流水线。那么这一章与第 2 章有什么不同呢？第 2 章主要关注流水线的技术方面，例如，如何表示文本，应该做哪些预处理步骤，如何构建模型，以及如何评估模型。虽然后续内容深入研究了各种自然语言处理任务的不同算法，并介绍了自然语言处理在医疗保健、电子商务和社交媒体等各个行业中的应用，然而，在所有这些内容中，部署和维护自然语言处理系统的相关问题以及管理此类项目要遵循的流程则着墨不多。而这些正是本章的重点。这里讨论的大多数要点不仅广泛适用于自然语言处理，而且也广泛适用于数据科学、机器学习、人工智能等其他领域。在本章中，这些术语是交替使用的；但如果特指自然语言处理任务，则会明确提及。

本章先重温第 2 章中介绍的自然语言处理流水线，特别是最后两个步骤：(1) 部署；(2) 模型监控和更新。这在前面几章中没有涉及。本章随后介绍如何构建和维护成熟的自然语言处理系统，接着讨论各种人工智能团队所遵循的数据科学过程，特别是构建自然语言处理软件方面的数据科学过程。最后以大量的建议、最佳实践以及成功交付自然语言处理项目的注意事项来结束本章。下面先从自然语言处理软件的部署开始。

11.1 重温自然语言处理流水线：部署自然语言处理软件

如第 2 章所介绍的，自然语言处理项目的典型生产流水线包括以下几个阶段：数据获取、文本清洗、文本预处理、文本表示和特征工程、建模、评估、部署、监控和模型更新。在工作中遇到自然语言处理方面的新问题时，必须首先考虑创建一个涵盖这些阶段的自然语言处理流水线。在这个过程中，需要考虑以下几个问题。

- 需要什么样的数据来训练自然语言处理系统？从哪里获得这些数据？这些问题在开始阶段很重要，在模型成熟后也很重要。
- 有多少数据可用？如果这还不够，可以尝试哪些数据增强技术？
- 如果有必要，如何标注数据？
- 如何量化模型的性能？使用什么指标来量化？
- 如何部署系统？使用云 API 调用、整体式系统或边缘设备上的嵌入式模块？
- 如何提供预测：流式处理还是批处理？
- 需要更新模型吗？如果需要，更新频率是每天、每周还是每月？
- 是否需要模型性能的监控和警报机制？如果是，需要什么样的机制，如何构建这种机制？

厘清这些关键决策点后，流水线的总体设计也就大功告成。接下来可专注于构建具有强大基线的第一版模型、实现流水线、部署模型，并在此基础上迭代改进解决方案。第 2 章介绍了不同自然语言处理任务在部署之前的各个阶段。下面来看流水线的最后阶段：部署、监控和模型更新。

部署意味着什么？构建的任何自然语言处理模型通常只是大型软件系统的一部分。一旦模型能在隔离状态下运行良好，就可以将其接入更大的系统中，并确保一切正常。将模型集成到软件中并使其具备生产条件的所有相关任务称为**部署**。模型部署的典型步骤列举如下。

1. **模型打包**：如果模型很大，为了方便访问，可能需要将模型保存在 AWS S3、Azure Blob 存储或谷歌云存储等持久化云存储中。当然，模型也可以序列化并封装在库调用中，以便于访问。另外，还有像 ONNX 这样的开放格式，提供了跨越不同框架的互通性。
2. **模型服务**：模型可以作为 Web 服务提供给其他服务使用。但是，如果使用紧密耦合的系统和批处理，则模型可以集成到 Airflow、Oozie 或 Chef 等任务流系统。此外，微软还发布了 MLOps 和 Python 中 MLOps 的参考流水线。
3. **模型扩展**：作为 Web 服务托管的模型应该能够根据请求流量进行扩展。作为批处理服务运行的模型也应该能够根据输入批处理大小进行扩展。公开云平台和内部云系统都有实现这一点的技术。图 11-1 显示了 AWS 文本分类的流水线。

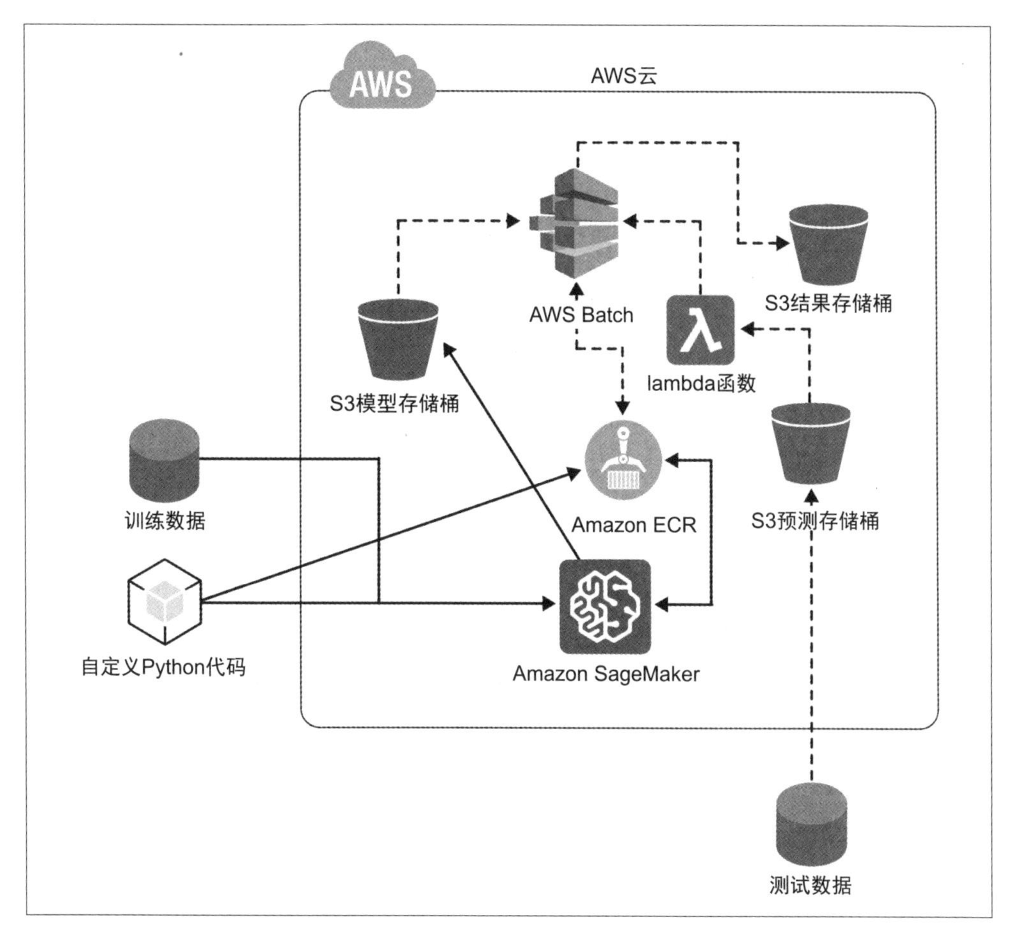

图 11-1：AWS 云和 SageMaker 提供文本分类服务

下面通过一个例子来说明如何将自然语言处理模型部署到更大的系统中。

示例场景

假设某社交媒体平台需要构建一个分类器来识别用户的恶意评论。分类器的目标是标记任何潜在的恶意内容，并将其发送给人工审核，防止恶意内容出现在平台上。在收集相关数据、设计一组特征，并测试一系列算法之后，终于建好了预测模型，模型可将新评论作为输入，并将其分类为恶意内容或安全内容。那么接下来的步骤是什么？

模型只是大型社交媒体平台的一小部分。社交媒体平台通常由若干组件构成，包括动态渲染内容的组件，各种与用户交互的模块，负责存储和检索数据的组件，等等。平台的不同子系统可能用不同的编程语言编写。分类器只是产品的一个小组件，需要集成到更大的系统中。那么该怎么做呢？要解决这种问题，一种常见方法是创建 Web 服务，而模型在 Web 服务的背后运行。产品的其余部分通过 Web 服务与模型交互，例如使用新的评论查询服务，并获得返回的预测。必要时，Web 服务的调用可集成到产品中。Flask、Falcon 和

Django 等常见的 Web 应用程序框架可用于创建此类 Web 服务。

开发各种自然语言处理解决方案需要依赖一系列预先存在的库。设置 Web 服务并托管云中或某些服务器中构建的模型，需要确保各种库之间不存在兼容性问题。为了解决这个问题，有一系列的选项可供选择。最常见的选择是将各种库打包到 Docker 或 Kubernetes 容器中。将 Web 服务用于生产需要解决许多其他问题，如技术栈、负载平衡、延迟、吞吐量、可用性和可靠性等。构建和制作生产模型涉及大量的工程任务，通常非常耗时。AWS SageMaker 和 Azure Cognitive Services 等云服务试图简化这些工程任务。有时，整个过程直到最后一个细节都是自动化的，只需单击一下即可完成服务的设置。这样做的目的是让人工智能团队专注于最重要的部分：模型构建。

另一个需要解决的重要问题是模型尺寸。现代自然语言处理模型可能相当庞大。例如，谷歌的 Word2vec 模型大小为 4.8GB，仅加载到内存就需要 100 秒以上。同样，fastText 分类模型的大小通常超过 2GB。而像 BERT 这样的深度学习模型则更为庞大。在云中托管如此庞大的模型既具有挑战性，也很昂贵。为了解决这些问题，模型压缩领域有很多工作正在进行，其中一些列举如下。

- “Compressing BERT for Faster Prediction”，Rasa 自然语言处理团队的博客文章。
- “A Survey of Model Compression and Acceleration for Deep Neural Networks”，微软研究院和清华大学一个团队的合作报告。
- “FastText.zip: Compressing text classification models”，Facebook 人工智能研究团队的一份报告。
- “Awesome ML Model Compression”，Cedric Chee 的 GitHub 存储库，包括相关的论文、视频、库和工具。

这些只是自然语言处理模型各种部署步骤的简要概述。详细介绍见相关书籍和材料。作为开始，感兴趣的读者可以阅读 Andriy Burkov 的《机器学习工程实战》一书的后面几章。

对于大多数行业用例，模型构建很难一劳永逸。随着部署系统的使用越来越多，构建的模型需要适应新的场景和新的数据点。因此，模型应定期更新。下面讨论构建和维护成熟自然语言处理软件时需要考虑的问题。

11.2 构建和维护成熟的系统

在大多数现实环境中，数据中的基本模式会随着时间的推移而变化。这意味着很久以前训练的模型可能会过时，也就是说，用于训练模型的数据与生产环境中输入模型进行预测的数据非常不同。这称为**协变量偏移**（covariate shift），它会导致模型的性能下降。模型更新是处理此类场景的常用方法。类似地，在大多数行业环境中，一旦模型的第一个版本投入使用，改进模型就变得不可避免。更新和改进现有的自然语言处理模型，可能意味着使用新增的训练数据进行重新训练，这有时需要添加新的特征。在更新模型时，需要确保新部署系统的性能至少与现有系统一样好。大多数模型更新和改进会导致更复杂的模型。随着模型复杂性的增加，需要确保系统不会在不断增加的复杂性下崩溃。这就需要管理成熟自然语言处理模型的复杂性，同时确保它也是可维护的。在这个过程中，需要考虑以下几个问题：

- 寻找更好的特征；
- 迭代现有模型；
- 代码和模型再现性；
- 故障排除和测试；
- 尽量减少技术债务；
- 自动化机器学习过程。

本节将逐一介绍这些问题。下面先讨论如何找到更好的特征。

11.2.1 寻找更好的特征

本书反复强调了首先构建简单模型的重要性。第一版模型往往不是最终的模型。可能需要添加新的特征，并定期对第一版之后的模型进行重新训练。其目标是找到最具表现力的特征，以捕捉数据中对预测有用的规律。那么如何开发这些特征？第 3 章介绍了生成文本特征表示的不同方法。为了开发特定的特征，可以从不需要问题域先验知识的方法（例如，基本向量化、分布式表示和通用表示）开始，或者使用问题域的先验知识开发特征（例如，人工特征），也可以把两者结合起来。

为给定的问题设计特定的特征（即特征工程）既困难又昂贵。因此通常需要先从与问题无关的文本表示开始。然而，特定于领域的特征有其自身的价值。例如，在情感分类的任务中，除了原始文本的向量表示外，特定于领域的指标，例如否定词的计数、肯定词的计数，以及其他词和短语级别的特征，都有助于更好地提取情感。

假如现在已经实现了一系列特征来构建自然语言处理模型，那么最好的模型是否需要这些特征中的每一个特征？在实现的若干个特征中，如何选择信息量最大的特征？例如，如果使用两个特征，其中一个特征可以从另一个特征中派生出来，那么这个特征并没有向模型添加任何额外的信息。特征选择是处理此类情况并做出明智决策的一项重要技术。有很多统计方法可以用来删除冗余或不相关的特征，从而微调特征集。这一广泛领域称为**特征选择**。

包装方法和过滤方法是两种常用的特征选择技术。包装方法使用机器学习模型对不同的特征子集进行评分。用每个新的子集训练模型，并用保留集测试模型，然后根据模型的错误率识别最佳特征。包装方法在计算上很昂贵，但通常可以提供最好的特征集。过滤方法使用某种代理度量而不是错误率对特征进行排序和评分（例如，特征之间的相关性以及特征与输出预测的相关性）。这样的度量计算起来很快，同时仍然能够捕获特征集的有用性。过滤方法的计算成本通常低于包装方法，但过滤方法生成的特征集并没有针对特定类型的预测模型进行优化。在基于深度学习的方法中，虽然特征工程和特征选择是自动化的，但仍然需要对各种模型结构进行实验。

由于特征选择方法通常是特定于任务的（即分类任务的方法不同于机器翻译任务的方法），因此感兴趣的读者可以阅读谷歌人工智能的博客文章“Wide & Deep Learning: Better Together with TensorFlow”中的稀疏特征、稠密特征和特征交互等内容。《精通特征工程》[1]

注 1：此书已由人民邮电出版社图灵公司出版，参见：ituring.cn/book/2050。——编者注一书也很有用。但是，这里的概述旨在说明特征选择在构建成熟的生产级自然语言处理系统中的作用。假如现在需要添加新的特征并对其进行评估，那么应该如何将这一过程纳入训练过程并更新自然语言处理模型呢？现在来看这个问题。

11.2.2　迭代现有模型

如前所述，任何自然语言处理模型都不是一成不变的。即使在生产系统中，也经常需要更新模型。这有以下几个原因。首先，更多和更新的数据可能会不同于以前的训练数据。如果不更新模型来反映这一变化，模型很快就会过时，并产生糟糕的预测。其次，用户可能会给出一些模型预测出错的反馈。这就需要对模型及其特征进行反思，并做出相应的修改。无论何种情况，都需要构建一个流程，定期重新训练和更新现有模型，并在生产中部署新模型。

当开发一个新的模型时，为了了解新模型所能带来的价值，直观地说，将预测结果与以前的最佳模型进行比较总是好的。那么如何判断新的模型比现有的模型更好？为了分析模型性能，可以比较两个模型的原始预测，也可以比较基于预测的派生性能。下面通过回顾本章前面的恶意评论检测示例来解释这两种方法。

假设现在有一个恶意评论和非恶意评论的黄金标准测试集，那么总是可以用它来比较新旧模型的分类准确度。另外，也可以使用外部验证方法，从其他方面来比较，例如每天有多少模型决策被用户质疑。可以设置一个仪表板来定期监控这些指标，并为每个模型显示这些指标，这样就可以在构建的各种模型中选择相比原先的模型改进效果最佳的模型。最后，还可以使用旧模型（或任何基线系统）对新模型进行 A/B 测试，并测量业务 KPI，以了解新模型的性能。在上线新模型时，最好先将其推广到一小部分用户，监控其性能，然后逐步扩展到整个用户群。

11.2.3　代码和模型再现性

确保自然语言处理模型在不同的环境中以相同的方式工作，对于任何项目的长期成功都是至关重要的。通常认为可再现的模型或结果更可靠。在构建系统时，可以使用一系列最佳实践来实现这种再现性。

保持代码、数据和模型之间的分离始终是一个好的策略。分离代码和数据通常是软件工程中的最佳实践，但对于人工智能系统来说，这变得更加重要。虽然代码有成熟的版本控制系统，如 Git，但模型和数据集的版本控制可能会有所不同。最近，“数据版本控制”（Data Version Control）等工具可以解决这个问题。妥善命名模型和数据版本始终是一种好的做法，这样就可以在需要时轻松地还原回来。在存储模型时，应尝试将所有模型参数以及其他变量放在单独的文件中。同样，尽量避免在模型中硬编码参数值。如果在训练过程中必须使用随机数（例如种子值），则在代码中以注释的形式进行解释。

另一个好的做法是经常在代码和模型中创建检查点。应该定期将学习到的模型存储在库中，或者在重要节点时存储。在训练模型时，使用相同的种子进行随机初始化也是一个好主意。这确保了每次使用相同的参数和数据时，模型都会生成类似的结果和内部表示。

提高再现性的关键是要明确记录所有步骤。这在数据分析的探索阶段尤为必要。同样，它有助于记录尽可能多的中间步骤和数据输出。这有助于将实验模型转换为生产模型，而不丢失任何信息。建议进一步阅读关于人工智能再现性的最新报告“State of the Art: Reproducibility in Artificial Intelligence”，以及对 Facebook 再现性研究员 Joelle Pineau 的采访“This AI Researcher Is Trying to Ward Off a Reproducibility Crisis”。这就引出了本节的下一个主题。在进行所有这些迭代和构建多个模型后，如何确保训练过程中没有错误和漏洞？如何确保数据没有噪声？如何对代码和模型进行故障排除和测试？

11.2.4 故障排除和可解释性

为了保证软件的质量，测试是任何软件开发过程中的关键步骤。然而，考虑到机器学习模型的概率性质，如何对机器学习模型进行测试并非显而易见。图 11-2 和图 11-3 展示了测试人工智能系统的一些良好实践。第 4 章已经介绍了如何使用 Lime（见图 11-3）。

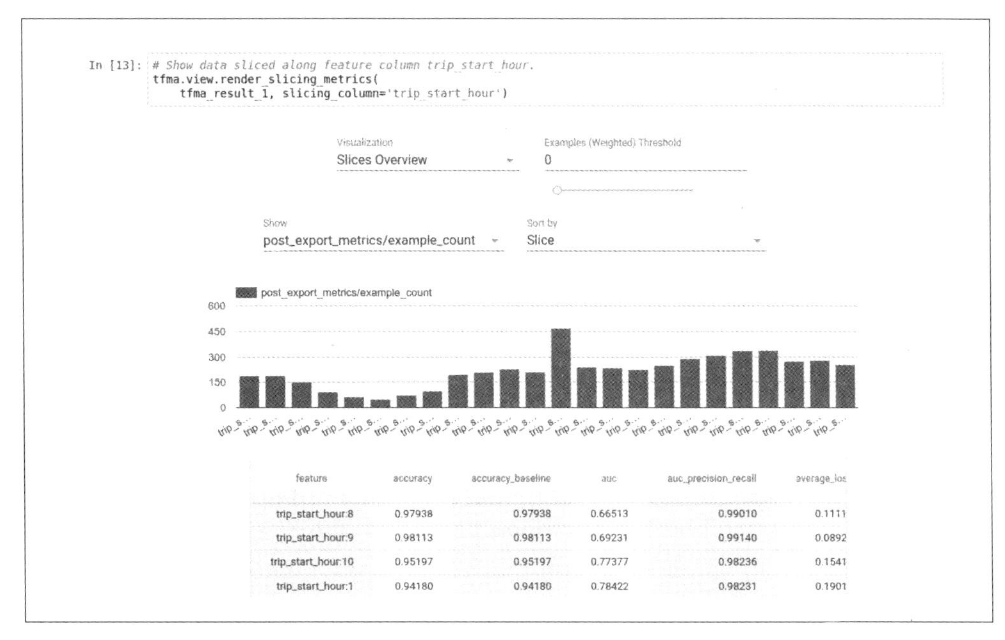

图 11-2：TensorFlow 模型分析（TFMA）

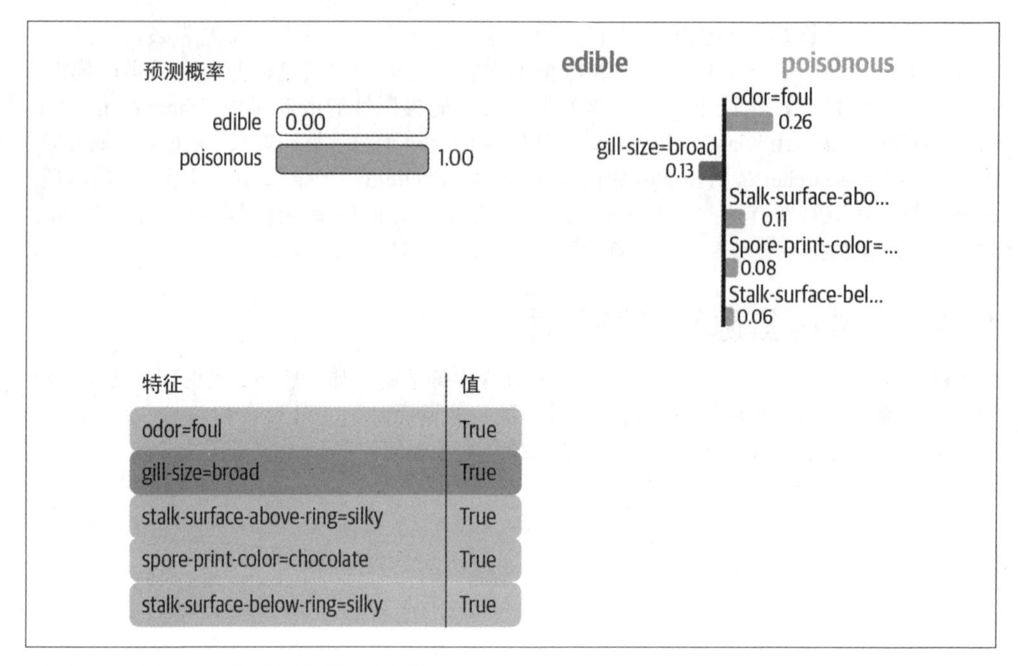

图 11-3：用于自然语言处理模型分析的 Lime

正如本章前面所讨论的，模型只是任何人工智能系统的一个小组件。当涉及整个系统的测试时，除了模型之外，大多数软件工程的测试技术都是适用的，并且效果不错。在测试模型时，以下步骤非常有用。

- 在模型构建阶段使用的训练、验证和测试数据集上运行模型。任何指标的结果都不应存在重大偏差。*K* 折交叉验证法通常用于验证模型性能。
- 用极端情况测试模型。例如，对于情感分类，用双重或三重否定的句子进行测试。
- 分析模型所犯的错误。分析的结果应该与开发阶段模型所犯错误的分析结果相似。对于自然语言处理，TensorFlow 模型分析、Lime、Shap 和注意力网络等软件包和技术可以用于深入理解模型的所作所为。详见图 11-2 和图 11-3。在开发阶段和生产阶段，分析的结果不应该有太大的变化。
- 另一个好的做法是构建一个子系统来跟踪各个特征的关键统计信息。由于所有的特征都是数值特征，因此可以维护均值、中位数、标准差、分布图等统计数据。这些统计数据中出现任何偏差都是一个危险信号，系统很可能会做出错误的预测。原因可能简单到流水线中的错误，也可能复杂到基础数据中的协变量偏移。TensorFlow Model Analysis 等软件包可以跟踪这些指标。图 11-4 显示了数据集各种特征的指标分布，可用于跟踪发现协变量偏移或错误。

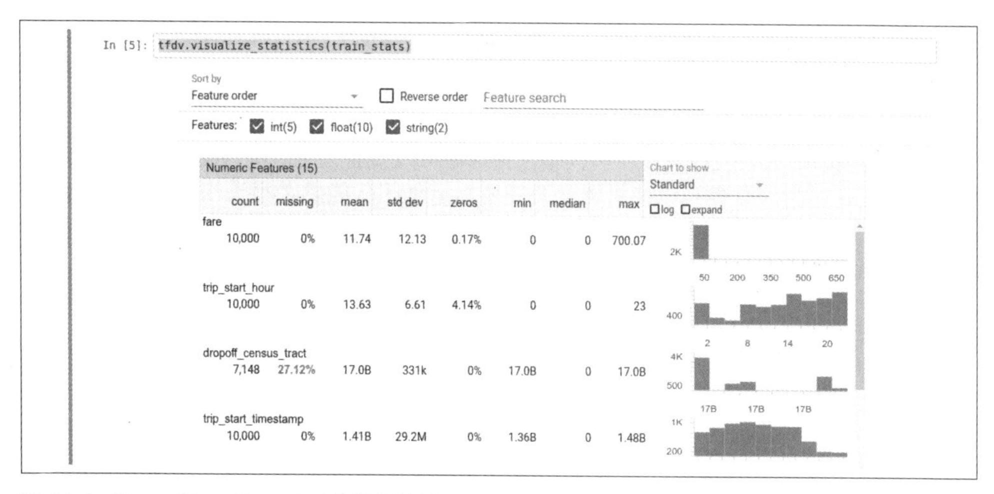

图 11-4：TensorFlow Extended 的特征统计

创建用于跟踪模型指标的仪表板，并在仪表板上创建警报机制，以防指标出现任何偏差。下一节将详细讨论这一点。

知道模型的内部机制总是好的。这有助于理解模型的工作方式。人工智能的一个关键问题是如何创建这样的智能系统：模型的所作所为是可以解释的。这叫**可解释性**。可解释性是指人类能够理解某种模型决策背后原因的程度（参见 Tim Miller 的文章“Explanation in Artificial Intelligence: Insights from the Social Sciences”）。虽然机器学习（如决策树、随机森林、XGboost 等）中的许多算法以及计算机视觉都具有很好的可解释性，但对于自然语言处理，尤其是深度学习算法而言，情况并非如此。随着注意力网络、Lime 和 Shapley 等最新技术的出现，自然语言处理模型有了更多的可解释性。感兴趣的读者可以阅读 Christoph Molnar 的 *Interpretable Machine Learning: A Guide for Making Black Box Models Explainable*，以进一步了解该主题。

11.2.5 监控

一旦机器学习系统已经部署并投入生产，就需要确保模型持续正常工作。如果每天都使用新的数据点自动训练模型，则某些错误可能会潜入其中，或者模型可能会出现故障。为了确保这些情况不会发生，需要监控模型的一系列指标，并在正确的时间点触发警报。

- 必须定期监控模型性能。对于基于 Web 服务的模型，指标可以是响应时间的平均值和各种百分位数，例如第 50（中位数）、第 90、第 95 和第 99（或更高的）分位数。如果模型部署为批处理服务，则必须监控批处理和任务时间的统计信息。
- 同样，存储监控模型参数、行为和关键性能指标（KPI）也是有帮助的。在恶意评论的例子中，模型的 KPI 可以是用户报告但未被模型标记的评论的百分比。对于文本分类服务，模型的 KPI 可以是每天所划分的类别的分布。
- 对于正在监控的所有指标，需要定期运行异常检测系统，提醒正常行为中出现的异常变化。这可能是 Web 服务响应率的突然增加或重新训练次数的突然减少。在最坏的情况下，当性能大幅度下降时，可能还希望触发断路器（即切换到稳定的模型或默认方法）。

- 如果整个工程流水线使用了日志框架，那么框架很可能也支持对任何指标出现的异常进行监控。例如，Elastic 的 ELK Stack 提供了内置的异常检测功能。日志管理工具 Sumo Logic 也可以对异常值进行标记，并根据需要查询异常值。此外，微软也提供异常检测服务。

随着项目规模的扩大，监控机器学习模型及其部署可以节省大量时间。随着系统的成熟和模型的稳定，适当的监控可以使机器学习开发与运维团队能够在很大程度上对其进行管理，因此数据科学家可以致力于解决其他更难的问题。不过，随着系统的成熟，越来越多的技术债务也开始积累。这将在下一节中讨论。

11.2.6 尽量减少技术债务

在本书中，特别是在本章中，我们看到了自然语言处理模型的训练，将模型部署到更大的系统中，并对模型进行迭代和改进。当系统从第一个版本开始迭代时，系统和各种组件（包括模型）很容易变得复杂。这就带来了系统维护的挑战。我们可能无法知道模型复杂性的增加是否必然带来模型的改进。这种情况下可能会产生技术债务。下面简要介绍一下如何解决人工智能软件中的技术债务问题。

任何软件系统都需要为未来进行规划和构建。在持续迭代和测试之后，必须确保系统仍能继续保持性能和易于维护。未使用的和执行不当的改进可能会产生技术债务。如果不使用某个特征或特征组合，那么就需要将其从流水线中删除。不起作用的特征或代码只会阻塞基础设施，阻碍快速迭代，并降低清晰度。

一个好的经验法则是查看特征的覆盖率。如果一个特征只存在于几个数据点中，比如说只占数据的 1%，那么这个特征可能不值得保留。但即使是这样的规则也不能盲目照搬。例如，如果该特征仅覆盖 1% 的数据，但仅基于该特征就能提供 95% 的分类准确率，那么该特征就非常有效，当然值得继续使用。从经验来看，正如本书多次重申的，**如果想把技术债务降到最低，在性能相当的情况下，应该选择简单的模型**。但是，如果没有等效的简单模型，可能还是需要选择复杂的模型。

关于构建成熟的机器学习系统，除了上述建议外，下面再分享一些具有里程碑意义的工作。

- “A Few Useful Things to Know about Machine Learning”，作者是华盛顿大学的 Pedro Domingoes。
- “Machine Learning: The High Interest Credit Card of Technical Debt”，作者来自谷歌人工智能的一个团队。
- “Hidden Technical Debt in Machine Learning Systems”，作者来自谷歌人工智能的一个团队。
- 《精通特征工程》，作者是 Alice Zheng 和 Amanda Casari。
- “Ad Click Prediction: A View from the Trenches”，谷歌搜索团队对于大型在线机器学习系统面临的问题所做的研究。
- “Rules of Machine Learning: Best Practices for ML Engineering”，谷歌 Martin Zenkovich 创建的在线指南。
- “The Unreasonable Effectiveness of Data”，加州大学伯克利分校著名研究员 Peter Norvig 和谷歌人工智能团队的报告。
- “Revisiting Unreasonable Effectiveness of Data in Deep Learning Era”，卡内基 – 梅隆大学团队对上一份报告的进一步探讨。

上面讨论了构建成熟人工智能系统的各种最佳实践。但是，从寻找更好的特征到数据集的版本控制，这些都是手动完成的，而且需要耗费大量的精力。为了构建智能机器、减少手动工作，在这一终极目标的驱动下，最近的一项有趣工作是使人工智能系统的构建实现某些方面的自动化。下面来看这个方向上的一些重要工作。

11.2.7 自动化机器学习

机器学习的一个终极追求是使越来越多的特征工程过程自动化。为此，人们创造了自动机器学习（AutoML）这一子领域，其目的是使机器学习变得更加容易。在大多数情况下，AutoML 可以生成一个数据分析流水线，其中包括数据预处理、特征选择和特征工程方法。对于特定的问题和数据，这个流水线本质上可以选择优化的机器学习方法和参数设置。对于机器学习专家来说，所有这些步骤可能很耗时，而对于初学者来说，这些甚至可能难以驾驭，因此 AutoML 成为机器学习世界中一个不可或缺的桥梁。AutoML 本质上是“使用机器学习进行机器学习”，因此那些希望利用大量数据的人可以更广泛地使用这种强大而复杂的机器学习技术。

例如，谷歌的一个研究小组曾使用 AutoML 技术对宾州树库（Penn Treebank）数据集进行语言建模。宾州树库是语言结构的基准数据集。该研究小组发现，使用 AutoML 方法设计出的模型可以达到世界一流机器学习专家设计的先进模型的准确度。图 11-5 显示了由 AutoML 生成的神经网络的示例。

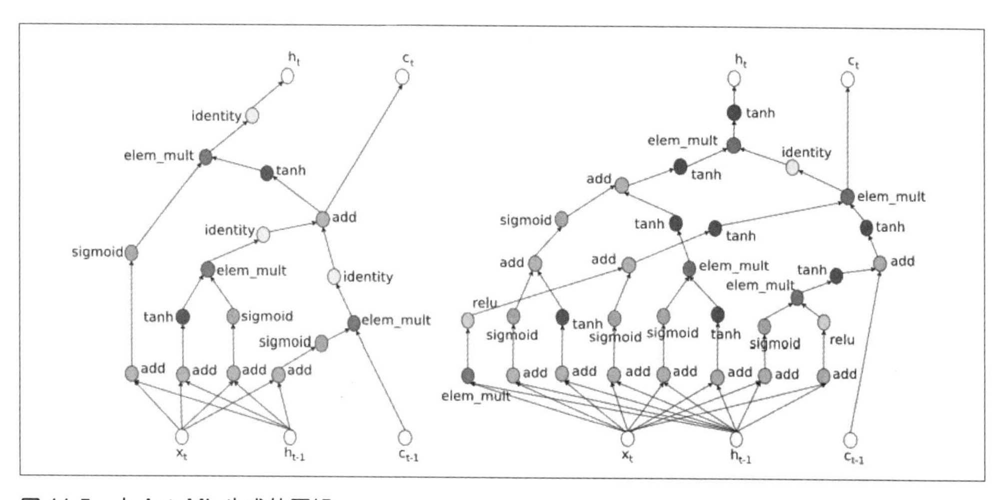

图 11-5：由 AutoML 生成的网络

图 11-5 的左侧是谷歌专家为解析文本而创建的神经网络，右侧是由谷歌 AutoML 自动创建的神经网络。AutoML 能自动探索各种神经网络结构，其效果手动制作的模型不相上下。令人着迷的是，AutoML 系统在设计机器学习模型方面几乎和人类一样出色。

不过，AutoML 仍然是机器学习的前沿技术。只有当传统的方法无法进一步提升性能时，才应该自下而上构建模型。如果从零开始，AutoML 通常需要大量的计算和 GPU 资源和更高的技术水平。

1. auto-sklearn

正如前面提到的，在使用自动化机器学习之前，最好先尝试所有的其他方法。如果确实需要使用 AutoML，那么最好的一个库是 auto-sklearn。它利用贝叶斯优化和元学习的最新进展，在巨大的超参数空间中搜索，自动找出一个相当好的机器学习模型。由于 auto-sklearn 集成了常见的机器学习库 sklearn，因此使用起来非常简单：

```
import autosklearn.classification
import sklearn.model_selection
import sklearn.datasets
import sklearn.metrics
X, y = sklearn.datasets.load_digits(return_X_y=True)
X_train, X_test, y_train, y_test =
      sklearn.model_selection.train_test_split(X, y, random_state=1)
automl = autosklearn.classification.AutoSklearnClassifier()
automl.fit(X_train, y_train)
y_hat = automl.predict(X_test)
print("Accuracy", sklearn.metrics.accuracy_score(y_test, y_hat))
```

这段代码的作用是为 MNIST 数字数据集构建一个 `autosklearn` 分类器。它将数据集拆分为训练集和测试集。当运行约一小时后，将自动产生准确率超过 98% 的模型。

可以看看内部发生了什么。下面的代码片段显示了 AutoML 的不同阶段：

```
[(0.080000, SimpleClassificationPipeline({'balancing:strategy': 'none',
'categorical_encoding:__choice__': 'one_hot_encoding', 'classifier: __choice__':
'lda',
'imputation:strategy': 'mean', 'preprocessor:__choice__': 'polynomial',
'rescaling:__choice__': 'minmax',
'categorical_encoding:one_hot_encoding:use_minimum_fraction': 'True',
'classifier:lda:n_components': 151,
'classifier:lda:shrinkage': 'auto', 'classifier:lda:tol':
0.02939556179271624,
'preprocessor:polynomial:degree': 2, 'preprocessor:polynomial:include_bias':
'True',
'preprocessor:polynomial:interaction_only': 'True',
'categorical_encoding:one_hot_encoding:minimum_fraction': 0.0729529152649298},
dataset_properties={
  'task': 2,
  'sparse': False,
  'multilabel': False,
  'multiclass': True,
  'target_type': 'classification',
  'signed': False})),
...
...
...
...
(0.020000, SimpleClassificationPipeline({'balancing:strategy': 'none',
'categorical_encoding:__choice__':
'one_hot_encoding', 'classifier:__choice__': 'passive_aggressive',
'imputation:strategy': 'mean',
'preprocessor:__choice__': 'polynomial', 'rescaling:__choice__': 'minmax',
'categorical_encoding:one_hot_encoding:use_minimum_fraction': 'True',
```

```
'classifier:passive_aggressive:C':
0.03485276894122253, 'classifier:passive_aggressive:average': 'True',
'classifier:passive_aggressive:fit_intercept': 'True',
'classifier:passive_aggressive:loss': 'hinge',
'classifier:passive_aggressive:tol': 4.6384320611389e-05,
'preprocessor:polynomial:degree': 3,
'preprocessor:polynomial:include_bias': 'True',
'preprocessor:polynomial:interaction_only': 'True',
'categorical_encoding:one_hot_encoding:minimum_fraction': 0.11994577706637469},
dataset_properties={
  'task': 2,
  'sparse': False,
  'multilabel': False,
  'multiclass': True,
  'target_type': 'classification',
  'signed': False})),
]
auto-sklearn results:
  Dataset name: d74860caaa557f473ce23908ff7ba369
  Metric: accuracy
  Best validation score: 0.991011
  Number of target algorithm runs: 240
  Number of successful target algorithm runs: 226
  Number of crashed target algorithm runs: 1
  Number of target algorithms that exceeded the time limit: 2
  Number of target algorithms that exceeded the memory limit: 11
```

下面来看谷歌云服务，以及其他一些解决自然语言处理问题的方法。

2. 谷歌云 AutoML 和其他技术

谷歌云服务最近也发布了 AutoML 服务。除了按规定的格式提供训练数据之外，不需要任何技术知识。谷歌专门为计算机视觉、结构化表格数据以及自然语言处理等人工智能构建了 AutoML 云服务。

对于自然语言处理，训练以下自定义模型时会自动应用谷歌云 AutoML：

- 文本分类；
- 实体提取；
- 情感分析；
- 机器翻译。

对于所有这些任务，谷歌云定义了 AutoML 模型所需的数据格式。微软在其 Azure 机器学习中也提供了 AutoML 工具。

另外，Kaggle 竞赛顶级大师 Abhishek Thakur 创建的 AutoCompete 框架可以更加自动化地处理自然语言处理问题。尽管最初的方法针对的是竞赛中的数据科学问题，但现在该框架已经发展为解决此类问题的通用框架。他还发布了名为“Approaching (Almost) Any NLP Problem on Kaggle”的详细笔记本，为自然语言处理问题创建了通用的建模框架（具有定义良好的数据集和目标）。虽然可能无法完全解决特定的自然语言处理任务，但这是创建基线模型的良好开端。

到目前为止，我们已经讨论了构建、部署和维护自然语言处理软件时可能出现的一系列问题。然而，遵循标准的产品开发过程也同样重要。虽然软件开发过程和生命周期这一领域的理论已经很成熟，但如果项目涉及本书讨论的各种预测模型，仍然有一些重要的事项需要考虑。下面来看这方面的内容。

11.3 数据科学过程

数据科学是一个宽泛的术语，描述的是从各种形式的数据中提取有意义的信息和可执行的见解的算法和过程。因此，行业中所有的自然语言处理工作都可以归入数据科学的范畴。虽然数据科学是一个相对较新的术语，但在过去几十年中，它一直以某种其他形式存在着。多年来，人们制定并正式确定了数据处理的最佳过程和实践。KDD 过程和微软 Team Data Science Process（TDSP）是业内的两种常见过程。

11.3.1 KDD过程

ACM SIGKDD 知识发现和数据挖掘会议（KDD）是世界上最古老、最著名的数据挖掘会议之一。该会议的一些创始人在 1996 年创建了 KDD 过程。如图 11-6 所示，KDD 过程由一系列步骤组成，可用于数据科学或数据挖掘问题，以获得更好的结果。

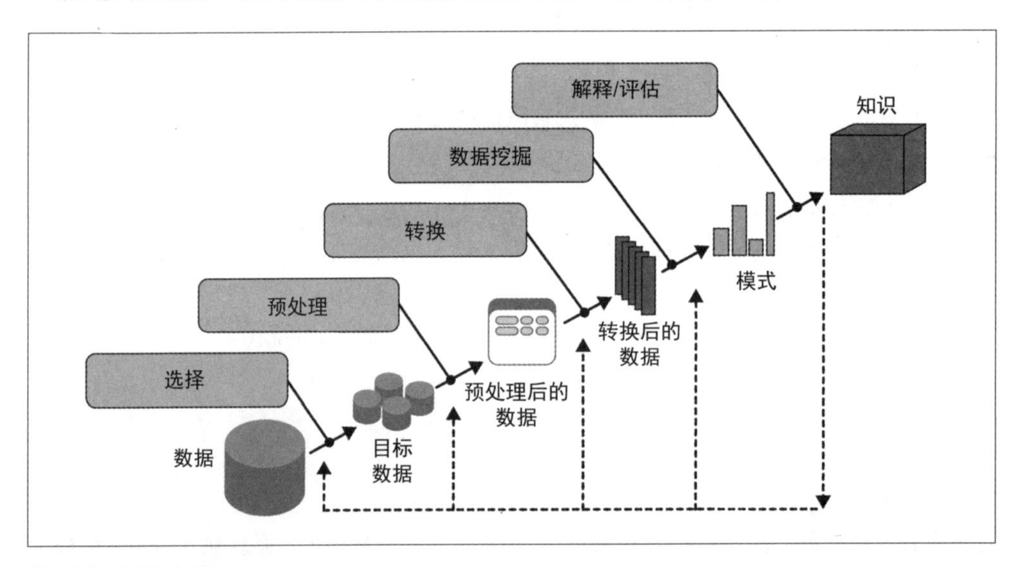

图 11-6：KDD 过程

这些步骤的顺序如下。

1. **理解领域**：包括了解应用程序和理解问题的目标。它还涉及深入问题领域并提取相关领域知识。
2. **目标数据集创建**：包括选择特定于问题的数据和变量子集。可用的数据源可能有很多，但需要专注于特定的子集。

3. **数据预处理**：包括为了确保数据一致性所需的所有工作，包括填充缺失值、降噪和删除异常值。
4. **数据简化**：如果数据具有较多维度，可以使用此步骤来简化数据。这包括降维和将数据投影到另一个空间等步骤。此步骤是可选的，具体取决于数据的情况。
5. **选择数据挖掘任务**：一个问题可以使用各类算法，例如回归、分类或聚类。需要根据第一步的理解，选择正确的任务。
6. **选择数据挖掘算法**：选择数据挖掘任务后，需要选择正确的算法。例如，对于分类，可以选择 SVM、随机森林、CNN 等算法，如第 4 章所述。
7. **数据挖掘**：这是将第 6 步选择的算法应用于给定数据集并创建预测模型的核心步骤。参数和超参数的调优也发生在这一步。
8. **解释**：应用算法后，用户需要获得结果的解释。可以通过结果的可视化来部分地实现模型解释。
9. **整合**：这是将构建的模型部署到现有系统中、记录方法并生成报告的最后一步。

如图 11-6 所示，KDD 过程是高度迭代的。在不同的步骤之间可以有任意数量的循环。在每一步中，都可以而且可能需要回到前面的步骤，并对其中的信息进行精炼。在面对特定的数据科学问题时，这个过程是一个很好的参考。本书中讨论的流水线同样也是将某种结构引入自然语言处理系统的构建，不过二者并非完全相同。现在来看第二个过程。

11.3.2 微软TDSP

KDD 过程于 20 世纪 90 年代末引入。随着机器学习和数据科学领域的发展，专门从事此类数据科学项目的大型团队开始出现。此外，在快速发展的数据驱动开发领域中，需要更灵活和迭代式的框架，因此其他数据科学过程也开始出现。微软 Team Data Science Process（TDSP）解决了这一问题。它由微软 Azure 团队于 2017 年发布，是一种现代的机器学习和数据科学过程。

TDSP 是一个敏捷的迭代式数据科学过程，可用于执行和交付高级分析解决方案。它旨在提高企业组织中数据科学团队的协作和效率。TDSP 的主要特点列举如下：

- 数据科学生命周期定义；
- 标准化的项目结构，包括项目文档和报告模板；
- 项目执行的基础设施；
- 用于数据科学的工具，如版本控制、数据探索和建模。

TDSP 文档对上述这些方面进行了详细的介绍，因此本节只做简要介绍。TDSP 数据科学生命周期显示了数据项目的不同阶段，如图 11-7 所示。

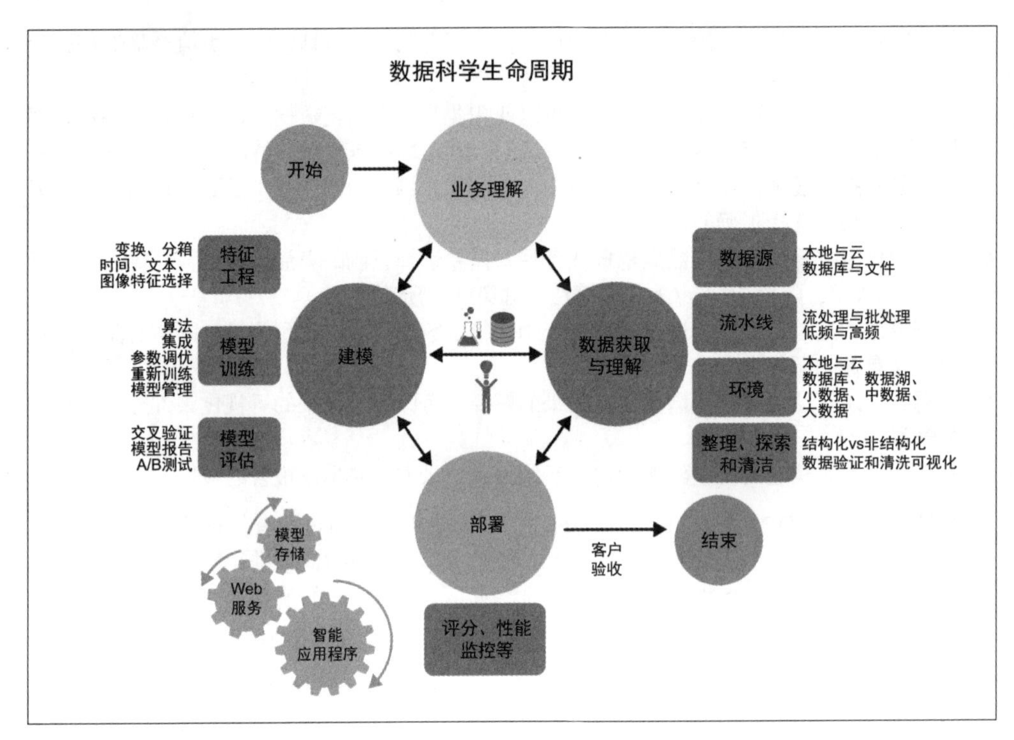

图 11-7：微软 TDSP 生命周期

虽然 TDSP 与 KDD 过程有一些相似之处，但 TDSP 从业务和团队管理的角度定义了数据科学项目的生命周期。这包括以下几个阶段：

- 业务理解；
- 数据获取和理解；
- 建模；
- 部署；
- 客户验收。

数据科学生命周期在较高层次上展示了高效、敏捷的数据科学团队的各个组成部分应该如何运作。TDSP 文件中的“宪章”（Charter）和“退出报告”（Exit Report）文件尤其重要。它们有助于在业务开始时定义项目，并向客户提供最终报告。

总的来说，这些过程的作用是将本书中讨论过的问题和解决方案从原型开发转换为生产部署。当然，这些过程并不特定于自然语言处理，任何涉及机器学习方法的数据驱动项目都可以使用这些通用建议。虽然随着该领域的发展，数据科学也出现了其他类似的项目管理过程，但这里的概述有助于你了解软件开发中管理自然语言处理项目时应该注意的事项。

11.4 让人工智能在组织中取得成功

到目前为止，本书的重点是成功构建和部署各种人工智能问题的解决方案。任何人工智能项目的成功不仅取决于解决方案的技术优势，还涉及许多其他因素。众所周知，行业中大量人工智能项目失败的原因是模型没有得到部署，或者部署后无法达到目标。根据 Gartner 最近的一项研究，超过 85% 的人工智能项目均以失败告终。为了使人工智能项目取得成功，下面讨论其中的关键问题和经验法则。许多观点来自于我们在不同组织中的不同人工智能领域的工作经验。

11.4.1 团队

解决人工智能问题要有合适的团队。理解问题陈述、确定优先级、开发、部署和使用，这些在很大程度上取决于团队的水平。虽然团队组成没有固定的配方，但根据经验，必须配备的有：(1) 构建模型的科学家；(2) 运行和维护模型的工程师；(3) 管理人工智能团队和制定战略的领导者。最好配备的有：(4) 研究生毕业后在业内工作的科学家；(5) 了解规模扩展和数据流水线的工程师；(6) 曾是个人贡献科学家的领导者。(5) 是不言自明的，(4) 和 (6) 需要一些解释。

先来看 (4)。科学家需要理解机器学习的基本原理并能够想出新的解决方案。研究生，尤其是博士生，已经具备这样的条件。但在行业中，解决人工智能问题不仅仅是应用新的算法，还涉及收集和清洗数据、使数据具备可用条件并应用已知技术。这与学术界大不相同。学术界的大多数工作是在既容易获得又干净的已知公开数据集上进行的。学术界的大多数研究人员致力于设计新颖的方法，来击败最先进的结果。在许多情况下，刚刚走出校园参与工作的科学家往往会采用复杂玄妙的方法，结果却适得其反。人们是为产品而构建人工智能的——人工智能只是一种手段，而不是目的。因此，团队需要曾在行业场景中成功构建和部署过模型的高级科学家。

再来看 (6)。人工智能团队的领导力与软件工程团队的领导力非常不同。尽管任何人工智能系统在生产环境中运行的都是代码，但人工智能与软件工程有着根本的不同。许多团队领导者和组织没有意识到这种细微差别。他们相信，因为都是代码，所以软件工程的所有原则都适用于人工智能。从定义问题陈述到规划项目时间表，开发人工智能系统不同于开发传统的信息技术系统。因此，建议组织中的人工智能团队领导者具备人工智能领域个人贡献者的经验。

11.4.2 正确的问题和正确的期望

在许多情况下，要么手头的问题定义不清，要么人工智能团队设定了错误的期望。下面通过一些例子来更好地理解这一点。考虑这样一个场景：给定顾客对某一特定产品或品牌的意见，需要提出“有趣”的见解。这一场景在行业中非常常见；第 7 章 7.2 节中讨论了类似的场景。那么现在可以将主题建模应用于这个特定场景吗？这取决于“有趣”是什么意思。它可能是大多数顾客的意见，也可能是特定地区一小部分顾客的意见，还可能是顾客对产品特定功能的意见。可能性有很多。首先要与利益相关者一起明确定义任务。一个很好的方法是使用各种各样的示例输入，包括极端情况，并要求利益相关者写出期望的输出。要记住，拥有大量的现成数据并不直接意味着这是一个人工智能问题。许多问题可以使用工程方法、基于规则的方法和人工介入的方法来解决。

另一个常见问题是利益相关者对人工智能技术有错误的期望。这通常是因为大众媒体的文章倾向于将人工智能与人脑进行比较。虽然这是人工智能领域背后的一个动机，但事实远非如此。例如，考虑这样一个场景，假设已经构建了一个情感分析系统，并且对于给定的输入句子，系统预测了错误的输出。该系统虽然能提供非常高的准确度，但也不是 100%。软件工程领域的大多数利益相关者会将此视为漏洞，不愿意接受任何不是 100% 正确的东西。他们不知道这样一个事实，即任何人工智能系统（截至今天）都可能产生错误的输出。另外，人们还期望人工智能完全取代人类的工作，从而节省资金。但事实上很难做到这样。因此，最好将人工智能视为**协助**人类工作的增强智能，而不是**取代**人类工作的人工智能。此外，当超过某个时间点后，模型性能就会停滞不前，不会随着时间的推移而继续上升。如图 11-8 所示，虽然期望是持续上升，但现实更像一条 S 形曲线。

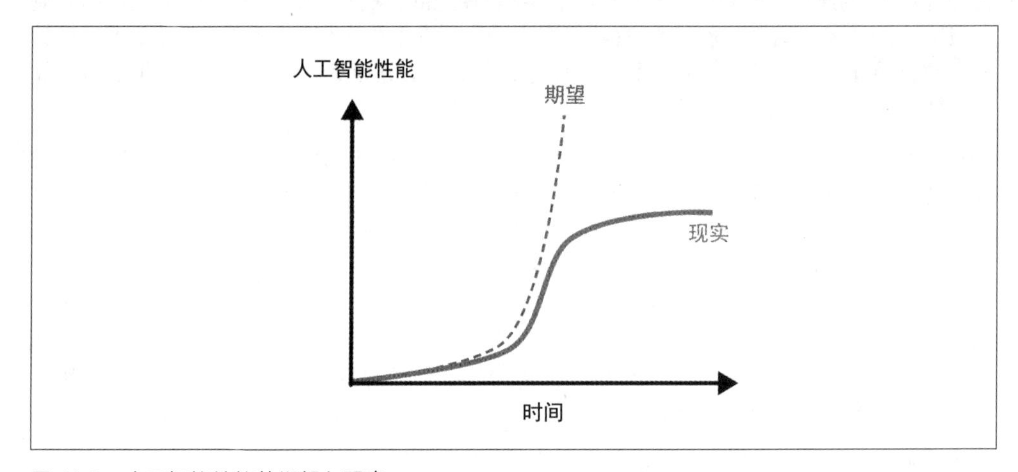

图 11-8：人工智能性能的期望与现实

即使是非常成熟和先进的人工智能系统，也需要人类的监督。在许多情况下，人工智能可以减少人类的工作，但开发这样的产品需要很长一段时间。同样，软件工程领域的利益相关者可能不理解构建负责任的人工智能的重要性。负责任的人工智能可以确保公平、透明和负责任的可信解决方案。谷歌和微软已经发布了构建负责任的人工智能系统的最佳实践。

11.4.3 数据和时间

数据是任何人工智能系统的核心。前面的内容已经详细讨论了数据的各个方面。现在来看另外一个方面：在许多情况下，仅仅拥有 GB 级甚至 PB 级数据，并不意味着已经具备了开发人工智能的条件，也不意味着很快就能从人工智能中获益。拥有数据不等于拥有正确的数据。下面来逐一解释。

数据质量

为了实现良好的性能，任何人工智能系统都需要使用高质量的数据进行训练和预测。高质量意味着什么？结构化、同质、干净、无噪声和异常值的数据。从嘈杂的数据转换到高质量的数据通常是一个漫长的过程。思考这个问题的最好方法是下面这个类比：原始数据是原油，人工智能模型是战斗机。战斗机不能依靠原油飞行，它们需要航空燃料才能飞行。因此，为了使战斗机能够正常使用，必须有人建立炼油厂，系统地从原油中提取航空燃料。建立炼油厂是一个漫长而昂贵的过程。

还有一点很重要，就是要有正确的代表性数据，以便解决手头的问题。例如，如果没有关于要搜索内容的元数据，就无法改进搜索功能。因此，如果没有“某品牌 10 码网球鞋”，而只有“某品牌 10 码”，就无法轻松地通过搜索找到网球鞋。

数据数量

大多数人工智能模型是训练数据集的压缩表示。没有足够的数据来真实表示模型在生产中看到的数据，是模型性能不佳的一个重要原因。多少数据才够用？这是一个很难回答的问题，但有一些经验法则。例如，对于使用朴素贝叶斯或随机森林等基线算法的句子分类，要构建一个令人满意的分类器，每个类至少要有两三千个数据点。

数据标注

到目前为止，人工智能行业的大部分成功故事来自有监督的人工智能。正如本书前面几章中所讨论的，在有监督的人工智能中，每个数据点都有对应的真实值。对于许多问题，真实值来自人工标注。这通常是一个耗时且昂贵的过程。在许多行业场景中，利益相关者没有意识到这一步骤的重要性。

数据标注通常是一个持续的过程。即使一次性批量标注好数据并构建第一版模型，模型投入生产并稳定下来后，标注生产数据仍然是一个持续的过程。此外，还需要定义标注流程并实施质量检查，提高人工标注的准确性和一致性。可以使用 kappa 等指标来衡量标注者之间的一致性。

目前，人工智能的人才成本很高。在没有正确数据的情况下，聘请人工智能人才是徒劳无益的。拥有正确的数据是人工智能团队快速高效交付的前提。这并不意味着引进人工智能人才之前必须具备所有的前提条件，但是必须充分了解这些前提，并且在不满足这些前提的情况下，设定符合实际的预期。

11.4.4 好的流程

另外，不遵循正确的流程也是人工智能项目失败的重要原因。本章已经讨论了 KDD 过程和微软 TDSP。两者都是很好的起点。以下是开始阶段需要考虑的一些其他要点。

设置正确的指标

行业中大多数人工智能项目的目的是解决商业问题。在许多情况下，人工智能团队将精度、召回率等指标作为成功与否的标志。但是，除了人工智能指标，还必须设置正确的业务指标。例如，对于将顾客投诉自动分配给相应客服团队的文本分类器，正确的指标应该是投诉被重新分配给其他团队的次数。即使 F1 分数为 95%，但如果许多投诉被多次重新分配，那么这样的分类器也是无用的。另一个例子是聊天机器人系统，即使它可以正确检测用户意图，但如果用户流失率很高，那么这样的聊天机器人系统也是无用的。有了用户交互和流失率，反映的情况才是完整的，仅仅使用人工智能指标可能是片面的。

从简单开始，构建强有力的基线

人工智能科学家经常受到最新技术和最先进（SOTA）模型的影响，并直接将其应用到工作中。大多数最先进的技术是计算密集型和数据密集型的，这会导致成本超支和时间过长。最好是从简单的方法开始，构建强有力的基线。很多时候，与基于规则的系统相比，最先进的技术可能只会带来微小的改进。因此，在考虑复杂的方法之前，先尝试各种简单的方法。

先完成，再完善

构建模型通常只占大多数人工智能项目的5%~10%，而从数据收集到部署、测试、维护、监控、集成、试点测试等各种步骤占了剩余的90%。快速构建一个可接受的模型，完成一个完整的项目周期，而不是花费大量时间构建一个惊人的模型。这有助于所有利益相关者实现项目的价值主张。

保持较短的周转周期

即使使用知名方法解决标准问题，仍然需要将这些方法应用到自己的数据集，看看是否有效。例如，对于构建情感分析系统，众所周知，朴素贝叶斯给出了非常强的基线。然而，对于自己的数据集，朴素贝叶斯很可能无法给出好的结果。因此，构建人工智能系统需要进行大量的实验，以确定哪些方法有效，哪些方法无效。因此，快速构建模型并经常向利益相关者展示结果非常重要。这有助于提前发出任何危险信号并获得早期反馈。

还有一些其他重要的事情需要考虑，下面一一介绍。

11.4.5 其他方面

除了前面讨论的各个要点之外，还有一些关键的要点需要考虑，包括计算成本和投资回报。现在来讨论这些问题。

计算成本

许多人工智能模型，尤其是基于深度学习的模型，是计算密集型的。云端GPU或物理硬件GPU相当昂贵。众所周知，许多组织在GPU和其他云服务上花费巨大，以至于不得不创建并行项目来降低这些成本。

盲目追求最先进

从业者通常热衷于在工作中采用最先进的模型。这往往被证明是灾难性的。例如，谷歌先进的聊天机器人系统Meena虽然效果惊人，但花费了2048块TPU训练了30天。这些计算时间价值140万美元。虽然Meena已经展示了一些令人印象深刻的结果，但是假设使用Meena技术构建聊天机器人来提供自动化的客户支持，每天节省1000美元，那么需要运行聊天机器人4年以上，才能在训练成本上做到收支平衡。

投资回报率

人工智能项目成本高昂。数据收集、标注、聘用人工智能人才和计算等各个阶段都涉及成本。因此，在项目开始阶段估算收益是很重要的。必须构建流程和明确的指标，以在项目的早期阶段衡量投资回报。

完全自动化很难

将工作完全自动化可能永远无法实现。对于任何具有一定复杂度的人工智能项目来说，仍然需要一些手动工作。图 11-9 用前面讨论过的 S 形曲线表示了这一点。完全自动化和可接受性能的程度可能会根据项目的不同而有所变化，但总体观点是成立的。

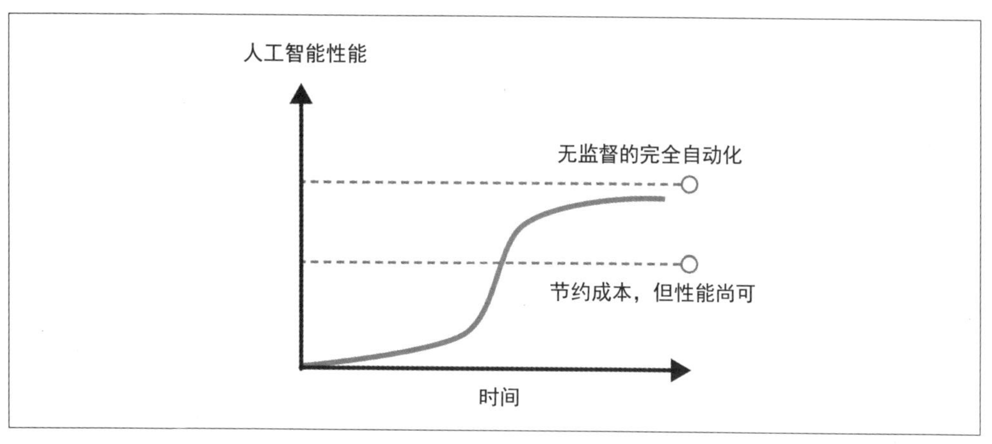

图 11-9：完全自动化可能很难

虽然本节已经介绍了一些关键点，但是让人工智能在商业上取得成功是一个宽泛的主题。下面推荐几篇文章供进一步阅读，其中一些文章提出了软件工程和人工智能之间的区别，另一些则讨论了构建人工智能系统的经验法则。

- “Why is Machine Learning ‘Hard’?”，斯坦福大学研究员 S. Zayd Enam 的博客文章。
- “Software 2.0”，特斯拉著名研究员、教育家和科学家 Andrej Karpathy 的一篇博客文章，认为人工智能是一种不同的软件编写方式。
- “NLP’s Clever Hans Moment has Arrived”，Benjamin Heinzerling 的一篇文章，论证了在某些流行的数据集上得到最先进结果的有效性 .
- “Closing the AI Accountability Gap: Defining an End-to-End Framework for Internal Algorithmic Auditing”，谷歌人工智能和非营利组织“Partnership on AI”的一个团队的联合报告。
- “The Twelve Truths of Machine Learning for the Real World”，Delip Rao 的博客文章。
- “What I’ve Learned Working with 12 Machine Learning Startups”，创业老手兼机器学习顾问 Daniel Shenfeld 的一篇文章。

这些文章会让你有一个更全面的认识。图 11-10 展示了本节和本章所讨论的内容。

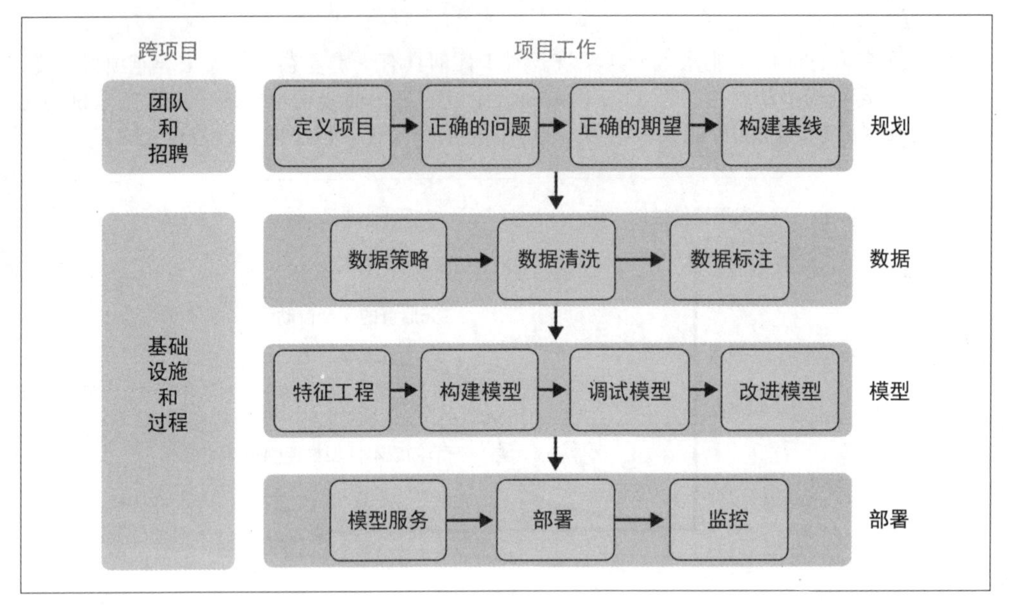

图 11-10：人工智能项目的生命周期

这些建议中，许多并不是一成不变的硬性规则。如何使用这些建议取决于具体的项目、问题、数据和组织。希望本节的讨论有助于你的人工智能项目取得成功。

11.5 展望未来

本章和本书的最后将从不同的角度展望机器学习的未来。未来几年，机器学习将继续在前沿领域不断突破，其应用也将更加贴近商业。著名科学家 C.P. Snow 在 1959 年举办的讲座，其讲稿集结为著作《两种文化》。Snow 指出，知识世界可以从两个不同的视角来看待，一个是科学和技术，另一个是艺术和人文。随着时间的推移，这两个视角似乎越来越分裂。他认为，只有当两者拥有共同的核心时，整个领域才能更好地发展。人工智能也是如此。

在人工智能界，同样也出现了两个不同的视角。一方面，研究人员和科学家在前沿领域取得进步。另一方面，企业也在试图利用人工智能，从财富 500 强公司到早期创业公司皆是如此。人们越来越相信，只有当两者交叉融合时，人工智能才能在行业中取得成功。

从研究员和科学家的角度来看，人工智能有两个宏观的趋势：一个是**建造真正智能的机器**，另一个是**应用人工智能促进社会进步**。例如，谷歌的 François Chollet 在“On the Measure of Intelligence”一文中强调了建立更好的智能测量标准的重要性。目前，大多数人工智能模型的评估本质上是狭隘的，只测量特定的技能，没有测量广泛的能力和通用的智能。受人类智力测试的启发，Chollet 提出了若干测量标准，包括获得新技能的效率。他们引入了“抽象和推理语料库”（ARC）数据集，该数据集的灵感来自经典的智商测试：雷文推理测验。图 11-11 给出了一个这样的例子，其中的任务是让计算机查看整个输入矩阵模式来推断缺失区域。改进人工智能测量标准的工作对于未来开发更好、更稳健的人工智能是必要的。

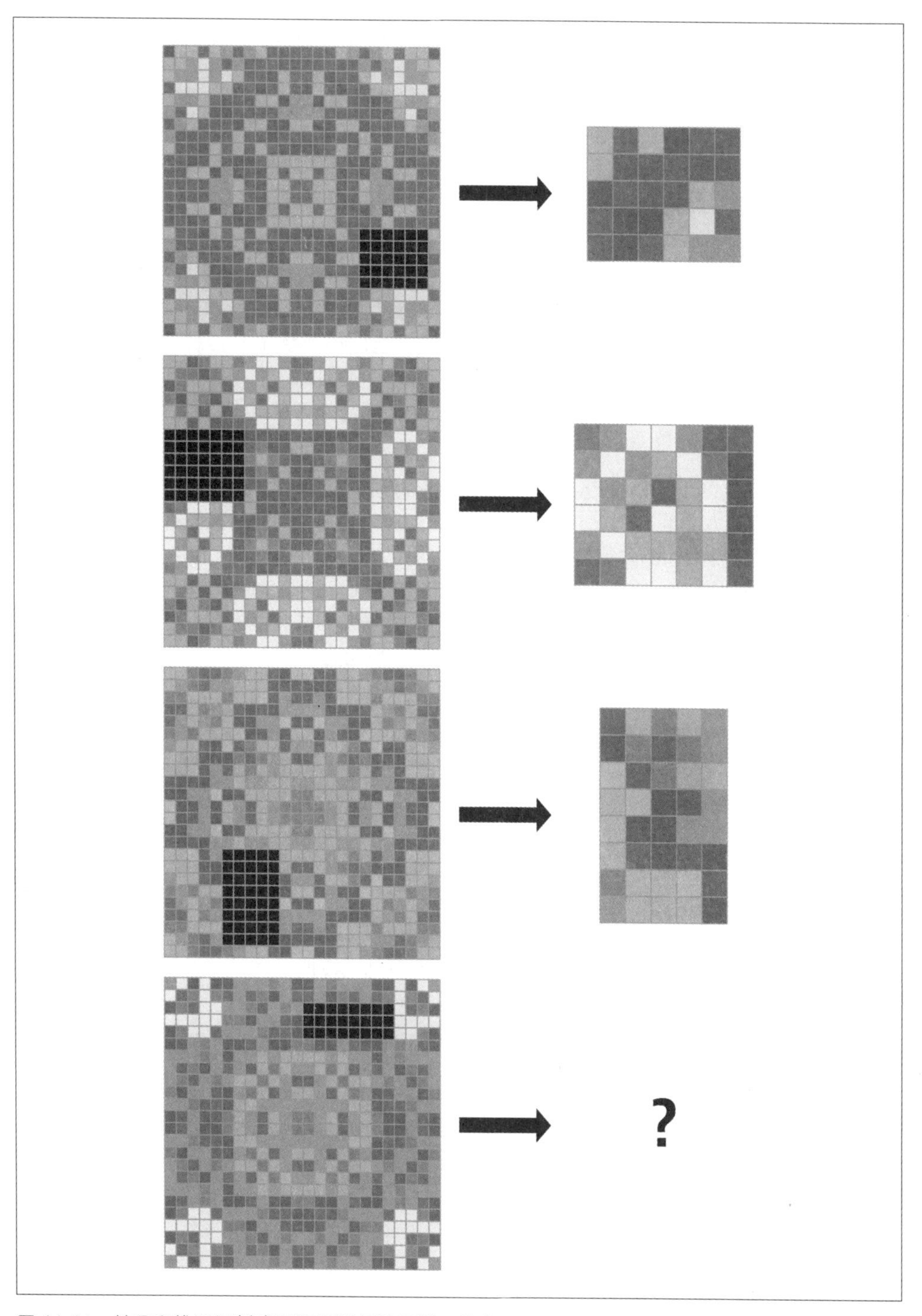

图 11-11：抽象和推理语料库通用智能任务示例，摘自 *Handbook of Nonverbal Assessment*

总的来说，人工智能和技术可以成为造福社会的力量。目前有很多项目正在利用人工智能赋能社会。Wadhwani AI 正在利用人工智能改善产妇和幼儿健康。谷歌“AI 助益社会”计划拥有一系列项目，包括使用人工智能来预测和更好地防范洪水灾害。类似地，微软正在使用人工智能解决全球气候问题，提高可访问性，并保护文化遗产。Allen AI 一直在通过 WinoGrande 数据集改进自然语言处理中的常识推理。基金会和研究实验室的这些工作有助于整合机器学习和自然语言处理的前沿进展，进而改善人类福祉。

商业世界的视角则完全不同，它更实际，关注的是业务影响和业务模型。例如，若干咨询公司已经对各行各业的组织进行了人工智能用例和有效性的调查。麦肯锡公司的全球人工智能调查就是这样一个例子。他们讨论了人工智能如何通过减少低效劳动来帮助不同的垂直行业节约资金，并通过扩大市场来赚更多的钱。他们还评估了人工智能对劳动力的影响，以及人工智能对组织的哪些部分影响最大。另一个类似的研究是麻省理工学院斯隆管理学院和波士顿咨询公司的报告。这对于企业领导者学习如何在组织内部构建和发展人工智能非常有用。

风险投资公司一直在大力投资设有人工智能业务的创业公司。他们编写了人工智能新业务形成方式和成功方式的报告和总结。例如，大型风险投资公司 Andressen Horowitz 根据他们在人工智能投资方面的丰富经验，发表了报告“The New Business of AI (and How It's Different From Traditional Software)”。该报告着眼于人工智能创业公司在光鲜亮丽的宣传背后所面临的真实业务问题，如毛利率低和产品规模难以扩展。他们提供了切实可行的建议，从而帮助企业构建更好扩展和更具竞争力的人工智能业务。

这些观点的应用取决于组织中人工智能业务所处的阶段。首先，当开始一项新的人工智能业务时，风险投资的经验将帮助你决定构建什么样的业务。其次，为了在大型组织中制定人工智能战略，行业调查和报告可以使你更好地调整自己。最后，随着组织的成熟，采用最先进的技术可以带来产品的显著改善。

11.6 结语

本书到此结束。希望你已经了解了自然语言处理任务、流水线及其在各个领域中的应用，这些知识将有助于你的日常工作。自然语言处理的进展才刚刚开始结出硕果。自然语言处理中的一些基本问题，如语境和常识，可能尚未完全解决。

真正掌握任何技能都需要终身学习，希望本书的内容及其提供的参考资料对你今后的研究有所帮助。

关于作者

索米亚·瓦贾拉（Sowmya Vajjala）拥有德国图宾根大学计算语言学博士学位。她目前在加拿大国家研究院担任研究官员。她曾是美国爱荷华州立大学的教师，也在微软研究院和《环球邮报》工作过，工作经历横跨学术界和工业界。

博迪萨特瓦·马祖达尔（Bodhisattwa Majumder）是加州大学圣迭戈分校自然语言处理和机器学习专业的博士生。他曾求学于印度理工学院卡哈拉格普尔分校，并以优异成绩毕业。此前，他在谷歌人工智能研究院和微软研究院进行机器学习研究，并构建了大规模的自然语言处理系统，为数百万用户提供产品服务。他带领他的大学团队挺进 2019 ~ 2020 年亚马逊 Alexa Prize 大奖赛决赛轮。他还荣获 2020 年高通全球创新奖（Qualcomm Innovation Fellowship），以及 2022 年 Adobe 研究奖学金。

阿努杰·古普塔（Anuj Gupta）作为《财富》100 强公司和创业公司的高级领导者，构建了自然语言处理和机器学习系统。在他的职业生涯中，他培养并领导了多个机器学习团队。他曾在印度理工学院德里分校和印度理工学院海得拉巴分校学习计算机科学。他目前是 Vahan 公司的机器学习和数据科学负责人。最重要的是，他还是一位父亲和一位丈夫。

哈尔希特·苏拉纳（Harshit Surana）是 Chaos Genius 公司和 DeepFlux 公司的联合创始人和首席技术官。作为创始人和顾问，他曾在硅谷的几家创业公司构建和扩展机器学习系统和工程流水线。他曾在卡内基–梅隆大学学习计算机科学，并在那里与麻省理工学院媒体实验室合作研究常识人工智能。他在自然语言处理领域的研究已被引用 200 多次。

关于封面

本书封面上的动物是折中鹦鹉（Eclectus roratus）。折中鹦鹉原产于大洋洲的低地雨林。从澳大利亚的东北部到印度尼西亚的摩鹿加群岛，到处都可以找到折中鹦鹉。几个世纪以来，折中鹦鹉在印度尼西亚和新几内亚被驯化，它们的羽毛被用来制作精美的头饰，用来显示一个人的地位或与鸟类的亲属关系。

折中鹦鹉雄鸟的羽毛是亮绿色的，翅膀下有红色和蓝色的点缀，而雌鸟有红色的头部和紫蓝色的胸部。这种鹦鹉的雄鸟和雌鸟是鹦鹉家族中不同性别外形差异最大的，早期生物学家甚至将它们归类为不同的物种。折中鹦鹉和其他鹦鹉的另一个区别是实行多配偶制。这使得雌鸟可以安全筑巢长达 11 个月而不用经常外出觅食，因为它们可以依靠多只雄鸟为它们觅食。

O'Reilly 封面上的许多动物都是濒危物种，它们对世界都很重要。目前，折中鹦鹉的数量仍然较多。

封面插图由 Karen Montgomery 根据 *Shaw's Zoology* 的一幅黑白版画而创作。